21 世纪高等学校计算机类
课程创新系列教材·微课版

# 计算机工程伦理

## 微课视频版

杨文阳 卢胜男 崔惠萍 编著

清华大学出版社

北京

## 内 容 简 介

本书是讲解与计算机工程相关的社会、法律和伦理问题的书籍,探讨计算机与人类之间的相互作用关系和涉及的伦理问题,提出了计算机技术设计者和使用者应在日常工作、学习和生活中恪守的伦理行为规范等问题。本书涵盖计算机工程伦理的理论基础、研究方法及相关问题,主要包括近年来热门的计算机工程领域(人工智能、大数据、虚拟现实技术等)的伦理问题。全书共 10 章,包括计算机工程伦理概述,计算机技术对社会的影响,数据安全与数据伦理,信息技术与知识产权,计算机犯罪,软件质量、安全与风险控制,人工智能伦理,虚拟现实技术伦理,数字经济与 IT 垄断,IT 职业道德与社会责任。每章开头设有本章要点,概括该章的关键主题和概念,章内则提供了丰富的教学案例和思考题,以供进一步讨论学习。另外,本书的附录部分汇总了部分计算机职业伦理行为规范和行业规范。

本书可作为高等学校计算机类专业学生的教材,也可供计算机技术人员、各行各业计算机用户学习参考。

**图书在版编目(CIP)数据**

计算机工程伦理:微课视频版 / 杨文阳,卢胜男,崔惠萍编著. -- 北京:清华大学出版社,2025.8. --(21 世纪高等学校计算机类课程创新系列教材). -- ISBN 978-7-302-70049-4

Ⅰ. TP3;B82-057

中国国家版本馆 CIP 数据核字第 20256X6G45 号

责任编辑:温明洁 郑寅堃
封面设计:刘 键
责任校对:徐俊伟
责任印制:刘海龙

出版发行:清华大学出版社
     网 址:https://www.tup.com.cn,https://www.wqxuetang.com
     地 址:北京清华大学学研大厦 A 座 邮 编:100084
     社 总 机:010-83470000 邮 购:010-62786544
     投稿与读者服务:010-62776969,c-service@tup.tsinghua.edu.cn
     质量反馈:010-62772015,zhiliang@tup.tsinghua.edu.cn
     课件下载:https://www.tup.com.cn,010-83470236
印 装 者:大厂回族自治县彩虹印刷有限公司
经 销:全国新华书店
开 本:185mm×260mm 印 张:18 字 数:453 千字
版 次:2025 年 9 月第 1 版 印 次:2025 年 9 月第 1 次印刷
印 数:1~1500
定 价:59.90 元

产品编号:101017-01

党的二十大报告中指出,要加快建设网络强国、数字中国。到 2035 年要基本实现国家治理体系和治理能力现代化。习近平总书记深刻指出,加快数字中国建设,就是要适应我国发展新的历史方位,全面贯彻新发展理念,以信息化培育新动能,用新动能推动新发展,以新发展创造新辉煌。以数字化改革进一步优化数据要素配置,进一步释放数据生产力,是支撑新时代"中国之治"的关键之一。数字化不仅是一场技术革命,更是一场治理变革。但在变革与重塑中,用数据进行治理的理念、方法、模式不断更迭焕新,同时热点和难点问题也不断浮现。

人工智能、大数据、区块链、云计算技术等新兴信息技术的出现和发展急剧地改变着人们的工作、生活和交往方式,带动了时代的巨大进步,引领人类进入"数智时代"。信息技术是生产力提高和科技进步的必然结果,已经成为社会发展和时代变革的"助推器"。然而,在享受计算机技术带来便利的同时,我们也面临黑客、计算机病毒、人格缺陷、计算机犯罪、信息污染、信息安全、信息鸿沟、侵犯个人隐私权、知识产权、网络文化霸权等一系列有悖于传统道德的计算机伦理问题,这些都是"数智时代"下全社会面临的热点和难点问题。因此,需要通过研究计算机伦理学来确定新的价值观念和行为规范。

研究数智时代的计算机伦理问题,有利于更加合理、全面地看待计算机技术的发展,寻求消解计算机技术弊端的方法,使计算机更好地服务于社会经济的发展,助力人民美好生活。计算机伦理以计算机为载体,关注计算机技术在应用过程中产生的道德问题和社会问题,包括计算机软件与硬件的设计与开发、信息技术产品的销售、服务和应用等方面的问题。例如,人工智能通过模仿人的行为和思想,利用机器的运算速度,有可能代替人类完成一些任务。虽然人工智能为人类生活带来了便利,但同时也会引发伦理问题。如果机器人做出了有悖常理的行为,那么责任应由谁来承担?

因此,计算机技术发展过程中所引起的道德混乱现象和负面效应凸显了构建计算机伦理学的紧迫性,这将促使伦理学从侧重于元伦理学和规范伦理学转向侧重于与计算机技术发展相关的应用伦理学,以解决计算机技术发展中的具体伦理问题。计算机伦理学是应用伦理学的一个分支,它是在开发和使用计算机相关技术与产品、IT 系统时的行为规范和道德指引。

目前,我国高校的计算机类专业教育侧重于学生的专业技能与专业素质,侧重对计算机基础知识以及工程实践能力的教育培养,而对计算机从业人员所应具备的职业修养与职业道德方面涉及不多。另外,在人才培养过程中把工程素养等同于工程操作能力,忽视环保意识、法治思维、人性化设计理念、工匠精神等伦理素养作为工程素养的重要组成,计算机类专业人才工程伦理教育存在一定滞后。同时,各个行业数字化转型对数字化、智能化发展亟待新理论和新技术的突破,计算机工程伦理的缺位使得高校毕业的计算机类专业人才进入行业后适应周期过长、可持续发展潜质不足。而国外很多著名高校早已开设相关计算机伦理课程,而我国开设该课程的高校相对较少。近些年随着国家工程教育专业认证的推进,OBE 理念已经融合到计算机类专业人才培养全过程,各个高校越来越重视计算机类专业人才的工程伦理教育。未来的计算机人才多从大学走出。因此,我们期待未来的计算机人才能够在大学期间就接受计算机伦理教育,从而在进入职业生活前形成规范的道德准则,科学、合理地利用计算机,更好地服务于人类。

愿"数智时代"让人类的生活更加美好!

本书作者在参考了大量有关计算机伦理的国内外最新文献资料基础上对教材内容体系进行设计。本书涵盖计算机伦理学的理论基础、研究方法及相关问题,主要包括近年来热门的计算机应用领域(人工智能、大数据、虚拟现实技术等)的伦理问题。全书共 10 章内容:第 1 章,计算机工程伦理概述;第 2 章,计算机技术对社会的影响;第 3 章,数据安全与数据伦理;第 4 章,信息技术与知识产权;第 5 章,计算机犯罪;第 6 章,软件质量、安全与风险控制;第 7 章,人工智能伦理;第 8 章,虚拟现实技术伦理;第 9 章,数字经济与 IT 垄断;第 10 章,IT 职业道德与社会责任。每章开头设有本章要点,概括该章的关键主题和概念,章内则提供了丰富的教学案例和思考题,以供进一步讨论学习。另外,本书的附录部分汇总了部分计算机职业伦理行为规范和行业规范,以供读者阅读。

参与编写本书的教师团队具有丰富的计算机类专业教学经验,在长期的科研项目中也积累了大量的计算机伦理案例素材,这为本书的顺利完成奠定了坚实基础。全书共分为 10章,第 1、2、10 章及附录部分由崔惠萍编写,第 3、6、7 章由卢胜男编写,第 4、5、8、9 章由杨文阳编写,全书由杨文阳负责总体策划和统稿。

在本书的编写过程中参考了许多国内外的相关文献,使用了网络上的一些数据和案例作为资料,也汲取了许多同仁的宝贵经验,由于资料收集渠道繁杂,在此向所有作者表示感谢。清华大学出版社为本书的顺利完成和出版提供了大力帮助和支持。

计算机工程伦理教育在我国还处于起步阶段,随着计算机技术的飞速发展,技术对自然界、社会和人类的影响将会更加深刻,计算机工程伦理的理论研究和应用研究会更加深入。由于编者的学识水平有限,书中难免有错误和不当之处,恳请各位读者批评指正。

编　者

2025 年 5 月

# 目　录

随书资源

# 第 1 章

# 计算机工程伦理概述

CHAPTER **1**

**本章要点**

计算机技术是有史以来最强大的、最灵活的技术。它在推动人类文明的发展和社会变革的同时也带来了新的社会问题。技术并不是一成不变的力量,它无法超越人类的控制。计算机技术是造福人类还是伤害人类,终究由人来决定。因此,计算机专业的学生在学习专业知识和技能的同时,也需要了解计算机技术对社会趋势、全球问题、伦理和社会责任等方面的影响,并在未来的工作和实践中遵循道德规范。通过对计算机工程伦理的认识,并把这些原理和方法运用到计算机技术开发、应用和技术实施的过程中,减少计算机技术带来的负面影响,使其带来的优点和积极效应最大化,使人类能够顺应自然发展规律,控制技术朝着健康正确的方向发展。

本章主要介绍信息技术带来的巨大变革、计算机工程伦理教育的意义、计算机工程伦理的基本概念和基本原则以及计算机工程伦理的发展历程。

**【引导案例】** 无人驾驶汽车面临的"电车难题"，如图 1-1 所示。

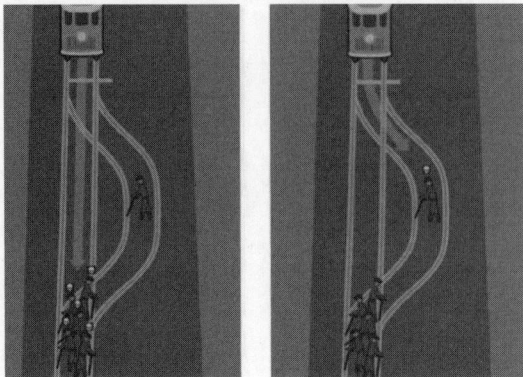

图 1-1　电车难题

　　伦理智能体管控的无人驾驶汽车需要遵守所有的交通规则，如果当人的生命出现危险时，它可以打破这些交通规则。此外，伦理智能体由一套伦理规范来指导其行为。假设一辆无人驾驶汽车在一条狭窄的道路上行驶，前方有 5 个行人横穿马路，而此时刹车失灵。如果无人驾驶汽车继续前行，就会撞到这 5 个行人；如果无人驾驶汽车转向，就只会撞到走在人行道上的 1 个行人。在这种情况下，无人驾驶汽车应该如何选择？这就遇到了伦理困境，如何在这种情况下作出决定？哪个是合乎伦理的正确行动呢？

# 1.1　信息技术带来的变革

微课视频

　　1946 年，世界上第一台现代电子数字计算机 ENIAC 诞生。ENIAC 虽然体积庞大、耗电惊人、运算速度不过每秒几千次，但它比当时已有的计算机要快 1000 倍，同时它还有按事先编好的程序自动执行算术运算、逻辑运算和存储数据的功能。ENIAC 的诞生宣告了一个新时代——电子计算机时代的到来，从此人类科技进入了飞速发展时期。1947 年，贝尔实验室的科学家发明了晶体三极管——微处理器的基本组成部分。1956 年，IBM 制造出第一个硬盘驱动器，它的重量超过一吨，但只能存储 5MB 的数据，甚至不足以储存现在的一张照片。而现在，1TB 存储容量的磁盘价格也不再昂贵，它还可以存储超过 250 小时的高清视频。事实上，现在 1 比特内存的价格大约只有 1970 年生产的固态存储芯片上 1 比特价格的大约十亿分之一。在网络空间中可能存有数万亿（GB）的信息。研究人员已经在开发新的技术，可以在 DNA 分子以及原子级别的存储芯片上保存数字信息。有了 DNA 技术，就可能在一立方毫米的空间中存储一百万吉字节（GB）的数据。这些技术都还处于试验阶段，但是它们的巨大潜力会降低当今巨大的数据中心的成本、空间和功耗。1991 年，航天飞机上的板载计算机只有 1 兆赫兹的频率。而如今几千兆赫兹（MHz）的计算机都很常见。

　　与此同时，计算机程序在国际象棋中已经击败了人类专家，智能客服能够回答我们的大部分问题，老年人可以拥有机器人伴侣。全世界的"短信族"每年发送数万亿条短信；微信已有 14 亿注册用户；Facebook 拥有超过 30 亿月活跃用户；Twitter 用户每天发送超 5000 万条的推文。而当你读到这段文字时，它们的数据已经被刷新。

### 1.1.1　实时通信与连接

远古时期,人们通过简单的语言、壁画等方式交换信息。千百年来,人们一直在用语言、图符、钟鼓、烟火、竹简、纸书等传递信息。19世纪末期,意大利工程师马可尼在陆地和一只拖船之间用无线电进行了消息传输,这被视为移动通信的开端。至今,移动通信已有100多年的历史,移动通信技术日新月异,5G时代已经到来,6G时代初见端倪。信息网络、社交网络、移动电话和其他电子设备让我们几乎可以在任何地方、任何时间都能够连接到其他人和信息。

**1. 移动电话**

在20世纪90年代,拥有移动电话的人很少。当离开家或办公室的时候,人们习惯了和他人失去联系。然而,在一段时间之后,手机服务改进了,同时价格也下降了。手机制造商和服务提供商开发了新的功能和服务,智能手机进入了大众的视野。很快成千上万的应用程序被开发出来,现在可供手机下载的App有数百万种之多。在短短的20年间,全世界数以十亿计的人开始随身携带移动电话——这对于一种新技术来说是一个令人叹为观止的速度。智能手机已不仅仅是固定电话的移动替身,而随着各种App的加入,它集成了移动通信、掌上电脑等多种设备的功能于一体,可用于通话、短信、拍照、下载音乐、收发电子邮件、游戏娱乐、银行理财、投资管理、工作购物、视频会议、出行导航、跟踪定位、读书学习、浏览新闻、传播视频,也可以作为电子钱包和身份识别设备,充当智能健康助手,还可以监控家里的安全摄像头,或者远程控制家用电器,完成着无数的商业任务等。

伴随着上述诸多应用,更多意想不到的用途如位置跟踪、色情短信和恶意的数据窃取应用也随之而来。这就令人不得不思考,它对于银行服务和电子钱包来说是足够安全的吗?当人们将手机和其他设备同步时,有没有意识到他们的文件处于最弱的安全级别,非常容易受到攻击?如果手机丢了怎么办?法律保护通话内容的隐私,但是智能手机会记录来电和短信的日志信息,并且包括检测位置、移动、方向、亮度和附近其他手机的设备等信息,其中的大部分数据都会被存储下来,研究人员将会对这些数据进行分析。数据分析会生成关于交通拥堵、通勤模式、疾病传播等方面的跟踪预警等信息。甚至研究人员通过分析数百万的通话时间和位置数据,发现如果有足够多的数据支持,就可以建立一个数学模型,以90%以上的准确率来预测某人在未来的某个时间会位于什么地点。这是不是会让人感到不安呢?

**2. 社交网络**

社交网络使得互联网从研究部门、学校、政府、商业应用平台扩展成一个人类社交的工具。随着移动智能手机的普及,网络社交更是把其范围拓展到移动手机平台领域,借助手机的普遍性和无线网络的应用,利用各种交友、即时通信、邮件收发器等软件,使手机成为新的社交网络的载体。今天丰富的社交网络已经开始承担大部分传统社交的功能。社交网络受到了数十亿人的广泛欢迎,因为它使人们更加容易地与家人、朋友、同事和公众分享生活。

社交网络与其他很多数字现象一样存在安全问题。据来自安全软件公司Webroot的最新调查显示,社交网站用户更容易遭遇财务信息丢失、身份信息被盗和恶意软件感染等安全问题,而其严重性可能超出用户的想象。调查的人中有十分之三的用户在社交网站上都经历过安全攻击,其中包括个人身份信息被窃、恶意软件感染、垃圾邮件、未经授权的密码修改和钓鱼欺诈等。

社交网站还会对人和人之间的关系产生什么影响？人们可以拥有数以百计的朋友和联系人，他们沉浸在虚拟的网络社交中，会不会减少与现实生活中身边人的交流，是否会造成现实中社交能力的退化？网上社交花费的时间会不会减少体育活动的时间，从而影响身体健康，而且，你在社交媒体中关注的人可能根本不是一个人，或许是社交机器人——一种可以在社交媒体中可以模拟人的行为的人工智能，而你可能永远也不会知道。对此你也无所谓吗？

**3. 互联网**

互联网从开始就是由一些互联的计算机组成，随着小型化和其他技术的发展，越来越多的设备（传统上并不认为是计算机的设备）也都可以连接到网络上，例如电视机、医疗设备、汽车、家用电器、无人驾驶飞机、车库开门器、婴儿摄像头、共享单车、可穿戴设备等。它们嵌入了软件并可以通过互联网连接所有这些物品所构成的网络称为物联网。人们可以在抵达家之前，在很远的地方就打开家里的电器，或者远程调节通过某个大坝的水流量。运动员穿着的服装可以测量运动员的心率、呼吸、肌肉活动等。智能手表会监控人们的日常活动，以及在身体健康、饮食和其他方面的情况。人们可以用智能手机或智能手表监控和控制家中几乎所有的智能设备。它们为了更好地服务人类，这些设备会收集有关人们最细节的偏好和日常生活习惯。这些信息存储在哪里？谁能查看这些信息？这样做会如何影响人类的隐私安全？

## 1.1.2　全民传播与自媒体

在以计算机和互联网为代表的信息社会，传者中心格局被打破，大众可以通过手机轻松拥有传播的力量，集信息接受者、传播者和内容生产者的多元角色于一身。人人拥有媒体、人人皆可传播信息的全民传播时代到来。

随着全民传播时代的深入，自媒体等社交媒体的假科学新闻、谣言、污名化、断章取义、过度延伸等现象广受诟病。社交媒体拆解了假科学新闻传播的"壁垒"，各类自媒体传播平台强化了虚假信息的传播。在平民化、草根化的全民传播中，微信公众号的强关系和高封闭性的特点，在人际关系网络中形成高互动性生态圈，这种现象成为谣言滋生和大肆传播的温床。朋友圈的高黏性提升了互动中的信任度和依赖度，但却延长了"谣言传播链"，加大了各类虚假新闻的泛滥。

手机摄像功能和视频处理工具促进了业余短视频行业的爆发。网络短视频成为红极一时的网络文化，它拓展了文化生产、传播和交流的深度和广度，塑造着全新的大众文化形态。短视频突破了时间空间的界限，为文化的生产、表达、参与、传播提供了自由广阔的平台。《2020 中国网络视听发展研究报告》发布报告中显示，网络视听用户突破 9 亿。短视频成为了仅次于即时通信的第二大网络应用，短视频用户规模高达 8.18 亿，近九成网民使用短视频。2020 年 6 月典型细分行业人均单日短视频使用时长为 110 分钟。短视频持续渗透入大众的生活中，用户年龄向两端渗透，10～19 岁，50 岁及以上年龄段人群持续增长。视频刷个不停成为许多年轻人的日常生活状态，"刷屏上瘾"的年轻人沉溺于海量的视频中无法自拔，他们的日常言语和思想观念都深受视频影响。一些粗鄙低俗、格调不高的视频还直接影响着当代青少年的价值观。青少年容易受不良信息的影响，从而作出与正确价值观相悖的行为。如通过短视频大肆炫富的行为，炫富行为放大金钱在社会上的作用，导致了青少年追求拜金主义和享乐主义。同时,出现很多"恶搞"短视频,"恶搞"的对象已经从日常生活、电影电视延伸到了红色经典、历史人物。青少年在嬉笑中解构经典和戏说历史,不知不觉地降低了审美情趣和价值追求。

### 1.1.3　在线教育与远程医疗

由芬兰计算机专家李纳斯·托瓦兹(Linus Torvalds)以及《大教堂与市集》《新黑客词典》的作者埃里克·斯蒂芬·雷蒙(Eric Steven Raymond)等人倡导的数字空间的"开放源代码运动"把"开放、自由、共享、合作、免费"这个信息时代的伦理精神付诸实施,自由软件、开放源代码软件可以在网络上免费下载并使用。同样,在 2012 年,美国的顶尖大学陆续设立网络学习平台,在网上提供免费课程。以麻省理工学院为首的一批世界名校(包括英国的牛津大学,我国的清华大学、北京大学等)把自己课程的教学资料和教授联系方式等信息全部在网上免费公开,每个能够上网的人都可以不受时间、地点的限制,学习自己喜欢的课程和知识,并和授课教师用电子邮件联系、请教问题。MOOC(大规模开放在线课程)就此诞生。MOOC 是"互联网+教育"的产物。我国大学 MOOC 就包含了一万多门开放课、1400多门国家级精品课,它与 801 所高校开展合作,已经成为最大的中文慕课平台。它的目的在于让每一个有提升愿望的用户能够学到中国知名高校的课程,并获得认证。这一做法使每个人都能平等地、免费地享受优质课程。截至 2022 年 11 月,中国慕课数量已经达到 6.2 万门,注册用户 4.02 亿,学习人次达 9.79 亿,在校生获得慕课学分认定 3.52 亿人次,慕课数量和学习人数均居世界第一。但不正当使用计算机的各种行为和现象也时有发生。例如,有学生从网上下载文章把它当作自己的作业、毕业论文;还有的人把别人的科研成果从网上拼凑起来,当作自己的学术作品。此类知识产权的侵权行为时有发生。

远程医疗(telemedicine)或远距离医疗,是指使用专门的设备和计算机网络在远程来进行医疗检查、咨询、监控、分析和治疗过程。在不发达国家中,与无国界医生组织合作的医生每天都可以向专家团队寻求帮助。许多诊所和医院使用视频系统与大型医疗中心的专家进行实时协商。各种健康监测设备可以把其读数从患者家里通过互联网发送给护士。这样的技术可以消除把患者转送到医疗中心而产生的费用、时间和可能存在的健康风险,同时可以对患者进行更多的定期监测,从而有助于尽早捕获危险的情况。远程医疗的作用远远不只是信息的传输。纽约的外科医生利用视频、机器人设备和高速通信连接远程切除了位于法国的一位患者的一个胆囊。这种系统在紧急情况下可以拯救生命,把高水平的手术技艺带给没有外科医生的小社区。可见,远程医疗不仅仅是患者与其主治医师之间的视频通话,它还包括更复杂和全面的解决方案,远程医疗软件开发人员使用创新技术——人工智能、云存储、增强和虚拟现实等。远程医疗中同样也存在隐患,如患者数据安全和数据访问权限等问题。

### 1.1.4　人工智能——模式识别与无人驾驶汽车

人工智能(Artificial Intelligence,AI)是计算机科学的一个分支,它使计算机能够执行需要人类智慧的任务。人工智能的应用领域有计算机视觉、自然语言处理、智能机器人、深度学习、数据挖掘等。学习能力是许多人工智能程序具有的特点,程序的输出会随着时间加以改进,因为它会根据对遇到输入所做的决策结果来进行评估学习。

　　许多人工智能应用都会涉及模式识别,这类应用包括阅读手写体、指纹匹配、人脸识别等。语音识别已经成为数百个应用程序中的常用工具。与智能手机对话,智能手机可以通过人工智能来弄清楚一个问题是什么意思,并找到问题的答案。各大网站、平台的智能客服——聊天机器人提高了工作效率,同时也降低了服务成本;英语口语学习的很多 App 的自动语音识别技术可以分析学习者发音的准确性,帮助他们更好地学习口语;家庭中使用的智能音箱,可以使用户实现用自然语言方便流畅地与设备对话,完成自助点歌、控制家居设备和唤起生活服务等操作;打字时使用的智能输入助手支持的语音输入以及从图片中提取文字等功能,大大提高了输入效率;人脸识别作为基于脸部特征信息进行身份识别的一种生物识别技术,已经广泛应用于各行各业,如门禁、地铁、机场等各出入口以及小区安防、超市营销等各种场景中。此外,还能通过人脸识别锁定和追逃嫌犯和不法分子,提高车站安全和管理效率。

　　自动驾驶汽车又称无人驾驶汽车或轮式移动机器人,是一种通过计算机系统实现无人驾驶的智能汽车。自动驾驶汽车依靠人工智能、视觉计算、雷达、监控装置和全球定位系统的协同合作,让计算机可以在没有任何人类操作下,自动安全地操作机动车辆。自动驾驶汽车可以调整速度和路线,以减少红绿灯的等待时间。2022 年 2 月 2 日,北京冬季奥运会依靠在首钢园区部署的 5G 智能车联网系统,完成无人车火炬接力。这是奥运历史上首次基于 5G 无人车实现火炬接力。

　　然而,我们在享受人工智能带来的便捷的同时,也需要面对它带给我们的社会伦理问题。人工智能系统在现实世界的应用中越来越高效,导致过度使用和滥用的风险激增。有人担心随着人工智能的进步,机器人变得更加聪明之后,它们会反过来消灭人类。如果说这些是对未来发展的担忧,那么现实的问题是广泛被使用的人脸识别技术会不会造成 AI 侵犯公民隐私和带来信息安全问题? 自动驾驶汽车中的人工智能系统的缺陷和价值设定问题可能对公民的生命权、健康权构成威胁。当人工智能遇到类似本章开头引导案例的道德困境时,算法就不仅仅是单纯的技术问题,更是伦理价值的选择和体现。2018 年,Uber 自动驾驶汽车在美国亚利桑那州发生的致命事故并非传感器出现故障,而是由 Uber 在设计系统时出于对乘客舒适度的考虑,对人工智能算法识别树叶、塑料袋之类的障碍物作出予以忽略的判断。根据国外某数据库于 2021 年 9 月提供的关于人工智能的事故案例报告,126 起事件中有 72 起事件与可靠性有关,在这 72 起事件中,有 29 起事件涉及伤亡,这表明人工智能产品的可靠性问题会导致重大安全问题。

## 1.1.5　电子商务与移动支付

　　比尔·盖茨曾说"21 世纪要么电子商务,要么无商可务。"电子商务是利用计算机技术、网络技术和远程通信技术,实现整个商务过程的电子化、数字化和网络化。在十多年间,Web 从一个象牙塔里的学术社区转变成了一个世界范围的集贸市场。电子商务化的好处显而易见,如足不出户就能花更少的钱购买商品,购物之前货比三家的代价更低,也更为容易,避免了中间商和分销商的巨额手续费,因而会把许多产品的价格拉低。1994 年创立的亚马逊网站(Amazon.com)从在网上卖书开始做起,已经成为最受欢迎、最可靠和最人性化的商业网站之一。许多基于 Web 的企业开始效仿亚马逊,有的也创建了新的商业模型。

　　作为电子商务支付手段的移动支付,近十多年来随着智能手机的普及而迅速发展。

2011—2012 年,支付宝推出了条形码支付业务,拉开了移动支付的序幕。此后,微信支付、京东支付、财付通等移动支付平台大量兴起。移动支付是指移动客户端利用手机等电子产品来进行电子货币支付,移动支付将互联网、终端设备、金融机构有效地联合起来,形成了新型的支付体系。移动支付开创了新的支付方式,使电子货币开始普及。2021 年 2 月 1 日中国银联发布了《2020 移动支付安全大调查研究报告》,显示 2020 年平均每人每天使用移动支付 3 次。对于消费者来说,可以直接扫描二维码,轻松付款。而不需要携带现金,不需要找零,不需要刷卡签字,很大程度上节约了时间,并且避免了假币问题。另外,用户通过移动支付的快捷转账,可以轻松实现生活缴费、车票购买、手机充值等,真正做到足不出户办理各种业务。但是,在移动支付的发展过程中,有些支付创新为了实现用户的友好性及支付交易的快捷性,而忽略了交易验证的严谨性,带来了支付风险。例如有的收款二维码被恶意掉包,付款二维码被恶意读取。此外,还有移动终端设备自身存在风险,如手机本身未采用加密等安全措施,不法分子通过钓鱼网站或木马程序窃取用户信息,并对移动支付功能进行非法复制,从而造成用户重要信息泄露和财产损失。由于移动支付发展过快,安全保障体系还未健全,易受到木马、黑客的攻击,而移动支付平台内存有大量的用户个人信息与消费记录,这些一旦被不法分子获取,不仅用户个人的隐私被侵犯,公民收支的详细数据也将泄露,造成极大的安全隐患。另外,通过消费者的购物记录可以分析出他们的喜好、家庭情况等信息。如果这些信息被居心不良的人员得到,以此给消费者推送商业广告、产品推销等,影响消费者的正常生活。

由此可见,变化的不仅仅是技术,它给社会带来的影响和争议也在不断发生变化。强大的技术具有深远的社会影响。每一项技术自诞生的那一刻起,就会引起社会和伦理的变革。计算机技术也不例外。计算机技术是有史以来最强大的、最灵活的技术,计算机技术正在改变一切。计算机技术的应用,给人类生活带来了巨大的便利,也推动了人类社会文明的发展,它赋予了个人不可想象的巨大力量,也享有以往不可想象的自由,但如果对它使用不当,也能够给人类带来巨大的灾难。随着个人计算机和软盘的使用而来的是计算机病毒,以及对著作权概念带来的巨大威胁;随着电子邮件而来的是垃圾邮件;随着越来越多的存储和速度而来的是拥有我们的个人信息和生活财务的详细信息的数据库;有了网络、浏览器和搜索引擎,也就方便了青少年对色情内容的访问,出现了更多对隐私的威胁,以及更多的版权挑战;电子商务为消费者带来了廉价商品,为企业家创造了商机,也带来了身份信息的盗窃和诈骗;随着社交网络、短信、视频、照片和信息分享的普遍,网络成为一个社交场所,人类沟通交流快捷方便的同时也潜伏着网络欺诈、网络暴力等问题。信息革命不只是"技术性的",它实质上是社会性和伦理性的。因此,必须借助伦理道德的力量来规范人们的使用行为,借助伦理道德精神的指引,将不确定性的危害降到最低。

## 1.2 计算机工程伦理教育的意义

技术是时代进步的必然。计算机信息与网络技术正极大地改变着人类的生存境况。计算机被广泛应用到工商、民用、管理、教育、司法、医疗、科研等方面。新的技术带来社会变革的同时必然也会带来新的风险。在每一个环境中都存在着人们的目的与利益、机构目标、人际关系、社会规范的矛盾与冲突。正如罗伯特·维纳所说的"新工业革命是一把双刃剑。它

微课视频

可能造福于人类……它也可能损害人类,如果不能明智地使用它,它将朝着这个方向越走越远。"但是技术并不是一成不变的,无法超越人类的控制之外。关于要研制什么技术和产品以及如何使用它们,都是由人可以决策的。一个产品什么时候才可以安全地发布,也是人可以决策的。如何访问和使用个人信息,同样是人可以决策的。是人在制定法律、设定规则和标准。那么,我们应如何适应新技术,保证正确使用技术来造福人类而不是伤害人类呢?在计算机技术创造的新的可能性的周围存在着传统伦理学不能直接回答的一系列道德新问题。当我们面对应何时和怎样使用计算机时,我们面临着新的道德选择。而在如何进行选择时,"存在一个道德政策的真空"。因而,需要通过对计算机工程伦理的研究,来确定新的价值观念、行为规范。这正是学习计算机工程伦理的意义所在。

当计算机专业学生已经或者准备学习这一领域的知识和技术的时候,他们需要对由于计算机技术带来的社会趋势、全球问题加以充分的认识。他们将来既有可能是计算机技术设计者,也有可能是计算机技术使用者,是计算机技术和环境的重要角色。因为黑客、病毒制造、计算机诈骗和侵犯隐私事件的不断增加,他们需要进行大量的"培养意识"练习。计算机教育者必须做3件事情:第一,鼓励明天的计算机专业人员为了IT产业的长远利益,要遵守更有道德、更负责任的行为规范;第二,帮助学生认识到计算机造成的社会问题和产生数字化的社会原因及社会环境;第三,使学生对各种道德问题变得敏感,因为这些问题作为一个计算机专业人员以后每天都会碰到,并影响他们的工作和生活。

如今许多计算机专业的大学生将会参与制造对个人、组织和整个社会有重大影响的系统,如果希望那些系统能在经济和社会方面获得成功,毕业生们必须知道迄今为止计算机化所带来的社会教训,包括伦理和社会问题,以及计算机专业人员面临的一系列选择问题。当前,几乎所有重要信息存储、处理和应用都离不开计算机技术,使得计算机专业人员掌握了重要的权力,从底层的操作员到顶级系统的开发者都是如此。这种权力还没有被特别关注,但已从技术本身上体现。计算机专业人员经常发现自己有高于他人的权力,这种权力很容易被那些无所顾忌或易受诱惑的人滥用。计算机专业人员在每天的工作中都会面临各种道德困境,几乎每天要面对责任、知识产权、隐私权等问题。当一个系统发生故障或完全瘫痪时,该责怪谁?当某些知识产权被侵犯时,专业人员该持何种态度?他们该怎样权衡系统安全的需求和对个人隐私权的保护之间的关系?

计算机工程伦理不只是机械地把伦理学理论应用于计算机工程的伦理学。虚拟与现实的关系是计算机工程伦理与传统伦理道德相比较的出发点,也是计算机工程伦理特殊性的表现。虚拟性和不确定性等在一定程度上促成了计算机领域的"道德真空",这是由杰姆斯·摩尔首次提出的概念。他认为计算机的出现和普及放大了道德的不可控、不确定因素,使计算机工程伦理在行为主体的道德规约层面上形成了真空现象。计算机技术"双主体",即计算机技术研发主体和计算机技术应用主体,在一定意义上,二者皆构成计算机工程伦理道德建设的核心指向。计算机技术发展过程有诸多的不可控因素,尤其是计算机虚拟空间的不确定性,衍生出了区别于传统伦理的现代计算机工程伦理困境。因此,通过对计算机工程伦理的认识,并把这些原理和方法运用到与计算机技术开发、应用与技术实施过程中,减少由计算机技术带来的负面影响,使其带来的优点和积极效应最大化,使人类能够顺应自然发展规律,控制技术朝着健康正确的方向发展。

今天的高等院校的大部分计算机专业学生会成为未来的计算机专业人员。作为计算机教育者,我们希望学生们在学习期间不仅能够学到课程所讲到的专业知识,同时在学习方法、专业素养、人品修为上学到有益的东西。开设计算机工程伦理课程能够帮助学生深切认识到计算机技术所带来的社会问题,同时明确计算机专业人员所应具备的职业修养和职业道德规范。本书涉及的主题主要是围绕计算机技术带来的社会伦理问题进行分析讨论,具体包括以下方面:

　　(1) 计算机工程伦理基础理论;

　　(2) 计算机技术对社会的影响;

　　(3) 数据安全与隐私保护;

　　(4) 信息技术与知识产权;

　　(5) 网络暴力与计算机网络犯罪;

　　(6) 软件质量、信息安全与风险控制;

　　(7) 人工智能与算法伦理;

　　(8) 虚拟现实技术伦理;

　　(9) 数字经济与 IT 垄断;

　　(10) IT 职业道德与专业责任。

## 1.3　计算机工程伦理基本概念

微课视频

### 1.3.1　伦理、伦理学与计算机工程伦理的基本概念

#### 1. 伦理的概念

在中国,"伦""理"二字,早在《尚书》《诗经》《易经》等著作中已分别出现。"伦"有类别、辈分、顺序等含义,可以被引申为不同辈分之间、人与人之间的关系。"理"最早指玉石上的条纹,后来引申为条理、道理等含义。伦理,即调整人伦关系的条理、道理、规则。"伦理"二字合用,最早见于《礼记·乐记》。

道德与伦理是伦理学中的基本词汇。在很多情况下,道德与伦理是被作为同义词来使用的。但在日常使用过程中,二者也有些区别。哲学家认为伦理是指规则和道理,即人作为整体,在社会中的一般行为规则和行事原则,强调人与人之间、人与社会之间的关系;而道德是指人格修养、个人道德和行为规范、社会道德,即人作为个体,在自身精神世界中的心理活动准则,强调人与自然、人与自我、人与内心的关系。道德更突出个人因遵循规则而具有的德行,伦理则突出依照社会或团体的规范来处理人与他人、人与社会、人与自然之间的关系。伦理是客观法,具有律他性,而道德则是主观法,具有律己性。伦理要求人们行为基本符合社会规范,而道德则是对人们行为境界的描述。通常伦理更具客观、外在、社会性意味;道德更含主观、内在、个体性意味。当描述规范、理论时,更多地使用伦理的概念,当对具体个体或者一类现象进行描述时,则更多地使用道德这个概念。

伦理研究的是关系和秩序,即人与人,人与社会,人与自然之间的关系,以及社会生活应该是什么样的秩序。美国《韦氏大辞典》对于伦理的定义是:一门探讨什么是好什么是坏,以及讨论道德责任和义务的学科。一个具有伦理修养的人,无论有人监督,还是无人监督时都能做到不伤害他人,也不伤害自己。伦理至少具有以下这样 3 个方面的意义:

（1）区别与秩序是伦理的第一要义；

（2）伦理是人际关系的法则与原理，是人际关系、社会关系的组织建构原理；

（3）伦理以人性，确切地说，以善之人性为前提。

伦理一词，原指人与人之间微妙复杂而又和谐有序的辈分关系，后来经过发展演化，泛指人与人之间的相互关系应当遵循的道理和规范。因此，就把研究关系、秩序的学科称为伦理学。有的学者也把伦理学称为研究行为理由的学科，为什么这样做、不那样做呢？它的伦理依据是什么呢？自然界有自然界的运行规律，物质世界有物理的法则，肉体有生理的法则，人类的生活也必然存在着伦理的法则。人只要活着，就有一种正确的法则存在于人与人、人与物和人与自然之中，这就是仁爱。它帮助人类与宇宙万物和谐地生活在一起。这种不变的生活法则称为绝对伦理。伦理具有如下特性：

① 绝对性。无论是谁，在何时何地进行实践，都存在着一个正确的伦理法则。

② 普遍性。所有人类社会活动的各个方面都存在着伦理，计算机技术也是一样。

③ 一贯性。伦理法则不因历史和时代的变迁而变化。

④ 基本性。这是人类所有活动的基础，是文化、教育、政治、经济等一切的基础。

**2. 伦理学的基本概念**

伦理学(Ethics)是一门研究世间万物之间的关系，研究宇宙万物之间如何维持一个良好秩序的学科。可以说，伦理学就是人的生活、实践的哲学，或称为道德哲学。通俗地讲，伦理学就是为人们建立快乐的、有秩序的生活理论，属于应用哲学的一个分支，它被定义为规范人们生活的一整套规则和原理，包括风俗、习惯、道德规范等。简单地说，就是指人们认为什么可做什么不可做、什么是对的什么是错的。伦理规范既是行为的指导，又是行为的禁例。可以这样理解，法律是具有国家或地区强制力的行为规范，道德则是控制我们行为的规则、标准、文化，而伦理学是道德的哲学，是对道德规范进行讨论、建立以及评价。伦理学的理论是研究道德背后的规则和原理。它可以为我们提供道德判断的理性基础，使我们能对不同的道德立场作出分类和比较，使人们能在有现成理由的情况下坚持某种立场。它是关于理由的理论，即做或不做某事的理由，认为某个行为、规范、做法、制度、政策和目标好坏的理由。从一定意义上说，它是以人为中心的，教导人们如何做人，怎样对待他人，对待自然，对待世间万物，如何生活才更有意义、更有价值。如何使自己的行为、言论对自己、对他人，甚至对自然宇宙都有利？这是伦理学的核心目的。

1）研究对象

伦理学是研究道德的科学，但由于历史上伦理学派林立，对道德的认识、理解有很大偏差，因而对伦理学研究对象的看法也很不一样，难以进行概括。以下面 4 种观点为例：

（1）伦理学的研究对象是"善"；

（2）伦理学的研究对象是人类的道德行为；

（3）伦理学的研究对象是人类的幸福；

（4）伦理学的研究对象是道德原则和规范。

纵观以上观点，"善"可以理解为伦理规则的依据和伦理行为的价值评判标准，"人类的幸福"应该是伦理追求的终极目标。伦理学是以道德现象为研究对象，不仅包括道德意识（如道德情感、道德规范等），而且还包括道德实践（如道德行为、道德活动等）。伦理学将道德现象从人类的实际活动中抽分开来，探讨道德的本质、起源和发展、道德水平同物质生活水平之间的关系、道德的最高原则和道德评价的标准、道德规范体系、道德的教育和修养、人生的意义、人的价值、生活态度等问题。

2）基本问题

有学者认为善与恶的矛盾问题是伦理学的基本问题；有的则认为道德与社会历史条件的关系问题是伦理学的基本问题；也有学者认为应有与实有的关系问题是伦理学的基本问题；还有学者认为人的存在发展要求和个体对他人、对社会应尽责任义务的关系问题是伦理学的基本问题，如此等。目前占主导地位的观点是：伦理学的基本问题就是道德和利益两者的关系问题。因为道德和利益的关系问题是研究和解决其他一切伦理问题的前提和基础，道德和利益的关系问题始终贯穿于伦理思想的发展。道德与经济利益、物质生活的关系问题，以及个人利益与整体利益的关系问题，由于对这些问题的不同回答，便形成了不同的甚至相互对立的伦理学派别。

3）研究方向

普遍认为一个人是见利忘义还是重义轻利，是他的伦理素养的试金石。伦理的这两个关系具有以下两方面的研究方向：

（1）经济利益和道德的关系问题。即是经济关系决定道德，还是道德决定经济关系，以及道德与经济关系有无反作用。

（2）个人利益和社会整体利益的关系问题。即是个人利益服从社会整体利益，还是社会整体利益从属于个人利益。无私忘我、为人民服务是中国历来崇尚的伦理境界，也是全世界各民族共同的价值观。

**3．工程、工程伦理及计算机工程伦理**

工程的概念最初主要用于指代与军事相关的设计和建造活动，比如，工师最初是指设计、创造和建造火炮、弹射器、云梯或其他用于战争的工具的人。近代之后，工程的含义越来越广泛。人们把有目的地控制和改造自然物、建造人工物、以服务于特定人类需要的行为往往都称之为工程。随着工业化进程的推进，人类对于自然力量的控制和利用越来越紧密地与近代以来的科学发现和技术发明联系在一起，因此，工程也往往被视为是对科学和技术的应用。20世纪后，工程活动在经济社会发展中扮演了越来越重要的角色。人们开始进一步反思工程的概念。一方面，工程是价值中立的这种观念逐步被打破，人们开始从社会和伦理维度对工程活动进行探讨，工程与伦理的关系成为重要的理论和实践问题。另一方面，进一步探讨科学、技术与工程之间的关系，逐渐摒弃把工程单纯视为是科学的应用的这种认识。在现代社会，工程概念的应用更加广泛，广义的工程概念认为，工程是由一群人为达到某种目的，在一个较长时间周期内进行协作活动的过程。这种广义的理解强调众多主体参与的社会性，如"希望工程"等；狭义的工程概念则认为，工程是以满足人类需求的目标为指向，应用各种相关的知识和技术手段，调动多种自然与社会资源，通过一群人的相互协作，将某些现有实体（自然的或人造的）汇聚并建造为具有预期使用价值的人造产品的过程。可见，狭义的工程概念不仅强调多主体参与的社会性，而且主要指与生产实践密切联系、运用一定的知识和技术得以实现的人类活动。因此，工程不是单纯的科学技术的运用，而是工程师、科学家、管理者乃至使用者等群体围绕工程这一内核所展开的集成性与建构性的活动。任何一个工程项目整体上都是一种社会实践，认识到这一点对于我们探讨计算机工程的伦理问题具有重要的意义。

　　"作为社会实践的工程"可从两方面进行考量。一方面，工程活动本身具有社会性，它是工程共同体通过实践运用工程设计和知识的过程；另一方面，工程活动的目的是"好的生活"，其造福人类社会的目标具有社会性。工程实践作为特定知识的运用方式，具有与现代科学实验相似的因素，即不确定性和探索性。

　　因此，工程作为一种由具有有限理性的人所主导的社会实践，既具有社会性，又具有探索性。这两个方面都使得工程实践与伦理问题紧密相关。

　　一方面，工程实践不仅涉及与工程活动相关的工程师、其他技术人员、管理者、投资方等多种利益相关者，还涉及工程与人、自然、社会的共生共在，因而面临着多重复杂重叠的利益关系。如何兼顾工程实践过程中各主体间不同的利益诉求、尽可能平衡或减少其中的利益冲突，将是工程实践必须面对的重要问题。另一方面，由于工程是在部分无知的情况下实行的，具有不确定的结果，工程活动既能形成新的人工物满足人们的需求，也可能导致非预期的不良后果。由此出发，如何尽可能有效地规避风险并最大限度地服务于"好的生活"。作为工程的主要设计者和建造者，工程师不仅需要具备专业的知识和技能，更要具备如何"正当地行事"的伦理意识，以及规避技术、社会风险和协调利益冲突的能力。工程伦理关注的就是工程师等行为主体在工程实践中应如何"正当地行事"。

　　由于计算机工程是围绕计算机技术所展开的集成性与建构性的活动，而计算机技术的应用遍布人类社会的各个领域以及人们生活工作学习的各个方面，并且计算机技术的发展日新月异，计算机工程实践的不确定性和探索性更为突出，因此计算机工程伦理的学习尤为重要和紧迫。计算机工程伦理研究的内容就是计算机工程中涉及的伦理问题以及计算机工程师等行为主体在计算机工程实践中的行为规范和伦理准则。研究计算机技术产生后，带来的新的人与人之间的关系、人与社会之间的关系、人和机器之间的关系以及人与自然的关系；研究各种技术带来的人对自身、对自然、对宇宙新的认识，以及由此带来的人与自然、与宇宙万物的关系的改变和给人类的社会生活带来的新的关系和新的秩序。

## 1.3.2　计算机工程伦理的内涵

　　许多时候计算机工程伦理又被称为计算机伦理学，在其发展史上，计算机伦理学有过很多不同的定义。20世纪70年代沃尔特·曼纳（Walter Maner）首次使用"计算机伦理学"作为学科的名称，他把该研究领域定义为研究"计算机技术所引发、改变和加剧的伦理问题"的学科。他认为计算机加剧了一些传统的伦理问题，也催生了一些新的伦理问题。而美国计算机伦理学家摩尔（James Moor）对它的经典定义更具权威性和启发性，计算机伦理学是"研究计算机技术的本质及其对自然和社会的冲击分析，以及形成相应的伦理道德规范与评判政策"的应用伦理学科。摩尔的定义一直是最具影响的定义。他把计算机伦理学定义为研究如何合乎社会道德地使用信息技术，之所以产生典型的计算机伦理问题，是因为存在关于应当如何使用计算机技术的政策真空。计算机为我们提供了新的能力，进而给我们提供了新的行为选择。通常，即使不存在指导这种情况的行为的政策，现有的政策似乎也不够用。计算机伦理学的中心任务就是确定我们在这种情况下应当做什么，即制订指导我们行为的政策。20世纪90年代，唐纳德·哥特巴恩（Donald Gotterbarn）成了另一种计算机伦理学强有力的倡导者。他认为应当把计算机伦理学看作职业伦理学的一个分支学科，主要研究计算机专业人员执业的行为标准和行为准则，人们不太关注职业伦理学这个领域——

为作为专业人士角色的计算机专家的日常活动提供价值。计算机专家是指进行计算机产品设计和开发的人,在产品的开发过程中所作出的伦理决策与在广义计算机伦理学下讨论的许多问题有着直接的联系。

我国学者认为,计算机工程伦理是对计算机技术的各种行为(尤其是计算机行为)及其价值所进行的基本描述、分析和评价,并能阐明对这些分析和评价的充足理由和基本原则,以便为有关计算机行为规范和政策的制定提供理论依据。可以看出,中外学者们对计算机伦理学和计算机工程伦理的认识是基本一致的,都强调它是研究与计算机工程有关的行为活动规范准则及其价值评价的理论依据。结合其终极目标,可以作以下界定:计算机工程伦理是讨论、研究并教育人们如何使用计算机技术为人类的生活带来健康和幸福,尽量抑制最小化由它带来的不良社会影响的学科。计算机工程伦理就是为使用计算机技术的提供道德依据或理由,以指导人们的实践。正如美国计算机学会(ACM)发布的"计算机伦理十诚",就是告诫人们在计算机工程实践中具体的伦理实践内容:

(1) 不应该用计算机去伤害他人。

(2) 不应该去影响他人的计算机工作。

(3) 不应该到他人的计算机文件里去窥探。

(4) 不应该利用计算机去偷盗。

(5) 不应该用计算机去作假证。

(6) 不应该复制你没有购买的软件。

(7) 不应该使用他人的计算机资源,除非你得到了准许或者为此做出了补偿。

(8) 不应该剽窃他人的精神产品。

(9) 应该注意你正在写入的程序和你正在设计的系统的社会效应。

(10) 应该始终注意,使用计算机时是在进一步加强你对人类同胞的理解和尊敬。

在这个理念下,应当将加强道德教育与相应的社会道德规范建设,将法律法规建设与计算机技术的发展同步进行。凡事预则立,运用人类社会所积累的知识与文明,恰到好处地处理好"计算机-人-社会-宇宙自然"的关系,是实现和谐社会的重要保障。

### 1.3.3　计算机工程伦理的研究对象

广义上,计算机技术可以被理解为是基于计算机和人类积累的技术知识和社会学知识的综合系统。它是人、管理制度、与计算机软硬件相关的信息技术和设备以及数据(如数据库、通信网络等)组成的集合。在计算机技术之外,就是环境。本节中所讲的计算机技术不是狭义的计算机系统,不仅仅是一个由硬件和软件有机结合的整体,还包括计算机的主机设备、输出输入设备、系统软件和应用软件。从广义的角度而言,对计算机技术与环境可做出的定义是:它是由计算机技术设计者、计算机技术使用者与计算机系统(狭义的)、数据、网络、自然环境等组成的系统,系统外面还有环境。把计算机技术的设计者、计算机技术的使用者与计算机视作计算机技术的三个主要角色,他们相互之间存在着密切关系。系统的环境则是与计算机有关的其他人员、文化、经济、社会、大自然等。计算机工程伦理的研究任务是阐述计算机技术的三个角色之间的正确和不正确关系,以及在计算机的设计、开发、应用中,信息的生产、存储、交换、传播中所涉及的伦理道德问题。

**1. 人与计算机之间的关系**

在三个角色中，人是关键角色，是最具有能动性的角色，因为计算机和计算机技术是由人创造的。虽然计算机所做的工作是由程序规定的，但程序是由程序员用编程语言编写的。编程语言再由解释程序或编译程序，通过操作系统转化为机器语言指令序列。在这些处理过程中，人是起决定性的作用。

计算机技术的设计者（包括开发者，也称为 IT 设计者）、计算机技术的使用者（也称为 IT 使用者）和相关人员就代表着设计、开发和应用计算机系统以及生产、储存、交换和传播信息的专业人员，他们的道德行为是计算机工程伦理所关注的对象。计算机专业人员既可以是计算机技术设计者，也可以是使用者。计算机技术的使用者包含了非专业的普通用户与计算机专业用户两个类型。计算机技术设计者和计算机技术使用者分别与计算机产生了不同的联系。

计算机的使用，既要使用硬件，也必须用到软件。软件作为产品，由于其生产过程的特殊性，具有其他商品所没有的特性。首先，它是经过智力加工或经激活的信息产品，是知识劳动的成果；其次，由于它的消费性与生产性很难加以严格区分，从而导致需求者和供给者混合在一起；最后，软件产品结构与使用它的设备具有不可分割性。对于计算机使用者而言，计算机充当工具伴侣的角色，消费意识指导着使用者的使用行为，如图 1-2 所示。例如，使用者愿意进行有偿消费还是无偿消费，决定了他是否会使用盗版软件。消费的目的是否健康，有些用户将计算机技术作为维持社会正常运行来使用，有些则作为交流、娱乐等工具，有些则将其作为生活中的唯一兴趣，就像黑客、网瘾患者那样，还有的在利益的驱使下制造和传播垃圾邮件及信息等。

计算机技术设计者与计算机两者之间表现出来简单的科学精神和工程意识，如图 1-3 所示。计算机系统、软件的开发过程被认为是 IT 的标志活动，是计算机技术设计者所做的工作。计算机技术设计者在设计、开发各种计算机系统以及计算机软件的过程中，可以创造出新的知识或者技术。从科学的角度，技术、知识的形成遵循一定的规律，它们受到计算机技术设计者本身的素质以及经济社会等因素的影响；而它反过来又影响着产品的社会文化。例如，电子游戏有品位高低之分，数字动漫作品更是良莠不齐。像动画片《花木兰》激励人们孝敬老人、忠于祖国、为家为国分忧，深受人们喜爱；而暴力色情作品则害人不浅。在计算机技术无处不在的当下，技术人员的职业素养和职业道德就显得更为重要。

| 计算机 | 工具伴侣 ——→ 消费意识 | 计算机技术使用者 |
| --- | --- | --- |

图 1-2　计算机技术使用者与计算机的关系

| 计算机技术设计者 | 科学精神 ——→ 工程意识 | 计算机 |
| --- | --- | --- |

图 1-3　计算机技术设计者与计算机的关系

**2. 计算机工程伦理研究的基本问题**

澳大利亚的计算机学者福雷斯特（Tom Forrester）提出计算机伦理学有两个任务：

(1) 讲述一些计算机给社会带来的新问题。

(2) 这些问题是如何给计算机专业人员和用户造成道德困境的。

计算机的设计、开发和应用的主要目的就是生产、储存、交换和传播数据和信息。这些活动中会涉及哪些伦理道德问题呢？作为一个新兴的交叉学科，计算机工程伦理主要围绕以下几个重要问题：

1) 隐私保护

隐私保护是计算机工程伦理最早的课题。传统的个人隐私包括：姓名、出生日期、身份证号码、婚姻、家庭、教育、病历、职业、财务情况等。现代个人数据还包括电子邮件地址、个人域名、IP地址、手机号码以及在网站登录所需的用户名和密码等信息。随着计算机信息安全管理系统的普及，越来越多的计算机从业者能够接触到各种各样的保密数据。除此之外，当前大数据技术被广泛应用，用户在网络上的各种活动，如消费行为、网页浏览活动等数据在商业利润的驱使下被跟踪记录和分析，隐私暴露无处不在。

2) 计算机犯罪

信息技术的发展带来了更新的犯罪形式，如电子资金转账诈骗、非法访问、通信线路盗用等。我国《刑法》对计算机犯罪的界定包括：违反国家规定，侵入国家事务、国防建设、尖端科学技术领域的计算机信息系统的；违反国家规定，对计算机信息系统功能进行删除、修改、增加、干扰，造成计算机信息系统不能正常运行；违反国家规定，对计算机信息系统中存储、处理或者传输的数据和应用程序进行删除、修改、增加的操作，后果严重的；故意制作、传播计算机病毒等破坏性程序，影响计算机系统正常运行的。病毒、蠕虫、木马，这些词已经成为了计算机类新闻中的常客。计算机病毒和信息扩散对社会的潜在危害远远不止网络瘫痪、系统崩溃等这么简单，如果一些关键性的系统如医院、消防、飞机导航等受到影响发生故障，会直接威胁人们的生命安全。黑客入侵更是会威胁到国家安全。

3) 知识产权

知识产权是指创造性智力成果的完成人或商业标志的所有人依法所享有的权利的统称。借助于计算机技术，电影盗版、书籍盗版、在网上下载复制传播有知识产权的信息变得方便容易。凡此种行为，已严重违反了知识产权法，不仅是对别人劳动成果的不尊重，更是盗窃别人智力劳动成果的非法行为，是一个文明社会所不允许的。当然，软件盗版也是其中之一。几乎所有的计算机用户都在已知或不知的情况下使用过盗版软件。我国已于1992年正式加入保护版权的伯尔尼国际公约，并在已修改的版权法中将软件盗版定为非法行为。然而在互联网资源极大丰富的今天，软件反盗版更多依靠的是计算机从业者和使用者的自律。目前许多国家已经对知识产权问题实施了立法保护。

4) 计算机系统和软件质量问题

随着社会对计算机技术的依赖不断增加，由计算机系统故障和软件质量问题所带来的损失和浪费是惊人的。如何提高和保证计算机系统及计算机软件的可靠性一直是科研工作者的研究课题。

5) 信息垃圾与信息污染

如果说近现代工业文明带来的是全球的环境污染，那么垃圾邮件无疑就是由当代的信息文明滋生出的。无数的数字化信息垃圾，正日益演变为信息污染。与此同时，网络色情信息和网络色情活动趋势正愈演愈烈。随着网络多媒体技术的发展以及网络带宽的加大，为不法分子传播色情信息提供了便利。在五花八门的网页上，每秒自动更新的色情图片更是扰乱了人们的正常工作。一些平台的信息推送方式为软色情内容的传播创造了便利，成为软色情的传播器。这已经成为污染网络生态和人们精神世界的一大"毒瘤"，产生了极其不良的社会影响，给上网者尤其是青少年造成了心灵伤害。如何追究这些信息垃圾制造者给网民造成的精神伤害的法律和道德责任,也是计算机工程伦理与信息时代的法律要研究的课题之一。

6) 人工智能等新兴技术带来的社会伦理问题

如果说人工智能技术的过度使用与滥用可能导致隐私侵犯和信息安全问题属于人为因素的话,那么由人工智能的自主性和学习能力带来的问题显然已超越了这一因素。马提亚斯(A. Matthias)认为鉴于人工智能系统具有的自主性和学习能力,传统的责任归属方式可能不再适用,人类不得不面临既不能要求人工智能负责,也无法让某个特定的程序员负责的困境,马提亚斯称之为"责任鸿沟"。2017 年,微软在 Twitter 推出人工智能聊天机器人 Tay。它通过与 Twitter 网友对话进行自我学习,进而通过模仿其他网友的聊天内容来接近人类的表达。但在上线短短一天的时间内,Tay 就演变成为一个满嘴脏话,集种族主义、父权歧视、仇视犹太人于一身的机器人。由于事态濒临失控,微软不得不将其下线。这表明人工智能的应用需要充分考虑它可能带来的伦理挑战和伦理风险。

7) 行业行为规范

计算机工程伦理是以计算机、计算机技术制造者、使用者等社会技术群体和环境为目标,是在开发和使用计算机相关技术和产品、IT 系统时的行为规范和道德指引。制定明确的行业行为规范,使计算机从业人员的计算机实践活动置于规范准则的监督和约束下,从而避免或减少计算机从业者主观所导致的伦理问题。

# 1.4　计算机工程伦理的基本原则与分析方法

## 1.4.1　常用的伦理学理论

伦理学研究的是:"做正确的事"意味着什么。这是一个复杂的课题,几千年来有无数的哲学家献身于该研究。如何判断什么是正确的伦理选择,什么是不正确的言论、行为? 本节介绍基本的伦理分析理论和方法,期望通过学习这些知识,能够帮助每个人在作行为决定时作出最佳的选择,既不伤害他人,也不伤害自己。

伦理理论假设人是理性的,并且会自主作出选择。然而,这两个条件不总是永远和绝对正确的。人是感情动物,因此会犯错误。自主选择和使用理性判断是人类的能力和特点,在绝大多数情形下,个人对于他的行为是负责任的。大多数伦理理论都会试图达到同样的目标:提升人的尊严和幸福。伦理规则适用于所有人,它的目的是让所有人在所有情形下取得良好的效果,而不只是为了自己,也不是为了某个特定的情形。伦理规则指的是在我们与其他人交往过程中,或者在产生可能会影响其他人的行为时,需要遵守的规则。伦理规则是基本和普遍的,就像科学规律一样。按照伦理规则来做事,无论在个人领域还是职业领域中,通常都不会成为一种负担。在大多数时候,大多数人都能做到诚实,信守承诺,不偷不抢,把自己的工作做好。在一个职业环境中,按照好的伦理规则做事通常对应于以专业素质和能力来把工作完成好。

虽然人们对于一般的伦理规则有较多共识,但是关于如何确立有依据的规则,以在特定的情形下决定什么是符合伦理的,却又有许多不同的理论。从应用伦理学的角度划分,常用的伦理学理论有:相对主义、美德论、功利主义(或结果论)和义务论(或道义论)。

相对主义认为不存在普遍的道德准则,强调各种文化行为的差异,认为关于对与错问题是相对的,它更多的是对一种行为的描述,而非是研究该怎么做的规范理论,无法指导人们认识什么是正确的行为。如果要在当今计算机化的世界来决定什么行为是正确的,伦理学的相对主义并没有太大帮助。但功利主义者和义务论者的差异在考虑计算机专业人员和用户的伦理问题时是很有用的。

**1. 功利主义**

功利主义是一种结果论。它的基本原理是每个人的所作所为都应致力于为大多数人带来最大的幸福。功利主义认为幸福是最基本的善,因为人生其他的愿望都是用来达到这一目的的手段。幸福是人类的终极目标,因此所有的行为都要以增进或减少幸福作为基础来评判。一种行为是对是错也就看它对人类幸福这个总目标有无贡献。用英国哲学家穆勒的话来说,功利主义的指导原则是增加幸福,即"效用"。一个行为可能会降低一些人的效用,同时会增加其他人的效用。考虑其后果,也即对所有受到影响的人带来的利益和损害,用它来计算总效用的变化。如果一个行为会增加总效用,那么就是正确的;反之,如果它会降低总效用,那么就是错误的。

与义务论者相比,功利主义在可能会带来好的后果的情形下破坏规则是可以被接受的。例如,一个义务论者会说非法复制软件的行为始终是错的,不必谈其他理由,而一个功利主义者会说这样的行为也有可辩解之处,假如它对整个社会是有益的。宣称说谎总是错的时候,义务论者处于不太有利的地位。功利主义者会说在某种情况下说谎是可以被谅解的,尤其是善意的谎言。功利主义者倾向于从整个社会看总体影响,而义务论者更倾向于关注个体和他们的自身权利。

功利主义具有单纯明晰的特点,也契合许多人的思想,在一般情况下足够应用;但是,它也存在问题:①"最大幸福"究竟是幸福自身还是幸福人数的最大量? 或者是每个人的最大量如何分配? 虽然边沁讲过"一个人只能算作一个,不能算作更多",但是,每个人所需要的确实又有巨大差别;②最大的幸福、快乐、好处究竟是量还是也包括质? 如何对量和质进行比较? ③很难或无法确定一个行为可能造成的一切后果。对于行为功利主义一个更为根本(也更符合道德)的反对意见是:它不承认或尊重个人权利。它没有绝对的禁忌,因此就可能会导致许多人支持都认为肯定是错的行为。举例来说,如果有理由证明把某人的所有财产都没收然后重新分配给社区的其他成员,这样做会最大化一个社区的效用的话,那么功利主义认为这样的行为是合理的。在这种情况下,个人不拥有被保护的自由。

**2. 义务论**

义务论者认为某种行为的对或错是由行为自身决定的,强调行为的内在特性而不考虑其动机或结果。因此,强调责任和绝对的规则,无论它们在特定的情形下会产生好的还是坏的后果,都必须遵守。如果一个行为符合这些伦理规则,那么就是合乎道德的。

哲学家康德是著名的义务论者,他对伦理理论的思想作出了许多重要贡献。康德所说的"遵守承诺",所指示的行为准则是一种可普遍化的,以人为目的和自我立法的准则,是一种绝对普遍的道德准则,即绝对的道德命令,不管对谁,哪怕是对敌人也要"通于承诺";"不许撒谎"也是绝对的道德命令,哪怕是对病重的长者也同样如此。

显而易见,义务论是有困惑的。其一,当遵守规则的行为或多或少对相关者有害时,为什么仍要遵守规则? 因为规则不能总是圆满地解决道德情景中的任何问题,特别是当规则遇到例外的情况时。其二,当几种道德规则发生冲突时,如何来选择？即它不能解决道德冲突问题。

### 3. 美德论

美德论又称完善论、自我实现论、至善论等,是指以个人内在德性完善或完成为基本价值尺度(善与恶)的伦理学理论。功利主义和义务论的判断是基于行为的,而美德论是基于品质的。功利主义和义务论解决了该怎样做的问题,却没有解决做什么人的问题,这个问题是由美德伦来完成的。人们通常不太赞成仅仅因为义务而行善的人,更赞成的是那些出于美德而自发地这样做的人。总体上看,美德伦理是一种多元的目的论,它以人为中心而不是以原则为中心,是致力于在人格和德性上不断超越、尽可能地达到人的最高境界来展示人的最卓越的方面。它要回答的问题是"我应当成为一个什么样的人?"而不是"一个人应当怎样做?"广义的美德论在传统社会中占支配地位,是最有影响力的伦理学理论。其代表包括从苏格拉底、柏拉图、亚里士多德、斯多葛派一直到费希特、黑格尔、包尔生、格林等。中国的儒家学说基本上是一种美德论,其致力于使自我成为一个君子圣人。底线伦理和美德伦理是两种不同品性的伦理形态,处于社会伦理体系的不同层面。前者强调人们行为的合规则性,以社会调控、他律约束为可实现机制;后者着眼于人的品质塑造,以自律与激励为其实现机制。美德论的价值取向是符合人类文明的健康发展和可持续发展观的。因为美德伦理既具有理论上的前瞻性和先导性,在实践上还具有与克服困难相关联的可实现性,能服务于我国培养国际化、德才兼备的人才培养目标,同时也体现了我国学校德育通盘一体的系统性和循序渐进的过程性。以美德伦理为道德取向的价值观,是人类社会一直追求的、赞赏的人生境界。

当然,美德伦理也存在不足,主要集中在这些方面：①美德伦理从不谈责任和权利,它把伦理学当成培养"绅士"的学问,而不是一种指导人如何健康成长的理论,是"指导少数人的精英理论"。②有时,一个错误行为却体现出某些美德。③伦理学的重要任务似乎是处理基本生活领域中的事情,而非自我完善和自我实现,要求满街的人都是尧舜是对人的过高要求。④伦理学从传统的以人为中心走向以行为为中心是一种总体趋势。道德关心的不应该是高度,而是广度。

亚里士多德说过："有美德的人生就是做有美德的行为"。这就提出了一个问题：什么才是有美德的行为？大多数人会认为在收容所为无家可归者提供帮助膳食就是一种有美德的行为。许多人都认为这种类型的行为(做无偿的慈善工作)就是唯一或主要方式的美德行为,但是这种观点是非常有局限性的。设想有一个护士需要在每周花一个晚上选一门课来学习新的护理技巧,或是每周花一个晚上在无家可归者的敬老院帮忙之间作出选择;或者是某个银行的程序员需要在一门新的计算机安全技术课程和在敬老院帮忙之间作出选择。无论作出哪个选择都没有错。可以说其中一个选择比另一个更加有美德吗？第一个选择会提高个人的专业地位,而且可能提高他的工资收入,你可能会把它看作是自私的选择。第二个选择是慈善工作,为不幸的人们提供帮助。但是,与把一个人放到他的职业领域之外去完成低技能的任务相比,同样一个经受了良好培训、拥有最新知识和技巧的专业人士往往可以在他的领域中做更多的事情来帮助更多的人。如果选择让护士参加额外的培训,而让程序员去避难所帮忙,是否会更加有利于社会？因为程序员并不能直接帮助他人。又该如何将改进网络安全所产生的长期的、间接效果,与去做志愿服务的效果来进行对比？在评估他人的贡献的时候,不应当拘泥于他是否因为他的工作而拿了钱。有很多强大的道德和个人原因会导致一个人无法为慈善事业贡献时间和金钱。以诚实、负责任、合乎道德、创造性的方式很好地完成自己的工作都是有美德的行为。

## 1.4.2 计算机工程伦理基本原则

### 1. 伦理抉择的基本原则

伦理原则是处理人与人、人与社会、社会与社会之间利益关系的伦理准则,是调整人们相互关系的各种道德规范最基本的出发点和指导原则。伦理学中在实际指导人们的伦理抉择时有 5 个基本原则。

#### 1) 尊重生命原则

这是一条最基本的道德原则,也是道德之所以存在的基础,任何健康的道德体系都包含这条原则。例如佛教的不杀生原则,现代生态伦理学提倡的保护所有野生动植物等。尊重生命的原则既包括尊重他人生存的权利,也包括对自己生命的热爱。在一般情况下,不应当以任何方式伤害他人或伤害自己。当然,任何道德的基本原则都不是绝对的。尊重生命的价值不等于人在任何时候,任何情况下都不可以伤人。比如,人在遇到歹徒危及他人或自己的生命时就可以自卫,因此,"不应伤人"应该为"除了自卫不应该伤人"才是在实际中真正应该遵循的道德原则。

广义的"尊重生命原则"可以扩展为"无害原则",即人们应当尽可能地避免给他人造成不必要的伤害,包括生理和精神的伤害及财产的损失。因此,人们不应该用计算机和 IT 给其他人造成直接或间接的伤害。例如,如果黑客或心怀敌意的人员故意用病毒感染关键的应用程序从而造成巨大的损失,就是极不道德甚至是违法的行为。无害原则虽然是一条最起码的道德标准,对于分析计算机技术领域里出现的道德困境仍然是很有帮助的。对于任何一个案例的分析来说,首先要确定谁是受害者,是通过什么手段造成了这些损害,损害程度如何等,这是分析伦理问题的一个逻辑起点。

#### 2) 社会公正原则

公正与自由、平等一样,是人类历来追求的美好理想社会,是维护正常社会秩序不可缺少的基本道德原则之一。"公正"主要指人们按照某种公认合理的规则去处理问题的方式,这种规则可以是法律,也可以是行为规范、协定、习俗乃至于游戏规则。相对于人的需求来说,任何有限资源的分配都存在着合理与不合理的问题。公正则是对有限资源的合理分配,使相关的社会成员都认为自己得到了应该得到的东西。所谓合理,是指分配时能按照某种人们事先公认的规则或约定进行分配,能否严格按照这些规则或约定办事则是公正的客观尺度。自由、平等、公正是人类追求的理想目标,但三者之间却存在着一种辩证统一的关系。首先,公正是对个人自由的某种限制,如果任其所为,则谈不上什么公正。在资源有限的人类社会中,任何人的自由都应该以不妨碍他人的自由为前提。公正则是对这种社会秩序的维护,这就必然要对某些人过度的自由加以限制,对违法行为的惩罚就是一种维护公正的表现。另一方面,公正所遵循的规则只有在社会成员有充分自由意志的情况下制定出来才是合理的。如果这些规则只维护了少数人的利益,而大多数人没有表达不同意见的权利和自由,就没有真正意义上的公正可言。其次,公正意味着人们都可以平等地享受权利和履行义务。公正是以平等为前提的。公民在权利和义务上的不平等也就是社会最大的不公正。

"在法律面前人人平等"即是公正的一种体现。另一方面，只有公正，才能维护公民在权利和义务上的平等地位。

3）自主原则

一个人既有自主决定采取何种行动来维护自身权益的能力，也有尊重他人拥有同样权益的能力。这种自主性充分体现了人的平等价值和普遍尊严。自主性原则的道德意义在于一个有理性的人应该自尊并同样尊重别人。自尊不仅表现为对自己权益的维护，而且也表现为能对自己的行为负责，能对自己的感性冲动进行克制。尊重别人与自尊是一致的，中国儒家传统道德提倡的"己所不欲，勿施于人"，基督教的传统戒律"爱人如己"，都表达了同样的思想。

计算机网络技术的发展使人们在网上有更充分发表自己意见的自由，使人能更便捷地获取更多的信息。这无疑扩大了人们的自主性。但另一方面，正如本书后面要讲到的，计算机网络技术的广泛应用也增加了人们的个人隐私被人利用的可能性。隐私权是自主性的必要条件之一，如果一个人没有任何个人隐私可言，他的行动也就受到了极大的限制。同样，一个企业连自己的商业秘密都不能保护，它肯定不可能在市场竞争中占据优势。保护企业的商业秘密和个人隐私，是自主性原则的重要表现之一。

4）诚信原则

在各民族传统道德中都把诚信等作为基本的道德律令。例如，在我国儒家传统中，一直把"信"作为一条基本的道德规范，并列入"仁义礼智信"五常之中，我国素有"一诺千金"的成语。人们在长期的社会交往中，无不真切地感受到这条原则的重要性。一种正常社会秩序的维护，取决于人们之间的相互信任。但在实际社会生活中，说谎、欺诈往往能使一些人取得暂时的利益，达到自己的某种目的，这种损人利己的行为最终将破坏正常的社会秩序，害人不利己。所以，诚实、守信便成为值得人们称赞的美德，如果要市场经济的正常运行，除了靠法律来维系外，还应建立在相互信任的道德基础之上。这条原则的重要性还在于一切道德都是人们在长期社会生活中为了维护正常社会秩序而达成的某种默契，如果没有基本的相互信任，其他道德规范又如何能维持下去呢？

有时说谎并不是出于恶意。例如，医生向危重病人隐瞒病情，帮助病人树立战胜疾病的信心，虽然医生没有讲实话，但相对于"尊重生命"的原则来说，在这种情况下不讲实话并非是不道德的行为。

基于计算机网络技术的发展，人们通过网络在虚拟社区里进行交往，人们每天面对的只是屏幕，看到的是与虚拟世界里对方传来的文字符号，而包括性别、年龄、体貌、职业等许多在现实生活中重要的可以说明身份的信息在网络中都可以十分方便地隐瞒或伪造，从而使许多人上当受骗。在信息时代，诚信原则在计算机工程伦理中更需要被强调。

5）知情同意原则

"同意"是某人自愿对某事表示认可，但要使同意有意义，前提必须是某人对某事知情，即他应该知道即将发生的事件的准确信息并了解其后果。知情同意原则是建立在前面所讲的公平原则、自主原则和诚信原则之上的，是人们的一项基本权利。因为只有知道与自己利益相关事情的真相，即只有知道实情，才能充分衡量事情的严重性，并作出相应选择，以维护自己的正当权益，这也是公正的表现。只有充分知情才能做到真正的自主，如果故意向相关人员隐瞒事情的真相，就违背了起码的诚信原则。当然，在特殊情况下，当这条原则与尊重生命原则冲突时,或与国家安全等更大利益相冲突时,也可以具体问题具体分析。

知情同意原则在解决与信息隐私相关的问题时起很重要的作用。如果要使个人隐私得到保护,为某一目的而被采集到的隐私信息,在没有得到信息主体自愿和知情同意之前,不能被用作其他目的。当把信息作为商品,并在计算机网络上自由交换有关个人的数据信息时,知情同意原则可以作为一个限制的条件。

目前,技术伦理学界还有一种称为"尊重人的伦理学"分析方法。它的道德标准是:人们所遵守的行为规则应当把每个人都作为一个相互平等的道德主体来尊重。

在分析伦理问题、作出正确伦理选择时,要全面、综合、具体情况具体分析时要考虑到的伦理理论和伦理分析原则。

**2. 计算机工程伦理原则**

计算机工程伦理原则是指计算机信息网络领域的基本道德原则,是把社会所认可的一般伦理价值观念应用于计算机高新技术,包括信息的生产、储存、交换和传播等方面。美国学者斯皮内洛在《信息技术的伦理方面》提出了几条计算机伦理道德的一般规范性原则:自主原则,尊重自我与他人的平等价值与尊严,尊重自我与他人的自主权利;无害原则,人们不应该用计算机和信息技术给他人造成直接或间接地伤害;知情同意原则,人们在信息交换过程中,有权知道谁会得到这些数据以及如何利用它们,在没有信息权利人的同意下,他人无权擅自使用这些信息。随着中国计算机信息技术的发展与广泛应用,计算机工程伦理问题已引起我国计算机学术界和全社会的广泛关注。我国学者结合我国计算机和信息技术发展的实际情况,还提出了公正原则、尊重原则、允许原则、可持续发展原则、自由原则、互惠原则等。近年来,随着网络和各种新信息技术的发展,针对具体领域的伦理原则也日臻完善。

王正平教授于2007年发表了题为《信息网络技术与计算机伦理》的长篇论文,该文从中国的实际情况总结出了构建中国特色网络伦理的基本原则应包括以下内容:

1)促进人类美好生活的原则

计算机网络道德是为合理认识和调节信息与网络技术应用中所引起的利益问题而存在的,必须以是否促进人类美好生活作为其判定善恶是非的基本准则。促进人类美好生活的原则意味着信息网络技术的开发者必须充分考虑这一技术将给人类可能带来的生活情景,对不合理运用技术的可能以排除或加以限制;信息网络技术的运用者必须确保其对技术的运用会增进整个人类的福祉且不会对任何个人和群体造成伤害;信息网络空间的传输协议、行为准则和各种规章制度都应服务于信息的共享和美好生活的创造以及人类社会的和谐文明进步。

2)平等与互惠原则

每个网络用户和网络社会成员享有平等的权利和互惠义务。从网络社会结构上讲,他们都被给予某个特定的网络身份,即用户名、网址和口令,网络所提供的一切服务和便利都是他们应该得到的,而网络共同体的所有规范他们都应该遵守,并履行一个网络行为主体所应该履行的义务。

3)自由与责任原则

这一原则主张计算机网络行为主体在不对他人造成不良影响的前提下有权利自由选择自己的行为并对其他行为主体的权利和自由给予同样的尊重。因特网的出现给道德主体实现自主原则权提供了前所未有的空间。与此同时，计算机网络主体对自己的行为承担着道德责任。自由与责任原则的本质是希望人们在计算机网络活动中实现"自主"，即充分尊重自我与他人的平等价值与尊严，尊重自我与他人的自主权利。

4) 知情同意原则

知情同意原则在评价与信息隐私相关的问题时可以起很重要的作用。网络知识产权的维护也适用于知情同意原则。人们在网络信息交换中，有权知道是谁和他如何使用自己的信息，有权决定是否同意他人得到自己的数据。没有信息权利人的同意或默许，他人无权擅自使用这些信息。

5) 无害原则

无害原则要求任何网络行为对他人、网络环境和社会是无害的。人们不应该利用计算机和网络技术给其他网络主体和网络空间造成直接或间接的伤害。这是最低的道德标准，是计算机伦理的伦理底线。无论动机如何，无害原则认为，行为的结果是否有害应该成为判别道德与不道德的基本标准。由于计算机网络行为产生的影响无比快速与巨大，行为主体必须小心谨慎地考虑可能产生的后果，防止散布一切有害信息，杜绝任何有害举动，避免伤害他人与社会。

除此之外，近年来人工智能发展迅猛，在可以预见的将来，人工智能将重塑生产力、生产关系、生产方式，重构社会关系、生活方式。习近平总书记强调："要整合多学科力量，加强人工智能相关法律、伦理、社会问题等研究，建立健全的保障人工智能健康发展的法律法规、制度体系、伦理道德。"从整体上看，应对信息化深入发展所导致的伦理风险应当遵循以下道德原则。

1) 服务人类原则

要确保人类始终处于主导地位，始终将人造物置于人类的可控范围，避免人类的利益、尊严和价值主体地位受到损害，确保任何信息技术特别是具有自主意识的人工智能机器持有与人类相同的基本价值观。始终坚持不伤害人自身作为道德底线，追求造福人类的正确价值取向。

2) 安全可靠原则

新一代信息技术尤其是人工智能技术必须是安全的、可靠的、可控的，要确保民族、国家、企业和各类组织的信息安全、用户的隐私安全以及与此相关的政治、经济、文化安全。如果某一项科学技术可能危及到人的价值主体地位，那么无论它具有多大的功用性价值，都应果断被叫停。对于科学技术发展，应当进行严谨的权衡与取舍。

3) 以人为本原则

信息技术必须为广大人民群众带来福祉、便利和享受，而不是为少数人所专享。要把新一代信息技术作为满足人民基本需求、维护人民根本利益、促进人民长远发展的重要手段。同时，保证公众参与和个人权利行使，鼓励公众提出质疑或提出有价值的反馈，从而促进信息技术产品提高性能与质量。

4) 公开透明原则

新一代信息技术的研发、设计、制造、销售等各个环节，以及信息技术产品的算法、参数、设计目的、性能、限制等相关信息，都应当是公开透明的，不应当在开发和设计过程中给智能机器提供过时、不准确、不完整或带有偏见的数据，以避免人工智能机器对特定人群产生偏见和歧视。

伦理智能体的应用场景从简单的计算机软件或硬件应用,到机器人、无人驾驶、智慧医疗等,这些应用结合各自领域特点逐步建立了与各自相适应的伦理规则和道德规范。阿西莫夫在其科幻小说里首先给出了机器人的行为规范:①机器人不能伤害人类,在人类受到伤害时也不能坐视不管;②机器人必须遵从人类下达的各种命令,但当它们与①冲突时例外;③机器人必须保护自己,但不能违背①、②。"机器人三定律"是从小说作品中衍生出的机器人伦理规范。英国标准协会发布了全球第一个机器人伦理设计的公开标准 BS8611《机器人和机器系统的伦理设计和应用指南》指导机器人设计研究者和制造商,如何对机器人作出道德风险评估,以最终保证人类研发出来的智能机器人能够符合人类社会现有的伦理规范。德国政府推出了关于自动驾驶技术的首套道德伦理标准《自动与互联网驾驶战略》,该标准指出了自动驾驶汽车应当遵守的 20 条伦理规则,其主要内容包括:保护个人优于基于功利主义的其他考虑;当遇到不可避免的危险情况,优先保护人类生命,为了避免造成人员伤亡,可以对其他动物或财产造成伤害或损害;但道德困境的决策有赖于现实情况,难以给出清晰的标准方案,也无法程序化设计;禁止出现基于年龄、性别、生理或者心理状况等属性特征的个人歧视等情况。中国国家机器人标准化总体组出版了《中国机器人伦理标准化前瞻(2019)》,一方面,需要从伦理学理论、伦理指导原则、伦理规则等三个层面的不同粒度角度进行梳理,抽取出各粒度层面的共性指导原则,为研发人员提供伦理指导的公共交集;另一方面,要依照伦理学理论、伦理指导原则、伦理规则的自顶向下、从粗粒度到细粒度的次序,细化、精化出面向各专业应用领域的伦理智能体的可实施和可操作的伦理规则和规范。

## 1.4.3 计算机工程伦理分析方法

美国波士顿学院教授、技术和伦理学专家理查德·斯皮内洛将"利害关系人分析"作为伦理分析框架,即计算机工程伦理所涉及的主要利益主体。利害关系人即计算机技术交往中的相关利益群体、个人或自然环境。这是从管理学中借用的概念,利害关系人被定义为任何能够影响机构目标成就或受其影响的群体、个人、生态环境。利害关系人分析就是识别各自的不同利益,作出符合伦理的决定。从一般意义上分析,任何一项计算机技术开发应用,都涉及以下 5 类利害关系人:

① 计算机技术提供者;

② 计算机技术开发者;

③ 计算机技术利用者;

④ 其他受计算机技术利用者影响的利害关系人;

⑤ 生态环境。

利害关系人分析涉及以下两个主要步骤:

① 认识利害关系人及其利益需求;

② 考察决策者对利害关系人的道德责任。

利害关系人分析旨在提示人们,计算机技术开发应用中每一方的权利和观点都应给予充分尊重。利害关系人不仅是决策者达到目标的一种工具性力量,更重要的是,他们也是计算机技术开发应用的共同构建者。

我国传统文化认为,追逐利,害就跟着来了,所以有了"利害"一词。只有舍才能得,所以有了"舍得"一词。其中的哲学思想值得思考。

上述伦理分析方法对于综合分析计算机专业人员涉及的职业伦理问题，以及用户的伦理问题是非常有帮助的。

**【案例 1-1】** 利用网络进行金融盗窃犯罪。

人民日报（2003 年 12 月 8 日）报道：一名普通的系统维护人员，轻松破解数道密码，进入邮政储蓄网络，盗走 83.5 万元。这起利用网络进行金融盗窃犯罪的案件被甘肃省定西地区公安机关破获——2003 年 11 月 14 日，甘肃省破获首例利用邮政储蓄专用网络，进行远程金融盗窃的案件。这起发生在定西一个乡镇的黑客案件，引起了多方面关注。

分析整个案例：该案件涉及的利害关系人主要有银行及其工作人员、系统维护人员（犯罪者）、银行客户以及社会。不难看出，是管理上存在的漏洞，工作人员安全意识的淡薄，才造成了如此严重的局面。而且，当工作人员发现已经出了问题时，还认为是内部网络系统出了故障，根本没有意识到会有网络犯罪的情况发生。马上修改原始密码，定期更改密码是信息社会生活的安全常识。从罪犯的角度看，利用自己的知识盗窃，是对工作的不尊重，对客户的不尊重，对自己人格的不尊重，给社会正常生活造成了混乱，属于违法行为，会受到法律制裁。

# 1.5　计算机工程伦理的发展历史

微课视频

计算机工程伦理在国外常称为计算机伦理学，它的发展史包括如下几个重要的里程碑。

**1. 计算机伦理学的思想奠定**

20 世纪 40 年代至 50 年代，作为一个学术研究领域，计算机伦理学是麻省理工学院教授罗伯特·维纳（Norbert Wiener）在二战期间（20 世纪 40 年代早期）帮助研制具有击落快速战机能力的防空炮弹时创立的。该项目的工程难题促使维纳及其同事开创了维纳称之为"控制论"的新研究领域——关于信息反馈系统的科学。将控制论的概念和当时正在研制的数字计算机的结合，使维纳对现称为信息通信技术的技术提出了一些极富洞见的伦理学观点。他远见卓识地预言了信息通信技术具有革命性的社会和伦理后果。例如，1948 年，他在《控制论：或关于在动物和机器中控制和通信的科学》一书中写到：我们已经到了可以建造任何精巧程度之性能的人造机器的时候。像原子弹一样，超高速计算机器给人类带来的是美好还是罪恶？如何看待动物和机器之间的相互依赖与交流？这是一个非常深刻的哲学问题。他预言，在战争结束以后，这种新的信息技术将会像 19 世纪到 20 世纪初的工业革命一样改变这个世界。他还预言，在"第二次工业革命"，一个自动化的时代将会出现一系列令人惊愕的新的挑战和新的机遇，而在那时人们都还没有完全意识到这些问题。他提出了人类生活的目的，应以控制论对人类本性、对社会的观点为基础建立计算机信息伦理学。1950年，维纳出版了具有里程碑意义的计算机伦理学著作《人有人的用处》，书中提出了数字伦理与社会的问题，探索了计算机技术将会给人的价值观带来的影响，比如生活、健康、快乐、安全、自由、知识、机会和能力、失业以及计算机与安全、计算机和学习、残疾人使用计算机、计算机和宗教、信息网络和全球化、虚拟社区、计算机专家的责任、人类身体和机器、代理技术、人工智能等。这使他成为计算机伦理学的创始人，更重要的是为综合性的计算机伦理学奠定了基础，今天它仍是计算机伦理学研究和分析的强有力的基础。但是，维纳并没有使用

"计算机伦理学"这个名称。这个名称直到二十多年后才被普遍使用。维纳为计算机伦理学奠定了里程碑式的基础远远超前于时代,它被彻底埋没了几十年。当时没有人意识到他在计算机伦理方面所创造的成就,甚至连维纳自己也没有意识到这一点。

20世纪60年代中期,计算机科学家唐·帕克(Donn Parker)开始研究计算机专业人员不道德行为和违法使用计算机的问题。他指出,"当人们进入计算机中心时,他们似乎把伦理道德留在了门外。"他收集了一些计算机犯罪以及其他一些不道德的计算机行为的案例,为ACM起草了一套专业伦理准则。在后来的十年里,帕克一直在出版著作、发表论文和演讲、举办培训班,重新创建了计算机伦理学这个学科,给计算机专家和公共政策制订者宣讲计算机伦理学的内容及其重要性。从这个意义上讲,帕克是继维纳之后第二位计算机伦理学的创立者。

#### 2. 计算机伦理学的名称确立

20世纪70年代早期,约瑟夫·韦曾鲍姆完成了一个著书项目,为人类不只是信息处理器这一观点进行辩护。《计算机能力与人类理性》(1976)一书就是该项目的成果。该书被认为是计算机伦理学的经典著作。韦曾鲍姆的著作,加上他讲授的大学课程,以及他在20世纪70年代的大量演讲,产生了一大批计算机伦理学者和研究项目。他和罗伯特·维纳、唐·帕克一起是该学科创建史上的关键人物。

20世纪70年代中期,哲学家(后来成为计算机科学教授)沃尔·曼纳(Walter Maner)开始使用"计算机伦理学"一词指称研究计算机技术所引发、改变和加剧的伦理问题的应用伦理学科。曼纳试验性地开设了一门计算机伦理学大学课程。通过在全美各种计算机科学会议和哲学会议上举行一系列研讨会和发表演讲,他激发了人们开设大学层次计算机伦理学课程的浓厚兴趣。1978年,他自行出版和发行了《计算机伦理学入门教程》。该书包含为大学教师开设一门计算机伦理学课程所需的教学材料和教学法建议。因为他的贡献,许多大学开设了计算机伦理学课程,多位重要的学者被吸引到该研究领域。

#### 3. 计算机伦理学的蓬勃发展

到20世纪80年代早期,信息技术带来的许多社会伦理后果在美国和欧洲成为公共问题:计算机犯罪、计算机瘫痪引起的灾难、通过计算机数据库侵犯隐私以及有关软件所有权的法律官司等问题。以1984年美国哲学杂志《形而上学》(或翻译为《元哲学》)10月刊登的摩尔和拜纳姆两位该杂志主编的两篇论文——《计算机与伦理学》《什么是计算机伦理学》为先河,对计算机技术运用中的一些"专业性的伦理"进行了系统的探讨。计算机伦理学迎来了蓬勃发展的好时机,此后,大量关于计算机伦理的论文、辩论和专著不断涌现,为后来丰富和发展信息伦理的研究提供了较充分的理论准备。黛博拉·约翰逊(Deborah Johnson)出版了该领域第一本教科书《计算机伦理学》,此后十多年里该书仍是该领域的权威教材。

20世纪80年代后期和整个90年代,计算机伦理学迅速发展。会议、大学课程、教科书、研究中心、杂志和教授席位应运而生。期间,计算机伦理的实际问题仍层出不穷。

#### 4. 计算机伦理学的发展现状

美国是最早开始在大学开展计算机伦理教学的,最初的大学教育课程是1978年开设的。20世纪90年代慢慢发展到欧洲、澳大利亚等国家和地区。美国计算机学会ACM也是带领制订计算机伦理教学计划和教学大纲的组织之一,其大学《计算机文化》和《信息基础》这类书中都有相关章节来讲述计算机伦理问题;网络开放课程中也加入了这方面的内容。

1991 年，美国计算机协会或电气电子工程师协会（ACM/IEEE）计算机学科课程组首次把"社会、伦理和职业的关系"作为九门计算机学科推荐课程之一。2001 年，ACM 将"计算机伦理学"定为计算机专业的必修课程，该课程已于 2004 年正式列入 IEEE 教程，是获得学位的必要课程要求。一些相关的专业，如档案、商务、信息资源管理等都开设这些专业伦理课程，目的是引导计算机设计者、开发者以及用户明白计算机技术带来的不只是阳春白雪，还有负面的影响。它也会普及有关哲学问题的思考，如人类生存的意义，社会的和谐发展等。

我国学者对计算机伦理的关注开始于 20 世纪 90 年代。以严耕、陆俊、孙伟平等为代表一批中青年学者在 1998 年出版了《网络伦理》，随后严耕编写的《终极市场——数字化经济时代》，陆俊编写的《虚拟生存的意义》等作品相继问世。2000 年，从美国留学回来的上海师范大学王正平教授发表了《西方计算机伦理学研究概述》一文，引起了国内学者的关注。我国虽然在 21 世纪初期就要求在计算机信息类专业开设计算机伦理学位课程，教育部高等学校计算机科学与技术教学指导委员会编的《高等学校计算机科学与技术专业发展战略研究报告暨专业规范（试行）》（以下简称《规范》）也一再强调伦理教育必不可少，但到目前为止，这方面的教育仍相对贫乏。国内单独完全地设立"计算机伦理学"课程的专业尚少，计算机伦理学在计算机技术学科中的地位尚未确立。近几年来，陆续有了一些相关的教材、课程，给国内"计算机伦理学"的进一步发展打下了基础。

## 思考讨论

1. 谈计算机技术对人们生活的影响。人们应该怎样把握计算机技术的应用和发展为人们的生活健康服务，为人们的美好生活服务？

2. 你是如何理解伦理学的基本原则的？为什么尊重生命是首要的原则？实际生活中有例外情况吗？如何综合各种伦理理论在生活中实践，作出正确的伦理抉择？

3. 在现代社会中，怎样的行为才称得上是一个高尚的人？爱祖国在日常生活中如何体现？

4. 网易 CEO 丁磊给浙江大学捐助是符合伦理的行为吗？结合比尔·盖茨成立比尔·梅琳达慈善基金会和股神巴菲特将自己 85% 的财富捐献给慈善机构（资金主要捐给微软创始人比尔创立的 Bill and Melinda Gates Foundation），谈谈他们的财富伦理观。

5. 请结合美国计算机协会（ACM）发布的"计算机伦理十诫"，分析涉及的计算机工程伦理问题。

6. 结合伦理抉择的 5 个基本原则，分析大数据杀熟的伦理问题。

7. 人们可能会到商店里去查看某个产品，然后到网上以更低价格下单购买。这样做是不道德的吗？请分别针对"是"和"否"两种答案给出相关的论点。然后，请选择一种观点，解释你为什么认为它是正确的。

8. 信息技术使得远程医疗得以实现，从而救助了很多濒临死亡的人，使他们重新获得了生命。但也有人用信息技术非法进入数据库，非法进行银行转账以牟取他人的财产。分析信息技术的属性，讨论并思考"如何使用信息技术还是取决于人"的论断。

# 第2章

# 计算机技术对社会的影响

CHAPTER **2**

**本章要点**

本章讨论计算技术带来的社会影响,包括数字鸿沟、网络文化、全球化问题以及信息技术对就业带来的影响,如创造新的就业机会和取代现有的职位、远程办公和全球外包等问题。每个人、每个组织机构和国家、地区,应该对信息技术有正确认识,公民和组织机构应具有信息意识,塑造良好健康的网络文化氛围,摈弃不良文化以及文化霸权等不良影响,繁荣国与国之间科技发展和文化交流,使各民族人类在某些价值领域,譬如人的信息权利、人与环境、全球伦理等,达成共识,真正实现"信息共享""知识公有""地球村"等理想目标。

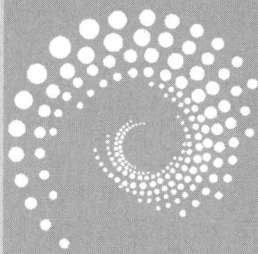

**【引导案例】** 印度 IT 业的崛起。

许多年来,印度的计算机科学家和工程师们蜂拥到美国来寻找就业、发财和创业机会,而与此同时,印度 IT 企业为外国公司提供服务和呼叫中心。就印度而言,专家们担心人才会流失。他们担心印度无法发展自己的高科技产业。一些公司虽然已经开发了自己的软件产品,但是为了不与给他们提供服务的美国公司产生竞争,他们被迫停止了自己的产品。

随着时间的推移,出现了更积极的发展结果。印度的信息技术公司开始提供更为先进的服务,这远远超出了许多美国人遇到的呼叫中心。他们开发软件,并为之提供服务。"回岸内包"的工作提供了专业的培训和经验,包括在全球商业环境下的工作经验。他们为大众提供了信心和高额薪水,使有积蓄的人们开始冒险,开始创立自己的公司。一些去美国工作的训练有素的印度计算机科学家和工程师开始选择回国工作或在家创业。向外国公司提供信息技术服务,包括从低层次的服务,到高度复杂的工作,这在印度已经成为一个价值数十亿美元的产业。

# 2.1 新一代信息技术革命

微课视频

近 10 年来,以大数据、云计算、人工智能等为代表的新一轮技术正在蓬勃兴起,数字化、网络化、智能化是新一轮科技革命的突出特征,也是新一代信息技术的核心。

新一代信息技术,"新"在网络互联的移动化和泛在化、信息处理的集中化和大数据化、信息服务的智能化和个性化;"新"在集成电路制造已进入"后摩尔"时代;计算机系统进入"云计算"时代;无线通信从 3G、4G 走向 5G、6G 时代。新一代信息技术发展的热点不是信息领域各个分支技术如集成电路、计算机、无线通信等的纵向提升,而是信息技术横向融合到制造、金融等其他行业,信息技术研究的主要方向将从产品技术转向服务技术。物联网、云计算等技术的兴起促使信息技术渗透方式、处理方式和应用模式发生变革;大数据成为科学家和企业关注的焦点,网络和信息安全成为不可回避的重大技术问题;人脑智能机理的发掘与智能信息科技的发展进一步促进对人类智能的深刻认识。

数字化为社会信息化奠定基础,其发展趋势是社会的全面数据化。数据化强调对数据的收集、聚合、分析与应用。网络化为信息传播提供物理载体,其发展趋势是信息物理系统(CPS)的广泛应用。信息物理系统不仅会催生出新的工业,而且会重塑现有产业布局。智能化体现信息应用的层次与水平,其发展趋势是新一代人工智能。

## 1. 数字化：从计算机化到数据化

自 20 世纪末以来,随着信息技术的发展,人类社会步入数字时代。数字时代是后信息时代,数字化是信息化的升级。信息化的作用是提高效率,延展人类的可能性。数字化是利用信息技术颠覆传统,在虚拟数字空间重构和创造新的生产生活方式。数字化本身指的是信息表示方式与处理方式,但本质上强调的是信息应用的计算机化和自动化。而数据化除包括数字化外,更强调对数据的收集、整合、分析与应用,强化数据的生产要素与生产力功能。数字化正从计算机化向数据化发展,这是当前社会信息化最重要的趋势之一。

数据化的核心内涵是对信息技术革命与经济社会活动交融生成的大数据的深刻认识与深层利用。大数据是社会经济、现实世界、管理决策等的片段记录,蕴含着碎片化信息。随着分析技术与计算技术的突破,将解读这些碎片化信息成为可能,这使大数据成为一项新的高新技术、一类新的科研范式、一种新的决策方式。大数据深刻改变了人类的思维方式和生产生活方式,给管理创新、产业发展、科学发现等多个领域带来前所未有的机遇。

实施国家大数据战略是推进数据化革命的重要途径。自2015年我国提出实施国家大数据战略以来,我国大数据快速发展的格局已初步形成,但也存在一些亟待解决的问题:如数据开放共享滞后,数据资源红利仍未得到充分释放;企业盈利模式不稳定,产业链完整性不足;核心技术尚未取得重大突破,相关应用的技术水平不高;安全管理与隐私保护还存在漏洞,相关制度建设仍不够完善等。

**2. 网络化:从互联网到信息物理系统**

作为信息化的公共基础设施,互联网已经成为人们获取信息、交换信息、消费信息的主要方式。但是,互联网关注的只是人与人之间的互联互通以及由此带来的服务与服务的互联。物联网是对互联网的自然延伸和拓展,它是通过信息技术将各种物体与网络相连,帮助人们获取所需物体的相关信息。物联网通过使用射频识别、传感器、红外感应器、视频监控、全球定位系统、激光扫描器等信息采集设备,通过无线传感网络、无线通信网络把物体与互联网连接起来,实现物与物、人与物之间实时的信息交换和通信,以达到智能化识别、定位、跟踪、监控和管理的目的。互联网实现了人与人、服务与服务之间的互联,而物联网实现了人、物、服务之间的交叉互联。

物联网主要解决人对物理世界的感知问题,而要解决对物理对象的操控问题就必须进一步发展信息物理系统(CPS)。信息物理系统是一个综合计算、网络和物理环境的多维复杂系统,它通过3C(Computer、Communication、Control)技术的有机融合与深度协作,实现了对大型工程系统的实时感知、动态控制和信息服务。通过人机交互接口,信息物理系统实现计算进程与物理进程的交互,利用网络化空间以远程、可靠、实时、安全、协作等方式操控一个物理实体。从本质上说,信息物理系统是一个具有控制属性的网络。它不同于提供信息交互与应用的公用基础设施,信息物理系统发展的聚焦点在于研发深度融合感知、计算、通信和控制能力的网络化物理设备系统。从产业角度看,信息物理系统的涵盖范围小到智能家庭网络,大到工业控制系统、智能交通系统等国家级甚至世界级的应用。更为重要的是,这种涵盖不仅仅是将现有的设备简单地连在一起,而是会催生出众多具有计算、通信、控制、协同和自治性能的设备,使下一代工业建立在信息物理系统之上。随着信息物理系统技术的发展和普及,使用计算机和网络实现功能扩展的物理设备无处不在,并推动工业产品和技术的升级换代,极大地提高汽车、航空航天、国防、工业自动化、健康医疗设备、重大基础设施等主要工业领域的竞争力。信息物理系统不仅会催生出新的工业,甚至会重塑现有产业布局。

**3. 智能化:从专家系统到元学习**

智能化是信息技术发展的永恒追求,发展人工智能技术是实现这一追求的主要途径。近几年开始的基于环境自适应、自博弈、自进化、自学习的研究,正在形成一个人工智能发展的新阶段——元学习或方法论学习阶段,这构成新一代人工智能。深度学习是新一代人工智能技术的卓越代表。由于在人脸识别、机器翻译、棋类竞赛等众多领域超越人类的表现,深度学习在今天已成为人工智能的代名词。元学习有望成为人工智能发展的下一个突破口。学会学习、学会教学、学会优化、学会搜索、学会推理等新近发展的元学习方法,展现了这类新技术的诱人前景。

新一代人工智能的热潮已经到来，可以预见的发展趋势是以大数据为基础、以模型与算法创新为核心、以强大的计算能力为支撑。新一代人工智能技术的突破依赖其他各类信息技术的综合发展，也依赖脑科学与认知科学的实质进步与发展。

未来，新一代信息技术产业的重点是网络化和智能化，将更加关注数据和信息内容本身的价值，数据才是驱动新一代信息技术发展的强大动力。新一代信息技术产业不仅重视信息技术本身的创新和商业模式的创新，而且强调信息技术渗透融合到社会和经济发展的各个行业中，推动其他行业的技术进步和产业发展。现如今，"数字经济""人工智能""跨界融合"和"大工程、大平台模式"已成为新一代信息产业发展的新趋势。

## 2.1.1　数字经济

自人类社会进入信息时代以来，数字技术的快速发展和广泛应用衍生出了数字经济(Digital Economy)。数字经济是继农业经济、工业经济之后的主要经济形态，它以数据资源为关键要素，以现代信息网络为主要载体，以云计算、大数据、人工智能、物联网、区块链、移动互联网等信息通信技术融合应用、全要素数字化转型为重要推动力，促进公平与效率更加统一的新经济形态。数字经济发展速度快、辐射范围广、影响程度深，正推动生产方式、生活方式和治理方式深刻变革，成为重组全球资源要素、重塑全球经济结构、改变全球竞争格局的关键力量。

数字技术导致传统产业和贸易在采购、生产、交易、仓储物流和融资等环节发生变革，为产业升级提供有利条件，提高效率，降低风险，扩大进入全球商业空间的机会，重塑产业链、供应链和价值链。数字经济通过不断升级的网络基础设施与智能终端等信息工具，以及互联网、云计算、区块链、物联网等信息技术，人类处理大数据的数量、质量和速度的能力不断增强，推动人类经济形态由工业经济向信息经济、知识经济、智慧经济形态转化，极大地降低了社会交易成本，优化了资源优化配置效率，提升了产品、企业、产业附加值，推动社会生产力快速发展。同时，数字经济的兴起与发展为降低全球收入不平等提供了新的路径。数字技术打破了地理空间的限制，为落后国家、地区和人群实现收入增长和为脱贫致富创造了新的空间。数字经济极大地降低了信息传输的成本，并加速知识的创造、扩散和共享。在此影响下，利用信息优势和知识垄断获取收益的人群的收入可能会下降，在线教育等形式有助于增加边远地区和低收入人群获得教育的机会，促进劳动技能的提升，从而缩小收入差距。数字经济打破了地理空间的限制，使远距离工作成为可能，这有助于优化跨空间劳动力资源配置。电子商务、短视频、在线直播等新兴数字业态为远距离、低收入人群获得收入提供新的机会，数字经济会通过促进自主就业来缓解不平等。但由于经济差异、地理差异、群体差异等多维因素，互联网技术接入和使用的不均衡使得数字经济对经济增长的带动效应呈现异质性，甚至可能加剧居民收入分配层面的不平等，不利于宏观经济的包容性增长以及居民享受数字经济带来的信息福利。

数字经济快速发展下，平台型企业依托于互联网、物联网、大数据算法与人工智能等技术迅速发展，对传统商业模式与竞争模式形成了巨大挑战。由于平台在诞生初期被赋予了极大的自由发展空间，在大幅降低人类社会交易成本之时，平台算法的隐蔽性、平台权力的集中性也为这一新兴业态的发展带来了风险与挑战。一方面，平台企业立足数据、算法以及资本等系列优势,凭借其庞大的体量滥用市场支配权力、不正当竞争、限制竞争等行为导致平台垄断,比如超级平台企业对其他企业的恶意吞并、场景无孔不入,实施"赢者通吃",扼杀其他企业的创新,并蚕食小微企业与个体工商户的利润空间;另一方面,平台企业自身社会责任问题缺失导致诸多突破法律底线、侵害用户权益以及破坏社会秩序的社会责任缺失与异化现象,既包括平台企业个体的数据与算法责任缺失、平台安全运营底线责任缺失等平台个体社会责任缺失问题,也包括平台内用户的产品服务质量与合规运营等用户层面的社会责任缺失问题。算法是人工智能经济领域下的核心技术或者核心要素,算法、算力和数据是构成人工智能驱动的数字智能经济与数字创新的关键基本要素。区别于算力和数据,算法具备人的创造性及可编程性,数字智能时代下的数字经济一定程度上被算法所设计和影响,算法在提高生产效率、助力企业决策活动的过程中也产生了诸多的社会伦理隐忧与负面社会问题,算法设计失当与算法使用失当并存引发了诸多算法污染问题,触动着社会公众的神经并影响着社会正常生产与生活秩序,产生了多次合法性挑战,亟待学界重新审视算法技术的特殊性以及治理的全新理论基础。

## 2.1.2　数字政府

近年来,随着信息技术的发展,以智能化为特征,大数据、云计算为代表的数字政府建设也同步加速发展。信息技术持续重塑着人们的生活模式,变革着社会生态,倒逼着政府将这些技术更为深入地嵌入治理中。数字政府建设能够重塑治理体系,助推政府做出更加科学的决策。

数字政府是实体政府以新一代信息技术为主要支撑手段,以海量社会数据为核心资源,通过扁平化网络结构,全面打通数据通道,广泛统筹数据资源,精简政府行政流程,重塑政府相关职能,提供便捷政务服务,进而实现"行政—服务—治理"一体化的新型政府运行模式。数字政府建设的目的是提升政府的公信力、治理效能和可预测性,形成政府与社会的良性互动。从数字化政府治理角度来说,将数字信息技术逐步与政府治理实践相融合,运用大数据、云计算、人工智能等信息分析技术,进行深入分析和合理预测,为政府决策提供全数据支撑,能够提高决策的预见性和科学性。数字政府能充分运用大数据的多元信息资源、物联网的开源网络平台和人工智能等技术,充分发挥数字信息的特点和优势,并将其综合运用到政府治理的前期预警、事中评估、事后修正等全过程中,实现政府在治理实践中的高效精准把控。另外,建设数字政府能拉近政民距离、畅通政民互动渠道,构建更为透明的民众问题反馈体系。通过数据采集、脱敏、分析和可视化等技术手段,及时从海量数据中掌握民众对政府部门重大决策的意见和建议,在此基础上准确预测民众的舆情走向,并据此及时调整完善政策。

信息技术给政府治理创造了无限可能,但也滋生愈来愈多未曾有过的安全风险。安全关乎一个国家的存亡,是任何政府的首要关注点,信息安全是国家总体安全观的重要组成部分。个人信息关系公众生活的方方面面,公共信息关乎社会各个系统的运行与发展,国家秘密信息更涉及战略部署、外交军事等国家安全领域。因而在数字政府建设的过程中要筑牢数据安全底线意识。第一,在数字政府建设过程中,应有前瞻性地通过技术赋能实现对数据安全的保障,改进完善数据应用安全保障体系,持续完善个人信息保护、数据跨境流动、数据安全防护等制度。第二,在部门业务协同中,要明确数据涉密等级,利用区块链去中心化、数据留痕技术，既要能通过数据共享打破数据壁垒，又要保障数据应用全过程监管。第三，完善数据跨境流通体制机制，完善应急响应措施。当数据源产生的痕迹次数、规模大小、运行时间等方面涵盖国家机密、商业秘密和个人隐私时，应在交互使用环节对重点信息加以安全保护，加强大数据安全防护技术的研发和应用，防止出现数据源被窃取、泄露等重大安全隐患。第四，限制政府、企业平台数据采集范围，保护公众隐私，使数据采集流程透明化、数据采集权责制度化，保证采集的公共数据在整个使用环节过程中的规范和安全。第五，完善网络数据监管平台。建立健全网络暴力预警预防机制，强化各网络运营平台和监管部门数据实时往来，保护公众网络安全，用安全的环境为政府治理提供保障，不断维护和提升政府的公信力。

### 2.1.3　数字公民

数字技术为公民的社会性和连通性创造条件，为数字公民权提供物质基础。技术赋能向公民身份数字化转型，激活了公民的"数字"属性。数字技术已经在金融服务、健康管理、社会治理、政治参与等各个领域为公民赋权，全方位建造公民的数字世界。

数字技术催生了"数字空间"。随着人工智能、大数据、云计算、区块链等数字技术的发展，传统的物理生活形态转化为数字化生存状态。元宇宙是数字化生存状态的升级，它是利用科技手段进行连接和创造的，是与现实世界相互映射的虚拟世界。元宇宙将可能应用于数字娱乐、数字工作、数字教育、数字医疗等多元化的场景之中。在元宇宙时代，人类将实现生存维度的拓展，实体的公民身份转向虚拟的数字身份。元宇宙提供的去中心化身份系统让参与者以数字身份进入元宇宙中，每个人都可以呈现出多种虚拟数字身份。公民在数字空间中的身份建构，超越了物理空间的单一面，不局限于特定地域和时间，而是向多元化的方向发展，依据自身的数字化目的衍生出无限的数字身份标签。数字身份是个人在数字时代被认可的主要手段，数字身份的独特性是公民存在于数字空间的基础。但是在多元可变的数字空间中，如何确认数字身份的独特性，就出现身份认同困境。由于数字身份无法脱离实体公民身份而独立享有权利与承担义务，那么如何实现数字身份与实体公民身份相互关联，进而成为法律上的权利义务主体，是亟待解决的问题。

数字社会，数据变得越来越重要。但在实际生活中，人们的数权意识并未觉醒。多数情况下，对相关数据的保护意识薄弱，对未来潜在的风险缺乏认知，任由相关数据被控制和屏蔽，忽视对相关数据信息的知情权、请求权和形成权等法益保障。元宇宙的发展建立在数据资源驱动的基础上，数据不仅支持着人们的虚拟化生存，也强化了现实空间中的人与虚拟空间中的人的对应关系，甚至反过来影响现实空间中的人。具体来说，人的"画像"中，身体、位置、行为、情绪与心理、关系、评价、思维方式等被全面数据化。这加剧了数字平台对海量的公民数据的挖掘和利用，当人被映射、拆解、外化成各种数据，这些数据又被强制进入各种商业或社会系统时，人们会在一定程度上失去对自身数据的控制，并受到来自外部力量的多重控制，导致公民在数据流动中近乎裸奔，个人的自由和权利领域日益狭窄。在数据和算法的推动下，进一步发展出一种新的人性形态，每个拥有个人特质的理性人转变为数字化的"数据人"。由数据驱动的算法推荐行为对信息主体的学习曲线和身份认知产生影响，预先设计阻止了特定类别的人的意图，抑制了基于身份的自发行为和自主行动。作为交往行为主体的人被剥夺了独立性和隐私权，人的社会地位依赖于一串串代码和数据来决定。人类随时都是技术围猎的对象,作为具有"目的理性"的人沦为科学技术的俘虏和数据统治的工具。为了防止元宇宙发展导致的数字人权侵蚀风险,如何建构数字空间治理的价值基准和法治道路? 这些都是亟待解决的问题。

## 2.2 全球数字鸿沟

### 2.2.1 数字鸿沟的内涵及影响

数字鸿沟的起源可以追溯到 1995 年,该词首次在美国《洛杉矶时报》上被使用,1999 年 7 月,美国发布了《填平数字鸿沟:界定数字鸿沟》的官方文件,代表其开始对数字鸿沟现象展开全面研究。2000 年 7 月在日本召开的八国首脑会议通过了《全球信息社会冲绳宪章》,该宪章指出发达国家和发展中国家在信息技术发展当中存在巨大的数字鸿沟,并重点讨论了如何填平数字鸿沟等问题。这是数字鸿沟问题第一次在国际组织的正式文件中出现。同年 11 月,我国在北京召开了"跨越数字鸿沟"的高层研讨会,并就数字鸿沟的本质和应对策略问题进行了深入探讨。此后,在世界范围内掀起了研究数字鸿沟现象的热潮。

数字鸿沟现象存在于国与国、地区与地区、产业与产业、社会阶层与社会阶层之间,已经渗透到人们的经济、政治和社会生活当中,成为在信息时代凸显出来的社会问题。世界银行发布的《2021 年世界发展报告:数据让生活更美好》指出,2018 年全世界人口有 8% 未接入 3G 无线宽带(普及率有所提升),但地区差距十分明显,在北美接入率高达 89%,在撒哈拉以南地区接入率只有 22%。这只是 3G 宽带的接入情况,如果计算 4G 无线宽带接入情况的话,未接入的人口达 20%。贫困国家中的最贫困人群无法触及宽带,在低收入国家宽带信号接入鸿沟影响了 30% 的人口。有些在宽带信号区内的人们却未使用宽带,要么是因为无力承受费用,要么因为识字水平有限。全球数字鸿沟是一种新的全球性不平等现象,弥合这一鸿沟是当务之急。它不仅会破坏人类社会基本的公平正义格局,也将危及人类可持续发展,更将决定人类如何在数字时代安身立命,严重影响正常的社会治理和国家治理,甚至严重冲击国际秩序和全球治理。

数字鸿沟是指在全球数字化进程中,不同国家、地区、行业、企业、社区之间,由于对信息、网络技术的拥有程度、应用程度以及创新能力的差别而造成的信息落差及贫富进一步两极分化的趋势。数字鸿沟的实质就是以因特网为代表的新型信息技术在普及和应用方面的不平衡,它意味着因特网发展落后的国家或地区在新的全球"信息革命"中面临"知识贫乏"和"信息贫乏",缺乏参与和发展信息技术的能力。随着智能技术在 21 世纪 20 年代的大规模应用以数据驱动的智能应用深度进入社会各个层面,开始成为主导的社会信息传播、商业模式创新、社会治理模式和全球传播的基础,数字鸿沟的内涵和外延正在发生根本性的改变,大大突破了原来相对有限的领域与范畴,即从最初的网络接入与访问,到接入之后的网络使用技能与素养,以及当今智能时代以数据为核心的开发与合理使用。这三个层次的内涵,被分别称为互联网商业化初期以网络接入与否为标志的接入鸿沟(数字鸿沟 1.0);到 2000 年之后 Web 2.0 浪潮崛起,网民成为互联网生产的主体,以网络使用技能和素养为内涵的素养鸿沟(数字鸿沟 2.0);到当前智能时代以数据为核心的智能鸿沟(数字鸿沟 3.0),它包含着接入鸿沟、素养鸿沟和智能鸿沟的相互叠加与联动。

　　传统的数字鸿沟是造成数字不平等现象的直接原因。传统的数字鸿沟是诸如移动电话、计算机、互联网等设备和服务等传统 ICT 在不同地域、不同群体间分布不均衡的现象，属于一级数字鸿沟。数字鸿沟所导致的机会不平等是二级数字鸿沟，主要表现在处于信息"优势"的群体能够获得更多的与数字技术相关的机会，可进一步分为使用机会的不平等和参与机会的不平等。从国家层面看，因特网带来的语言鸿沟加剧了国与国之间机会的不平等。因特网海量信息中以英语发布的占到约95%，其次是法语网站。非英语国家的网民在获取信息时存在语言鸿沟，是信息利用的弱势群体。首先，使用机会不平等主要表现为在数字经济时代，由于数字产品和服务不断增多，在数字鸿沟中处于"优势"的一方可能凭借对数字技能的掌握而更早、更好地享受数字产品和服务带来的红利，进而增加自身的效用。其次，参与机会不平等主要表现在两个层面：一是在居民层面，掌握数字技能较好的家庭可能通过使用互联网、手机 App 等数字设备和服务更好地参与就业、创业，或者通过线上平台跨越空间地域的限制，更好地参与到网络课程中，实现数字化教育，或者通过在线理财平台更好地参与金融投资活动。而对数字技能掌握较差的家庭可能不能享受 ICT 带来的参与机会，反而可能被数字化社会排斥，或者较慢融入数字化社会。二是在企业层面，数字化程度较高的企业能够较快实现商业模式转型、管理模式改革和创新，较快融入企业数字化的潮流之中。由数字鸿沟导致的结果不平等现象是数字不平等的另一种重要类型，主要表现为数字技术给处于信息"优势"的群体带来红利。数字经济受益程度在不同群体和地区间存在明显分野，低层群体借助数字技术普及应用虽然也实现了收入增长，但社会经济地位和受教育程度较高的群体从数字经济发展中受益更多。这种不均衡现象会导致处于信息"优势"的一方接入并使用 ICT 拉大与处于"劣势"一方的差距，进而造成经济、社会等多维度的不平等。

　　智能鸿沟成为新时期数字鸿沟的全新特征，智能鸿沟以智能技术的应用为基础，当今智能技术的社会化、大众化和普及化，都是以数据、算法和算力这三大要素为基础。而目前，算法和算力主要集中在互联网超级平台手中，数据也大部分集中在企业手中。而企业的本质属性就是基于股份制的财产权和知识产权等制度上，有着天然的垄断性和封闭性。这就导致了智能鸿沟问题和接入鸿沟与素养鸿沟存在着基础性的不同。有关数据跟踪、算法监控以及基于数据的歧视成为了"智能鸿沟"时代存在的新威胁。一方面，智能鸿沟会引发信任危机。例如人脸识别技术对公众的监视与个人隐私的泄露；机器学习算法使用人工智能系统通过从学习数据来模仿人类理性等。另一方面，智能鸿沟正在影响着全球战略格局。例如 2019 年美国国防部人工智能战略承诺实现美国军事力量的人工智能数字化转型，这可能引发国家与区域战争自动化之间的差距，更极端的则是人工智能可能在人类控制之外进化。智能时代所造就的数字鸿沟，因为有智能技术自身的快速迭代，包括社会算力的扩张与渗透，技术生态的日益闭环化，以及智能技术向前发展的不可逆性，这一切都导致了智能时代所造就的数字鸿沟极强地呈现出马太效应，即技术意义上的强者愈强、弱者愈弱，生活意义上的智能人群越智能，非智能人群越非智能。因此，数字弱势群体在未来数字时代加速演化以后，很可能会沦为绝对的技术化赤贫种群，从而面临生活濒危和社会化消亡的真正危机。疫情期间，智能媒体才能生成的"健康码"，导致一大批不会使用智能手机的老人，无法以地理信息数据和移动平台接口来说明自身的健康状况，也因此被剥夺了自由通行的权利，甚至这些老人在心理上形成了生存危机。在不断智能化的时代，智能鸿沟具有更多的哲学意义，既往的数字鸿沟所体现的，是人类有无技术意义上的"义肢"身体，而智能鸿沟所体现的，却是人群有无社会意义上的身份证明。

## 2.2.2 数字鸿沟的成因及治理

有效迅速地缩小数字鸿沟,是关系到整个社会能否和谐与可持续发展的重要问题。数字鸿沟的形成受多种因素影响,不同地区、不同群体间的数字不平等形成机制也不尽相同。"经济鸿沟"是形成数字不平等的最主要因素,经济发展水平的差异导致了不同地区、不同群体间资源拥有程度和生活水平的差异,进而影响到数字技术接入和使用,造成数字技术分布的不均衡现象。不同地区之间的经济发展差异制约了ICT的发展,从而直接导致一级数字鸿沟。在微观层面上,居民收入和受教育程度差异是使不同群体间互联网技能差距较大的原因。平均受教育程度和人均收入的提高是缩小数字鸿沟的主要因素,提高群体教育水平是减少"数字文盲"的有效途径。其次是年龄因素。通常情况下,老年人相对于年轻人更易处于数字鸿沟中的劣势地位,这种不同年龄段之间的数字不平等也被称为"灰色鸿沟"。与年轻一代的生活相比,老年人口比例较高的地区互联网普及率较低。老年人、低受教育程度群体被数字化社会排斥,从而不能正常参与社会生活的现象,主要体现在数字支付、数字出行、数字医疗等方面。而且,这些人对于信息真实性的识别能力较差,也更容易遭受财产损失。近年来,老年群体、文化程度较低的群体在线上购物、知识付费中受骗的案件屡见不鲜,不乏有犯罪团队针对弱势群体的心理特征定制诈骗技术和相关产品。数据显示,有66.2%的中老年网民遭遇网络谣言,52.7%遭遇虚假广告,还有超过1/3的中老年网民曾遭受过网络诈骗,诈骗渠道包括保健品、红包、彩票等。同样的情况也体现在低文化程度的上网人群中,由于对网络信息真实性的鉴别能力较低,他们往往更容易落入虚假广告、网络传销等诈骗陷阱,造成财产损失。更糟糕的是,中老年人受网络诈骗的社会舆论对这一年龄阶段的潜在网络用户造成了很强的负面效应,又进一步降低了他们对于数字技术的信任程度,增强了抵触心理,形成了更大的数字鸿沟。因此,政府需要进一步加强网络治理,提高数字市场的个人信息和财产保护措施,在安全上网方面提供有效帮助。完善网络安全立法,明确网络服务主体责任,提高互联网产品和服务质量的规范性,切实保障消费者利益。

政府仍应关注互联网接入的一级数字鸿沟,应继续采取措施加强ICT基础设施建设,具体包括:继续提升互联网普及率、增加固定互联网宽带接入和光纤接入规模;加快研发推广低成本智能终端、增加接入互联网的设备数量;为数字鸿沟中诸如老年人、贫困人群等"弱势群体"获取并使用数字工具提供消费补贴等。除此以外,政府应不断强化互联网教育,对知识水平低、认知能力差、数字素养低的群体进行专业培训。同时,还应注重高阶互联网技能的培训。针对老年群体使用鸿沟问题,平台企业积极改进,极力简化操作流程,降低使用门槛,打造老年友好型操作界面,目前不少平台推出了老年关怀版软件,帮助老年群体跨越使用鸿沟,共享数字红利,为了给老年人创造友好的使用体验,越来越多网络应用开始适老化改造。与此同时,未成年人群体内部使用鸿沟问题仍较为突出。未成年人在接触数字产品时自控能力较弱,容易因沉迷游戏、小说等不能自拔,与其他群体的差距越拉越大,形成另一种类的数字鸿沟。因此,应当加强政府干预,规范未成年人的网络使用,合理约束未成年人软件使用行为,降低未成年人之间的数字鸿沟对长期收入和财富分化的影响。

## 2.3　网络文化

### 2.3.1　网络文化的定义

荷兰文化协会研究所所长 G.霍夫斯坦德(Geert Hofstede)对文化下了这样一个定义：文化是在同一个环境中的人们所具有的"共同的心理程序"。因此，文化不是一种个体特征，而是具有相同社会经验、受过相同教育的许多人所共有的心理程序。不同的群体，不同的国家或地区的人们，这种共有的心理程序之所以会有差异，是因为他们受过不同的教育、有着不同的社会生活和工作，从而也就有不同的思维方式。文化指导道德，而道德理念是文化的体现。

文化是人类活动的产物，其本质是"人化"。因此，就其广泛意义而言，文化几乎无所不包。但基于社会领域分工和认知明确化的需要，我们通常将文化限缩在价值观念、思想精神层面。

网络文化是人们以网络技术为手段，以数字形式为载体，以网络资源为依托，在从事网络活动时所创造的一种全新形式的文化。网络文化既包括资源系统、信息技术等物质层面的内容，又包括网络活动的道德准则、社会规范、法律制度等层面的内容，也包括网络活动价值取向、审美情趣、道德观念、社会心理等精神层面的内容。从广义上讲，网络文化是指网络时代所代表的新的文明成果与状态的总和。从狭义上看，网络文化指的是与网络时代相关的人们的交往活动、价值观念与生活方式。

网络文化以主体平等、客体虚拟、管理间接为基本范式，以融合技术、传输信息、提供服务为基本手段，以时时互联、地地互联、人人互联为基本途径。网络文化传播一方面具有高度无序化、难控制、无政府、自由化等特点，网民常常出现价值主体自我化、价值导向多元化、价值目标模糊化、实现价值手段虚拟化和道德行为方式上漠视权威、无视中心、忽视规则等表现；另一方面因为网络文化具有全球性、开放性、共享性、多元性、虚拟性、交互性、分布性与超限性等特点，也使得网络传播实现了信息传播的实时共享性、场景的虚拟性、参与的隐蔽性与匿名性、涉及范围的全球性、文化来源的多元性。

依托互联网介质，利用大数据、云计算、物联网等人工智能技术，网络文化内容在业态丰富创新、体验式场景营建以及精准化内容定制生产等方面，颠覆了传统文化内容生产。第一，在共性技术推动下，网络文化业态趋于丰富，不仅构建了包括网络文学、网络音乐、网络游戏、网络动漫、网络剧、网络电影电视、网络表演、网络艺术品等系统全面的业态内容体系，表现形式也从贴吧、微博、微信拓展到短视频、直播等不同形态。第二，VR、AR、MR 技术不断丰富网络文化体验场景，通过完全虚拟和混合现实的结合，为用户营造不同主题的逼真场景，创建有感染力的文化内容空间，全方位提升沉浸式场景体验感受。

值得警惕的是，在这些网络文化中，以青少年为主体通过网络展现个性、释放喜怒哀乐而逐步演变出一种特殊文化——网络亚文化。例如一度盛行于网络空间的丧文化、佛系文化、弹幕文化、二次元文化、宅文化等均以网络为介质生成和蔓延，并以典型的风格标签和话语方式标榜自身。目前，网络流行语、网络游戏、网络聊天、网络文学等，都可以算作是网络亚文化的表现形式。网络亚文化是一种有别于主流网络文化，体现着独特的审美观和价值观的网络流行文化,具有极强的渗透力和影响力。它对未成年人的思想意识、行为方式有着极为深刻的影响。

## 2.3.2 网络空间中的信息污染

网络成为文化发展的主流平台,其海量、快捷、实时、共享等特点极大提高了文化的生产效率和传播方式,成为人们获得文化资源的主要途径。作为高度离散化和扁平化的信息系统,网络空间中任一服务器自成节点,网民仅凭 IP 即可成为能够独立发布信息的潜在"麦克风",每个人都可能成为信息源,从而改变了传统的金字塔式传播格局,也造成了对民族历史文化、价值取向和舆论导向等多方面的冲击和影响。

网络的便捷性、开放性、权利义务不对等性,带来了传播内容的爆炸式增长,也为不良信息滋生提供了温床。在资本逻辑的推动下,过度追求经济利益的最大化成为文化生产者的唯一目的,这直接导致网络文化发展价值导向和功能定位的偏离。部分网络文化的生产者和营销者为了片面追求经济利益,刻意生产和传播低俗化、庸俗化、媚俗化的文化内容,打着人类低级趣味和好奇心理的擦边球,让暴力、色情、淫秽、迷信等内容充斥在网络空间,肆意挤压着主流文化的生存空间。网络一旦成为"三俗"文化的寄生地,就如"蝴蝶效应"般地影响整个文化生态。当色情、暴力、炒作、戏谑、低俗等元素成了网络文化获取高点击率的"制胜法宝"时,网络空间就会蜕化成"三俗"文化的"温床"。睥睨礼法的行为、戏谑社会的语言、黄色赌毒的弹幕,一再拉低网络文化的格调,都在不断触碰着社会公序良俗和法律道德底线。人们在尽情享受网络文化的"盛宴"时,已经不知不觉地开始沉溺于虚拟的自我世界之中,逐渐树立起"以自我为中心""以愉悦为目的"的价值导向,用无深度感代替了对精神信仰的追求,长期沉浸在这种无聊空虚、过度娱乐的网络文化垃圾中,必然会产生精神空虚和文化危机,最终丧失对高尚精神的追求和道德责任的担当。

从技术上看,网络环境下不良文化内容突破了现实社会地域空间的限制,通过畅通、便捷的网络传输渠道,实现了传播倍速增长,迅速覆盖各个领域人群,以生态化、体系化的方式多维传播,危害性也呈裂变式上升。当前,网络不良信息主要有"违反法律""违反道德""破坏信息安全"三大类,具体表现可以分为以下不同类型,如以网络涉黄赌毒为代表的违反法律的不良文化信息,网络"内涵段子"为代表的损害国家荣誉、社会公德的违反道德行为,以计算机病毒盗取数据为代表的破坏信息安全犯罪等。

网络空间中存在的享乐主义、拜金主义、极端利己主义异常突出,在当代文化变迁中存在着功利主义、信仰危机、舶来主义、娱乐至上等倾向。网络炫富、崇洋媚外、媚俗化、泛娱乐等不良文化内容泛滥成灾。网络空间充斥着各种消极文化价值观,如消极处世的"丧文化",一夜暴富、一夜爆红的"功利文化",其与主流价值宣扬的自强不息、艰苦奋斗精神南辕北辙。以"90后""10后"为核心的青少年群体往往更易受到影响,在猎奇心理驱动和便捷网络条件下,恣意传播"时尚"的文化价值观。这些新潮价值倾向往往与崇仁爱、重民本、守诚信、讲辩证、尚和合、求大同、自强不息、扶正扬善、见义勇为、孝老爱亲等传统价值观形成强烈的反差和冲突。扭曲的文化价值观如暴走漫画对董存瑞烈士和叶挺烈士戏谑性、侮辱性的调侃,其与主流价值观提倡的爱国、正义、诚信准则背道而驰。这类亵渎英烈、罔顾事实、篡改历史的言行侵害了英雄名誉、伤害了民族情感、损害了社会公共利益、破坏了网络爱国氛围,其生产和传播的负能量造成了十分恶劣的社会影响。其思想和言行成为荼毒网民的精神鸦片,污染了网络生态,败坏了社会风气。各种网络文化乱象严重危害网民尤其是青少年群体的身心健康,荼毒其心灵、消磨其意志、妨碍其成长,成为阻碍网民健康发展的一大"毒瘤"。

与此同时,互联网门户网站、微博、微信等新媒体为网络谣言、虚假信息的传播提供了便利。民众通过充分运用网络等新媒体获得了更多的话语权,打破了以往官方舆论一统的局面,网络空间成为许多公共话语和公民行为的策源地,甚至成为"无组织的组织力量"。在极端的情况下,一些人不负责任地发布不实消息、甚至肆意捏造事实,造谣惑众;一些人站在自己的主观立场上进行片面评论,把网络空间当成非理性宣泄的场所,对网络空间不良情绪的泛滥起到推波助澜的作用。同时,算法推荐下的单一、同质化信息氛围使得网络信息生态环境暗含信息操纵风险。算法推荐下的人们长期处于单一、同质化的信息氛围中,容易将自己的偏见视为真理,拒绝接受其他合理意见,这给虚假信息的传播制造了机会。虚假信息与突发公共事件通常存在伴生关系,当突发公共事件发生且相关职权部门的调查和信息公开无法在短时间内完成并满足人们内心预期时,不法分子即可能制造虚假信息,并利用人们在算法精准分发信息下形成的固有认知或偏见,进一步传播虚假信息,扰乱网络信息生态环境的秩序。因此,规范网络空间秩序,维护网络文化安全亟待解决。

## 2.3.3　文化霸权

借助于互联网络,文化霸权进入了一个全新的阶段,以各种形式影响着人们的意识形态和价值观念。以美国为首的西方国家在国际文化交流中,文化霸权问题愈发明显,它们借助互联网从事的文化霸权作为国家战略的一种重要资源,以实现对他国的控制。文化霸权主义是霸权主义的表现形式之一,它以文化传播为手段实现对他国文化、经济、政治的入侵,最终实现对一国的控制。

以美国为首的西方国家频频利用发展中国家特别是一些社会主义国家在经济建设发展中的困难和工作中的失误,大肆攻击和诽谤社会主义制度。他们借助自己所掌控的先进网络技术,通过文字、影视、音像等方式大力进行政治宣传和政治输出,将其意识形态、价值观念不断地传向社会主义国家,使大众潜移默化地对西方文化产生亲近感、信任感,而对自身民族的自尊心、自豪感却产生动摇,从而引发"意识形态真空"和"信仰危机"。这种意识形态的传输往往打着"民主、自由、平等"的旗号进行,常常不易被警惕和发觉。当今互联网上90%以上的信息是英语信息,而中文信息仅占1%。语言霸权常常意味着信息和文化的霸权。影视产品作为极具视听效果的文化攻势,通过形象、语言、明星、装扮、故事等元素使影视作品成为大众文化的重要组成部分,因此也成为推行文化霸权的国家一直极为重视的文化领域。互联网使美国的文化产品,如好莱坞电影、迪斯尼动画片、格莱美音乐等传播更为便捷。美国控制了世界75%的电视节目和60%以上的广播节目的生产与制作,每年向国外发行的电视节目总量多达30万小时。美国的电影产量只占世界电影总产量的6%~7%,但总放映时间占据了世界的一半以上。影视产品不但具有巨大的商业利益,而且对人的心灵起到教化作用,它所蕴含的社会政治理念、价值观念、意识形态和生活方式通过对观众的耳濡目染,其影响力是无法估量的。

互联网上铺天盖地的英语信息给非英语国家的民族文化保护带来了极大的冲击。西方文化借助于科技和信息技术而产生的强势地位,对民族文化价值观形成"打压"态势,弱化了民族的道德素质。在一定程度上会转变人们对传统文化的态度,从而产生怀疑、疏离、隔膜,甚至排斥感,在心理认同上淡化自己的民族身份。民族的文化价值观发生变化,民族的特性就会丧失,民族的理想信念、奋斗目标和发展方向就会发生改变,最终沦为其他文化价值的附庸。

文化素质降低导致情感偏移。资本主义极尽功利,传播的世俗文化、娱乐文化、消费文化,变成了文化泡沫,产生了大量的"垃圾文化"。强大的传播力量把低级趣味的产品和信息大量展示在人们面前,尤其是在缺乏判断力的青少年面前,占用了他们学习时间,也影响了他们心理的健康和素质的发展。美国利用网络上的种种优势倾销其政治思想和文化,大力宣扬西方的民主自由和人权观念。在被西化、分化的过程中,人们的情感,包括热爱祖国,对亲情和友情,对他人、民族和社会的看法等,都发生严重偏移,使人产生偏执、自闭、愤世的情绪;以个人为中心,许多人毫无顾忌地宣泄自己的不良心态、情绪和阴暗心理。

文化必须有深刻的精神内涵,才能被称为文化人,中华文化就是要体现民族精神和时代精神。传统文化是中华民族生存和发展的摇篮,对增强民族凝聚力、振奋民族精神、促进国家富强统一起着重大的促进作用。一个民族的凝聚力,主要体现在对本民族人文文化的认同程度上。一个国家、民族没有优秀的传统文化,没有民族人文精神,就会变得虚无、异化,甘愿为人奴隶。建设中国特色的社会主义,既要吸收其他民族优秀的文化成果以增进活力,又要借助传统文化和民族精神的力量,充分发挥其凝聚功能、整合功能,以提高人民应对挑战的能力。

## 2.3.4　网络文化的规范和治理

守法教育是文化的一项重要内容,是增强人们权利、义务等伦理观念的基本手段。世界各国纷纷通过立法来维护各自的国家文化安全。例如,美国自 1988 年开始实施《计算机安全法》《1996 年电信法》第五编《色情和暴力》经国会参众两院同意后以《通信净化法》的名称公布以限制色情和暴力信息的传播;另外还发布了《信息自由法》《个人隐私法》《伪造访问设备和计算机欺骗滥用法》《互联网网络完备性及关键设备保护法》《传播通信法》《通信内容端正法》《儿童色情防制法》《儿童互联网保护法》等;欧盟实施了《数字隐私规则》;德国专门为互联网络的健康发展制订了《信息与通信服务规范法》(又称《多媒体法》);英国拟定了《监控电子邮件和移动电话法案》;日本于 1999 年通过了《禁止非法读取信息法》,并于 2000 年 2 月 13 日起正式施行。针对电子邮件中"垃圾"成堆的状况,日本于 2002 年公布了《反垃圾邮件法》,并于 2005 年进行了部分修正。德国于 2018 年修订《一般数据保护法案》,要求网络服务商对"有害青少年内容"设置访问限制,否则承担民事赔偿与行政罚款双重责任。新加坡 2019 年颁布《防止网络假信息和网络操法案》,首次将"恶意传播损害公共利益的虚假信息"纳入刑事犯罪范畴。该法要求平台对用户发布内容的法律合规性负责,成为亚太地区最严格的网络信息治理立法之一。英国 2023 年通过《在线安全法案》,强制社交媒体平台履行相关义务。近二十年全球立法凸显三大转向。①从内容管控到平台问责:如英国、新加坡将平台作为"第一责任人",配置民事、行政、刑事全链条罚则;②技术合规强制化:年龄验证(德、澳)、内容分级(韩)、算法透明(欧盟)成为法定要求;③儿童保护为核心:各国均设立独立条款,如欧盟禁止儿童定向广告、韩国网络宵禁、英国儿童内容过滤。

我国为了维护网络文化安全也出台了一系列相关的法律、法规、法案和条例,如《全国人民代表大会常务委员会关于维护互联网安全的决定》《电信条例》《互联网上网服务营业场所管理条例》《互联网电子公告服务管理规定》《互联网站从事登载新闻业务管理暂行规定》《计算机信息网络国际联网安全保护管理办法》《计算机信息网络国际联网管理暂行规定》《互联网文化管理暂行规定》《网络文化经营许可证》《互联网电子公告服务管理规定》等。2001 年新修订的《著作权法》也对网络侵权问题作了相应的规定。2009 年 2 月修订后的刑法更是明确了对"提供专门用于侵入、非法控制计算机信息系统的程序、工具，或者明知他人实施侵入、非法控制计算机信息系统的违法犯罪行为而为其提供程序、工具，情节严重的"要进行处罚，充分反映了中国政府打击计算机技术引发的犯罪问题的决心。《2006—2020 年国家信息化发展战略》中提到：倡导网络文明，强化网络道德约束建立和完善网络行为规范，积极引导广大群众的网络文化创作实践，自觉抵御不良内容的侵蚀摈弃网络滥用行为和低俗之风，全面建设积极健康的网络文化。《生成式人工智能服务管理行办法》（2023 年施行）是首部 AI 内容治理专项法规，要求生成式 AI 提供者标注合成内容标识，并防止生成煽动分裂、歧视性信息。《网络数据安全管理条例》（2024 年施行）细化平台义务：不得强制收集非必要个人信息，重要数据处理者需每年提交安全审计报告。《未成年人网络保护条例》（2024 年施行）核心条款：网络产品需设"青少年模式"，默认禁用打赏、直播功能；平台 22：00—8：00 不得向未成年人推送信息等。

## 2.4　数字全球化

进入 21 世纪，数字技术在世界范围内突飞猛进。全球化时代彰显出日益数字化的鲜明特征，数字全球化时代拉开序幕。"数字全球化是指数字技术、数字媒介和数字公司驱动下的信息和数据流动，经济关系和生产方式的数字化整合，社会关系和生活方式的数字化联通，以及思想和文化观念的全球传播和重构。"数字化是全球化的有机组成部分，已经成为全球性现象。

从全球化涉及的变革来看，数字全球化与以往全球化不同的是，数据的全球流动加入进来，成为全球化的新推动力，数字技术的全球应用、经济活动和交易行为的数字化、观念和思想的数字化传播、社交媒体的全球使用和人类生活场景的数字化都使全球化呈现出了前所未有的新面貌。全球化活动具有更加强大的即时性和共时性，交易、信息传递和社会互动几乎瞬时完成，极大地增加了全球经济可拓展的空间和全球化活动的频率。

从全球化范围来看，数字通信连接全球，数字全球化进程几乎遍及人类生活的各个角落。从全球化效应来看，数字全球化不仅仅关涉贸易和数据，也具有安全内涵和影响，攸关各国的全球地位和世界权力分布结构。

从全球化速度来看，全球化生产和技术革新以前所未有的速度跃进，数字全球化时代的风险与以往的风险相比，在性质和传播方式方面都发生了很大变化。数字化时代的风险比工业化时代的风险具有更强的全球化特征。数字风险呈现出三大特性：弥漫性、穿透性和隐匿性，即更快地在全球传播蔓延和影响世界，更广泛地渗透到人们生产生活之中，更加隐蔽和不易观察感知。当今世界的数字风险在多个层次上爆发和蔓延，包括全球层次、国家间层次、国内和跨国安全层次、公司媒体层次和个人层次。

## 2.4.1　数字全球化时代的数字风险

数字全球化的进程从未摆脱全球数字分配结构失衡的风险,其中最突出的结构风险就是数字鸿沟。关于数字鸿沟问题已在 2.2 节论述,这里不再赘述。

数字霸权成为突出的安全风险,美国是数字全球化的危机源头之一。数字全球化让各国共同感受、分享、受益,任何国家都有权利用数字全球化的机遇中实现发展。但是美国对数字世界中新崛起的国家不断排挤、遏制,为了维护自身在数字技术、数字产业、数字规则和话语权等方面的霸主地位,动辄封杀制裁,试图扼杀具有挑战能力的新兴大国,由此引发数字战、科技战。数字冷战是具有高烈度对抗性特征的数字风险。2020 年,美国推出“清洁网络计划”,要求在运营商、应用商店、应用程序、云服务、海底光缆、5G 六个核心领域全面排除异己,将冷战氛围引入数字领域。所谓“清洁网络计划”基于技术来源方的身份对其他国家进行识别判定,带有严重的意识形态偏见,违背产业规律,扰乱全球产业链。有学者把2020 年界定为“数字冷战”元年。

数字安全越来越呈现出国外和国内数字挑战并行演进的态势。各国关键基础设施已经数字化运作,一旦发生网络攻击或出现故障,可能造成数字安全风险。大国之间还可能发生数字战争。恶意程序和黑客攻击可能会使国家的核设施、电力设施和能源网络瘫痪,导致严重的安全危机。网络使用者(尤其是消费者)个人信息被网络企业搜集、整理、分类,并被以不同的目标加以利用,威胁公民个人的数字隐私权。当海量数据被重组和使用时,还会产生严重的安全后果。国际社会在企业使用个人数据问题上缺少系统治理规范,各国对数据保护的实施路径各异,企业掌握的海量数据并不能为国家治理所用,政府对数据主权和安全的维护与个人数据保护之间存在不协调的情况,影响了治理效力和隐私权保护。在跨境数据流动问题上,对于国家安全是否优先于公民隐私权这一议题上尚缺乏全球共识。

数字货币如果不加管制地自由发展也将带来严峻的安全挑战。由政府背书的国家数字货币是大势所趋,并且必将对全球货币和金融体系的有益变革提供新的助力。但是数字货币的民间化和私营化使国际货币安全遭受挑战,数字平台和数字巨头开发数字货币试图绕过国家货币管理体系,使其产生数字风险和金融风险。一些组织和个人利用数字货币洗钱,冲击国家的治理权力。私营的数字货币虽然依靠区块链技术建立了信用体系,但是一旦这种信用体系发生崩溃或者货币平台遭到网络攻击,将引发巨大的金融安全风险。

数字垄断引发了与日俱增的忧虑,人们担心数字世界由少数大型企业集团垄断,抑或由少数几个国家所掌控,对数字寡头的恐惧感越来越强烈,它们有可能会利用其强大的实力控制全球信息,侵蚀网络用户的权利。起步较早的数字平台有机会被超大规模的用户使用,运营成功和创新成功的企业会将这种优势积累并放大。一旦数字平台利用这种先发优势和体量优势,形成行业垄断,遏制打压竞争者,滥用权力滋扰市场秩序,把持关键数字资源,侵占用户和消费者的合法权益,那么就会冲击经济和社会生活。数字巨头的垄断和不正当竞争如果不能得到有效制约,将会使行业创新和发展受阻,数字化道路被扭曲。从全球范围来看,数字垄断将带来更加令人恐怖的后果。数字巨头凭借用户数量成为数据垄断者,这样的垄断地位使它们拥有撼动价格体系和竞争格局的巨大权力,挑战国家法律、数字市场监管体系和国家数字安全,也挑战全球数字产业链、全球数字秩序和全球数字规则体系,使全球网络使用者和相关的数字行业参与者都被裹胁到垄断阴影之下,面临不可预知的前景和风险。

数字全球化是一个信息全面爆发式增长的时代，人们的时间和精力是有限的，聚焦的事件和进程也是有限的。在海量信息面前，数据获取已经并不是问题所在，在纷繁复杂的信息中关注何种信息、何种信息被呈现在人们眼前成了新的难题。人们要么关注身边的数字思想、观点和数字平台上所报道的事件，要么受全球数字思想浪潮和全球新闻传播媒体的影响。数字运营平台所处理的用户信息一旦达到巨大体量，就产生了某种安全隐患，用户信息被数字公司搜集、分析、归类和再利用都会造成安全风险，不仅是用户数据和隐私被泄露，也有可能被恶意用于商业竞争、政治公关、舆论和意识形态诱导，从而引发公共安全、舆论安全、意识形态安全甚至政权安全。这种数字趋势形成了一个新的数字极化局面，对政府、企业和相关治理政策来说都是一个全新的问题。正如联合国秘书长古特雷斯所说的，"互联网，尤其是社交媒体，有诱发数字风险的一面，它们会滋生分裂和激进行为，助长不信任、部族意识和仇恨。"

数字空间中的个人权利所涉及的数字风险主要来自两大领域，即数字自由和数字隐私权。棱镜计划掀开了世界风险社会新篇章。"棱镜门"事件揭露了西方世界保护自由和数据的预期与现实政策的鲜明反差。数字自由被美国实施的泛滥的全球监控严重侵蚀，是与数字自由有关的风险的一面。而风险的另一面则是美国长期鼓吹的所谓"网络自由"所诱发的挑战。自由是相对的，数字自由是数字空间使用者的基本权利，但是毫无拘束的无限度的自由将带来无穷的风险。所谓"网络自由"，从表面上看似乎要为各国公众争取不受政府制约的言论和集会的自由权利，但实质是要让政府放开网络的闸口，让西方从事"颜色革命"的大军有长驱直入的便利。呼吁取消政府监管审查的声音表面上看是在为自由和人权呐喊，实质是要将自由凌驾于一切，无视秩序、发展和安全。绝对的数字自由带来的是干涉、意识形态渗透、谣言、犯罪、舆论混乱和政治动荡。

数字隐私权的异常是指隐私权被侵害，这虽然是关乎个人的数字风险，但如果扩大波及范围，就变成国家甚至全球的数字风险。网络用户在互联网上留下的痕迹及其个人信息，如个人金融账户和电子邮件通信内容，都可能被获取和使用，用于达到不当甚至是不可告人的目的，因此为个人隐私信息加密是互联网发展和治理的要求。数字隐私权涉及数字信任问题。移动设备、手机App、监控设备、定位技术和人脸识别技术等使人们的信息和数据被多种主体搜集和利用，而数字社会的人们并不能像在传统社会那样了解这些被搜集的信息由谁掌控、如何使用和用到何处，大数据分析、数字技术和应用让人们常常无法在信息披露和不披露之间作出选择，这种权利正在丧失。由此，数字世界的信任面临坍塌的风险。

## 2.4.2　全球数字化的治理议题

数字治理是多主体共同参与的过程。全球化和新数字技术使多主体互动和多议题融合成为数字时代的常态，数字问题涉及国际社会和国内社会的多个问题领域，需要协同治理。

### 1. 数字经济

数字经济的发展涉及数字生产、数字贸易、数字交易、数字信用、数字支付、数字融资、数字物流和数字知识产权保护等新议题。数字经济已成为占发达国家经济总量超过一半、占发展中国家经济总量四成的具有巨大潜力的新经济形态，是国家发展模式转型的重要依托。发展中国家和发达国家之间的数字发展鸿沟说到底还是要依靠发展数字经济加以弥合。20国集团多次峰会就数字经济问题发出治理倡议，尤其关注全球数字鸿沟和数字贸易规则问题。《数字经济伙伴关系协定》(DEPA)建立了数字贸易、数字身份、数字产品、数字隐私和数字安全等问题的规则体系。数字经济治理体系的建构将使国家间数字博弈在规制下开展，不至于演变为混乱无序的数字争夺，也将抵御数字霸权和数字冷战给全球数字活动带来的负面后果，对数字霸权国形成制约。

## 2. 数字政府

政府是数字发展议程的缔造者和引领者，各国数字政府建设将提升全球数字化水平，使政府能够综合运用各种手段应对多种数字风险，使公众享受数字发展的福祉，也使各国能够互相借鉴，共同谋划数字合作。对于发展中国家，尤其是不发达国家来说，数字政府建设应成为数字治理的重中之重，这不仅是应对风险的前提，也是改善国家数字治理能力、缩小与发达国家数字鸿沟的前提。在没有世界政府的国际社会中，数字政府为全球政务的互联互通奠定了基础，国家与国家之间，国家与国际组织之间，甚至国家与外国公众之间，可以在数字政府网络之中寻找沟通对话的数字化渠道。

## 3. 数字伦理

数字伦理是一个全新的治理领域，由于全球范围内缺乏数字治理制度和国际法，数字伦理还处于倡议阶段。数字空间中的数字安全以及数字自由和数字隐私权等权利涉及道德标准、权力边界、主权规范，需要在数字治理的过程中健全和发展数字伦理。当今世界不存在任何关于网络安全的统一伦理道德协议，值得庆幸的是，国际社会开始出现援引国际法用于管控网络冲突和网络战的尝试。除了战争和冲突之外，社会层面的跨国和国内挑战已与数字技术紧密联系在一起，也需要建立系统性的数字伦理架构。人工智能伦理需要界定人与智能机器的关系、深度学习和人类智慧的关系、智能应用与数字安全的关系，为人工智能开发设定伦理限度，使之服务于人类福祉而不是侵蚀人类的自由权利、价值观和规范。大数据伦理则需要规定数据分析与知情权、隐私权和数据处理权的关系，安全议程下的数据采集处理与公民数字基本权利的关系，以及数据跨国化趋势下的数据搜集使用与数据主权、数据所有权的关系。

## 4. 数字舆论

数字全球化天生就是与数字舆论紧密联系在一起的，数字媒介、数字内容、数字传播、数字舆论和意识形态在社交媒体和数字技术的影响下发生了深刻变化。与数字舆论相关的事务已经成为国家生活和综合国力的要素。国内数字舆论的国际化和数字政治化趋势十分突出。同时，也要高度警惕其他国家和其他势力借由数字化工具和平台对本国进行意识形态渗透与舆论干涉，更要警惕隐蔽在数字空间角落的从事"颜色革命"的团体组织和个人。网络空间中的谣言和极端言论所导致的舆情危机、网络民族主义引发的网络舆论动荡和网络宗教仇恨所催生的舆论对峙是数字舆论治理中的棘手而敏感的问题，既可能滋生于国内数字舆论空间之中，也可能有国际根源或国际后果，需要开展审慎的舆论管理。

从全球范围来看，舆论话语权不均衡的问题依然十分突出，全球数字空间中舆论炒作压倒事实、拥有强势话语权的国家责难他国、以舆论联盟形式向政治体制不同的国家施压等问题仍困扰着舆论弱势的国家，个别数字巨头凭借其拥有的大用户体量的媒体平台形成局部舆论市场的数字垄断。国际机构、各国政府和数字平台都应肩负起数字舆论治理的责任，全球对话和协作治理势在必行。此外，数字舆论治理还要求增强公民的数字素养、数字技能和数字意识，为全民数字化、国家数字化和数字全球化做好准备。

#### 5. 跨境数据流动

涉及个人隐私权的跨境数据流动只要形成规模，就会成为影响国家安全甚至全球安全的风险点。欧盟的《一般数据保护条例》已成为欧洲乃至全球数据保护的重要规则。中国正在制定的网络数据安全管理条例对"数据出海"涉及国家安全的情形做出了明确规定，掌握重要数据的互联网平台在合并、重组或分立时如涉及国家安全则必须受网络安全审查。数据安全和数据主权是新时期的重要安全议题，尽管各个国家和地区在数据政策上有较大差异，但在维护数据正常流动和维护国家数据权益方面，国际社会仍有很多相向而行的机会。跨境数据流动的治理不仅关涉国家主权、信息安全、个人隐私，还关系到舆论安全和社会稳定。

#### 6. 数字规则

网络黑客、网络恐怖主义、网络欺诈、网络走私、网络洗钱和网络反政府运动等跨国和国内数字挑战都是影响数字秩序的巨大安全隐患，各国政府需要制定国内层面的法律法规和治理政策，打击违法犯罪行为，并与其他国家和国际组织开展合作，共同制定国际数字规则，应对数字化时代网络失序和网络犯罪跨国蔓延的问题。数字博弈、数字霸权和数字冷战所反映的国家权力、国家利益和国家战略野心凌驾于其他国家权益之上的问题也需要通过建立数字规则体系加以应对，只有数字规则才能防止全球数字领域陷入混乱无序状态。全球性的规则体系还遥遥无期，目前进展较快的是区域性和国家内部的规则体系建构。欧盟正在打造单一数字市场，建立欧盟数字化标准和共同规范，维护欧洲范围内的数字秩序。中国已经形成基于《网络安全法》《数据安全法》《个人信息保护法》的数字规则体系。这些区域性和国家内部的规则的塑造与实践将有助于各国抵御数字风险，并在此基础上形成基于规则的全球共同体。

数字治理的目标是实现数字世界的公平性、非歧视性、非霸权性、开放性、高效性，在维护国家数字利益的同时增进全球数字福祉。全球数字福祉的实现不能一蹴而就，应当从局部性进展逐步迈向全球性进展。

### 2.4.3　全球数字治理研究的问题意识

从运行态势和时间来看，数字全球化在世界范围内才刚刚起步，但是带来的问题和风险并不少。若要立足于数字全球化的前沿，不仅要筹谋好全球数字治理战略和政策，还必须树立全球数字治理研究的问题意识。

**一是全球意识**。数字全球化是全球发展主要趋势，它遭逢的问题和挑战不是一个国家、地区、政府、组织、平台和运营商自己能解决的，它需要全球合作、国家间合作、平台和运营商之间的合作。以大数据为例，它需要大数据的持有者（国家、国际组织）、大数据的运行者（平台和跨国的数据公司）、大数据的使用者之间互动和合作，要有维系大数据运行的法律和伦理底线，确保三者恪守相关的"游戏规则"，对三者的权利进行合理划界，不能越位和跨界，否则要受道德谴责和法律制裁。

**二是总体意识**。数字风险往往具有系统性根源和影响，渗透面和波及范围广，如果缺乏总体意识，以琐碎视角审视问题，往往就会偏于一隅。治理政策如果过于拘泥现实具体问题，就可能被数字平台或者数字运营者轻松绕过。诸如数据杀熟问题，无法靠平台和电商的良心和道德自律加以解决，需要政府从宏观视角和总体规划出发，制定法律和管理条例。数字风险治理要兼顾政府、企业、个人的不同利益诉求,既要统筹兼顾,也要民主协商。从全球范围来看,要兼顾全球利益、地区利益、国家利益和国家内部各方的利益。

**三是前瞻意识。** 面对风云变幻的世界和日新月异的数字技术的发展,原有的风险治理机制已经远远跟不上当下转瞬即逝的变化。对未来的风险和危机,必须保持警惕性,具有前瞻意识,要预先筹谋,在风险尚未爆发和演化为大危机之前夯实数字治理制度基础。

数字全球化具有与以往全球化不同的特征,数字化浪潮推动了全球互联互通,数字技术革新和数据的全球流动加速了全球大融合。数字全球化带来人类生产生活各个领域的新变革,为经济和社会发展创造新机遇,提供新动能。同时,与数字全球化进程相伴相生的是从国内到全球多个层次的数字风险,威胁人类社会的安全、秩序和权益,全球数字治理势在必行,治理主体和参与者应当树立问题意识,把握先机,趋利避害,让世界共享数字全球化的红利。

## 2.5　信息技术对就业的影响

微课视频

自18世纪60年代英国工业革命爆发以来,每一次技术革命都可以看作自动化进程的又一次深化,在机器替代人的过程中效率与就业之间的冲突及再平衡不断重演。从历史经验来看,自动化推进在消灭部分就业岗位的同时也会创造更多新的岗位,使得宏观就业总量保持不断增长的态势,实现了增长与就业的双赢;然而,在转型过程中,技术进步的副作用仍需要由那些被机器替代的群体去承担。

信息技术被认为是一种通用技术,它对生产率的促进作用已经得到了大众的认同。而在理论上,技术进步对就业的影响存在两种相反的效应:一种效应会使得就业增加,另一种效应会使得就业减少。信息技术也不例外。特别是近年来,随着以互联网、大数据、人工智能、机器人为代表的新一代信息技术的应用加速,进一步引发了人们对于"机器替代人"的担忧。

2017年,人工智能的算法、芯片等加速进步,促使无人驾驶、语音识别、图像识别和机器人等多个领域的应用全面爆发,因此被《华尔街日报》《福布斯》等称为"人工智能商业化应用元年"。在国内,无论是政府部门还是企业界,对于人工智能都给予了充分的重视。2017年3月份,李克强总理在《政府工作报告》中指出,要加快培育壮大包括人工智能在内的新兴产业;2017年7月份,有关部门按照党中央、国务院部署要求制定《新一代人工智能发展规划》。与此同时,BAT(百度、阿里巴巴、腾讯)等国内互联网巨头在无人驾驶、人脸识别、智能家居、智能客服等领域纷纷布局,并快速实现人工智能在多个场景下的商业化应用。

人工智能作为新一代信息技术的重要领域,是一种新兴的通用技术,具有渗透性特征,能够应用于经济社会方方面面;不经意间,人工智能已经渗透到生产生活的多个环节,并悄然改变着经济、社会、组织运行的模式。作为人脑的延伸和替代,人工智能在提高生产率方面具有很大潜力;人工智能商业化应用将带来宏观经济整体全要素生产率的提升,真正实现以创新和知识驱动为特征的高质量增长。虽然人工智能技术能将人类从烦琐的程式化工作中解脱出来,对于应对人口老龄化也是一种有效手段,但其推广也意味着对(部分)劳动就业岗位的替代,并将最终影响到就业结构及收入分配格局。

人工智能经济特征包含渗透性、替代性、协同性和制造性四项技术,能有效推动国民经济各领域各部门高质量增长,也有助于壮大自身规模,提升自身质量。渗透性是指某项技术所具备的能够与经济社会各行业、生产生活各环节相互融合并带来经济运行方式改变(的一种潜能)。渗透性是通用目的技术最基本的技术,人工智能是新一代信息技术的重要组成部分,而 ICT 又是典型的通用目的技术,因此,渗透性也是人工智能的技术的经济特征。ICT 的替代性通常是指 ICT 作为一种资本要素对其他非 ICT 资本要素的不断替代。人工智能的替代性与其他 ICT 的替代性还略有不同,不仅体现为 ICT 资本对非 ICT 资本的替代,更体现为人工智能对劳动要素的直接替代。与以往技术对人类体力的替代不同,人工智能对于劳动要素的替代不仅在于体力,更在于脑力或者说创造性活动的替代,从而带来部分劳动就业岗位的直接消失。这就是人工智能对就业岗位的替代效应。

事实上,历次技术革命都会引发就业方面的替代效应,导致部分就业岗位的直接消失。然而,在过去的一个多世纪里各国就业人数基本保持着不断增长的态势。就业岗位消失与就业人数增长并存的根本原因在于自动化推进也能产生正向的溢出效应,间接创造出新的就业岗位,也被称为抑制效应。人工智能技术作为新一代信息技术的集成,是由数据生产、算法及软件开发、芯片、存储器、其他硬件设备等技术和产品共同支撑而形成的复杂系统。系统内各环节对应的产品及服务已经形成了一个较为独立的产业生态体系。人工智能影响就业岗位的作用机制如图 2-1 所示。人工智能技术对经济社会各领域的不断渗透,将带来各关联环节产品服务需求的上升,进而引致对应细分行业规模的扩大。通过规模扩大弥补单位产出就业岗位的减少,具体又可细分为三种情形:①生产线上不易被人工智能替代的任务和环节,需要增加就业岗位数量才能匹配生产率大幅提升的可替代环节;②效率提升带来的成本下降,使得企业有条件扩大再生产,增加生产线或经营单元,这两种情形下的就业岗位增加是由社会对产品需求所引致的,可以称为(产品)需求效应;③效率提升带来的成本和产品价格下降,客观上增加了居民收入,导致对其他行业需求的增加,从而推动其他行业规模的扩大和就业岗位的增加,该情形也被称为"溢出效应"。此外,还存在另一种更有力的抑制效应,那就是创造效应(或称"复原效应")。工业革命以来,新工种、新岗位的创造始终伴随着自动化进程的推进;19 世纪和 20 世纪,纺织、冶炼、农业及其他产业中的各种任务被替代的同时也衍生出工程师、维修工、后台保障、管理、财务等一系列新工种、新岗位;人工智能作为当下最重要的自动化技术,同样有望创造出诸多新的工种和岗位。

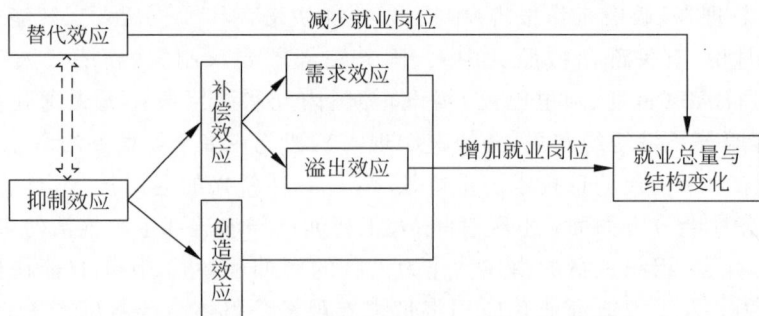

图 2-1　人工智能影响就业岗位的作用机制

自动化技术替代的有限性,即无法对所有现存就业岗位进行替代,这是抑制效应发挥作用更为根本的前提。补偿效应的实现本质上就是通过不可替代岗位的增加对可替代岗位的减少进行补偿。

人工智能及自动化推进中,替代效应与抑制效应作用下就业总量将保持基本稳定,但人工智能还是会对劳动力市场和就业结构带来重大冲击,这种结构性冲击不可避免。包括人工智能在内的ICT,既能替代中低等技能水平劳动者规律性、程序化的工作,也能辅助高技能(教育水平)劳动者完成分析类工作,而对于那非程序化低端就业岗位的影响则较小;因此,随着ICT应用范围的扩大,必然会带来就业结构的极化,并扩大收入差距。

总之,一个成功的技术会消灭一些工作岗位,但同时也创造了其他工作岗位。计算机创造了新的产品和服务、全新的产业,以及数以百万计的就业机会。新产品和新服务在设计、营销、制造、销售、客户服务、维修和维护这些产品上都会创造就业机会。新技术可能会在特定领域和在短期内减少就业,但很明显,计算机技术并不会导致大规模的失业。从整体上来看,技术创造的新的工作会比它消灭的要多,但是总有人会因为技术的进步而失去工作。因此,人们(个体劳动者、雇主和社区)和机构(如学校)都要足够灵活,并且为可能的改变做好应对计划。社会需要各种角色,包括做长期规划的教育专业人员,提供培训课程的企业家和非营利组织,可以重新培训其员工的大公司等。

## 2.6 远程办公

微课视频

"远程办公"的概念最早可追溯到20世纪70年代,当时美国燃料成本不断上涨,发展远程办公是应对环境污染、交通拥堵的一种社会解决方案。当然,缓解通勤压力并非是影响远程办公的主要原因。借助计算机与相关控制设备工作,通过电子通信工具进行沟通的远程工作方式,使得工作者的工作场所与企业办公场所分离。可以说,远程办公是信息时代的产物,并在数字化技术的助力下,得到进一步发展升级。数字经济时代,工作方式发生重大变革,弹性工作成为一种新常态。

远程办公(Telecommuting 或 Teleworking)是指灵活有效地利用信息通信技术,在远离平常的工作地点进行工作的方式。远程办公从概念上讲,分为"远程"和"办公"两部分,指基于互联网、物联网、云计算等技术,通过第三方插件、软件、网站等工具实现非本地办公。远程办公是数字化技术在经济活动中的发展所带来的劳动合同的特定执行方式,主要包括以在家办公、异地办公和移动办公等模式取代本地办公。

数字化技术在工作领域的广泛运用中所带来的最显著的变化是工作空间结构的革命性变革,各种先进数字技术的应用为弹性工时,远程办公减弱了许多阻力,并提供了很多可能性。诸如元宇宙、虚拟现实技术、数字助手、云共享等数字技术可以实现远程监控及管理员工的工作情况,有效留存了员工办公的数字足迹。而学习通、钉钉、飞书、微信、腾讯会议等各种智能办公App的广泛应用可以进行远程的音视频及文本交流,实现在家里或者任意地方就能随时分享知识及编辑数据,从而有效克服了远程办公的社会孤立和知识隐藏的难点,打破了时间及地理距离对工作的限制。弹性工时、远程居家办公不仅提高了办公管理的灵活性、节省租金及办公设备的运营成本,还可有效提高员工工作效率、增强灵活弹性安排,从而创造更多价值并实现公司与员工的双赢。据《2022年中国远程居家办公发展报告》显示,远程居家办公职位招聘的主力行业有互联网、数字化、单体化和知识型行业,主力城市有北上广深,疫情后中西部城市占比不断增加,云办公成为新型工作趋势,彰显出应对疫情危机的强大韧性。

　　远程办公所带来的好处显而易见：对于企业来说，可以节省办公室租金等大笔办公成本；对于员工来说，可以节省每天上班的交通出行时间和交通成本，在工作时间安排上也具有更高的自主性和灵活性，可以更好地平衡工作与生活的关系，有利于兼顾家庭职责，尤其是照顾未成年人、老年人等，从而促进工作和生活的平衡；对于社会来说，可以降低出行人数，缓解堵车和污染等城市病，促进特定人群尤其是残疾人的就业，有利于克服极端天气、重大疫情、恐怖活动等突发事件对工作的影响，保持紧急状态下工作的正常开展。

　　当然，凡事都有两面性，远程办公也存在着一些明显的缺陷。对于企业来说，由于不集中上班，需要面对面交流的项目仅靠远程视频和语言来实现效果肯定会大打折扣。另外，由于员工没在企业监管的视线范围内，其工作表现和工作考核成了一个难题。而对于员工来说，每天都在家工作，单位和家庭之间的界限消失了，让自己的生活和工作变得模糊，自己的时间自由得不到保障等。工作场所和家庭难以区分，如何认定雇员是否处于工作场所及处于工作状态、如何计算雇员工作时间以及是否存在加班、如何判定雇员所受伤害是否属于工伤等难度较大。有社会调查显示，相比传统劳动者，远程工作人员通常会面临更高的风险。首先，远程办公人员通常与同龄人、同事和用人单位成员之间缺乏直接联系，可能面临被社会孤立的风险；其次，远程办公人员的晋升和职业发展机会有限，因为用人单位的管理者和决策者缺乏与远程办公人员的直接联系，很难对这些员工的绩效进行正确评估；最为重要的是，劳动立法可能会加剧远程办公人员的脆弱性，因为尽管各国劳动法普遍承认远程办公人员和传统劳动者享有的权利和待遇是平等的，但从英国、法国、意大利等国家的法律实践来看，前者的薪酬和社会福利普遍要低于后者。另外，雇员隐私权以及雇主信息安全都存在风险。居家办公一方面使雇员的隐私或个人信息容易暴露，另一方面公司的信息数据也容易遭到泄露。目前，为了解决网络空间开放属性的问题，不少大型企业会搭建组织内部的虚拟专用网络（VPN），通过加密隧道方式，解决传输过程的安全问题。但这种方式存在两个弊端：一是内网的接入容量普遍较小，容易在集体办公时出现宕机等异常现象，影响工作流畅度；二是远程接入的环境不是完全封闭的，仍不可控，会存在泄密风险。

　　数字技术的发展，使得雇主可以随时随地通过电子通信向雇员发出指示，雇员也可以随时随地开展工作，工作和休息的边界模糊，劳动者的休息权受到很大侵害，客观上需要加强对劳动者休息权的保护。特别是，随着远程办公的流行，由于远程办公的工作时间更为弹性，法律对工作时间的控制和劳动者休息权保护的强化更为必要。

　　截至 2022 年 3 月，我国"微信及 WeChat 的合并月活跃账户数"已达 12.883 亿户。一份微信用户报告显示，如今微信几乎已经涵盖了绝大部分的职场沟通范畴，工作进度汇报、团队协作、事宜通知，几乎无所不能。甚至有人感叹"自从微信开始普及，上班时间就变成了24 小时！"为了控制工作时间，保障劳动者的休息权及劳动安全和健康权，近年来一些欧洲国家，例如法国率先于 2016 年在劳动法典中引入了雇员的"离线权"，即断开工作网络连接，从而不接受雇主指示和提供工作的权利。关于离线权的概念，欧盟 2021 年《离线权指令建议文本》的指令草案条文第 2 条规定，离线（disconnect）指"在工作时间之外，不直接或间接通过数字工具从事与工作相关的活动或通信"。

　　离线权的产生是为了克服数字技术广泛使用使劳动者工作和休息边界模糊，导致劳动者工作时间过长，并带来劳动安全健康风险的挑战。离线权作为数字时代劳动者的一项数字权利,属于衍生性权利、复合性权利,也是劳动者的一项基本权利。我国职场中广泛应用现代网络通信技术,远程办公也颇为流行,有必要在立法上引入劳动者的离线权。离线权的立法应平衡工作弹性和劳动者的休息权及安全健康权保护,充分尊重集体协议或劳动合同的内容,同时应完善相关的工时制度。离线权的主要目的是保障劳动者非工作时间免于工作的休息权,有利于控制劳动者的工作时间,保障劳动者的生活安宁,从而促进劳动者的劳动安全和健康。

虽然实践中远程工作已被广泛使用,但目前我国劳动法律法规并没有关于远程工作的规定,远程工作立法尚属空白。近年来,随着远程办公的流行,司法实践中因远程办公产生的纠纷案件数量也不少,特别是用人单位是否允许劳动者在家办公、劳动者在家是否提供了劳动、在家工作如何视为提供了正常劳动、劳动者在家办公的工资如何计算发生了不少争议。

**【案例 2-1】　居家办公的工伤认定**

《工人日报》2022 年 6 月 2 日披露了一则案例,显示了居家办公工作时间的认定和控制以及相应的工伤认定规则的重要意义。该案例中,石某生前是广州市一家贸易有限公司的员工。2020 年 7 月 13 日 19 时 40 分左右,石某在家中突然倒地,120 到场急救约 20 分钟后无效身亡。石某的微信聊天记录显示,事发当天下班回家后,他还在通过微信与同事、客户洽谈工作。石某与同事最后的聊天时间定格在 19 时 22 分,也就是他倒地前的 18 分钟。19 时 55 分,其他同事仍在他们的微信群继续回复工作内容。石某离世后,其妻田某向人社部门提出工伤认定申请。人社部门作出《不予认定工伤决定书》。田某不服,先后两次诉至法院。二审法院认为,石某的微信聊天记录显示其经常下班后用微信回复工作信息。其同事董某陈述,其与石某负责的工厂在晚上生产时,有问题都会相互联系。可见石某回家后继续处理工作是常态。另一典型案例也与居家办公工作时间认定和控制有关。高某系某律师事务所律师。2020 年 4 月 10 日 23 时左右,高某在家期间,突发胸闷胸痛、呼吸困难等症状,到运城市中心医院急诊科就诊,经治疗服药后自行缓解,要求回家。2020 年 4 月 11 日 6 时 04 分家属发现异常立刻拨打 120,经运城市中心医院抢救无效,高某于 2020 年 4 月 11 日 7 时 35 分死亡,死亡原因为心源性休克。律师事务所向人社局提出工伤认定申请,人社局作出《不予认定工伤认定书》。高某家属向法院提起诉讼,要求撤销人社局所做的不予认定工伤决定。一审法院和二审法院均支持家属的要求。

分析:这两个案例虽然主要争议焦点是劳动者的事故是否属于工伤,但发生事故的时间分别为 19 时和 23 时许,最后法院均认定工伤,也即认定劳动者的事故和工作相关,也反映了居家办公存在的"工作边界消失",劳动者工作时间过长的问题比较突出。引入离线权,合理控制劳动者的工作时间可以减少和预防此类不幸和纠纷的发生。从这个意义上讲,离线权及相应的工作时间控制和休息时间保护规则事关劳动者的身体健康和生命安全,将离线权作为劳动者的一项基本权利实至名归。

## 2.7　全球外包

自 20 世纪 90 年代以来,在全球价值链分割和国际生产分工背景下,中间品贸易增长迅速。外包作为全球化的重要形式获得了快速的发展,发达国家通过外包可以将生产分割成

微课视频

不同技术密集度的生产阶段，并将劳动密集型的生产阶段转移到国外以应对国内非技术工人相对高昂的劳动力成本，国内只负责资本密集型或技术密集型的生产阶段。较低的劳动力成本与效率提高，可以降低消费者的购买价格；而较低的价格鼓励更多的使用，从而使新的产品和服务成为可能。在不太富裕的国家，离岸外包为低收入人群和高技能工人都创造了就业机会。收入的增加加上商品和服务的价格降低，有助于这些国家的经济增长。

进入 21 世纪以来，全球服务贸易持续增长，成为拉动世界贸易增长的主要动力。全球服务贸易增长的一个重要原因是服务外包的高速增长。服务外包通过互联网信息技术使服务消费与生产在地理空间上分离并产生跨境流动，使服务产品变得可储存、可传输、可贸易，由此加速了服务在全球范围流动，提高了各国服务贸易参与度和服务贸易效率，丰富了服务贸易多样性。

现阶段，服务外包已经成为发展中国家和新兴经济体承接国际服务业转移的主要方式和发展国内现代服务业的主要路径。随着全球数字经济和服务经济的快速发展，国际服务外包已经成为推动服务全球化与价值链攀升的重要动力，也是新兴服务贸易发展的主要方式。

服务全球化即服务的生产、消费和相关生产要素的配置跨越国家边界，形成一体化的国际网络，各国服务业相互渗透、融合和依存，国际化的服务供给和消费不断增加。国际服务外包是服务全球化的一种特殊形式，即企业签订境外供应合约完成过去在内部进行的服务活动。

大数据、云计算、物联网、第三平台等新兴网络信息技术的发展，将加快服务外包的内容创新、交付方式创新与商业模式创新。从服务外包 1.0 到 3.0 时代，服务外包的内涵与方式都发生了极大变化。服务外包 1.0 时代（2001—2006 年）是依托于 IT 技术、以近岸外包为主、以节约成本为主要目的，呈现出明显的成本导向发展模式。随着 IT 技术的不断发展，服务外包进入 2.0 时代（2007—2012 年），在节约成本的基础上，重视资源的整合与利用，不再局限于近岸外包。服务外包 3.0 时代（2013 年至今），则更加注重以价值为导向，在云计算与第三平台的浪潮下，"云外包"模式诞生为服务外包模式的变迁提供了全新的技术架构支持。

国际服务外包过程中不仅包含着服务业在全世界转移，同时也伴随着知识在全球的转移，正是后者促进了承接产业转移和服务外包的发展中国家的技术进步和产业升级，而这才是国际服务外包最重要的效应。在经济全球化背景下，发展中国家的服务业升级既需要以技术、工艺为代表的显性知识，也需要以企业制度、文化为代表的隐性知识。由于企业盈利的本性，跨国公司不可能轻易把技术、管理等知识无偿转移给发展中国家的企业。因此，发展中国家只能通过承接国际服务外包的方式参与国际分工。由于知识具有隐含性和外溢性，通过服务外包可以获取发达国家和跨国公司的知识转移，从中积累本国产业升级所需的知识。服务外包中的知识转移是发展中国家服务业升级的重要知识来源。

服务外包提高了各国参与全球分工的可能性，也为欠发达国家带来了产业结构快速升级、经济跨越式发展的历史机遇。一是服务外包有力地推动了后发国家加快参与以服务业为主导的全球价值链分工体系，加快实现由农业化、工业化时代转向服务经济时代的跃升。如印度、爱尔兰、菲律宾等国家通过承接国际服务外包打破了"农业—工业—服务业"传统的升级路径，加速了本国信息化、现代化和服务化进程，缩短了在全球价值链分工体系中由低端迈向中高端的过程。"千年虫"危机给印度带来承接服务外包的机遇,使印度将产业重点转向软件和信息服务业。二是后发国家通过承接服务外包增加了高技术含量的工作岗位,带动了本国高端服务业发展。三是通过学习效应和外溢效应带动本国产业升级。后发国家通过承接服务外包,可以学习借鉴发达国家先进技术、先进管理方式,获得扩大国内高端人才就业、提升人力资本素质以及提升服务价格、提高服务质量、创新服务模式等多重外溢效应,从而培育本土服务提供商加速成长,促进本国服务国际化水平的提升。从细分来看,近年来科技含量高、附加价值高的信息技术和业务流程外包业务发展较快并日趋成熟,软件研发服务、企业业务流程设计、产品研发设计等价值链高端业务日渐成为主要外包业务。

服务外包初期,发达国家首先将知识含量较低的劳动密集型业务外包给发展中国家。作为发包方的跨国公司是知识的转移源,提出外包的详细要求、明确的质量标准,将业务内容信息转移到发展中国家。发展中国家接包企业在获取了转移的知识后,首先学习和消化这些知识,在跨国公司的指导下完成任务。某些情况下,跨国公司还会向接包企业提供必要的技术、培训和中间品等隐含知识。这一阶段的知识转移程度最小,仅仅是从发包方到接包方的单方向转移。但是,接包企业从中学习到发包方的服务流程、服务标准、质量管理等方面知识,缩短了与跨国公司的知识差距。随着发展中国家知识积累和技术水平的提高,发达国家逐渐将知识含量更高的业务外包给拥有较高知识和技术水平而劳动力成本较低的国家。接包企业通过学习转移的知识,逐渐具备了与跨国公司相近的服务流程、服务标准、技术能力,其承接的外包业务也已嵌入跨国公司的全球生产网络。这时跨国公司不仅从降低成本考虑,更多从战略角度考虑将接包企业与自己紧密联结在一起。而接包企业作为跨国公司全球生产网络的一部分,随其成长而成长,其业务也从跨国公司的外围业务逐渐进入知识含量更高的核心业务。这时双方之间的知识转移更加密切,转移的知识已开始涉及到跨国公司的核心知识。接包企业逐渐具备了模仿发包方的流程、标准、软件等能力,可以低成本地复制跨国公司的业务,以及在此基础上通过业务组合与改良实现业务初步升级,只是不具有自主知识产权和自主创新能力。随着服务外包双方的合作进一步加深,接包企业有可能参与跨国公司的研发活动甚至全部业务流程。正是由于服务外包过程中跨国公司大量的知识转移,使接包企业在获得较高的产业附加值的同时积累了充足的自主创新的知识基础,加速培育了创新能力。接包企业在模仿的同时注入新创意、新知识和新技术,尝试开发具有自主知识产权的服务产品,逐渐升级为具有自主创新能力、自有品牌和持续竞争能力的服务企业。而发展中国家也在此过程中完成了服务业和服务外包升级。

国际服务外包是产业转移和国际分工的进一步深化,可以促进资源在全球范围内的优化配置,给接包的发展中国家带来诸多好处,比如可使发展中国家的产业分布、出口结构得到优化,增强对外资的吸引能力,促进发展中国家的接包企业快速融入全球价值链体系。发展中国家如果重视服务外包中的知识转移,就有可能提升在全球价值链的地位。例如,印度顺应全球服务业转移潮流,通过承接服务外包并提升自身的知识存量与知识创新能力,直接切入世界软件和信息服务业,通过产品内国际分工实现流程和工序的局部升级,沿着服务业价值链不断攀升,进而扩散到全部现代服务业,超越传统的产业升级路径,实现了服务业自身和整体产业结构的升级。印度的案例说明,国际服务外包中的知识转移为发展中国家实现产业升级提供了一条可行途径,发展中国家借助服务外包参与到跨国公司在全球服务业的国际分工中,专注于生产过程中的某一环节或工序,关键是要借助知识转移占据这个环节的知识存量与创新的比较优势。

　　随着大数据、物联网、移动互联网、云计算等新一代信息技术广泛应用以及全球贸易投资自由化、便利化的深化发展，服务外包产业将实现持续繁荣和增长，未来服务外包将继续成为推动服务全球化、服务专业化和服务经济增长的重要引擎。全球化服务外包规模将继续扩大，结构将不断优化，产业链和价值链将不断向高端攀升，区域特色将更加鲜明，区域间互动渗透将更加强烈，产业融合态势将更加突出，发展中国家与发达国家的合作性、融合性、依赖性越来越紧密。未来将会有更多国家参与服务外包，承接国和发包国的竞争性将进一步加剧，跨国公司研发全球化的发展，将促使各国之间的合作进一步深化。

## 思考讨论

　　1. 分析网络文化中存在的不良现象及其治理措施。

　　2. 分析数字鸿沟的影响。

　　3. 分析全球化的表现及其带来的影响。

　　4. 列举出 30 年前根本不存在的几种工作岗位。

　　5. 列举出两种工作类别，其职位数目由于计算机化出现了大幅下降。

　　6. 讨论分析远程办公的优点和缺点。

　　7. 假设一家总部设在美国或欧洲的制鞋企业决定关闭一个劳动力成本上升的亚洲工厂，并将其替换为主要使用机器人设备且员工人数会少很多的本国工厂。请使用功利主义等伦理思想来分析这个决定的伦理问题。

# 第3章

# 数据安全与数据伦理

CHAPTER **3**

**本章要点**

数据自古就存在,在互联网出现并普及之后,由于数字化被记录、积累,而成为可供计算机快速提取和分析的大数据。近几年来,它被广泛地运用于人类社会的生产、生活、管理和社会治理,成为并列于资本、劳动和自然资源等新的生产要素。当前,大数据、数字经济等高频词语已成为世界各国推动经济社会可持续发展的着力点和热点。然而,当大数据让我们对世界事物的发展变化产生新的认知,人类在频繁地分析数据和挖掘数据价值的同时,伦理问题也逐步开始浮现。

哈佛大学研究显示,只需知道一个人的年龄、性别和邮编,就可以在公开的数据库中识别出此人 87% 的身份信息。在模拟小数据时代,一般只有政府机构才能掌握个人数据,而如今许多企业、社会组织也拥有海量数据,甚至在某些方面超过政府,这些海量数据的汇集增加了敏感数据暴露的可能性,大数据的收集、处理、保存不当更是会增加数据信息泄露的风险。

2016 年,山东考生徐玉玉因被不法分子通过诈骗电话的手段骗取上大学的费用 9900 元,伤心欲绝,最终导致心脏骤停,经医院抢救无效不幸离世。经查,犯罪嫌疑人通过数据黑市购买了五万余条山东省 2016 年高考考生信息,并冒充教育局工作人员,以发放助学金名义对高考录取生实施"精准诈骗",由此庞大的数据黑市得以浮现在公众视野。

2018 年,全球最大的社交网站 Facebook 被曝出负面新闻:"一个名不见经传的小公司,通过不正当手段,在 Facebook 网站上获取了 8700 万用户的数据。这些数据随后被用于多个国家选举中的选民分析,美国总统特朗普就曾经雇佣这家公司,这引发了选民排山倒海式的质疑,直逼特朗普当选的合法性。"这场风波揭开了一个序幕,数据问题不仅仅涉及隐私问题,它还包含数据权益,这既是一个法律问题,也是一个公益问题,只是人们往往没有认识到这是一种权益。

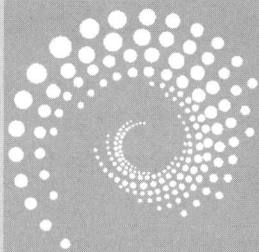

无独有偶,2018年初,中国大数据公司也被曝出一系列负面新闻。一位中国网友在微博上讲述了自己遭遇大数据"宰客"的经历。他经常通过某旅行网站预订某酒店的房间,价格常年为380到400元。偶然一次,酒店前台告诉他淡季价格为300元左右。他用朋友的账号查询后发现,果然是300元,但用自己的账号去查,还是380元。该微博引发了网友的强烈反响。据不完全统计,包括滴滴出行、携程、飞猪、美团、京东在内的多家互联网平台均被曝出存在"杀熟"的情况。阿里巴巴和腾讯的一些产品,如"淘宝""微粒贷",都将精细化和个性化做到了登峰造极,"千人千价"也深刻改变了商家和消费者之间的关系。

在大数据时代,除了众多互联网商业创新企业依赖于这些涉及个人网络行为的海量数据,国家信息安全也同样面临着严峻考验。2013年6月,前美国中情局职员斯诺登将美国国家安全局一份关于"棱镜计划"的秘密文档披露给了卫报和华盛顿邮报,在国际社会引起巨大反响,称为"棱镜门"事件。该计划是一项由美国国家安全局和联邦调查局从2007年起开始实施的绝密电子监听计划。计划由美国情报人员实施,开展全球范围内监听活动,美国对全世界重点地区、部门、公司,甚至个人进行布控。监控范围包括信息发布、电子邮件、即时聊天信息,以及一些视频、图片、音频、备份数据、文件传输、视频会议、登录和离线时间、社交网络资料等细节,以及部门和个人的联系方式与活动等。

通过棱镜项目,美国国家安全局在未告知更不可能告知本人的情况下,一天可以获得50亿人次的通话记录,监听着本应属于公民个人隐私的海量网络活动。由此,情报部门既可以直接获取公民的通话和网络活动具体内容,也可以借助先进的大数据分析推断出个人性格、习惯、爱好、犯罪倾向等信息。随着"棱镜计划"细节逐渐曝光,国际舆论和许多国家政府都公开反对棱镜计划。同时,"棱镜门事件"将大数据热潮中如何尊重与保护个人隐私的伦理问题,清晰地摆在公众面前。网络信息安全受到前所未有的关注,这个事件也深刻影响网络时代的国家战略规划。

上述案例都揭示了大数据创新正面临着诸多伦理问题,除了隐私权的保护外,值得我们进一步思考和探究的问题还有很多,本章将逐一进行讨论和揭示。

# 3.1　大数据时代的伦理问题

## 3.1.1　数据和大数据

### 1. 数据

数据是指对客观事件进行记录并且是可以鉴别的符号。它是对客观事物的性质、状态以及关系等进行记载的物理符号,或者是这些物理符号的组合,是可识别的抽象的符号。

数据的类型有很多种,比如数字、文字、图像、音频和视频等。数据这个概念自古有之,古人用"结绳计数"记录数量,用文字记录历史,这些统称为数据。这些符号和文字是人类早期对自身活动的记录方式。到了16世纪前后,人类开启了大航海时代,数据出现了一个高峰。随着航海仪器的普及,欧洲对土地测量、建筑设计、矿山开采、人口统计的需求也应运而生。人类发现,只有更加精确的测量和计算,才能够满足科学和管理的需要,这引发了历史上第一次数据爆炸。进入21世纪后,由于计算机、互联网和智能手机的普及,语音、图片、视频数据前所未有的大规模爆发。过去5000年的文明看似浩如烟海,但和今天的数据相比,其实相当有限,史书大部分都聚焦在为数不多的帝王将相身上,关于普通百姓的个体性记录少之又少。今天不一样了,智能手机的普及,如微信、抖音、电商等平台时时刻刻都在记录着每个人的数据。未来可能不仅有国家史、社会史、行业史,还会有数量惊人的"个人史"。数据将会像雪球一样越滚越大,其规模将前所未有。图灵奖获得者JimGray提出:每18个月全球新增信息量是计算机有史以来全部信息量的总和。

随着数据经济的发展,人们对数据价值的认识也由浅入深、由简单趋向复杂。总体来看,数据价值的发展分为三个阶段:第一阶段是数据资源阶段,数据是记录、反映现实世界的一种资源;第二阶段是数据资产阶段,数据不仅是一种资源,还是一种资产,是个人或企业资产的重要组成部分,是创造财富的基础;第三个阶段是数据资本阶段,数据的资源和资产的特性得到进一步发展,与价值进行结合,通过交易等各种流动方式,最终变成资本。由此也引发了当前业界的一大难题,即数据产权问题。只有解决了数据产权问题,数据交易才具备顺利开展的前提基础。

**2. 大数据特点**

数据和大数据往往是人们容易混淆的概念,实际上,两者是有区别的。大数据是一个抽象的概念,其重要性已经得到公认,但人们对于大数据的定义却各执己见。Apache Hadoop定义大数据为"通过传统的计算机在可接受的范围内不能捕获、管理和处理的数据集合"。麦肯锡全球研究所定义大数据为"一种规模大到在获取、存储、管理、分析方面大大超过了传统数据库软件工具能力范围的数据集合"。高德纳(Gartner)咨询公司给出的定义如下:"大数据是需要新处理模式才能具有更强的决策力、洞察力和流程优化能力来适应海量、高增长率和多样化的信息资产。"可以看出,大数据意味着通过传统的软件或者硬件无法在有限时间内获得有意义的数据集,而经过大数据技术处理后就可以获得有意义数据。

虽然大数据的定义没有统一,但是由国际知名咨询公司IDC定义的大数据的四个特征却受到业界的广泛接受,也就是4V特征——数据量大(Volume)、数据种类多(Variety)、数据价值巨大(Value)以及数据产生和处理速度快(Velocity)。

1)数据量大

当前,以大数据、物联网、人工智能为核心特征的数字化浪潮正席卷全球,全世界每时每刻都在产生大量的数据。衡量数据大小的单位从MB到GB,到TB,再到PB、EB,相信未来还会不断地出现新的存储容量单位。根据著名的咨询机构IDC做出的估测,人类社会产生的数据一直都以每年50%的速度增长,也就是大约每两年就会增加一倍,这个被称为"大数据摩尔定律"。随着数据量的不断增加,数据所蕴含的价值会从量变发展到质变,同时,传统的数据存储、分析和计算方法及技术势必不能满足现实需求,迫切需要更智能的算法、更加强大的处理平台和更新的数据处理技术来挖掘数据价值。

2)数据种类多

随着传感器、智能设备以及移动互联网的飞速发展,数据类型也变得更加复杂多样。除了传统的关系型数据,还出现了来自网页、日志文件、图片、视频、语音、地理信息、电子邮件、社交论坛、各类传感器数据等半结构化和非结构化数据。大数据技术为处理这些不同来源、不同格式的多元化数据提供了可能。

3) 数据价值巨大

大数据最大的特点在于通过各种数据分析和挖掘方法,发现诸多看似无关的数据之间暗含的规律和关联。例如阿里巴巴集团每天拥有几亿人的购物数据,通过分析这些数据就可以知道各种产品和市场发展的走势,也可以知道不同用户的爱好和需求,从而进行针对性的推荐,以提高平台的交易量。

不过,我们也要看到,虽然大数据的价值巨大,但价值密度是比较低的,很多有价值的信息都是分散在海量数据中的。例如城市的各个角落布满了监控摄像头,这些摄像头每时每刻都在生成相关的数据并构成视频大数据,一般来讲,这些数据是没有价值的。但当小区发生抢劫或盗窃,马路上发生交通事故等案件时,两三秒的视频可能就会帮助我们破案,这时数据是非常有用的,单点的数据价值是非常高的。

4) 数据产生和处理速度快

与传统的报纸、图书等数据载体不同,当下,数据产生和传播的速度非常快,这个“快”体现在两个方面:一是数据产生速度快,例如欧洲核子研究中心的大型强子对撞机在工作状态下每秒产生 PB 级的数据,这种数据呈现爆发式产生,还有的数据是涓涓细流式产生,例如网页点击率、日志文件、GPS 位置信息等,由于用户量巨大,短时间产生的数据量依然非常庞大;二是数据处理的快,随着数据智能化和实时性的要求越来越高,越来越多的数据处理服务趋于前端化,大数据的处理时间需要符合秒级定律,一般要在秒级时间范围内给出对数据的分析结果,响应时间过长,数据就会降低或失去价值。

## 3.1.2　大数据伦理

大数据技术是一场新的信息技术革命,它给数据收集、存储、管理和利用带来了重大变革,也由此给世界存在方式和人们的生产生活方式带来了大变革。正如有学者所说“如同显微镜使我们观测到深邃的微观世界,望远镜让我们认识到浩瀚的宇宙,大数据技术正在改变我们的生活习惯以及理解世界的方式”。然而,大数据技术同其他信息技术一样,是一把双刃剑,给人类社会带来福祉的同时,也造成更为严峻的数据伦理困境。

大数据伦理(Big Data Ethics)正在成为新的应用伦理方向。然而,它并没有完整、公开和达成共识的定义。清华大学张佐教授认为,与大数据伦理相关的内容包括以下几个方面。

(1) 鉴别数据的获取、处理、存储、分发(发布)过程中涉及哪些不同利益主体;

(2) 发现大数据实践中对相关利益主体的安全、责任、自由、平等、公平、正义、节俭、环保等伦理原则造成威胁的风险类别、程度大小;

(3) 确定数据伦理的价值准则和哲学依据;

(4) 指导形成正当行为的行为规范。

厦门大学林子雨教授认为,大数据伦理属于科技伦理的范畴,指的是由于大数据技术的产生和使用而引发的社会问题,是集体和人与人之间关系的行为准则问题。作为一种新的技术,大数据技术像其他所有技术一样,其本身是无所谓好坏的,而它的“善”与“恶”全然在于大数据技术的使用者想要通过大数据技术达到怎样的目的。一般而言,使用大数据技术的个人、公司都有着不同的目的和动机,由此导致大数据技术的应用会产生积极影响和消极影响。

## 3.2 个人信息保护

大数据时代,人们经常有一种"被扒光"和"被操控"的无力感,因为数据比我们更清楚地了解我们自身。凯文·凯利(Kevin Kelly)在《必然》一书中列出了美国对公民进行常规追踪的清单。

> 汽车活动——从2006年开始,每辆车都有一块芯片。当你发动汽车时,它就开始记录车速、刹车、转弯、里程及事故等状况。
>
> 邮政信件——你寄出或收到的每封信的表面信息都被扫描并数字化了。
>
> 手机位置和通话记录——你通话的时间、地点和对象(元数据)会被储存数月,有些手机供应商通常会把信息和电话的内容存储几天到几十天不等。
>
> 信用卡——所有购买行为都被追踪。信用卡和复杂的人工智能相结合形成某种模式,揭示了你的人格、种族、癖好、政治观点和爱好。

通过各种细枝末节的数据拼接,现代互联网技术完全能勾勒出一个人的信息形象。这些信息形象包括外貌、性格甚至人格,一旦遭到泄露、滥用和侵害、后果将不堪设想。

作为信息时代新兴课题,个人信息保护问题较早地在西方被得到了关注。1970年,德国黑森州制定并颁布了《数据保护法》,这是全球第一部保护公民个人信息的国内立法。1977年,德国联邦政府颁布了《联邦数据保护法》。在美国,理论界通过对隐私权理论的改造提出了信息隐私权的概念,以此对信息主体的个人信息提供保护。自此,众多国家和地区纷纷制定了与个人信息保护有关的法律。在中国,由于受传统儒家文化的影响,长久以来本着团体本位的模式构建个人与家庭、个人与社会以及个人与国家的关系,故而对公民隐私以及个人信息的保护一直不够重视,对个人信息保护问题的研究起步较晚。直到2021年8月20日,正式通过了《中华人民共和国个人信息保护法》(以下简称《个人信息保护法》),并于2021年11月1日正式施行,该法律是一部专门保护公民个人信息的法律。

### 3.2.1 个人信息和隐私权

《个人信息保护法》对个人信息和隐私信息(敏感个人信息)有了明确的定义:个人信息指以电子或者其他方式记录的与已识别或者可识别的自然人有关的各种信息,不包括匿名化处理后的信息;而敏感个人信息是个人信息被特殊保护的部分,指一旦泄露或者非法使用,容易导致自然人的人格尊严受到侵害或者人身、财产安全受到危害的个人信息,包括生物识别、宗教信仰、特定身份、医疗健康、金融账户、行踪轨迹等信息,以及不满十四周岁未成年人的个人信息。

该条定义将个人信息分为两类:一类是能够识别公民个人身份的电子信息,另一类是涉及个人隐私的电子信息。换言之,个人信息包括隐私信息与非隐私信息。个人信息是个人隐私信息的上位概念,个人隐私信息是个人信息的一部分。

美国将个人信息的保护纳入隐私权的范畴。给隐私权下定义是一件非常困难的事,直到现在,美国对隐私权都没有一个统一的界定。学者米勒(Arthur Miller)认为,隐私权的含义是模糊的,其内涵容易随着时间的变化而变化。在欧洲,虽然制定了统一适用的个人信息保护法规,但该法规仍然没有对个人信息与隐私信息之间进行严格区分。如欧盟 1995 年《数据保护指令》在确立个人信息保护价值时,将个人信息保护价值确定为"基本权利""自由"及"隐私"。由此可推知,欧盟《数据保护指令》中保护的个人信息包含个人隐私权的保护。

鉴于立法与司法很难在个人信息与隐私信息之间划出一条泾渭分明的界线,本书对个人信息、隐私概念的使用未作区分,将它们作为统一范畴展开讨论。另外,考虑到信息技术的迅猛发展给公民个人信息保护带来的危机,本书主要集中在能够识别个体身份与涉及公民个人隐私的电子信息领域进行介绍。

### 3.2.2　个人信息泄露问题

大数据时代,越来越多的人习惯在线解决问题,而互联网强大的记忆和存储功能让一切在线行为可以被快速捕捉。这让个人信息保护呈现出三大特点:数据隐私泄露更常见、侵犯隐私手段更隐蔽、侵犯隐私后果更严重。

目前,隐私权被侵犯的现象实际上是非常严重的。我们经常会收到各种各样的骚扰电话,这是由于我们很多本应该被保护的信息被泄露、被出卖或者被交易所致。有些是因为数据安全的问题被泄露,收集了他人数据的机构由于管理漏洞或者管理不当,数据被别人窃取;有些是数据被收集后,收集者缺乏管理和保护数据的意识,导致数据的流失或者被滥用;还有的是数据收集者为了牟取不法利益而将他们收集的数据出卖给第三方。

2014 年,全球最大的互联网娱乐社区日本索尼的 PlayStation Network 遭到黑客的攻击,导致 7700 万用户数据被外泄,当时黑客曝光了 7700 万用户的个人信息,包括用户名、出生日期、电子邮件地址和信用卡详细信息等,迫使索尼关闭整个 PlayStation Network 系统近一个月时间。

2014 年,支付宝前技术员工将多达 20GB 的用户数据非法贩卖给电商公司和数据公司。2017 年,京东试用期员工与黑客勾结盗取了大量个人信息,大约有 51 亿的数据,在网络黑市进行贩卖,这些信息包括交通、物流、医疗等信息;2018 年,华住酒店旗下多个连锁酒店入住信息数据被售卖,数据涉及 5 亿条的用户个人信息及入住记录,其中包含不少隐私信息,比如身份证号、家庭住址、银行卡号等;12306 网站 470 万余条用户数据在网络上被贩卖。据 2018 年 8 月中国消费者协会发布的《App 个人信息泄露情况调查报告》显示,遇到过个人信息泄露情况的人数占比 85.2%,没有遇到过的仅占 14.8%。

中国互联网协会《中国网民权益保护调查报告(2021)》显示,63.4%的网民个人网上活动信息被泄露(如通话记录、网购记录、网站浏览痕迹、IP 地址、软件使用痕迹及地理位置等),82.3%的网民亲身感受到了由于个人信息泄露导致对个人日常生活造成的影响,49.7%的网民认为个人信息泄露情况非常严重。

与此同时,与个人信息相关的犯罪也屡见不鲜,上市公司"数据堂"涉嫌侵犯公民个人信息罪被查,简历大数据公司"巧达科技"非法交易个人信息达数亿条,引起社会的广泛关注,被有关部门查封。

## 3.2.3 个人信息泄露根源及途径

### 1. 用户画像

在日常生活中,我们经常会收到诸如骚扰电话、短信、邮件或软件推送信息,究其原因"用户画像"功不可没。用户画像是根据用户在互联网留下的痕迹加工形成的一系列用户标签,是通过收集、汇聚、分析个人爱好,对某特定自然人的个人特征,如职业、经济、健康、教育、个人喜好、信用及行为等方面作出分析或预测,形成其个人特征模型的过程。

当前,用户画像的主要应用场景有两个:一是精准营销,即互联网广告业。和传统的广告业相比,今天的互联网和智能手机通过记录消费者不断产生的数据,对用户个体进行"画像",向用户推送个性化的广告,这种方式可以使广告发布方精确地找到目标用户,提高行业效率,这也是大数据革命在商业领域的起源;二是商业和社会信用,其主体是金融机构,除了精准营销,这是利用大数据赚钱的第二个法门,也是我们看到互联网企业陆续进入金融领域的原因。互联网企业通过用户的消费记录评估用户的信誉,对用户进行"画像",从后续的金融服务中盈利。例如阿里巴巴旗下的"芝麻信用"和腾讯旗下的"微粒贷",他们在给用户打信用分的基础上,向单个用户提供贷款等金融服务。这两种商业模式都需要通过数据监控用户在互联网上的一举一动,用户个体因此成为被观察、被分析、被监测的对象,这就必然带来个人隐私保护问题。

那么,为了构建全面的用户"画像",企业要给用户打多少标签呢?腾讯高管透露,用户人均被腾讯标记的标签高达 2000 多个,通过这些标签,腾讯可以不断分析"我们是谁、我们要干什么"。移动支付习惯、购买力、常用出行方式、关注新闻类型、性别、年龄段等都是腾讯给我们每个人做标记的标签。这些数据主要分为两类——静态数据和动态数据。静态数据包括年龄、性别、商圈、职业、婚姻状况、生育情况、消费等级等,这些数据一旦收集完毕即形成用户标签。动态数据需要持续不断地收集,如网页点击、视频观看、出行路径等。总的来说,用户画像是由若干标签组成,标签越多,则用户画像越完整。形成用户画像后,厂商可据此实现精准营销和产品开发。

用户画像是在商业利润的驱动下,成为各大互联网企业青睐的对象,也成为当前个人信息泄露的"重灾区"。2013 年,南京一用户发现在百度上搜索"减肥"关键字后,在其他特定网站上出现与关键字相关的广告。这位用户认为,百度在未告知的情况下,将其兴趣爱好和个人需求显露在相关网站上,并利用记录的关键词,对其浏览的网页进行广告投放,侵犯了其隐私权,便向法院提起诉讼。而法院认为,虽然搜索记录具有隐私性质,但不属于个人信息,因为百度公司是个性化推荐服务收集和推送信息的浏览器,没有定向识别使用该浏览器的网络用户身份。同时,互联网领域普遍采用 cookie 技术,基于此技术而产生的个性化推荐服务仅涉及匿名信息的收集、利用,网络服务提供者对此依法明示告知即可。百度在《使用百度前必读》中已经予以说明并为用户提供了退出机制,在此情况下,用户仍然使用百度搜索引擎服务,应视为默认许可。因此,法院最终判其败诉。这是以数据权属不明确而做出的判决,实际上也是对用户画像的一种默许,必然助长行业内以基于个人信息的用户画像手段而开展的各种盈利活动,愈发增加个人信息保护的难度。

### 2. 默认授权

近年来,默认勾选已成为业内信息收集、捆绑销售的"通用"做法。

2018年1月，支付宝引发年度账单事件，支付宝在年度账单的首页左下方使用小字体、接近背景色和默认勾选同意，让相当多的用户在不知情的情况下"被同意"接受芝麻信用。3月，支付宝又由于默认勾选"授权淘宝获取你线下交易信息并展示"的选项，并将交易信息提供给支付宝、淘宝、天猫等平台，而被用户起诉，索赔2元。

手机互联时代，使用App前在用户协议上"打个勾"，就意味着用户已同意让出自己的部分权利。像支付宝年度账单这样的做法（提供同意勾选框但默认同意），只是"默认勾选"的"初级套路"，还有比"初级套路"设计更隐蔽、情节更严重的"其他套路"。比如有的不给选项，用户点击"注册""登录""下一步"就意味着同意的"中级套路"；以诱导用户同意（如提供所谓"优惠套餐"），结果用户不是不知不觉中多花了钱，就是由此泄露更多隐私的"高级套路"；还有设计协议捆绑，用户看似只同意了一个协议，实际上同意了一连串协议的"顶级套路"……据南都个人信息保护研究中心发布的《关于收集个人信息"明示同意"的测评报告与建议》显示，在实测了100款常用App后发现，仅有11%的App做到了合乎法规及规范的"明示同意"。

用户稍不注意，就可能掉入"套路的陷阱"，稀里糊涂中多花钞票不说，个人隐私面临着更大的被泄露的风险。支付宝年度账单"默认勾选"受到舆论质疑后，蚂蚁金服等三家企业被监管部门约谈，监管部门及时回应舆论关切，对三家企业提出批评警示，但目前，监管部门直接关注并予以批评警示的，主要是支付宝账单那样的"初级套路"，其他一些企业在默认勾选上进行的中级、高级和顶级套路，尚未引起监管部门的足够重视，更没有受到应有的严查处理。这种失衡局面，显然不利于有效遏制企业App"默认勾选"乱象，不利于保护用户个人信息安全。

### 3. 霸王条款

安装App时，我们都遇到过这样的情况："请求获取位置权限""请求获取通信录内容""请求获取设备信息"……App要求获取的权限一个接一个弹出，依次等待我们予以放权。App对获取权限的行为进行明示是对用户知情同意权的尊重。然而频繁弹出的权限获取申请使我们不禁要问，这些权限都是App运行必需的吗？如果我们不同意App权限申请会怎么样？

2018年，有网络安全机构在对中国电信App进行检测时发现，用户在初次安装使用该App时仅有存储、电话、通信录和位置信息4项权限提示，但随后App还要获取其他70项子权限。而且，修改通信录、读取联系人、录音、修改通话记录、拨打电话、发送短信等敏感项并不显示通知用户。如果用户点击"不同意"，则应用自动退出。2018年4月，知乎App也被曝出隐私政策存在霸王条款，用户不同意就不能使用。网友直呼不如将"不同意"按钮直接改为"一键卸载"！

2019年中央广播电视总台"3.15"晚会上，央视曝光了手机App通过不平等、不合理条款的授权协议，强制索取用户个人信息的乱象。晚会现场，主持人用真实的社保信息对"社保掌上通"App进行了测试。在该App上输入身份证号、社保账号、手机号等个人信息，完成注册后，电脑就能远程截取用户输入的几乎全部信息。为了使截取用户信息的操作"合法合规"，App一般会通过隐秘的隐私条款获得用户授权。例如，"社保掌上通"App在隐私条款中写"您在此充分地、有效地、不可撤销地明示同意并授权我们使用您的社保账户密码为您提供查询服务。"这意味着用户的这些信息可以向第三方大数据公司开放。不光是查社保、查违章的 App 存在着此类问题,目前在下载安装大部分应用软件时都会遇到类似的"霸王条款",除了签订不合理条款,还会有强制获取权限的行为。这些行为都会使用户在和软件发行商的博弈中处于下风,甚至毫无话语权。

实事求是地说,部分 App 公开隐私政策,明示需获取的各种权限和信息,是基于尊重用户知情权,在用户清楚情况并同意的情况下合理、合法地获取信息。然而,技术运用不合理、用户体验考虑不周全等因素,使用户的使用感受与 App 的设计初衷大相径庭,甚至南辕北辙。App 通过过度索取、强制授权两套组合拳,能轻易迫使用户开通 App 要求的各种权限是不争的事实。

#### 4.未经授权

除了设置霸王条款和强制获取用户的隐私以外,未经用户许可,私自获取用户数据,也是部分 App 的惯用伎俩。某些 App 表面一套背地一套,窃取用户个人信息的行为屡禁不止,这种现象在使用安卓系统手机用户中尤为严重。2017 年 12 月,国家计算机病毒应急处理中心通过对互联网监测,发现"欢聊""仿 Iphone 来电闪光"两款应用软件都存在窃取用户隐私信息、造成用户隐私泄露及资费消耗的情况。

App 越界获取手机隐私权限的情况一直存在,但呈现逐渐递减的趋势。根据腾讯社会研究中心和 DCCI 互联网数据中心联合发布的《2018 年度网络隐私及网络欺诈行为研究分析报告》显示,2017 年上半年,25.3% 的安卓系统 App 存在越界获取用户隐私的行为;2018 年上半年,该比例降低到 5.1%;2018 年下半年,仅有 2% 的 App 存在越界获取手机隐私权限的行为。获取位置信息、读取联系人和读取短信是安卓系统最常获取的三大核心隐私权限。

不只在主动使用手机 App 时会被未经授权收集用户的隐私,还有企业专门研制信息窃取工具,在公众场合下也能获取用户的隐私。

2019 年,"315"晚会曝光了商场使用探针盒子获取顾客隐私,这款由声牙科技有限公司研发的产品,当用户手机无线局域网处于打开状态时,会向周围发出寻找无线网络的信号,探针盒子发现这个信号后,就能迅速识别出用户手机的 MAC 地址,转换成 IMEI 码,再转换成手机号码。一些公司将这种小盒子放在商场、超市、便利店、写字楼等地,在用户毫不知情的情况下,搜集个人信息,甚至包括婚姻、教育程度、收入情况等个人信息,对用户进行精准画像。这些被窃取的信息通常会被用于房地产、汽车、金融、教育等行业的精准营销。

### 3.2.4 个人信息保护相关法律

2021 年 11 月 1 日实施的《个人信息保护法》是一部保护公民个人信息的专门法律。这部法律与《民法典》《刑法》《未成年人保护法》《电商法》《网络安全法》《广告法》《消费者权益保护法》《数据安全法》《反垄断法》一起,共同编织成一张个人信息"保护网"。

之前对于公民个人信息的保护虽然也被写入了立法,但主要散落于《民法典》《刑法》《网络安全法》《消费者权益保护法》《电子商务法》《数据安全法》等法律中,且缺乏保护的基本原则。《个人信息保护法》的正式实施,强化了对公民个人信息的系统性保护。尤其重要的是,《个人信息保护法》明确将"告知—同意"原则作为个人信息保护的基本规则,当作为个人信息处理者处理用户信息的规范前提,赋予了公民对个人信息处理的知情权、决定权,也为界定"合法"与"违法"划出了分水岭。

这部法律将改变公民的生活。2021 年，中消协发布提示：如未经消费者同意，经营者不得向消费者推送商业信息；不能将人脸识别作为出入小区物业、经营场所的唯一验证方式。这意味着，公民的手机、计算机将不再成为商业信息轰炸的阵地；人们出入小区、经营场所时，将有更灵活的选择方式。对于公民而言，应当学法、知法、守法，掌握《个人信息保护法》相关规定，防止个人信息"裸奔"，主动拿起法律的武器维护自己的合法权益。

这部法律还将改变互联网经济生态。《个人信息保护法》既是一部公民权利保护法，也是一部企业行为约束法。在《个人信息保护法》正式实施之前，苹果公司表示，保护用户隐私、让用户掌控个人信息，是苹果设计产品和服务时一贯坚持的理念，仅在符合法律依据的情况下使用用户的个人数据，宣布尊重中国消费者在《个人信息保护法》下享有的知情、查阅、更正、转移、限制处理和删除其个人数据等。只有秉持法治精神，加强个人信息保护，企业平台才能行稳致远，互联网生态才能健康发展。

## 3.3 数据滥用与数据安全

### 3.3.1 大数据时代下的数据安全

数据安全是指通过采取必要措施，确保数据处于有效保护和被合法利用的状态，以及具备保障持续安全状态的能力。数据安全应保证数据生产、存储、传输、访问、使用、销毁、公开等全过程的安全，并保证数据处理过程的保密性、完整性、可用性。

威胁数据安全的因素有很多，比较常见的主要有以下几种。

（1）计算机病毒：计算机感染病毒而导致被破坏，甚至造成重大的经济损失，计算机病毒的复制能力强，感染性强，特别是处于网络环境下，传播性更快。

（2）黑客攻击：入侵者借助系统漏洞、监管不力等通过网络远程入侵系统。

（3）人为错误：由于操作失误，使用者可能会误删除系统的重要文件，或者修改了影响系统运行的参数，以及没有按照规定要求或操作不当导致的系统宕机。

（4）数据信息存储介质的损坏：物理介质层次上的安全隐患大致包括两个方面：一是自然灾害、物理损坏和设备故障；二是电池辐射、磁干扰等。

随着信息技术的进一步发展，信息社会从小数据时代进入更高形态的大数据时代。在这个阶段，通过共享、交易等流通的方式，数据质量和价值得到更大程度地实现和提升，数据的动态流动逐渐走向了常态化和多元化，这使得大数据安全表现出与传统数据安全不同的特征。传统的数据安全理论重点关注的是数据作为资料的保密性、完整性和可用性等静态的安全，其主要受到的威胁在于数据泄露、篡改、灭失所导致的"三性"破坏。大数据时代的数据安全表现在以下几个方面：

第一，大数据成为网络攻击者的显著目标。大数据是更容易被发现的大目标，一方面，大数据对潜在的攻击者具有较大吸引力，因为大数据不仅数据量大，而且还包含大量复杂和敏感的数据；另一方面，当数据在某一个地方大量聚集时，安全屏障一旦被攻破，攻击者就能一次性获得较大的收益。

第二，大数据加大了隐私泄露的风险。从技术层面上来说，大数据平台采用的 NoSQL 数据库，是目前被企业广泛推崇的非关系型数据库，其发展历史较短，目前还没有形成一套完备的安全防护机制。相对传统的关系数据库,NoSQL数据库的安全风险更大。同时,NoSQL对来自不同系统,不同运用程序以及不同活动的数据进行关联,也加大了隐私泄露的风险。

第三,大数据成为高级可持续攻击的载体。在大数据时代,黑客的攻击行为往往较为隐蔽,依靠传统的安全防护机制是很难被监测到的,因为传统的安全检测机制一般是基于单个时间点进行的,而且是具有威胁特征的实时匹配检测。而高级可持续攻击,它是一个实时过程,并不具备能够被实时检测出来的明显特征,因而无法被实时检测。

【案例3-1】　2018年,全球最大的社交网络Facebook被曝出负面新闻:一个名为剑桥分析的小公司通过不正当的手段在Facebook网站上获取了8700万用户的数据,并通过用户在浏览网页时的点赞频率来收集个人信息,推断用户的性别、年龄、兴趣爱好、性格特点、职业专长或政治观点等,进行心理画像,通过算法分析出不同人群的希望点、恐惧点、共鸣点、煽情点,结合分析结果向用户推送特定的新闻和广告,这些数据随后被用于多个国家选举中的选民分析环节。2016年当选的美国总统特朗普就曾经雇佣这家公司,这引发了关于数据操纵选举的舆论批评,直逼特朗普当选的合法性,令人触目惊心。

美国Facebook数据泄露事件扭转了大众对大数据安全的传统认知,大数据安全的话题不再仅是个人和企业层面的问题,同时也深入涉及政治权力的崛起,直接影响社会稳定和国家的政治安全。总的来说,数据从静态安全到动态利用安全的转变,使得数据安全的内涵不再只是确保数据本身的保密性、完整性和可用性,它更承载着个人、企业、国家等多方主体的利益诉求。

## 3.3.2　数据安全问题

近年来,数据泄露事件屡屡发生,数据泄露数量不断增加,波及众多行业,给企业和用户带来了不可估量的严重后果。Verizon发布《2022年数据泄露调查报告》指出,2022年发生了23 896起安全事件,其中5212起是数据泄露事件,这些数据泄露事件中,82%的违规行为涉及人为因素,勒索软件泄露事件增加了13%,超过过去五年的总和。

### 1. 系统漏洞与黑客

系统漏洞是造成数据泄露的罪魁祸首之一。2018年Facebook经历自创立以来的至暗时刻,全年被曝光的3次数据泄漏事件中,其中2次都与系统漏洞直接相关,涉及约1亿用户。2018年9月,Facebook在泄露5000万条用户信息后再次卷入数据泄露旋涡,其系统因安全漏洞遭黑客攻击,导致3000万条用户信息被泄露,包括1400万条用户的姓名、联系方式、搜索记录、登录位置等敏感信息。12月,Facebook再次被曝因软件漏洞可能导致6800万用户的私人照片被泄露。

2021年3月,黑客利用微软Exchange Server(电子邮件服务器)的4个重大零日漏洞,造成不需要身份验证或访问个人电子邮件账户即可从Exchange服务器读取其他用户的电子邮件。这使得全球数十万台Exchange服务器被攻击,大量企业、政府部门的系统被感染,超过6万家组织受影响。

由系统漏洞引发的数据泄露事件不一而足,那什么是漏洞呢? 计算机系统漏洞问题是主要的网络安全隐患之一,一般是由于编程人员在进行系统设计时,由于安全技术和专业能力的限制造成了程序逻辑结构不严谨或设计错误而产生的缺陷。

漏洞伴随着系统的诞生而持续存在。目前，大型信息系统的代码动辄数百、上千万行，Windows 7 操作系统有 5000 万行代码，Windows 8 有上亿行代码，其中潜藏着成千上万的漏洞。更可怕的是，随着信息系统运行、检测、迭代升级，尽管绝大部分漏洞可以被发现并及时清除，但仍有部分漏洞如附骨之疽一样难以被发现，更不会被修复，成为持续影响系统安全的重要源头。例如，2018 年 1 月被发现的能影响几乎所有 Intel CPU、AMD CPU 和部分 ARM CPU 的 Meltdown 和 Spectre 漏洞，其产生时间可追溯至 1995 年，当时 CPU 刚刚开始使用乱序执行和预测执行等硬件设计等特性。微软自动认证漏洞、BadTunnel 漏洞、Windows 打印机漏洞、Shellshock 漏洞等在被发现并修复之前，潜藏时间均超过 20 年。

黑客攻击是导致数据泄露的最主要原因。根据金雅拓统计，56%的数据泄露事件是由"恶意的外部入侵者"引发的。IBM 的研究报告显示，犯罪攻击导致了 48%的数据泄露事件，漏洞攻击、病毒利用、"撞库"等是主要的获取数据方式。

【案例 3-2】　2018 年 11 月，华住酒店集团旗下酒店共计 5 亿条用户信息在暗网被售卖，涉及用户姓名、身份证号、手机号、邮箱、家庭住址、生日、入住时间、离开时间、酒店 ID 号、房间号及消费金额等敏感信息。根据调查，该事件是由于疑似华住程序员在 GitHub 上传的名为 CMS 的项目被黑客攻击所致。

【案例 3-3】　2018 年 1 月，印度的 10 亿公民身份数据库 Aadhaar 被曝遭网络攻击，姓名、电话号码、邮箱地址、指纹、虹膜记录等极度敏感的用户信息被泄露。根据调查，Aadhaar 数据库的登录和 e - Aadhaar 的下载程序存在风险，允许第三方通过白名单 IP 地址登录 Aadhaar 数据库，访问相关数据。

人为因素是导致数据泄露的重要原因。据 IBM 统计，25%的数据泄露事件由人为因素导致。人为因素分为两种情况：一种是企业内部人员或承包商实施恶意的内部攻击，导致数据泄露；另一种是企业内部人员或承包商因设备配置不当、工作疏忽，导致数据暴露在公开的互联网上。

【案例 3-4】　2018 年 6 月 19 日，一位用户在暗网兜售圆通 10 亿条快递数据，该用户表示售卖的数据为 2014 年下半年的数据，数据信息包括寄（收）件人姓名、电话、地址等信息，10 亿条数据已经经过去重处理，数据重复率低于 20%，并以 1 比特币打包出售。考虑到泄露数量之大、准确率之高，外界普遍认为数据来源为圆通内部较高级别的工作人员。

用户数据涉及大量个人隐私，其重要性对用户来说的重要性不言而喻。然而，作为数据的生产者、拥有者，用户难以掌握自身数据的流转轨迹，数据泄露后难以第一时间获知，甚至在泄露数据已经多次转手，被用于精准营销、诈骗时，都不清楚到底是哪里出了问题。另一方面，大部分企业对数据泄露等数据安全问题的认识不到位，总以为不会得到黑客的"眷顾"，并且没有建立相应的监测预警、应急响应机制和手段，不仅发现不了数据泄露，而且难以及时应对和补救。根据 IBM 统计，企业发现数据泄露的平均时间是 197 天，控制数据泄露造成的后果还额外需要 69 天。发现数据泄露的时间越长，控制数据泄露的时间越久，企业和用户的损失就越大。

### 2. 网络爬虫

大数据时代，企业收集数据的方式多种多样。除了直接通过用户采集之外，还包括传感器采集、网络爬虫采集等方式。其中，利用网络爬虫采集公开信息是企业数据的重要来源。相关数据显示，50%以上的互联网流量其实都是爬虫贡献的。对于某些热门网页，爬虫的访问量甚至占总访问量的 90% 以上。

网络爬虫(Web Crawler)是依照一定规则主动抓取网页的程序,是搜索引擎获得信息的渠道之一。通常根据给定 URL 种子爬取网页,得到新的 URL 存放至待爬行 URL 中,当满足一定条件时停止爬行。本质上,网络爬虫是通过代码实现对人工访问操作的自动化。但是,网络爬虫具备的代码解析能力使其可能访问到人工不会访问或者无法访问的内容。过度使用网络爬虫可能引发一些问题:过于频繁的数据爬取操作可能加大网站负担,导致网站瘫痪,用爬取技术获取数据,可能导致数据所有者失去对数据的拥有权。如果爬取数据的企业信息和个人信息未经授权或被不正当地使用,可能导致引发商业纠纷,侵犯个人的合法权益。

为了规范网络爬虫行为,荷兰软件工程师马蒂恩·科斯特(Martijn Koster)于 1994 年 2 月起草了网络爬虫的规范——Robots 协议。Robots 协议又被称为爬虫协议或机器人协议,该协议是在搜索引擎诞生发展壮大的背景下应运而生的,它是互联网企业间相互博弈的结果,是在商业利益、用户个人利益和网站自身安全的基础上最终达成的一种妥协。它不具有强制性,相当于一个"君子约定"。Robots 协议的作用是告诉网络爬虫哪些页面可以抓取,哪些页面不能抓取。是否遵从 Robots 协议,也逐步从行业规范上升为量刑的重要依据。

**【案例 3-5】** 2017 年,58 同城的全国简历数据泄露事件引发轩然大波。有淘宝电商出售"58 同城简历数据":一次性购买 2 万份以上,0.3 元一条;一次性购买 10 万份以上,0.2 元一条;同时,支付 700 元即可购买爬取软件。该事件是因为 58 同城对合作商开放的权限过度,保密措施不够完善,导致爬虫有机可乘,被盗取了用户信息。

安全专家分析,出售的数据爬取软件本质上是一款恶意爬虫工具,利用 58 同城系统的漏洞爬取相关信息。根据正常的商业模式,58 同城、智联招聘、前程无忧等招聘网站允许企业和个人访问简历信息,网络爬虫自然也在许可范围之内。但是,无论企业、个人还是网络爬虫,都只能看到部分的简历内容,个人联系方式等敏感的简历内容需要付费才可以查看。然而,58 同城系统的多个安全技术漏洞的组合使网络爬虫一步步获取到了用户的全部简历信息。具体地说,第一个漏洞允许爬虫批量获取用户的简历 ID,第二个漏洞会导致用户姓名等真实信息泄露,第三个漏洞允许爬虫通过用户 ID 抓取用户的电话号码。在多个漏洞的叠加影响下,用户的简历信息就没有秘密可言了。那么,企业和个人应该如何使用网络爬虫这把双刃剑呢?爬取数据前,首先应识别数据性质,如果是严格禁止侵入内部系统数据,爬取数据时,避免获取个人信息、明确的著作权作品、商业秘密等。爬取数据后,严格限定数据应用场景,切忌以不劳而获、"搭便车"的方式利用他人的数据,侵害他人的商业利益。

**3. 数据黑产**

大数据时代,信息的高速流转和运营创造了空前巨大的价值,随之而来的是猖獗的倒卖信息数据的乱象。企业大规模数据泄露事件频发,数据安全如临深渊。根据南都大数据研究院等机构发布的《2018 网络黑灰产治理研究报告》,2017 年我国网络安全产业规模为 450 多亿元,而黑灰产已达近千亿元规模。网络黑灰产新趋势越来越多样化,以信息诈骗为主的黑灰产业链逐渐向境外转移,黑产从业人员沟通圈子扩展到更多即时通信工具、平台等,给监管治理带来巨大挑战。

目前,庞大的数据黑产已经相当完善。根据产业链内各角色分工的不同,数据黑产大致可分为上游、中游、下游三部分。数据黑产的上游以内鬼、黑客为主,他们通过访问特权或非法入侵企业信息系统等方式获取数据，或者为黑客实施攻击提供工具支持的工具制造者、贩卖者等，均属于数据黑产的上游。数据黑产的中游以捐客、条商、代理商及处理者为主，他们负责数据的交易和流转。数据黑产的下游主要是各类数据买家和使用者，这些购买的数据往往被用于精准营销、身份认证及电信诈骗等。

数据泄露是数据黑产的源头。泄露的信息在黑市中被反复倒手，直至被榨干价值。我们总以为黑客、网络攻击及病毒等因素是造成数据泄露的主要原因，然而，相关调查显示，80％的数据泄露是企业内部人员所为，黑客和其他方式仅占20％。泄露组织机密信息的人往往被称为"内鬼"或"细作"，而内鬼越来越成为数据泄露的罪魁祸首。

随着产业链上中下游的分工逐步明确和细化，第三方服务机构成为数据泄露的新主体。2018年8月，浙江警方破获了一起上市公司非法窃取用户数据案，堪称"史上最大规模数据窃取案"。据悉，上市公司瑞智华胜借助为国内电信运营商提供精准广告投放系统的开发、维护的机会，将自主编写的恶意程序部署到运营商内部的服务器上，非法从运营商流量池中窃取搜索记录、出行记录、开房记录及交易记录等30亿条用户数据，导致百度、腾讯、阿里巴巴、今日头条等全国96家互联网公司的用户数据被窃取，国内几乎所有的大型互联网公司均被"雁过拔毛"。

整个数据黑产链条中，中游的数据清洗是数据黑产的关键步骤，"拖库与撞库"则是数据清洗的关键步骤，"拖库与撞库"的全过程如图3-1所示。其中，"拖库"指黑客以txt、xls等格式从数据库中导出数据的行为。通常，"拖库"窃取到的邮箱、社交软件等账号及密码信息大多是单一、无效的，或者有些数据库中存储的密码是经过加密的，难以直接使用，这时就需要使用"撞库"的办法对获得的数据进行清洗。"撞库"是指黑客利用工具收集整理已泄漏的用户名、密码等信息，将其整理成账号字典，通过尝试对其他网站进行批量登录的方式，得到可登录的有效用户名和密码等信息的过程。用户为了方便，经常在多个网站设置同样的用

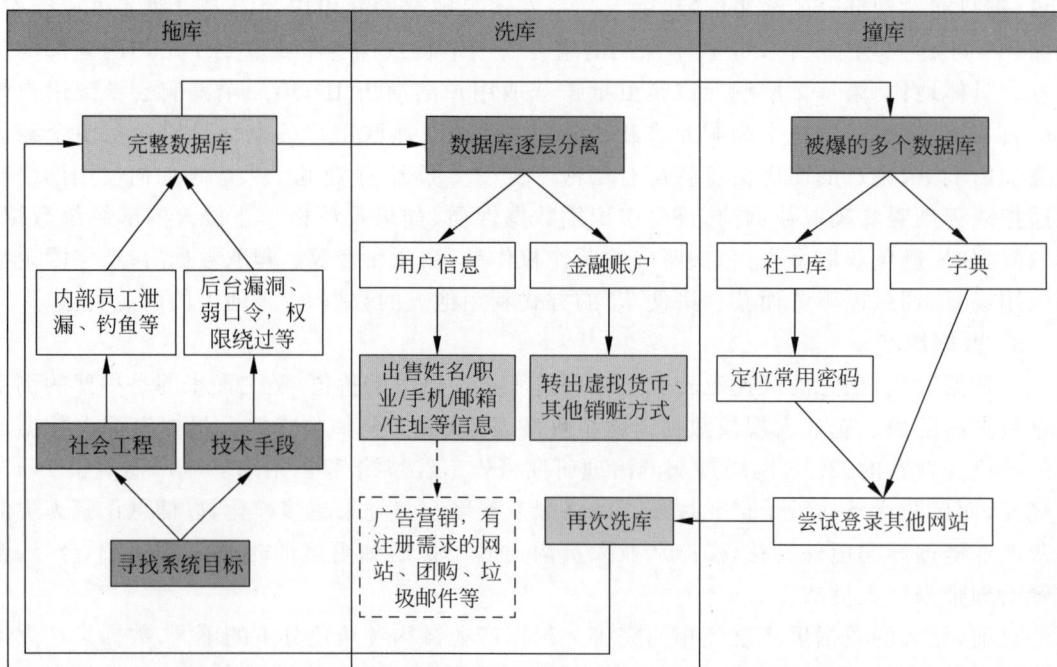

图3-1　"拖库与撞库"的全过程

户名和密码,一旦其中一个网站的信息遭到泄露,就很容易被黑客通过"撞库"攻击的方式顺藤摸瓜,被获取手机号、身份证号、家庭住址及银行账户等敏感信息。2016年10月,网易遭遇"撞库"攻击,导致网易163、126邮箱过亿条数据被泄露,包括用户名、密码、密码保护信息、登录IP以及用户生日等信息。经过"撞库"清洗后,账号、密码的有效性更强,可以精准获取用户多平台的相关注册信息,数据内容更丰富。这在犯罪分子眼中极具价值,价格也水涨船高。

在数据黑产中,数据交易是数据变现的重要方式之一。腾讯安全发布的《信息泄露: 2018企业信息安全头号威胁报告》,账号邮箱类数据、个人信息、网购物流数据是黑客交易最受欢迎的产品,交易量占比分别为19.78%、12.19%、9.69%。数据交易在具备变现属性的同时,也是数据清洗的关键一环。据地下数据产业资深人士透露,随着数据需求的持续放大,非法数据交易等数据黑产有公开化的趋势。部分大数据初创企业通过购买各种渠道的数据,其中不乏黑客、内鬼甚至暗网出售的数据,整合数据资源,降低数据成本,提供更全面的数据服务。在这样的商业模式下,不同出身的各种数据实现了合法流通,无疑更刺激了数据非法交易现象的猖獗。

经过数据交易、数据清洗等环节的复杂运作,泄露的涉及姓名、电话、身份证、银行卡及家庭住址等真实信息的各种数据最终流入各类数据买家和使用者手中,充分展现了数据的"价值"。电信诈骗、精准营销是数据变现的最终环节。中新网PC端与微信端均有超过70%的网友表示,诈骗电话、诈骗短信是自己信息被泄露后最困扰自己的事情。银联数据显示,90%的电信诈骗案、盗窃银行卡、非法套现、冒用他人银行卡及网络消费诈骗等都是由于个人数据泄露引发的。

【案例3-6】 2016年8月21日,山东女大学生徐玉玉被诈骗分子以发放助学金的名义骗走学费9900元,在报警回家的路上猝死。究其原因,就在于徐玉玉准确的录取信息、手机号码等个人信息被窃取、贩卖,进而引发了精准的电信诈骗。

### 3.3.3 数据滥用

#### 1. 算法歧视

算法歧视是以算法为手段实施的歧视行为,主要指在大数据背景下、依靠机器计算的自动决策系统在对数据主体作出决策分析时,由于数据和算法本身不具有中立性或者隐含错误、被人为操控等原因,对数据主体进行差别对待,造成歧视性后果。

其实,这种数据算法的不公平甚至歧视现象出现在生活各个场景之中。例如,谷歌的线上招聘平台向女性用户推送高收入岗位信息的频率远低于男性用户,尽管这些岗位实际上并没有限制性别;购物或服务平台将同质的产品向不同的消费水平的用户收取不同的价格;美国联合航空对所有男性和女性用户分别推出不同的折扣活动等现象。

人们希望的是数据挖掘技术能够为个体与社会决策提供一个更加安全、公平、具有包容性的保障,这是对数据挖掘技术的美好愿望。然而,近年来,各个领域的学者纷纷指出,人们所盼望的这种公平性和客观性并不能够得到保证。相反,数据挖掘还可能会加剧生活中原本的不公甚至增加新的偏见。

算法歧视问题不仅使算法无法充分发挥其正向效用,也成为大数据科学及人工智能技术推广中不可忽视的障碍。对于用户而言,算法歧视问题侵害用户个人权益及尊严感。对于企业而言,一方面,算法歧视可能会导致企业的直接经济损失,比如信息推送不精确、广告投放对象偏差、人才招聘选择范围过窄等问题;另一方面,算法歧视问题会通过影响用户满意度而间接影响企业的收益及声誉。

**2. 大数据杀熟**

大数据"杀熟"指互联网平台利用大数据挖掘算法获取用户信息并对用户进行"画像"分析,进而对不同消费者群体提供差别性报价,以达到销售额最大化或吸引新用户等目的的行为。这种企业"杀熟"现象的本质是通过一定的算法筛查,对用户群体进行分类,形成一套端口配多套服务的模式。而这里的"熟"指的是那些已经被大数据挖掘算法充分掌握信息的用户。

【**案例 3-7**】 2018 年,一位网友自述他经常通过某旅行服务网站预订一家出差常住的酒店每间房每天的常年价格在 380~400 元。他偶然通过前台了解到,相同房型每天在淡季的价格在 300 元左右,他通过朋友账号查询后发现,果然显示的是 300 元,但自己的账号却显示的是 380 元。无独有偶,另一位网友自述某外卖平台 App 在同一时间同一家店进行点餐,会员的配送费反而要比非会员的配送费多 4 元。随后又查看了附近的其他外卖商家,发现开通会员的账号普遍比不开通会员的账号需要多支付 1 元~5 元。

事实上,大数据"杀熟"现象不仅仅出现在旅游类、外卖类平台上。调查显示购物类、打车类等平台 App 均存在着大数据"杀熟"现象。这些互联网电商、在线旅游平台等对某用户越了解,就越知道该用户的价格承受度和是否有比价习惯,一旦认定该用户是价格不敏感用户,就会很容易对其"杀熟"。反而对于新用户,这些平台为了留存还会给予一定的优惠,留出一段"养熟期"。

2022 年 3 月,北京市消费者协会发布互联网消费大数据"杀熟"问题调查结果,对于 16 个平台的 32 个模拟消费体验样本,竟有 14 个样本的新老账户价格不一致。其中,网络购物、在线旅游和外卖是大数据"杀熟"的重灾区。有八成多(82.44%)受访者表示在网络购物过程中遭遇过大数据"杀熟",七成多(76.85%)受访者在在线旅游消费中遭遇过大数据"杀熟",反映在网络外卖(66.96%)和网络打车(63.00%)消费过程中遭遇大数据"杀熟"的受访者均达到六成多。

究其大数据"杀熟"的原因,一方面是利益驱动使然;另一方面是由于平台在技术、信息等方面,对消费者拥有压倒性优势。因此,消费者遭遇"杀熟",面临着举证不易、维权困难等问题。

此外,大数据"杀熟"在于平台对用户数据的保护和利用不当。基于便利,用户在平台使用各项功能时让渡了自己的部分数据权利。例如,让平台获取自己的消费习惯、消费能力、商品偏好、价格敏感等信息。然而,这并不意味着平台可以随意使用这些用户数据,或者利用信息不对称进行牟利。

大数据"杀熟"严重侵害消费者权益,如果任由其发展,将不利于电商行业的持续健康发展。大数据"杀熟"暴露出大数据产业发展过程中的非对称以及不透明。平台根据搜集用户的个人资料、流量轨迹、购买习惯等行为信息,通过平台大数据模型建立用户画像,然后根据这个画像来给用户推荐相应的产品、服务并相应定价。这种大数据"杀熟",同一平台针对不同的消费者制定不同的价格违反了《消费者权益保护法》中规定的公平诚实信用原则,侵犯了消费者的知情权。

信息时代,大数据给生活带来了更多可能,算法、用户画像、精准推送等技术日新月异,但都不应脱离法律和道德的约束,不能损害公众的利益。从这个意义出发,必须依法治理,及时规制负面因素,确保技术更好造福社会。

### 3. 动态定价

动态定价是根据产品或服务的供需关系对价格进行动态调整,是企业利润最大化的方法,是很多行业常用的运营手段。对于机票销售等产品库存固定的行业,动态定价由来已久。但是融合大数据技术、挖掘算法和人工智能技术后,动态定价的作用就开始变得"惊艳"。

2000 年 9 月,亚马逊网站进行了一项动态定价实验,它根据客户的购买历史以不同的价格(最多相差 40%)把 DVD 出售给客户。当该实验的消息被曝光后,消费者隐私团体对其提出了严厉批评。而亚马逊公司也公开道歉,并向 6896 名客户退回相关款项。虽然 DVD 的动态定价在媒体上得到了更多的关注,但亚马逊的动态定价实际上是在 2000 年 5 月首次被发现的,当时它被发现在一个流行的 MP3 播放器上向一些客户提供超过 20% 的折扣。除了动态定价外,企业还利用消费者的资料数据来定位广告和产品推荐。事实上,使用消费者档案数据的定制广告的售价是无目标广告的十倍。

20 多年过去了,这种动态定价进展如何?随着互联网从 PC 端向移动端的转变,动态定价问题并未得到解决,相反,还出现了个性化动态定价。由于互联网技术不断创新,技术层面有较大突破,其中受到各大互联网平台追捧的技术莫过于"千人千面"技术。淘宝早在 2013 年就提出"千人千面"算法,依靠淘宝大数据及云计算能力,能从细分类目中抓取那些特征与买家兴趣点匹配的宝贝,展现在目标客户浏览的网页上,从而帮助卖家锁定真正的潜在买家,实现精准营销。

这种模式在拼多多、京东等购物平台中都会出现,由于"千人千面"的硬件基础是移动互联网带来的"一人一屏"。商家针对不同用户制定不同价格,"千人千价"油然而生。简单地说,通过数据区分穷人和富人、新人和旧人、价格敏感人群和价格不敏感人群,甚至是安卓手机用户与苹果手机用户。同一时间、同一起点、同一目的地,不同手机使用同一个打车软件跳出的价格却不同,甚至是在购物软件,使用不同手机选择同样的商品也会出现不同的价格。

"千人千面"可以理解为更高阶的"杀熟"手段。"初代杀熟"的差异化定价较明显,"二代杀熟"却更为隐蔽,也更能被合理解释。"千人千面"技术利用大数据对用户进行分析,给出对客户最有诱惑力的解决方案。例如,上海市消费者权益保护委员会曾在不同平台测试了订房、买菜等业务,不同账号的价格差异比以前更大。不同的是,现在的"千人千价"由原价与各种优惠券组成,券并不是账号钱包里原有的,而是算法临时生成的。虽然算法为优惠券安上各种理由,比如"上个月你打过车""前天你买过菜"等,但如果优惠券是浏览时才临时产生的,就是一种"二代杀熟"。当然这种方案可能是最划算的,也可能是最贵的。"千人千价"是通过算法对数据的自动处理实现的,主观上它没有泄露任何人的数据和隐私,但它在某种程度上侵犯了消费者的经济利益。

无论是大数据"杀熟",还是非法动态定价,企业都是想尽办法制造与消费者、竞争对手甚至合作方的信息不对称,凭借掌握的大数据形成资源优势,操纵价格改变区域或个体供需关系,进而非法牟利。在这个过程中,一旦数据被用"歪"了,也就助长了价格操纵带来的非法利益,成为价格操纵的"帮凶"。

# 3.4 数据产权

数据不同于石油等传统资源,其价值在于流动。无论政府还是部分企业,都拥有非常丰富的大数据资源,但是大部分都被束之高阁,有数据需求的企业无法获取。其中横亘的第一道"天堑"就是数据产权问题。

**【案例 3-8】** 2017 年,华为与腾讯两大互联网公司被曝出在获取用户数据方面存在分歧,发生了一场火药味颇浓的争论。2016 年底华为推出一款手机,它可以根据微信聊天内容自动加载地址、天气等信息,对于这项功能,华为并不认为自己侵犯了用户的隐私权。华为认为用户只有通过设置后,公司才能搜集到相关的数据,公司对数据的收集是经过用户同意的。但腾讯指出,华为不仅获取腾讯的数据,还侵犯了用户的隐私权。

该事件集中体现了数据产业链和生态链中围绕数据的白热化竞争,也从侧面反映了当前数据产权不清晰所带来的问题。要弄清数据产权,仅了解数据是不够的,还需要着眼于数据的整个产业链条。

## 3.4.1 数据资产化

数据作为一种原材料,通过数据分析建模的加工挖掘,能产生新的价值,因此数据已成为新的生产力来源。从数据处理的角度来讲,这里的"数据"可分为原始数据和衍生数据。原始数据是指来自上游系统的,没有做过任何加工的数据。衍生数据是指通过对原始数据进行加工处理后产生的数据。衍生数据经过算法筛选、分析、处理和挖掘之后,形成具有一定使用价值的数据。

原始数据是不可再生的数据,而衍生数据是可再生数据。当数据量较小时,原始数据体现数据价值,因此从数据内容中可以直接获取数据价值。当数据量较大时,原生数据的直观价值锐减,重点应为数据之间相关性的价值挖掘,这就是所谓的衍生数据价值。大数据经济环境下,企业追逐的数据价值基本都体现在衍生数据上,而衍生数据价值的高低取决于对原始数据加工和计算的准确程度。

随着大数据时代的到来,数据分析处理技术的提升使得一个个数据抽象的描述逐步成为可视的计量,也成为大数据进入国民经济体系的一个良好途径。那么,数据能否和其他财产一样成为资产呢? 数据资产化,并没有一个标准的定义,通俗地讲就是将数据看作企业资产的一系列探索和尝试。从会计学角度来看,资产是指由企业过去的交易事项形成的、由企业拥有或者控制的、预期会给企业带来经济利益的资源。当然,作为资产其成本和价值还需要可靠计量,如此一来,数据虽然看似具备这些特点,但细究起来却总不如传统资产那样完美符合这些条件。其实,并非所有的数据都能成为数据资产,除非同时满足可被计量、可被控制、可被变现的属性。

近年来,我国数据产业发展迅速,数据产业链中的一大亮点就是数据交易产业。2015年 4 月 15 日,贵阳大数据交易所正式挂牌。随后,中关村数海数据资产评估中心有限公司也获批成立,这是我国首家数据资产登记确权赋值的服务机构。许多数据创新型企业通过数据资产登记评估等资产化获得挂牌上市的机会,还有很多企业成功将数据资产作为一种新型资产进行抵押,实现了融资。由此可见,当前数据资产化是大势所趋,数据的经济价值必然成为人们追逐的热点。

## 3.4.2 数据产权

数据产权,即数据主体对产生的数据所享有的权益,包括数据的所有权、占有权、使用权、收益权、处置权等。不同于其他形式的资产,产权具有唯一性和排他性,数据产权因数据的可复制性而不具有排他性,数据产权的认定比以往任何权利的认定都更为复杂,数据的收集、挖掘、开发、利用、共享与交易等环节都与数据产权的认定息息相关,数据产权界定是数据要素有效配置的基础。

2017 年,欧盟委员会发布《打造欧洲数据经济》报告,明确了欧洲数字单一市场战略的三大目标:一是最大限度发挥数据效益,便于对机器生成的数据的获取和共享;二是保护投资、资产和机密数据,建立完善的投资和创新激励机制;三是确保数据持有人、处理者和服务提供商在价值链内公平分享利益。在这一背景下,欧洲就非个人数据和数据生产者权利展开研究,提出了新型数据产权,以规范市场和交易。

2020 年 3 月,中央国务院《关于构建更加完善的要素市场化配置体制机制的意见》(以下简称《意见》)提出"研究根据数据性质完善产权性质"。在数据要素分配过程中,"数据产权"的概念被反复提及,主要是对如何拥有数据要素及如何分配数据要素的财产权益尚无明确的规则。2022 年 12 月,中共中央、国务院印发《关于构建数据基础制度更好发挥数据要素作用的意见》,全方位构建了数据要素市场的顶层设计,其中指出"探索数据产权结构性分置制度",并明确提出"建立数据资源持有权、数据加工使用权、数据产品经营权等分置的产权运行机制"。这一"三权分置"思路,有助于破解当前数据确权面临的诸多难题。

一直以来,数据产权的争议归结为三大核心问题:数据归谁所有?谁可以使用数据?数据收益如何分配?即所谓的数据资产的"所有权""使用权"和"收益权"。"三权分置"将数据资源的这三种权益分别归属于不同的主体,即数据所有者、数据使用者、数据经济收益主体三个主体。数据所有者是指数据产生者或者拥有者,如政府、企业、个人等;数据使用者是指对数据进行使用的主体,如企业、研究机构、政府部门等;数据经济收益主体是指从数据产生的经济收益中受益的主体,如政府、企业等。

**1. 数据所有权**

典型案例是新浪微博起诉脉脉抓取和使用微博用户信息案,该案被业界称为"大数据引发不正当竞争第一案"。

**【案例 3-9】** 脉脉作为一款社交软件,通过与新浪微博合作,能够利用用户的新浪微博发现新朋友,并帮助他们建立联系。根据二者之间签订的《开发者协议》,脉脉只能获得新浪微博用户的姓名、性别、头像、电子邮箱这些信息。然而在合作期间,未经微博平台许可,脉脉调用了大量微博用户的教育信息,职业信息和手机号码。此外,在合作终止后,脉脉仍将其用户手机通信录里的联系人与新浪微博用户对应,并展示在脉脉用户"一度人脉"中。

新浪微博认为,脉脉非法获取了教育信息、职业信息以及手机号码等在高级权限下才能调取的信息,违反了与新浪微博签订的《开发者协议》,获得了本属于新浪微博的用户信息。本案暴露的一个问题就是数据权属问题,即新浪微博是否合法取得用户在该平台上的所有数据。

　　近年来,政府作为公共事务管理机关,无时无刻不在收集社会各界的数据信息,比如身份证信息、指纹信息、信用信息及出行信息等。公民的社保缴费记录,患者的就诊记录,企业的工商登记信息……这些数据产权到底属于谁? 政府部门、企业还是个人? 如何作出清晰界定,将直接决定谁享有数据的权益。

　　该问题被提出时,法学界研究者的主要思考一般是从数据权属开始的。采用与传统财产权相似的设计方法,使得智力成果的权属设计最终成为了知识产权制度。然而这一思路,在数据语境下有着很多的障碍。虽然人们习惯于把数据比作石油或黄金,但与此二者不同,数据价值的体系是以大规模汇聚为基本前提的,并且有着递增的边际收益,而单个的或片段的数据,财富创造能力相当有限。所以,《意见》并没有使用"所有权"这一概念,而是代之为"持有权"。

　　数据资源的持有与不同主体有关。从大类上分,数据可以分为公共数据、企业数据和个人数据,相应地,数据持有主体也就应当包括政府、企业和个人。对于公共数据,一般来说应由管理部门持有和控制;对于企业在生产经营活动中采集加工的不涉及个人信息和公共利益的企业数据,由这些市场主体享有数据持有、支配和收益的权利;而对于承载个人信息的数据,则个人持有,或者由特定的数据处理者按个人授权范围采集、持有和使用。

　　1) 个人数据所有权

　　对个人数据持有者来说,对数据的控制放在知情同意权的设置上。我国司法裁判中也明确承认企业以用户知情授权为前提。同时,许多学者也建议在个人数据所有权下设置知情同意权、数据修改权、数据被遗忘权。这种做法使企业在数据清洗前对收集的个人数据的控制权依赖于用户,只有用户才能根据自己的意志对数据财产加以管控。

　　2) 企业数据所有权

　　企业作为经济活动的组织形式,强调企业数据产权,目的是对经济活动中产生的数据确定权属。企业数据可被分为三种类型:第一类数据是企业作为一个主体,自身独有的数据;第二类数据是企业作为平台或者介质,掌握的用户数据;第三类数据是企业经营活动所获取的数据。

　　显然,企业对第一类数据享有当然产权。第二类数据中,涉及用户个人信息的,如用户的手机号码、身份证信息、邮箱、微信、QQ、支付宝等信息专属用户所有,企业对此不应享有任何权益,而是还负有保护义务。第二类数据中涉及个人隐私的,如家庭住址、工作单位、行程信息等,企业有义务维护用户的隐私权,未经用户同意,不得公开和利用其隐私。第三类数据是企业在经营活动中,对其掌握的经营信息予以加工、生产的数据,在不侵害个人数据产权的前提下,享有其数据产权。例如,用户在自媒体平台发布的视频、图片和文字,属于用户原创内容,就内容本身而言,无论是著作权还是其他数据权利当然归属于生产该内容的用户。但是,平台也应根据其贡献享有相应的数据权利。平台需要投入大量人力、物力、存储、计算资源,才能让相应的作品以特定的方式存储、播放,并且能够被平台用户观看、评论、转发。经过这一转化之后,这一作品同时构成"平台数据"的组成部分,平台享有与作者权利并行不悖的数据权利。

　　新浪微博起诉脉脉案件中,新浪微博向脉脉提供了 Open API 接口,用于获取新浪微博用户的头像、名称、标签等信息,但脉脉不仅抓取了上述信息,还非法抓取新浪微博用户的教育信息、职业信息,并非法使用这些信息。这些信息属于用户的隐私数据,在未获得用户知情同意的情况下,脉脉是无权获取用户的教育信息和职业信息的。新浪微博作为数据提供方,不仅应将用户数据信息作为竞争优势来加以保护,还应将保护用户数据信息作为企业的社会职责,采取相应的技术措施提升 Open API 合作模式中相应权限的控制。第三方应用基于 Open API 合作模式利用用户信息时,除应取得数据提供方同意外,还应再次取得用户的同意,尊重用户的自由选择权。数据提供方与第三方应遵守《开发者协议》,在读取和运用用户数据时,以取得"用户授权＋平台授权＋用户授权"的三重授权为原则,以保护用户的隐私权、知情权和选择权为底线,以公平、诚信为行为准则,维护互联网络的公共竞争秩序,实现数据经济的合作共赢。

　　3）公共数据所有权

　　公共数据是政府部门在履行职责过程中获得的各类数据资源。由于公共数据所负载信息的特殊性,所以将其所有权专门提出。公共数据的作用一般体现在两个方面:一方面是服务于政府行政管理,另一方面需开发其市场价值以促进数字经济。当前,我国公共数据所有权分为公共数据归属权与管理权。政府是国家的行政机关,其在行使国家权力时搜集的数据理论上应该归国家所有,属于全体公民,而政府作为公共数据的收集者、控制者,赋予其管理权最为便捷。所以,公共数据归属权属于国家,政府享有数据的管理权,同时通过政府履行数据公开义务,以满足公众对公共数据的需求,达到个体要素与社会要素的平衡。

　　那公共数据中涉及个人隐私的数据是否归个人所有呢?首先,我国政府收集数据的目的并不是盈利,而是公共管理,这就不存在利益交换的问题。例如,我们到公安局登记更改身份信息,公安局搜集这部分数据,当然不是为了出卖个人信息来挣钱,而是为了维护社会安全。其次,公共数据以国家强制力作保障,可以有效地保障个人隐私不受侵犯。第三,个人数据所有权中涉及的知情同意权、删除权、被遗忘权等,因涉及公共利益,也不应配置给个人。所以,将公共数据的原生权利配置给个人并无实际意义和价值。

　　**2. 数据使用权**

　　关于数据主体采集到的数据谁可以用,各界亦无共识。从现实情形来看,当前数据的大规模使用主体有两个,一是政府,二是企业。那么,这些主体是否可以随意使用采集到的数据?比如,政府如果是出于公益或公共管理的目的使用数据,可以不受安全性之外的条件限制,但如果是出于商业目的将采集到的个人数据用于数据交易,是否就要有限制或有条件地使用?

　　数据使用权属于一种类似用益物权的概念,包括控制、开发、许可、转让等权利内容。然而这些权利的行使,将会受到数据所有权等其他权利的限制。比如,数据处理者应当采取加密、去标识化、匿名化等技术措施和其他必要措施来保障数据安全,在发生数据安全事件时,应当立即采取处置措施,及时告知用户并向有关主管部门报告。

　　个人数据使用侧重于人格权的行使与保护。数据知情同意权是个人数据权利之起点,范围包括个人数据的收集方式、收集内容、存储及处理方式等,同时也应包括收集的目的、可能对个人产生的后果,明确的同意方式及同意效力的覆盖阶段。

　　企业使用数据强调用权与限权的结合。将数据产权的构建放入真实的数据产业链中,数据利益在不同阶段呈现出不同的倾向。比如,"数据清洗"前,权利主体有用户与数据收集企业,利益诉求集中于用户的数据人格利益与企业的数据财产利益;在"数据清洗"后,法律视角中的权利主体只有数据收集企业,而利益诉求也只局限于数据财产利益。

企业数据使用应区分完全数据产权与定限数据产权，并且注意构建数据使用过程的权利限制体系，企业数据使用同样应当进行合理限制，从企业数据产权取得的源头就应当遵循合法采集标准。当平台企业自行收集时，采集前取得用户同意和授权；当平台企业许可他人收集时，遵循"用户授权＋平台授权＋用户授权"的三重授权原则；当收集行为未经许可发生时，是违法行为。

**3. 数据收益权**

通过使用数据产生巨额的经济收益，那么这份巨额收益是如何进行分配的呢？是分配给数据的产生者个人，还是赋予数据的收集加工者政府或企业呢？这个问题的回答，牵动着众多主体的利益。新浪微博起诉脉脉案件中，从其司法判决可以看出，作为投入努力和资源进行数据收集的企业，可以享有竞争法意义上的保护，即可以将该数据作为资产进行利用、许可，并从中获益，他人未经许可和授权不得随意进行信息抓取和利用。

从参与数据产业链的主体来看，共有三类主体拥有数据收益权：个人、企业和政府。

1) 个人的数据收益权

个人作为原始数据的持有者，是目前被严重忽视的主体。理论上，用户作为数据的源头，天然应该具有处置其数据的决定权以及获取收益的权利。但由于个人数据价值太低，光靠货币来体现这种价值，在实践中的可操作性不强。例如，淘宝上的浏览记录具有很高的经济价值，阿里巴巴可以通过这些浏览记录有针对性地推送商品，增加用户购买的概率。如果单看一个人某天的淘宝记录可能无法衡量其所具有的价值，因此个人依靠卖单个数据来赚取利益显然是行不通的。个人如果明确同意企业收集其个人信息，那么当企业通过这些数据获得经济或其他利益时，个人也应该部分享有数据收益权，这种收益权不一定非要以现金或货币的方式体现，企业也可以为用户提供一些除货币之外的免费增值服务，例如，免费使用网站、获得免费使用券、免费参加企业活动等，方式可灵活多样。

2) 企业的数据收益权

企业的数据收益权主要体现在经济利益的获得，其理论是建立在数据所有权和使用权基础之上的。企业对于其合法处理的数据享有的收益权，该权益是在不违反法律、行政法规的强制性规定以及公序良俗的前提下获得的。

3) 政府的数据收益权

政府是庞大的数据收集主体，如果出于公益目的将基础数据用于开放共享，应当是免费提供。公共数据的权属归于国家，实质上归全民所有，为公共利益而存在。但如果在数据的使用上有成本投入，比如开展深度挖掘、可视化等配套服务，则可以适当收费。如果公共数据是用于商业交易目的，就完全可以收费，其收益归政府所有，并以适当形式造福于民，让民众也能享受数据红利。

# 3.5　数据开放共享

## 3.5.1　数据开放共享现状

曾有研究表明，政府掌握了80％的社会信息资源。一般提到数据开放共享，广义上包括政府与企业之间的数据开放共享，以及企业与企业之间的数据开放共享，而狭义上指的是政府数据开放共享。随着大数据思维与大数据应用技术不断普及,政府数据开放共享成为社会民众的权利诉求。因此,如何尽可能地将政府数据向社会公众开放、利用开放数据提高政府的社会参与度和透明度、服务经济社会生活、增加人民的福祉成为各个国家的发展战略问题。

英国、美国、加拿大等国家积极推动政府数据开放。英国在 data.gov.uk 发布了教育、健康、交通、环境、经济等方面的数据。截至 2019 年 4 月,美国开放数据平台 data.gov 已发布了 23.8 万数据集,涉及农业、气候、教育、能源、金融、健康、海洋、公共安全以及科学研究等方面。一些国际组织如联合国、欧盟、经合组织、世界银行以及开放知识基金会等也在政府数据开放方面贡献力量。欧洲议会、欧盟理事会和委员会的谈判代表就《公共部门信息重用指令》达成协议,新命名的《开放数据和公共部门信息指令》确定了一系列高价值的数据集。经合组织定期对成员国的政府数据开放情况进行调查并组织政府数据开放专家组会议,2018 年发布了《开放政府数据报告》。世界银行也发布了开放数据准备度评估工具,推动世界各国的开放数据进程。开放知识基金会作为非营利性组织,为各国政府数据开放提供了许多建设性意见。

2015 年 8 月国务院发布《促进大数据发展行动纲要》(以下简称《纲要》),《纲要》明确提出"推动政府数据开放共享",并将形成公共数据资源合理开放共享的法规制度和政策体系作为 5~10 年的目标,我国政府数据开放的顶层设计被正式提上日程。2016 年,国家进一步将"加快政府数据开放共享"列入《中华人民共和国国民经济和社会发展第十三个五年规划纲要》。2016 年 12 月 27 日,《"十三五"国家信息化规划》将"数据资源共享开放行动"列入优先行动。2017 年 12 月,习近平主席在中共中央政治局第二次集体学习时强调:"推动实施国家大数据战略……推进数据资源整合和开放共享""构建以数据为关键要素的数字经济"。2019 年两会期间,"政府数据开放"成为很多代表委员关注的重要议题。

和西方国家相比,我国的开放数据政策建设较为欠缺。虽然也通过国家大数据战略明确了政府数据开放的方向,但国家政策涉及的内容仍不具体。除国家大数据战略外,我国并没有专门的政府数据开放政策,相关的政策内容较为零散、缺乏系统性。各级政府的开放数据缺乏统一的标准规范,导致诸多地方政府开放数据步伐很慢,严重阻碍了我国开放数据的进程。因此亟待在国家大数据战略的指导下形成目标明确、层次分明并且切实可行的政策体系。

## 3.5.2 数据开放共享的主要方式

### 1. 数据开放

数据开放主要是指政府数据面向公众开放。该方式主要适合于非敏感、不涉及个人隐私的数据,并且需要保证数据经过二次加工或聚合分析后仍不会产生敏感数据。

政府数据不仅仅涉及政府在日常政务开展过程中形成的一些数据,还应包括公共部门(如图书馆、医院、学校、第三方服务机构)在经营过程中形成的数据。广义层面的政府数据,涉及到公共部门内部数据以及在运营过程中生产、创造、收集、处理和存储的数据。

### 2. 数据交换

数据交换主要是政府部门之间、政府与企业之间通过签署协议或合作等方式开展的非营利性数据开放共享。一般有两种情况,一是为信用较好或有关联的实体之间提供数据交换机制，由第三方机构为双方提供交换区域技术及服务，这种交换适用于非涉密或保密程度比较低的数据，另一种是针对敏感数据封装在业务场景中的闭环交换。通过安全标记、多级授权、基于标准的访问控制、多租户隔离、数据族谱、血缘追踪及安全审计等安全机制构建安全的交换平台空间，确保数据可用不可见。

**3. 数据交易**

数据交易主要是对数据明码标价进行买卖，目前市场上比较多的第三方数据交易平台提供的主要是这种模式。基于大数据交易所的交易模式是目前我国大数据交易的主要模式，比较典型的代表有贵阳大数据交易所、长江大数据交易所及东湖大数据交易平台等。

### 3.5.3　数据开放共享困难重重

2018年7月，国务院印发了《关于加快推进全国一体化在线政务服务平台建设的指导意见》，对政务信息共享提出了科学的目标和要求，数据应用开放的关键是打破数据孤岛，让数据互联互通，达到数据和信息共享。

但是，当前我国政府信息化建设依然存在标准不一致和重复建设的问题，部门条块分割比较严重，各部门之间沟通困难。出于权限和利益问题的考虑，很多单位将政府数据资源部门化、专属化、利益化，导致"数据割据"问题严重。例如，我们每个公民的个体信息分别掌握在工商部门、银行、保险、公安、医院、社保、运营商等不同机构手里，真要打通和融合各个部门掌握的数据是很困难的事情。

近年来，数据安全问题频频发生，大到给国家安全和经济社会发展造成严重的潜在危害，小到给公民个人造成巨大的精神伤害和经济损失。正是由于数据在收集、存储、使用、交换和销毁等各个环节都存在极大的安全隐患，很多政府部门和大型互联网企业在数据开放共享中都心存忧虑，担心因数据泄露或遭黑客攻击而带来严重后果，不敢推动数据开放进程。

除了对数据泄露等安全事件的恐惧，还有些出于对数据伦理的考虑。

**【案例3-10】**　2018年10月，科技部官网公布了对复旦大学附属华山医院、华大基因、药明康德、昆皓睿诚、厦门艾德生物、阿斯利康等6家单位的行政处罚。涉事单位阿斯利康未经许可将已获批项目的剩余样本转运至厦门艾德生物医药科技股份有限公司和昆皓睿诚医药研发有限公司，开展超出审批范围的科研活动。厦门艾德生物未经许可接收阿斯利康投资30管样本，拟用于试剂盒研发相关活动，而昆皓睿诚则未经许可接收阿斯利康567管样本并保存。这是科技部首次公开涉及人类遗传资源的行政处罚。

这种带有人类生物特征的数据，是一个国家、每一个公民所不可触碰的资源底线，这类数据的开放共享将涉及更多既有挑战性又复杂的问题，加重数据主体在开放共享数据时的顾虑。

此外，数据质量问题也是阻碍数据开放共享的又一"拦路虎"。改革开放以来，我国政府进行了一系列改革，政府统计数据正在朝着越来越全面、客观反映国家经济社会发展情况的方向发展。但统计工作是一个比较复杂的系统工程，需要多个部门加强配合协调，按计划进行统计信息的收集、汇总和分析，才能形成统计数据分析结论。只要其中一个环节出现问题，就会直接导致统计数据的准确性下降同时。缺乏明确的解释和统一的统计口径，也会导致统计数据混乱。很多数据即使收集起来，也无法进行对比分析和统一转化，因而直接影响了政府统计数据的全面性、真实性和准确性,损害了政府公信力和权威形象。因此,有些部门和单位为了不承担数据开放共享后数据质量存在问题所带来的麻烦,宁可不开放共享。

从政策层面上来讲,目前关于数据开放共享的法律法规也十分匮乏。关于数据开放共享,国家和地方出台了一些管理制度,但主要针对政府行为。对于数据开放共享的原则、数据分类和开放边界、数据格式、质量标准、互操作性等尚没有明确的规范,而且数据在采集、传输、存储、处理、交换甚至销毁等各个阶段,其所有者和使用者往往都不同,存在数据所有权和使用权分离的情况,很容易导致数据滥用、数据权属不明确以及无法进行数据定价等问题。这些问题都导致数据开放共享难以操作,出现问题也找不到相应的法律依据加以解决。

## 3.6 大数据科技人员的伦理责任

微课视频

### 3.6.1 大数据伦理责任特点

大数据伦理责任是具有普遍意义的伦理责任在大数据时代的具体化表现。因此它具有责任伦理的一般特征。同时,由于数据管理和网络社会自身的自由性、开放性和虚拟性的特点,数据伦理责任又有自己的特殊性,表现为自律性、广泛性和实践性。

### 3.6.2 大数据科技人员的伦理责任

大数据科技人员的伦理责任主要表现在以下五个方面。

1)尊重个人自由

大数据时代,尊重个人自由,很大程度上表现为自觉地、发自内心地尊重个人隐私,遵守伦理道德。

2)强化技术保护

通过不断完善信息系统安全性能,部署防火墙、入侵检测系统、防病毒系统、认证系统,采取访问过滤、动态密码保护、登录限制、网络攻击追踪方法等技术手段,强化应用数据的脱敏处理、存取管理和业务审计,确保系统中的用户个人信息得到更加稳妥的安全技术防护。

3)严格操作规程

制定严密的数据管理和追责制度,包括数据获取、清洗存储、传输、分享、交易、关联分析等环节的权限管理和访问日志,规范所有能接触到数据及算法的人员的操作行为。同时,对于重要和关键数据,要建立多重访问控制规则,提高信息外泄成本,降低风险。

4)加强行业自律

努力培育和强化行业自律机制,发挥行业自律的灵活性和专业化优势,弥补法律法规滞后的缺陷,重点行业应制定自律规范和自律公约,规范大数据的使用方法和标准流程。

5)承担社会责任

共同承担建设安全可信、平等、以及惠民的大数据社会的责任,避免发明伤害他人。涉嫌歧视、损害名誉、降低道德水平的大数据产品和服务,在企业私利和社会公德之间履行好大数据科技创新人员的社会责任。

### 3.6.3　大数据科技人员的行为规范

针对网络和大数据应用对社会生活产生的巨大作用，2014 年 6 月，IEEE 发布《国际电气电子工程师学会行为标准》中提出 5 项规范：

（1）尊重他人；

（2）公平待人；

（3）避免伤害他人、财务、名誉或聘用关系；

（4）克制而不报复；

（5）遵守与 IEEE 有业务往来的各国适用法律及 IEEE 的政策和流程。

文中特别提到要尊重他人隐私，保护他们的个人信息和数据，不在现实生活和网络空间中做危害人类的事情，不用错误或恶意的方式侵害他人身体、财产、数据、名誉和聘用关系，不在网上和其他场所传播关于他人的恶意谣言、诽谤、污言秽语和物理伤害。与此前 1990 年发布的《国际电气电子工程师学会伦理条例》的 10 条规定相比，更突出网络和大数据的特点，更落实到行为层面。因此，具有更好的指导性和可操作性。表 3-1 罗列了针对大数据生命周期的不同阶段，合乎大数据伦理的行为规范。

表 3-1　大数据生命周期不同阶段所遵守的行为规范

|  | 原则 1 | 原则 2 | 原则 3 | 原则 4 |
|---|---|---|---|---|
| 数据采集阶段 | 知情同意原则：用户有权作出 Y/N 选择 | 自由选择原则：用户可以决定数据被采集的范围 | 随时可删原则：用户随时可以彻底删除数据 | —— |
| 数据交易阶段 | 明白交易原则：明确所交易的数据范围、使用规范、定价策略等 | 保证用户数据安全：脱敏个人信息并安全存放、传输 | 再交易告知原则 | 使用可审计、权利可撤销原则 |
| 数据应用阶段 | 隐私保护原则 | 价值维护原则 | —— | —— |

## 思考讨论

1. 大数据有哪些特点？

2. 随着大数据的兴起，可能带来哪些道德伦理问题？

3. 如何应对大数据技术带来的伦理问题？

4. 在日常生活中如何做好个人信息保护？

5. 个人信息泄露的根源和途径是什么？

6. 浅谈大数据背景下个人信息的法律保护。

7. 分析一下数据安全的现状以及如何保障数据安全？

8. 大数据时代，企业收集数据的方式多种多样，网络爬虫采集是其中之一。网络爬虫（Web Crawler）是依照一定规则主动抓取网页的程序，是搜索引擎获得信息的渠道之一。浅谈网络爬虫的利与弊？

9. 数据产权是什么？怎样做好数据产权的界定？

10. 数据开放共享如何实现？它有什么意义？

11. 现阶段对数据开放共享有哪些困难与挑战？

12. 大数据科技人员的伦理责任主要表现在哪些方面？

13. 据不完全统计，包括滴滴出行、携程、飞猪、美团、京东在内的多家互联网平台均被曝出存在"杀熟"的情况。"千人千价"也深刻改变了商家和消费者之间的关系。请问大数据是如何杀熟的？我们该如何避免"被杀"？

# 第4章

# 信息技术与知识产权

CHAPTER 4

**本章要点**

党的二十大提出全面建设社会主义现代化国家的新使命,要求加强知识产权法治保障,形成支持全面创新的基础制度。知识产权是国家治理体系的重要组成部分,以知识产权顶层设计为治理基础,以知识产权创造、保护、运用为关键内核,以及以知识产权服务、安全、人才、文化、国际交流等方面为内容拓展。数字经济与知识产权相得益彰,是支撑高质量发展的核心禀赋。新时期我国经济已由高速增长阶段转向高质量发展阶段,而知识产权是推动经济高质量发展的新引擎,同时也是建设创新型国家核心要素和重要支撑。因此加强对知识产权的研究,构建有效的知识产权体系是十分必要的。本章详细讨论有关知识产权方面的概念和问题,期望能尊重他人的智力劳动成果并自觉抵制使用盗版产品和假冒品牌产品,选用开源软件,购买正版产品。

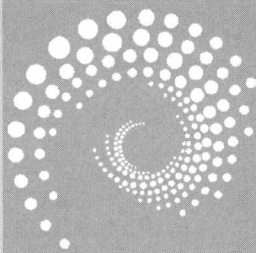

**【引导案例】** 环球影城诉索尼公司。

索尼公司的案例是美国最高法院裁决的关于对受版权保护的作品进行私人的、非商业的复制的第一个案件。它涉及的是录像带摄录机，但它在基于 Web 的娱乐案件和有关新型数字录制设备的案件中也被经常引用。

两家电影制片厂状告索尼侵犯版权，因为一些客户使用索尼生产的 Betamax 录像带摄录机来录制在电视上播放的电影。因此，这个案例提出了一个重要的问题：版权人是否可以因为一些买家使用这些设备侵犯了版权，而起诉复制设备的制造商。首先，关注最高法院在索尼案件中裁决的一些其他问题：录制电影供个人使用是版权侵权还是合理使用？人们复制整部影片，电影是创意作品，而不是事实作品。因此，若以合理使用准则为依据，则应反对该录制行为。录制该电影的目的是在稍后时间可以观看，通常情况下，消费者在观看电影之后，会重复使用该录像带录制其他内容，因此说复制就成为了"短命复制"。该复制是用于私人的、非商业的目的，电影制片厂无法证明它们受到任何伤害。法院对合理使用准则中的第二个因素（即版权作品的性质）进行了解释，它不仅包括简单地对创意事实的判断，还包括制片厂在电视上播放该电影时已经收到了一大笔费用，该费用的收取是基于大批观众会免费观看该电影。所以合理使用准则中的第一、第二和第四个因素都支持合理使用。法院裁定，录制影片在稍后时间观看属于一种合理使用。

事实上，人们复制整个作品并不一定就会构成非合理使用的裁决。虽然许多关于合理使用的例子都只应用于小规模的摘录片段。但复制本身是用于私人的非商业用途这个事实是很重要的。法院认为，私人的非商业用途应当被假定是合理的，除非存在对版权持有人造成实际经济损害的可能性。在 Betamax 机器的合法性问题上，法院认为，拥有大量合法用途的设备制造商不应该因为有些人用其设备来侵犯版权就受到惩罚，这是一个非常重要的原则。

在索尼的案例中，最高法院的裁决认为，非商业性地复制整个电影可以是合理使用。在几起涉及游戏机的案件中，法院裁定，为了商业用途复制整个计算机程序也是合理的，主要是因为其目的是创建一个新的产品，而不是为了销售其他公司的产品复制。第一个案例是"世嘉株式会社诉 Accolade 公司"。Accolade 公司制作的是可以在世嘉（Sega）机器上运行的视频游戏。为了使他们的游戏正常运行，Accolade 公司需要弄清楚 Sega 游戏机软件中的一些部分是如何工作的。Accolade 复制了 Sega 的程序，并对它进行反编译（即把机器代码翻译为他们可以阅读和理解的一种形式），这种行为属于逆向工程（reverse engineering），即搞明白一个产品的工作机制，通常需要把该产品拆开来看才行。Sega 提起诉讼，Accolade 赢得了官司。Accolade 复制 Sega 的软件的目的是创建新的创造性作品，这样做满足了合理使用准则中的第一个因素。Accolade 是一个商业实体这个事实并不是最关键的因素。虽然 Accolade 的游戏可能会降低 Sega 游戏的市场，但这是一种公平竞争，Accolade 并没有销售 Sega 的游戏复制。在"雅达利游戏公司诉任天堂"的案件中，法院还裁定复制一个程序用于逆向工程也不是侵犯版权，而是合理的"研究"用途。

法院把类似的论据用在索尼计算机娱乐公司提起的一起诉讼中，作出支持 Connectix 公司的裁决。Connectix 公司复制了索尼的 PlayStation BIOS（基本输入输出系统），并对它进行逆向工程，以开发软件来模拟 PlayStation 游戏机，这样游戏玩家就可以购买 Conectix

的程序,并在他们的电脑上玩 PlayStation 的游戏,而不需要再购买 PlayStation 游戏机。Connectix 公司的程序中没有包含任何索尼的代码,并且它是一个新产品,与 PlayStation 游戏机是不同的。因此法院裁定他们基于这个目的对 BIOS 的复制是合理使用的。这些裁决表明,法院在解释合理使用的时候,考虑了在制定准则时并没有想象到的情形。如果目的是创造必须与其他公司的硬件和软件进行交互的新产品,那么逆向工程是一个必不可少的过程。

# 4.1 知识产权基础

知识产权,是基于创造成果和工商标记依法产生的权利的统称。最主要的三种知识产权是著作权、专利权和商标权,其中专利权与商标权也被统称为工业产权。知识产权的英文为 intellectual property,也被翻译为智力成果权、智慧财产权或智力财产权。

## 4.1.1 知识产权的基本知识

你是否曾经为一首流行歌曲录制过视频,并把它发布在网络上?你是否曾经录制过电视里播放的电影,打算过几天再观看?你是否从网上下载过音乐而没有为它付费?你是否观看过体育赛事直播的视频?你知道这些行为中哪些是合法的?哪些是非法的?为什么?搜索引擎为了显示摘录片段而对视频和书籍进行复制是否合法?随着新技术使得复制和分发作品变得更加容易,知识产权所有者应如何应对?版权拥有者又会如何滥用版权?如果你在为一个在线零售网站开发软件,那么你是否可以在未经专利持有人许可的情况下,实现一键购物的功能呢?如果严格实施版权和专利的概念,是否会扼杀现代科技的创造力?

知识产权(或著作权)是一个法律概念,它定义的是针对某些种类的知识产权的权利。版权保护创造性作品,如书籍、文章、戏剧、歌曲(音乐和歌词)、艺术品、电影、软件和视频,事实、想法、概念、过程和操作方法是不能拥有版权的。另一个相关的法律概念是专利,它定义的也是对知识产权的权利,专利保护的是发明,也包括一些基于软件的发明。知识产权的实质是把人类的智力劳动成果作为财产来看待,至于是否在法律上被赋予"权"并不重要。就像人们非智力劳动制造的房屋、手机、钱包等有形物品一样,不属于自己的就不能随便拿来据为己有,或不付出代价就使用。

除了版权和专利,各种法律还会保护其他形式的知识产权,包括商标和商业秘密。本章会更多地讨论版权,而不是其他形式的知识产权,这是因为数字技术和互联网对版权产生了强烈的影响。了解知识产权保护的关键是,要理解保护的东西是无形的创造性工作,而不是它的具体物理形态。当人们购买一本纸质的小说时,买的是纸张和油墨的物理集合。当人们购买一本小说的电子书时,购买的是该电子图书文件的某些权利。人们买的不是知识产权,即情节、思想的组织、表述方式、人物和事件,它们在一起构成了抽象的无形的"书"或"作品"。制作副本的合法权利属于无形的"书"的主人,也就是版权的所有者。类似的原则可以用于软件、音乐、电影等。一个软件包的买方购买的只是它的一个副本,或使用该软件的许可。当人们购买电影光盘或视频流的时候,人们购买的是观看它的权利,但不是在公共场所播放它和收取费用的权利。

为什么知识产权需要法律保护呢?一本书、一首歌或一个计算机程序的价值远远超过把它打印出来,复制到磁盘上或上传到网上的成本。一幅画的价值远高于用于制作它的画布和颜料的成本。知识和艺术作品的价值来自创意、想法、科研、技能、劳动,以及它们的创作者提供的其他非物质的努力和属性。人们对所创造或购买的有形财产拥有财产权,这包括它的使用权、防止其他人使用以及设定价格来销售它的权利。如果其他人可以随便把它们拿走,那么人们将会不愿意付出努力来购买或生产这些物品。如果任何人都只需花费很小的代价就可以复制一本小说、一个计算机程序,或复制一部电影,那么该作品的创作者将只能从他的创作中获得很少的收入,因此会失去继续创作的激励。对知识产权的保护对个人和社会都有好处。通过保护艺术家、作家和发明家的权利,可以补偿他们的创造性工作,而通过这样做,也会鼓励人们从事有价值的、无形的、容易被复制和有创造性的工作。

某项知识产权的作者或者他的雇主(如报社或软件公司)可以持有该版权,也可以把版权转移到出版商、音乐唱片公司、电影制片厂或其他一些实体。版权保护只能持续有限的时间,例如,作家的寿命再加上70年。在此之后,作品会被放到公共领域,任何人都可以自由复制和使用。美国国会已把版权控制的时间段延长了几次。这些时间延长是有争议的,因为它们会使更多的材料在很长时间内无法进入公共领域。例如,当第一本维尼熊的书和第一部米老鼠卡通电影就要进入公共领域的时候,电影业通过游说成功使其版权保护期从75年延长到了95年。

**【案例4-1】** 刘某、郑某等13人犯假冒注册商标罪案

2019年3月,刘某郑某商议包装假冒贵州茅台酒后,由刘某出资、郑某组织陈某11人进行包装,共假冒贵州茅台酒4569件(6瓶装,500ml/瓶,飞天牌,带杯),合计27414瓶,非法经营数额共计41093586元。被告人刘某、郑某等人未经注册商标所有人许可,在同一种商品上使用与注册商标相同的商标,非法经营数额巨大,情节特别严重,各被告人均构成假冒注册商标罪,依法应在七年以下有期徒刑并处罚金的幅度内判处刑罚。遂判决:被告人刘某等13人犯假冒注册商标罪,分别判处有期徒刑五年零六个月至一年零六个月,并处罚金2100万元至5万元。

贵州茅台酒作为全国乃至世界著名白酒,具有很高的知名度和美誉度,市场需求量大,供需矛盾较为突出,导致一些犯罪分子不惜铤而走险,对茅台酒进行假冒,既扰乱市场秩序,侵害消费者合法权益,又影响茅台酒声誉。加大对假冒茅台酒行为的打击力度,有利于整顿市场、保护品牌。对犯罪分子适用主刑和罚金刑,让犯罪分子既受到自由刑的处罚,同时又剥夺其经济上再次犯罪的能力。

根据中国和阿尔及利亚在1999年的提案,经世界知识产权组织——WIPO(World Intellectual Property Organization)在2000年召开的第三十五届成员大会上通过,决定从2001年起,将每年的4月26日定为"世界知识产权日(World Intellectual Property Day)"。因为1970年的4月26日是《建立世界知识产权组织公约》(也称《世界知识产权组织公约》)生效的日期。设立世界知识产权日旨在全世界范围内树立尊重知识、崇尚科学和保护知识产权的意识,营造鼓励知识创新和保护知识产权的法律环境及道德风尚。

历年"世界知识产权日"的主题分别如下。

2001年:今天创造未来。

2002年:鼓励创新。

2003年:知识产权与人们息息相关。

2004 年：尊重知识产权，维护市场秩序。

2005 年：思考、想象、创造。

2006 年：知识产权——始于构思。

2007 年：鼓励创造。

2008 年：尊重知识产权和赞美创新。

2009 年：绿色创新。

2010 年：创新——将世界联系在一起。

2011 年：设计未来。

2012 年：天才创新家。

2013 年：创造力——下一代。

2014 年：电影——全球挚爱。

2015 年：因乐而动，为乐维权。

2016 年：数字创意，重塑文化。

2017 年：创新改变生活。

2018 年：变革的动力——女性参与创新创造。

2019 年：奋力夺金——知识产权和体育。

2020 年：为绿色未来而创新。

2021 年：知识产权和中小企业——把创意推向市场。

2022 年：知识产权与青年——锐意创新，建设未来。

从这些活动主题和它的演绎可以看出，人类文明的发展离不开知识创新，而保护知识产权就是保护和鼓励知识的创新。2022 年，人们认识到年轻人在寻找向可持续未来过渡的更新、更佳解决方案时具有巨大潜力。纵观全球，当今青年拥有超乎想象的潜力，以及无限的智慧和创造力。他们的观点、活力、好奇心和"我能"的态度，以及他们对更美好未来的渴望，正在重塑创新和变革的方法。年轻人正加紧迎接创新挑战，利用他们的能量、独创性、好奇心和创造力助力打造更美好的未来。具有创新、活力和创造性的头脑带来的变革正在帮助人们向更可持续的未来迈进。

2022 年世界知识产权日为青年提供了一个机会，让他们了解知识产权如何支持他们实现目标，帮助他们把想法变为现实，创造收入和就业机会，并对周围的世界产生积极影响。有了知识产权，青年可以获得实现其抱负所需的一些关键技能。在整个活动中，青年能够更好地了解知识产权制度的工具，包括商标、工业品外观设计、版权、专利、植物新品种、地理标志、商业秘密等，并了解这些知识产权将如何帮助他们实现建设更美好未来的目标。在全球范围内，青年利用他们的干劲和才智、好奇心和创造力，加紧应对创新挑战，开创更美好的未来。创新、活力和创造性思维正在推动人们走向可持续的未来。

## 4.1.2　知识产权的起源

据统计，从 1999 年到现在，发生于网络的知识产权纠纷案件增加了 8 倍，其中新类型案件层出不穷，使法官判案面临前所未有的挑战，经常要"求教"于专业人士。人们现在所生活的信息时代，知识产权也被数字化了，使得音乐、小说、软件、科技论文、著作等有知识产权的作品在因特网上发布、复制、传播非常容易，而且几乎不需要成本。所以，知识产权或者说智力劳动成果难以受到尊重和保护。而且在人们的传统习惯性思维中，拿别人的物品，如照相机、衣物、计算机等被认为是盗窃，是可耻的事，而抄袭别人的论文、艺术作品或使用人家的软件设计框架则不被认为是盗窃，或认为不是丢脸的事。也就是说在社会道德风尚中，对偷盗财产与剽窃智力劳动成果——无形智力资产有不同的道德取向，这是知识产权难以得到保护的原因之一。这些也是在信息时代，以信息/知识为代表的社会经济特征使得各个国家和国际社会都特别强调保护知识产权的原因。

非常有意思的是，知识产权并非起源于任何一种民事权利，也并非起源于任何一种财产权，它起源于封建社会的"特权"。这种特权，或由君主个人授予、或由封建国家授予、或由代表君主的地方官授予。国外学者的专著与联合国世界知识产权组织的教材都是这样叙述的，并有历史文献的支持。这一起源历史，不仅决定了知识产权（指传统范围的专利权、商标权、版权）的地域性特点，而且决定了君主对思想的控制、对经济利益的控制或国家以某种形式从事的垄断经营等，与知识产权的获得并不是互相排斥的。正相反，知识产权正是在这种看起来完全不符合"私权"原则的环境下产生，并逐渐演变为今天绝大多数国家普遍承认的一种私权，一种民事权利。

随着信息社会在全球的逐步发展和实现，人们生活的世界已变成"地球村"，这已成为世界人民的共识。也就是说每个人在这个村庄里生活，不同的价值观和道德观正在相互碰撞、影响，进而达成共识。从另一个角度说，人们要在这个村庄里得到尊重并发挥应有的作用，必须遵守国际游戏规则。国际游戏规则之一就是尊重知识产权。这在国际上已被国际知识产权组织以公约、协定及各国的法律体系保护。

世界知识产权组织是1967年7月14日在斯德哥尔摩签订《世界知识产权组织公约》生效时的1970年成立的，根源可追溯到1883年。1883年《保护工业产权巴黎公约》诞生了。这是第一部旨在使一国国民的智力创造能在他国得到保护的重要国际条约。这些智力创造的表现形式是工业产权，即发明（专利）、商标、工业品外观设计。《巴黎公约》于1884年生效，当时有14个成员国，成立了国际局来执行行政管理任务，诸如举办成员国会议等。

1886年，随着《保护文学和艺术作品伯尔尼公约》的缔结，版权走上了国际舞台。该公约的宗旨是使其成员国国民的权利能在国际上得到保护，以对其创作作品的使用进行控制并收取报酬。这些创作作品的形式有：长篇小说、短篇小说、诗歌、戏剧；歌曲、歌剧、音乐作品、奏鸣曲、绘画、油画、雕塑、建筑作品。

同《巴黎公约》一样，《伯尔尼公约》也成立了国际局来执行行政管理任务。1893年，这两个小的国际局合并，成立了被称为保护知识产权联合国际局（常用其法文缩写语BIRPI表示）的国际组织。这一规模很小的组织设在瑞士伯尔尼，当时只有7名工作人员，即今天的世界知识产权组织——这个有着184个成员国和来自全世界95个国家的约938名工作人员共同担负着范围不断扩大的使命与任务，充满活力的国际组织的前身。

2001年12月11日我国正式成为世界贸易组织（WTO，World Trade Organization）成员国以来，为遵守国际惯例，中国向世界承诺尊重、保护知识产权，成立了"国家知识产权局"。其前身是中华人民共和国专利局（简称中国专利局），是国务院主管专利工作和统筹协调涉外知识产权事宜的直属机构，于1980年经国务院批准成立。1998年国务院机构改革，中国专利局更名为国家知识产权局，成为国务院的直属机构，主管专利工作和统筹协调涉外知识产权事宜。

　　透过这些历史脉络可以看出,知识产权的内涵已经从封建君主特许的垄断,逐渐演变为政府以立法授予知识产权的方式鼓励,保护了个人、团体对知识的创新贡献并制止不正当竞争。这个演变印证了人类向文明发展的足迹,体现了人类自身道德的发展。尊重知识产权所体现的核心价值观是公正公平,鼓励智力劳动,维护知识发明者、使用者和社会和谐发展三者的权益和利益,使得三者的利益得到有效协调,共处于相容的系统中。与全球共同的价值观——自由、平等、博爱是一致的。我国相继出台的《反不正当竞争法》《广告法》等法律法规都是出于维护公正公平、利益百姓等考虑而制定的。

　　值得强调的是,法律是事后处理,是被动地弥补不道德行为产生的社会秩序混乱道德教育和养成是积极主动地预防侵犯知识产权发生和营造和谐社会生活的必要措施。德育、法制都不可少,而且德育一定在先,一定要做得深入。只有德育做好了,"夜不闭户,道不拾遗"的美好生活环境才能实现。

　　从人类社会法制以来的历史,也可以体会出法律的真正目的是维护人性中的真、善、美,维护人性中的"仁爱",法是伸张正义、打击凶恶不仁行为的强制性手段,通过惩恶扬善而教育人们成为一个幸福的人。而道德则是靠良心、社会舆论、社会传统习俗、家庭教育等非强制性手段去实施和弘扬真善美的。

## 4.1.3　新技术的挑战

　　在过去,通常只有企业(报社、出版社、娱乐公司等)和专业人员(摄影师、作家等)才会拥有版权,而一般来说只有企业才会有资金购买要侵犯版权所必需的复制和生产设备,个人很少需要和版权法打交道。数字技术和互联网让人们每个人都有能力成为出版商,从而成为版权人(例如博客和照片),它们也给了人们进行复制的能力,因此可能会侵犯版权。

　　以前的一些技术也对知识产权保护提出了挑战。例如,复印机使复制印刷材料变得非常容易。然而这些早期的技术带来的挑战都没有数字技术这么严重。早期,复印一本书的全部内容不仅过程烦琐,而且有时候印刷质量较低,读起来会比较难受,甚至比一本平装书的成本还要更高。过去几十年间的技术进步,使得高品质的复印和大量发行变得非常容易且成本低廉。

　　数字媒体会带来重大威胁的第一类知识产权就是计算机软件本身。复制软件在过去是很常见的做法。许多人都会把软件复制给朋友,而且企业也会这样复制商业软件。人们在计算机公告栏上交易盗版软件(Warez,未经授权的软件复制)。软件出版商开始使用术语软件盗版(Software Piracy)来指代大量的未经授权的软件复制行为。盗版软件曾经包括(现在仍然包括)几乎所有在售的消费软件或商业软件。新版本的流行游戏经常会出现在未经授权的网站上,或在其他一些国家在其正式发布之前被私下买卖。根据软件行业的估计,盗版软件的总价值超过了数十亿美元。

　　在 20 世纪 90 年代初期,人们可以在互联网上找到并下载未经授权的流行的幽默专栏、通俗歌曲的歌词和一些图像。

　　20 世纪 90 年代中期,出现了新的音频数据压缩格式(MP3),人们可以在几分钟之内从互联网下载一首 MP3 歌曲,随即出现了数以千计的 MP3 网站,MP3 格式没有机制来防止无限制或未经授权的复制。虽然许多词曲作者、歌手和乐队都自愿把自己的音乐放到网络,但在网络上的大多数 MP3 歌曲交易都是未经授权的。

在 21 世纪早期，随着互联网访问速度的提高和压缩技术的改进，先进的文件共享机制、廉价的摄像机、视频编辑工具以及视频共享网站使得普通民众可以向其他人提供娱乐节目，并且发布和共享他人拥有的视频。复制音乐和电影变得更加方便、快捷、廉价和无处不在。

随着技术的进步，很多高利润的大型企业崛起，它们鼓励其会员上传和共享明知是未经授权复制的文件。内容产业声称，全球互联网流量中大约四分之一包含侵权材料。和软件行业类似，娱乐行业也估计每年被人复制、交易和出售的知识产权的总价值超过数十亿。据业内人士表示，这里估计的金额可能被夸大，但未经授权地复制和发行的音乐、视频和其他形式的知识产权的数量的确是巨大的。娱乐公司和其他内容供应商正在失去它们可以从自己的知识产权赚取的大量收入，而且这还会影响到那些成千上万的、有创造力的、帮助创作这些作品的个人。

然而，当人们寻求这个问题的解决方案时，应该认识到，这个"问题"从不同的角度看起来是很不同的。那么，解决技术对知识产权带来影响的问题到底是什么意思？人们到底要为哪些问题寻求解决方案？

消费者希望以便宜和方便的方式获得娱乐内容。对于作家、歌手、艺术家、演员以及从事作品的生产、营销、管理工作的人，他们希望确保他们在创造无形知识产权的产品上付出的时间和精力得到补偿。娱乐行业、出版商和软件公司希望保护它们的投资，以及预期得到的利润。对于上传利用他人作品来制作的业余作品的数百万人来讲，他们希望能够继续他们的创作，而不会受到各种不合理的烦琐要求，或者是遭到诉讼的威胁。对于学者和其他倡导者来说，他们希望找到如何保护知识产权，但又同时能保护合理使用、合理的公共访问，以及充分利用新技术来提供新服务和创造性作品的机会。本章会从多个角度来探讨这些问题和解决方案。

### 4.1.4　关于复制的伦理争议

关于"复制"的意涵，在英文中的 Copy 与 Reproduce 两个单词。尽管这两个词在汉语中可以翻译为"复制"，但只有 Reproduce 相当于中国《著作权法》中的"复制"，即以印刷、复印、拓印、录音、录像、翻录、翻拍、数字化等方式将作品制作一份或者多份的行为。Copy 在含义上则更为广泛，不仅包括复制，还包括抄袭、改编、演绎等。我国《著作权法》对于"复制"的概念采用狭义的标准。广义的"复制"包括对作品加以若干改变，即不再是复制与原作之形态完全相同之物，如将草图、图样做成美术品与建筑物，将小说改编成剧本、拍成电影等。

关于复制的伦理性，存在一些内在的"模糊性"。许多人在从未经授权的来源获得音乐、电影和软件的时候，都意识到他们是在"不劳而获"。他们受益于他人的创意和努力，却没有为它付费。对大多数人来说，这似乎是错误的另一方面。然而在很多情形下，许多复制行为似乎并没有错。下面探讨其中的一些原因和区别。

复制或分发一首歌曲或计算机程序并不会减少他人使用和享受其作品。这是在知识产权和有形财产之间的根本区别，也是复制行为相比拿走别人的有形财产会在更多情况下属于符合道德的关键原因。然而，大多数在娱乐或软件等行业创造知识产权的人这样做的目的是为了赚取收入，而不是为了自己使用这些作品。如果电影院和网站可以不用付费就放映或者播出电影复制的话，那么就会很少有人或公司愿意在拍电影中投入金钱、时间、精力和创造性的努力。如果网站可以提供图书的免费下载，而不用与出版商达成协议，那么出版商可能会卖不到足够的份数以收回成本,因此他们将停止出版。知识产权的价值也包括作为产品提供给消费者以赚取金钱所体现出的价值。当人们疯狂地擅自复制知识产权时,他们的行为就减少了该作品作为所有者资产的价值,这是他人可以从版权持有人手中窃取的一种财产。这也就是为什么抄袭在很多场景下是错误的。

一般而言,复制者对复制品没有付出创造性劳动,并不研究在原作上增添、删除内容或者做其他实质性的改动,只是运用技术手段再现原作品。对于非计算机软件作品而言,大多数国家的版权法均不把增加创作内容而形成新作品的行为称为"复制"。正如根据我国《著作权法》第 10 条的规定,复制是与改编、翻译、汇编等权利并列的一项独立的权利,因此演绎作品不是复制的产物。但是对于计算机软件而言则有所不同,《计算机软件保护条例》第 24 条增设了"部分复制"的概念,规定复制或者部分复制著作权人的软件的,可以构成侵犯著作权罪。

未经授权的文件共享服务的支持者和主张宽松的知识产权复制限制的人们争辩说,允许复制(比如,在购买前试听一首歌曲或试用计算机程序)会使版权拥有者受益,因为它可以促进销量。这种用途似乎是道德的,而且事实上,由于在未经授权的拷贝中的很多"错误"都源于剥夺了拥有者从他们的作品中赚取的收益,因此合理使用原则中的第 4 条考虑了对该产品市场的影响。然而,人们要注意不要太过分,避免剥夺版权所有人的决定权。许多企业会提供免费样品和价格低廉的入门报价,以鼓励销售,但这是一个商业决定。企业的投资者和员工会担负起这种选择的风险。通常应该由一个企业决定打算如何销售其产品,而不是由想要免费样品的消费者来决定。

需要指出的是,在司法认定中,注意区分计算机软件的"复制"与"运行"两种行为。"复制"行为依据行为主体是否分离可分为两种类型:一是终端用户自行安装涉案计算机软件并运行在计算机硬盘中,这是常见的"复制"行为与"运行"行为重合的情况;二是终端用户并没有自行安装,而是由计算机硬件销售者预装,终端用户仅在其计算机硬盘中运行该计算机软件,此时,终端用户并没有复制该计算机软件,只在使用软件时产生了"临时复制"。但是,我国尚不承认在计算机内存中形成的"临时复制"构成复制行为。由于我国计算机软件著作权人并不具有"运行权",因此对于个人购买、持有和使用盗版软件的行为,在复制行为与运行行为分离的前提下,不需要承担民事责任,权利人更关注的是最终用户未经许可并且商业性使用计算机软件的行为。

由于计算机软件的性质,公司和个人很容易对具有财产权的软件进行复制。猖獗的非法复制意味着计算机软件工业的巨额财产流失。尽管软件开发商研发了一系列技术来保护其软件,但非法复制仍屡禁不止。有人将非法的软件复制比作在禁酒期饮酒,认为这是一种防不胜防的行为。无论如何,复制有财产权的软件这一行为向个人和公司提出了伦理问题。对个人来说问题较为直截了当,"我复制有财产权的软件是否属于道义上的错误?"。但对公司来讲,问题要复杂得多——当然,公司不应故意违法(比如,购买一份软件,然后复制多份在公司内部分发)。但在公司内部防止非法复制,一个公司的责任有哪些?是否有责任制定内部政策来防止员工非法复制?如果这样,为实施这些政策应付出多大努力?应该定期检查每台计算机的内存,并要求员工提供公司计算机所安装的任何软件的购置凭证吗?

哲学家海伦,尼森鲍姆(Helen Nissenbaum)认为,复制软件给朋友的人对程序员禁止制作复制的权利形成了一种反补贴的请求,即"追求慷慨美德的自由"。人们当然有追求慷慨的自由,可以通过为朋友制作或购买礼物来行使该权利。但是,人们是否拥有追求慷慨的请求权则不是很清楚,复制软件的行为是人们自己的慷慨行为,还是迫使版权拥有人做出的非自愿的慷慨行为呢? 比如发布这个视频(或一个电视节目片段)的目的是作为公共服务。如果公共服务是为了对某个重要问题表达想法或做出一些声明,那么发布它可能类似于创建一个评论或模仿。在某些情况下,这可能是拥有社会价值的合理使用。但简单地发布一个完整的节目或它的主要部分则很可能是不合理的使用。

此外,剽窃是未经允许复制或使用别人的知识成果,把它当作自己的成果。一些学生从网站、论著、书籍或杂志中复制一些段落或作一些小修改,没有标明出处,就把它们添加到论文中,当作课堂作业提交。剽窃还包括花钱购买学期论文,并把它当作自己的工作成果提交。有些小说家、纪实文学作家和记者有时会抄袭其他作者的部分或完整作品。社会公约可能会影响是否构成抄袭的判定。例如,公众和图书出版商一般都知道,代笔者帮政治家或人写书的时候,书上只会出现政治家或名人的名字,而不出现真正的作者姓名。很少有人把这种做法称为抄袭,因为这些代笔人在合同中明确同意了这种不署名的情形。

## 4.2　版权、专利、商标和商业秘密

世界贸易组织中《与贸易有关的知识产权协定》(Agreement on Trade-Related Aspects of Intellectual Property Rights,TRIPS)专门规定了"知识产权执法程序"。根据 TRIPS 协定、世界知识产权组织公约等国际公约和我国民法通则、反不正当竞争法等国内立法,知识产权保护的范围主要包括以下内容:

(1) 著作权和邻接权。

(2) 专利权。

(3) 商标权。

(4) 商业秘密权。

(5) 植物新品种权。

(6) 集成电路布图设计权。

(7) 商号权。

其中,邻接权是围绕着受著作权保护的作品而产生的,是作品的传播者依法享有的权利,我国著作权法称之为"与著作权有关的权益"。例如,出版社对著作权人交付出版的作品可通过签订合同取得独家出版的权利;演员对其表演享有许可他人现场直播并获得报酬的权利;录音录像制作者、广播电台、电视台等对其制作的录音录像制品、广播电视节目享有许可他人复制发行并获得报酬的权利。

### 4.2.1　知识产权的范围

在讨论知识产权的问题时,常常把版权、专利、商标和商业秘密作为讨论的范围。依法享有知识产权者,对该知识产权享有某些权利和义务,包括使用的权利、管理的权利、拥有的权利、排他的权利和派生收入的权利。

#### 1. 版权

版权是计算机软件产品、集成电路布图设计权和文学、艺术、科学技术等作品的原创作

者依法对其作品所享有的一种民事权利。版权是用来表述创作者因其科学、文学和艺术作品而享有的权利的一个法律用语。在一定语境下,著作权和版权是同义词。版权一词是外来语,即 copyright,中文翻译是"版权、著作权、作者权"等。1875 年,日本的启蒙思想家福泽渝吉将其翻译成"版权"传入中国,日本的法学家水野连太郎参考"作者权",将版权翻译为"著作权",1899 年取代"版权"(见《大清著作权律》)。北洋政府和国民政府在有关的法律条文中沿袭了"著作权"一词,一直沿用到现在。

在中国港、澳、台地区,著作权指作品产生的权利,即作者的权利,版权指出版者的权利。而内地的版权,在许多情况下是指作者和出版者的权利:出版权和版权不是同义词,出版权是版权的一部分,比如,出版社的专有出版权。但在《中华人民共和国著作权法》中版权和著作权是同义词(见《中华人民共和国著作权法》第 51 条)。受版权保护的作品种类有:文学作品,例如小说、诗歌、戏剧、参考作品;报纸和计算机程序;数据库;电影、音乐作品和舞蹈;艺术作品,例如油画、素描、摄影和雕塑;建筑作品;以及广告、地图和技术制图等。

【案例 4-2】 石某柱等犯侵犯著作权罪案

石某柱单独或伙同吴某、谢某将绘制或在他人作品上进行添加、题款并假冒李可染、齐白石、傅抱石等著名书画家署名的画作送交拍卖公司进行拍卖或直接出售,获得巨款。生效裁判认为,石某柱等以营利为目的,制作、出售假冒他人署名的美术作品,数额巨大,其行为均已构成侵犯著作权罪,且属情节特别严重的情形。根据本案所涉犯罪事实、犯罪性质、社会危害性、认罪态度等情节,以侵犯著作权罪,分别判处石某柱等人刑期不等有期徒刑,并判处较大数额的罚金。同时,根据本案情节,为防止石某柱等人刑罚执行完毕、假释后或缓刑考验期限内继续从事假冒他人署名书画作品的营业活动,依法对石某柱等人分别适用从业禁止或禁止令。

本案对侵犯著作权罪中的制作行为进行了界定,明晰了侵犯著作权罪中制作行为涵盖的情形,同时对法条、司法解释表述中的制作、销售行为在适用中应如何准确把握进行了阐释。根据犯罪情节,强化对侵犯著作权犯罪主刑与罚金刑及从业禁止、禁止令的准确适用,有利于打击书画市场的假冒行为,进一步净化书画市场。

**2. 版权权利**

受版权保护的作品的原创作者及其继承人享有使用或根据议定的条件许可他人使用其作品的专有权。作品的创作者可以禁止或许可以各种形式对该作品进行复制,例如印刷品或录音;对其进行公开表演,例如以戏剧或音乐作品的形式;将其加以录制,例如以光盘、磁盘或录像带的形式;通过无线电、有线或卫星的手段对其进行广播;或将其翻译成其他文种,或对其加以改编,例如将小说改编成影视剧本等。

受版权保护的许多创作性作品需要进行人量发行、传播和财政投资才能得到推广(如出版物、录音制品和电影),因此,创作者常常将其对作品享有的权利出售给最有能力推销作品的个人或公司,以获得报酬,这种报酬经常是在实际使用作品时才支付,因此被称为版税。这些经济权是有时限的,根据世界知识产权组织有关条约,该时限为创作者死后 50 年。这种时间上的限制使得创作者及其继承人能在一段合理的时期内获得经济上的收益。版权保护还包括精神权,涉及表明作品的作者身份的权利,以及反对对作品进行可能有损于创作者声誉的修改权利。

权利(即对某作品享有版权的创作者)可通过行政手段或通过法院用检查房屋以查找生

产或拥有非法制作的（"盗版的"）与受保护作品有关的物品的证据的方式来实施。权利人还可要求法院发出制止这些非法活动的命令，并可要求得到补偿其在经济报酬和得到承认方面所受损失的损害赔偿费。

与版权相关的权利领域在过去 50 年中得到了迅速的发展，这些相关权益都是围绕受版权保护的作品发展起来的，并使表演艺术者（例如演员和音乐家）对其表演、录音制品（例如磁带录制品和光盘）制作者对其录制品、广播公司对其广播和电视节目享有相似但常常更有限且期限更短的权利。当下对网络传播文学艺术作品的争议也很多。

版权及其相关权益通过予以承认和提供公平经济报酬的形式对创作者给以物质精神奖励，因而人类创造力至为重要。这种权利制度使创作者确信在传播其作品时可不再担心遭受未经许可的复制或盗版。这反过来又能使全世界有更多人享有并提高文化、知识和娱乐的乐趣。

随着技术的发展，版权及相关权领域的范畴和概念也大大拓宽了其保护范围。例如技术进步使得通过诸如卫星广播、网络传播和光盘之类的全世界通信手段，为传播创作作品提供了新的发行途径。在互联上传播作品只是提出了新的版权问题的一个最新动态而已。世界知识产权组织积极参与正在进行的关于制定计算机领域中保护版权新标准的国际讨论，世界知识产权组织管理的《世界知识产权组织版权条约》和《世界知识产权组织表演和录音制品条约》（常被统称为"因特网条约"）规定了一些国际准则，旨在防止未经许可在互联网或其他电子网络上获得和使用创造性作品的行为。

版权的取得不像专利那样需要发明者主动去申请，版权是不需要经过任何申请程序的。一件创作作品自存在起即被认为受版权保护。然而，许多国家设有国家版权局，而且一些国家和地区法律允许对作品进行注册，以用于确定和区分作品的标题等目的。

创作作品的许多所有人无法寻求实施版权的法律和行政手段，特别是由于文学、音乐和表演的权利被越来越多地在世界范围内使用。因此，成立集体管理组织或专业协会是许多国家的一种发展趋势。这些协会可以使其成员们受益于本组织在收集、管理和分配从国际上使用某成员的作品所得的版税等方面具有的行政和法律专门知识。

**3．商标和商业秘密**

商标是指商标主管机关依法授予商标所有人对其注册商标受国家法律保护的专有权，商标是用以区别商品和服务不同来源的商业性标志，由文字图形、字母、数字、三维标志、颜色组合或者上述要素的组合构成。我国商标权的获得必须履行商标注册程序，而且遵循申请在先的原则。

商业秘密是指不为公众所知悉、能为权利人带来经济利益、具有实用性并经权利人采取保密措施的技术信息和经营信息。商业秘密主要是指有关企业本身活动、技术、计划、政策、记录等非公共信息，它包括生产过程、客户名单、市场资料和研究建议等。如可口可乐公司饮品的配方就属于商业秘密，至今可口可乐公司以外无人知道可口可乐的确切配方。

根据定义，商业秘密应具备以下 4 个法律特征。

1）不为公众所知悉

商业秘密具有秘密性，是认定商业秘密最基本的要件和最主要的法律特征。商业秘密的技术信息和经营信息，在企业内部只能由参与工作的少数人知悉，这种信息不能从公开渠道获得。一旦众所周知，那就不能称为商业秘密。

2）能为权利人带来经济利益

商业秘密具有价值性，是认定商业秘密的主要要件，也是体现企业保护商业秘密的内在原因。一项商业秘密如果不能给企业带来经济价值，也就失去了保护的意义。

3）具有实用性

商业秘密区别于理论成果，具有现实的或潜在的使用价值。商业秘密在其权利人手里能应用，被人窃取后别人也能应用。这是认定侵犯商业秘密违法行为的一个重要要件。

4）采取了保密措施

这是认定商业秘密最重要的要件。权利人对其所拥有的商业秘密应采取相应合理的保密措施，使其他人不能得到。如果权利人对拥有的商业秘密没有采取保密措施，任何人几乎随意可以得到，那么就无法认定是权利人的商业秘密。

综上所述，知识产权具有如下特征：

- 知识产权的客体是不具有物质形态的智力成果。
- 专有性，即知识产权的权利主体依法享有独占使用智力成果的权利，他人不得侵犯。
- 地域性，即知识产权只在产生的特定国家或地区的地域范围内有效。
- 时间性，即依法产生的知识产权一般只在法律规定的期限内有效。在保护期届满后即进入公有领域，成为任何人都能够自由利用的公共产品。

知识产权有效期的限制对于平衡知识产权人的利益与围绕知识产品产生的公共利益、保留公有领域具有重要意义。我国《商标法》规定，注册商标的有效期自核准注册之日起计算为 10 年。著作权限制为作者有生之年加 50 年。商业秘密的保护是一个例外，对商业秘密的法律保护没有明确的保护期。但商业秘密一旦泄漏，就自然中止保护期。

**4．专利**

专利的英文 Patent 的意思是"独享的权利、特权、专利、专利权"。国内之所以把它翻译成专利是因为它还有"专门的利益"之意。专利是专利法中最基本的概念。人们对它的认识一般有 3 种含义：一是指专利权；二是指受到专利权保护的发明创造；三是指专利文献。例如，我有 3 项专利，就是指有 3 项专利权。这项产品包括 3 项专利，就是指这项产品使用了 3 项受到专利权保护的发明创造（专利技术或外观设计）。我要去查专利，就是指去查阅专利文献。而专利法中所说的专利主要是指专利权。

专利保护发明的方式是给予发明者在指定时间段内的垄断地位。专利与版权的区别在于，它保护的是发明，而不只是一个特定的表现形式。如果一个发明或方法是显而易见的，或者如果它在专利申请提交之前就有人使用过，那么它是不能被授权专利的。专利权就是由国家知识产权主管机关依据专利法授予申请人的一种实施其发明创造的专有权。一项发明创造完成以后，往往会产生各种复杂的社会关系，其中最主要的就是发明创造应当归谁所有、权利的范围以及如何利用等问题。没有受到专利保护的发明创造难以解决这些问题，其内容泄漏后任何人都可以利用这项发明创造。发明创造被授予专利权以后，专利法保护专利权不受侵犯，任何人要使用专利，除法律另有规定的以外，必须得到专利权人的许可，并按双方协议支付使用费，否则就是侵权。专利权人有权要求侵权者停止侵权行为，专利权人因专利权受到侵犯而在经济上受到损失的，还可以要求侵权者赔偿。如果对方拒绝这些要求，专利权人有权请求管理专利工作的部门处理或向人民法院起诉。

专利权作为一种知识产权，它与有形财产权不同，具有时间性和地域性限制。专利权只在一定期限内有效,期限届满后专利权就不再存在,它所保护的发明创造就成为全社会的共同财富,任何人都可以自由利用。专利权的有效期是由专利法规定的。专利权的地域性限制是指一个国家授予的专利权,只在授予国的法律有效管辖范围内有效,对其他国家没有任何法律约束力。每个国家所授予的专利权,其效力是互相独立的。

专利权并不是伴随发明创造的完成而自动产生的,需要申请人按照专利法规定的程序和手续向国家知识产权管理机构提出申请,经审查,认为符合专利法规定的申请才能授予专利权。如果申请人不提出申请,无论发明创造如何重要,如何有经济效益都不能授予专利权。

专利在国际上通常指发明专利。我国专利法除发明专利以外,还规定有实用新型和外观设计专利,并规定发明专利批准以后有效期为从申请日起 20 年之内,实用新型和外观设计专利的有效期为从申请日起 10 年内。

所以,"专利权与专利保护"是指一项发明创造向国家专利管理机构提出专利申请,经依法审查合格后,向专利申请人授予的在规定时间内对该项发明创造享有的专有权。发明创造被授予专利权后,专利权人对该项发明创造拥有独占权,任何单位和个人未经专利权人许可,都不得使用其专利,即不得为生产经营目的制造、使用、许诺销售、销售和进口其专利产品。未经专利权人许可,使用其专利即侵犯其专利权,引起纠纷的,由当事人协商解决;不愿协商或者协商不成功的,专利权人或利害关系人可以向人民法院起诉,也可以请求管理专利的部门处理。专利保护采取司法和行政执法"两条途径、平行运作、司法保障"的保护模式。

1) 专利许可

有些公司积累了数千项技术专利,其中大部分或全部专利都是从个人或其他公司手中购买来的,但是他们自己不生产任何产品,他们把专利授权给他人,并收取费用。如果发现有人未经授权使用了他们所购买的专利,他们就会对其发起诉讼。某公司拥有约 30 000 项专利,并且已经收取了接近 20 亿元的专利许可费。对这种现象持批评态度的专家把这种专利许可公司的存在看作专利制度的一个严重的缺陷。但是,如果他们的专利获取途径是正当合法的,那么这种商业模式也具有其合理性。推销专利和谈判专利许可合同,是向不具备这些技能而且也不愿意这样去做的发明者所提供的服务。某些个人、公司或大学可能更擅长于发明新技术并申请专利,而不是把这些技术转化为成功的企业产品,也不知道如何找到其他人来对专利进行转化。在一个高度专门化的经济体中,这些专门购买和许可专利的企业的存在本身并不是负面行为。在其他场景下,也存在很多类似的服务。例如,一些农民会在农作物收获之前很久就提前出售他们的作物,从而可以避免自己承担市场波动的风险。

然而,有的企业买断成千上万个专利的主要目的就是提起专利侵权诉讼。批评者把这些公司称为专利钓饵(patent troll)。简单来说,专利钓饵就是"把滥用专利当作一种商业战略"的公司或组织。他们发起诉讼的目的是获取金额巨大的裁决费或和解金,给受害者造成高额法律开销,并且通过威胁或阻止创新者来造成高昂的社会成本。

大量与软件相关的专利导致了另一个特殊现象:大公司购买专利作为防御性武器。当无线设备制造商北电网络公司(Nortel)倒闭的时候,谷歌、苹果、微软和其他几家公司组成了一个财团,支付了数十亿美元购买该公司的数千项无线和智能手机专利。这个财团之所以购买所有这些专利,不是因为他们在开发的产品中需要这些专利。他们之所以购买这些专利,是为了在其他公司起诉他们专利侵权时,他们也可以反诉其他公司专利侵权。谷歌明确表示,它出价竞购北电网络的专利,目的是"使别人不会随意控告谷歌",从而保护在Android和其他项目上的持续创新。

2)专利争议

在数字化时代之前,发明主要是物理设备和机器。但是,在计算和通信技术领域的数量惊人的创新发展中,一大部分包含在软件中实现的技术。这些发明为所有人带来巨大的价值,虽然人们现在对于其中许多技术都习以为常,但它们是真正的创新。支持基于软件的发明和特定的商业方法可以申请专利的主要论点,与支持一般性的专利和版权的观点是相似的。通过保护创造性作品的权利,专利有助于从道德和公平的角度对这些人给予奖励,并鼓励他们公开自己的发明细节,让其他人可以在这些发明之上继续努力。出于鼓励在开发创新系统和技术中大量投资的目的,专利保护也很有必要。

企业通常会为使用知识产权而支付特许权使用费和许可费。这是一种经营成本,就像支付电费和原材料费用等一样。软件相关的专利也可以融入这个人们已经广为接受的环境。版权涵盖了一些软件,但并不足以覆盖软件的所有。软件是一个广泛而多样的领域,它可以类比成写作或发明。另一方面,在1979年推出的第一个电子表格程序VisiCalc则是一个了不起的创新,对于人们进行业务规划的方式以及计算机软件和硬件的销售都产生了巨大的影响。同样,第一个超文本系统、第一个点对点系统以及让智能手机如此有用的许多创新都拥有更像是新发明的许多特性,专利可能更适用于这样的创新。

软件专利的批评者包括那些在原则上彻底反对软件专利的人,以及认为对当前制度所产生的效果很不满意的人。他们都认为软件专利是在扼杀创新,而不是鼓励创新。现在有如此多的软件专利,以至于软件开发人员很难知道他们的软件是否侵犯了专利。许多软件开发商独立想出了相同的技术,但是如果别人已经申请了相关专利,那么专利法就不允许他们使用自己的发明。雇佣律师研究专利的成本,加上可能被起诉的风险,阻止了许多小公司自主开发和销售创新产品的尝试。由于诉讼的普遍存在,而且诉讼的结果无法预料,导致企业不能理智地估计新产品和服务的成本。正如在前面提到过的,即使是大公司,也不得不想办法聚敛大量专利作为防御性武器,应对无法避免的诉讼。

如果法院支持关于常见的软件技术、电子商务和智能手机功能等专利,那么这些产品的价格就会上涨,而且人们将会看到更多的不兼容设备和不一致的用户界面。人们很难确定什么是真正的原始创新,也很难把一个可授予专利的创新和基于某个抽象概念、数学公式或自然事实的创新区分开来。正因为存在这么多有争议性的软件和商业方法专利,这个事实给了人们反对授予这些专利的理由。

关于软件专利的一些问题,其实也是关于专利的一般性问题。但这并不意味着人们应该彻底放弃专利,大多数事情都是优点和缺点并存的,关于实体发明专利的诉讼也很常见。对于复杂的领域,有时需要许多年才能制定出合理的原则。软件专利持有人起诉他人自主开发相同的技术,但所有的专利都允许这样的诉讼。这是专利所具有的一个不公平的方面它对于软件相关的发明带来的伤害比其他发明更多吗?

在过去的几十年里,一直存在大量的创新,这一点是显而易见的。从相同的事实和趋势来看,一些人认为软件专利是这种创新的关键,而其他人则把它们看作是威胁虽然专利制度存在一些大的缺陷,但它可能是在几百年的创新进程中作出巨大贡献的一个重要因素。法律学者和软件行业评论员强调，人们需要明确的规则，使企业能够更专注地做好自己的工作，而不会因为不断变化的标准和不可预见的诉讼而受到威胁。因此，对软件创新授权专利的想法，是否从根本上就是有缺陷的？还是说人们还没有制定出合理的标准？如果是后者，那么人们应当在制定出更好的标准之前停止授予此类专利，还是应该继续授予软件专利呢？几位法官曾经指出，虽然特定的专利标准对于工业时代是有用的，但是信息时代和新技术需要一个新的方法。到目前为止，人们还没有找到好的新方法，高达数十亿美元的市场以及未来的技术发展进步，都取决于这些争议如何得到圆满解决。

### 4.2.2　国内外有关知识产权立法及保护特点

国际上对于知识产权的保护主要是通过法律手段实施。由于历史文化、地域习俗和价值观等方面的差异，各个国家对保护知识产权的立法也有所不同。从国际范围看，知识产权保护的情况与该国的科技发展有着直接的关系。我国加入世界贸易组织后，中国在世界舞台上的影响力越来越大，知识产权也就成为我国对外经贸摩擦的主要问题之一。

美国专利界有句名言："凡是太阳底下的新东西都可以申请专利。"经过二百多年的发展，美国已在全球范围内形成了对维护本国利益极为有效的知识产权保护体系。其发展经历了3个阶段：①1776年建国之初到20世纪30年代，对专利的过度关注导致垄断；②20世纪30年代至20世纪80年代，反垄断排挤知识产权保护；③20世纪80年代至今，IT引领的知识产权全球受到保护。

1787年，美国在宪法第一条第八款里就规定了版权和专利权。1790年颁布第一部《专利法》，1802年成立直属联邦政府的专利与商标局。迄今，美国已经基本建立起一套完整的知识产权法律体系，主要包括：《专利法》《商标法》《版权法》和《反不正当竞争法》。

在知识产权体系三大支柱之一的专利管理政策方面，旨在界定国家投资所产生的科技成果的知识产权归属和权益分配政策的《贝多尔法案》（Bayh-Dole Act，1980），成为美国知识产权保护政策最重要的里程碑。

在知识产权保护方式方面，美国主要采取司法保护措施。美国在保护其海外的知识产权的途径是通过外交政策实现的。早在20世纪70年代，美国就制定了相关法律，其中最著名的就是"特殊301"条款。该条款规定，美国贸易谈判代表要呈送一份年度报告，列出拒绝有效保护美国知识产权的国家，同时列出其中的重点国家清单。在确定重点国家清单后的30天内，美国贸易代表开始对这些国家的知识产权保护情况进行调查，在半年内作出是否采取报复性措施的决定，即可能实施进口限额、增加进口关税，或取消贸易最惠国待遇。

1992年，法国率先颁布了《知识产权法典》，从此知识产权法成为与《民法典》并行的另一部基础性法典。法国制定《知识产权法典》的目的是"使知识产权的规范平起平坐地与《法国民法典》相独立而成为另一部法典"。该法典所规范的权利包括文学和艺术产权及工业产权。文学艺术产权包括著作权、著作权之邻接权、数据库制作者权。工业产权包括工业品外观设计权、发明及技术知识权（发明专利权、制造秘密权、半导体制品权、植物新品种权）以及制造、商业及服务商标和其他显著性标记权。法国《知识产权法典》的颁布得到了学者们的高度评价。总结其优点：一是较好地处理了知识产权内部各部门立法之间的关系，体系合理，系统性好；二是较好地处理了知识产权法中的特别规范与一般民事规范之间的关系；三是较好地解决了民法的稳定性与知识产权易变性之间的矛盾。

印度的知识产权保护别有特色。它以立法作保障,司法、行政和民间三方积极互动、紧密配合,构建起了独特的知识产权保护体系。不断更新与完善法律,使之与国际条约接轨,成为印度实现知识产权保护的主要特点。

作为知识产权政策重要的基本组成部分,印度知识产权法律体系包括版权法、商标法、专利法、设计法、地理标识法等,这些法律奠定了印度知识产权政策的基石。

英国是专利制度的发源地。英国1623年颁布的《垄断权条例》,以及1709年制定的《安娜女王法令》,为英国奠定了世界知识产权保护体系中的先驱地位。此后,在知识产权保护方面,英国持续致力于在维护知识垄断性和促进知识流动性之间寻求平衡并不断完善法规。

《垄断权条例》作为世界上首部正式且完备的专利法,确立了专利制度的核心原则,并体现了知识产权在某种程度上等同于垄断权的理念。另一方面,《安娜女王法令》作为世界上首部版权法,明确了著作权的归属,以及在特定时间内保护出版作品的规则,这些规定至今仍然是版权法的基石。

英国专利局,作为知识产权的核心管理机构,其专利授予及注册功能在全球范围内享有崇高的声誉,尤其在商标领域被公认为业界翘楚。近年来,英国政府致力于不断完善和发展其知识产权体系,以激发创新活力,促进技术转移与商业化应用。

中国的知识产权保护法律法规建设虽然起步较晚,但自1984年3月12日第六届全国人民代表大会常务委员会第四次会议通过《中华人民共和国专利法》以来,已经取得了显著进展。1982年8月23日,中华人民共和国《商标法》获得通过;1990年9月7日,第七届全国人民代表大会常务委员会第十五次会议又通过了《著作权法》。这些法律的实施标志着我国在知识产权保护方面的法律法规建设取得了长足的进步,且目前正致力于与国际接轨。

中国通过借鉴国外知识产权保护制度的优势,不断推进本国知识产权保护事业的发展。例如,美国发明专利申请授权流程迅速,通常在授权后才公布专利细节。相比之下,我国专利审批周期较长,给申请人带来不便,同时不利于授权前对技术秘密的保护。这是因为我国专利制度规定,在授权前必须经过公布程序,可能导致技术秘密在授权前就被公开。若最终未能获得专利权,该技术秘密因已公开而失去新颖性,无法得到有效保护,易遭受他人仿制。此外,美国在专利法中将医学治疗方法纳入可申请专利的范围,从而扩大了专利权的保护范畴,这一做法也值得我国参考和借鉴。

**【案例4-3】** "铁-钙分析仪"专利侵权

某地质研究院研究员樊某发明了一种探测仪器"铁-钙分析仪",并获得了国家专利局放予的专利权。其后,樊某与江苏某仪表仪器厂签订了专利实施的许可合同。半年后,樊某发现某省教学仪器公司买进的150台铁-钙分析仪与自己的发明专利完全相同,但不是上述被许可企业生产的。经调查,这批仪器的制造者是南京某教学仪器厂,该厂是仿照从市场上买到的江苏某教学仪器厂的产品生产的。同时,樊某还发现某大学实验室也仿制了几台铁-钙分析仪在科研中使用,问:

(1)谁侵犯了樊某的专利权?为什么?

(2)樊某可通过什么途径请求保护自己的专利权?

在本案中,南京某教学仪器厂侵犯了樊某的专利权。根据专利法的规定,专利权人对其发明创造享有独占权,未经专利权人同意,以生产经营为目的实施其专利就属于侵权行为。

南京某教学仪器厂未经樊某许可，擅自生产、销售其专利产品，所以构成专利侵权。

在本案中，某大学的行为不视为侵权。因为专利法规定，专为科学研究和实验而使用有关专利的，不构成侵权。樊某可以请求有关专利机关处理。有关专利管理机关接到请求后，经调查发现侵权行为属实，有权责令侵权人停止其侵权行为，并赔偿樊某的损失。樊某也可以直接向省、自治区、直辖市、经济特区政府所在地中级人民法院起诉。人民法院将依法保护樊某的合法权益。

## 4.3　软件盗版问题与开放源代码运动

软件盗版被视为对科技成果的专有性的一种制度化和体制化的挑战，而"开放科学"运动利用知识产权制度，实施与专有软件不同的许可证制度，并在软件开发与应用领域取得了一些成功，这种模式被称为"开放源代码软件"模式。本节对软件盗版问题和开放源代码运动进行探讨。

### 4.3.1　软件盗版

软件盗版是指未经授权复制或散布受版权保护的软件，这包括在个人计算机或小型计算机上复制、下载、共享、销售或安装多份受版权保护的软件。许多人并未充分意识到，在购买软件时，他们实际上购买的是软件的使用许可权，而非软件本身的所有权。这种许可权明确规定了软件可以安装的次数，因此，用户必须严格遵守这些规定。如果软件的安装次数超过了许可的范围，那么这种行为即被视为软件盗版。

购买软件时，用户并未成为软件的版权所有者，而是在软件版权所有者（通常是软件发布者）所设定的一些特定限制下，获得了软件的有限度使用权。这些详细的条款会在软件附带的文件中，即授权协议中明确列出。每个用户都必须了解和遵守这些条款，不能随意复制软件给朋友或同事使用。相反，他们应被鼓励购买正版软件或选择使用开源软件。否则，他们可能会违反版权法。

在中国，这种对软件版权的尊重可能尚未深入人心，但随着国际化的推进，中国必须遵循国际惯例，严格遵守知识产权法，尊重人才和知识创新。只有这样，中国才能无愧于文明古国的称号，也才能在国际社会中获得应有的地位和尊重。

开发商用软件的过程涉及多个关键步骤。首先，必须进行深入的市场调研，明确用户需求，并将其细化为具体的功能模块。随后，不同的工作小组会分别负责这些模块的开发与实施。在此过程中，保持与用户及各工作小组间的有效沟通与合作至关重要。完成各模块的开发后，需进行集成、调试和修改，以确保软件的顺畅运行。接着，通过反复的软件测试、试运行及完善，确保软件质量达到交付标准。一旦软件交付用户，开发者即享有相应的软件著作权。

任何形式的非法复制或购买低价盗版软件，不仅是对付出辛勤劳动的软件工程师的极大不尊重，更等同于盗窃他人财产，是极其不道德且违法的行为。这种行为将受到道德良心的谴责，同时也将面临知识产权法等法律的严厉制裁。

全球范围内，软件盗版问题已成为知识产权保护领域的一个重要议题。通过分析硬件销售数据，可以对软件盗版规模进行大致估算。以泰国为例，根据计算机产业协会在 20 世纪 90 年代初的调查,1992 年,该国个人计算机硬件的销售额达到了 2.84 亿美元,而软件销售额仅为 980 万美元。鉴于计算机必须依赖软件才能发挥其功能,这一数据显然暗示了大量计算机并未使用正版软件。

为在全球范围内解决软件盗版问题并"促进一个安全合法的数字世界",美国商业软件联团(Business Software Alliance, BSA)于 1988 年成立。作为一个有影响力的公共政策组织,BSA 致力于通过教育计算机用户关注软件版权和计算机安全,以促进软件产业和电子商务的发展,并鼓励创新和拓展贸易机会。其会员包括苹果、戴尔、微软、惠普、思科、IBM (International Business Machines Corporation)、英特尔、Adobe 等世界知名的信息产业公司。自成立以来,BSA 在教育和维护软件正版权益方面做出了大量努力,其专门的盗版举报网站 www.nopirac.com 也发挥了重要作用。

据举报统计,美国使用软件盗版中最多的 10 个行业是:

(1) 制造业。

(2) 销售/分配业。

(3) 服务业。

(4) 金融服务业。

(5) 软件开发业。

(6) 计算机咨询业。

(7) 医疗业。

(8) 工程业。

(9) 学校/教育业。

(10) 咨询业。

公众应知晓,使用盗版软件属于违法行为,且伴随着高风险。由于盗版软件是非法复制的,其复制过程可能不完整,导致缺失版权软件的部分信息。此外,盗版软件通常无法提供与正版软件相同的全面服务,如完整的操作文档、及时的升级、更新版本和漏洞补丁等必要的售后服务。因此,使用盗版软件的用户将面临更高的金融、法律和信息安全风险,这些风险还可能波及他们的客户和普通大众。

中国软件联盟(China Software Alliance,CSA)是知识产权保护分会在中国软件行业协会下的简称,成立于 1995 年 3 月 21 日,原隶属于国家信息产业部。其宗旨在于推进我国软件知识产权的法律保护,打击盗版、仿冒、非法拷贝等侵权行为,以净化软件市场,维护软件权利人的合法权益,进而促进软件产业的健康发展。联盟的主要成员单位包括中国计算机与技术服务总公司、北大方正集团、联想集团、四通集团、北京希望计算机公司、用友软件集团、四通利方公司、北京连邦软件公司、微软(中国)有限公司、北京深思洛克数据保护中心、北京江民新技术有限责任公司、北京金益康新技术有限公司、北京金山公司、北京彩虹天地IT 有限公司等 18 家国内知名的软件企业。此外,CSA 在全国四十多个大中城市设立了软件知识产权保护授权市场观察站,这些观察站作为联盟在各地的派驻机构,与各地的版权管理等执法部门紧密合作,为知识产权保护工作做出了显著贡献,并在过去的十几年中,为公众宣传和教育软件知识产权知识做出了杰出努力。

在打击盗版的过程中,许多购买和使用盗版软件的用户往往缺乏责任意识,常误认为只有盗版软件的生产者和销售者才应承担责任。然而,从法律角度出发,最终用户若构成侵权行为,同样需要依法承担相应的赔偿责任。

**【案例 4-4】** 侵犯计算机软件著作权案

2020 年 1 月至 6 月,胡某某、薛某某、何某某等 3 人推广和运营三款游戏,通过第三方支付平台接受玩家充值款共计 176 万元人民币。经司法鉴定,这三款游戏与著作权人广州唯思软件股份有限公司的三款游戏在文案文字、目录源文件等多个方面存在相同或实质性相似性。2020 年 6 月,广州市黄埔区公安分局抓获胡某某、薛某某、何某某等 3 名犯罪嫌疑人,经法院审判,3 人分别判处有期徒刑三年,并各处罚金 90 万元人民币。

本案涉及计算机游戏软件,侵权数量大、犯罪隐蔽性强、调查取证难,版权执法部门、公安部门、检察院组成专案组,共同参与案件查办工作。该案成功侦办,是广州市严厉打击侵权盗版违法犯罪行为,推动“行政执法、刑事司法”无缝衔接,提高版权执法效能的典型案例。

## 4.3.2　开放源代码运动

在全球知识产权保护的大背景下,开放源代码运动逐渐崭露头角,其核心理念在于自由、开放、共享与合作。传统的软件保护模式依赖于版权专有(copyright)与专有软件许可证(Proprietary of Software License),而开放源代码运动的领军人物理查德·斯托曼(Richard Stallman)则提出了版权开放(copyleft)与通用公共许可证(General Public License)的概念,旨在维护软件的自由属性。这一运动尊重知识产权,并构建了与专有软件不同的许可证制度,从而促进了软件的开发、应用、完善与共享。

开放源代码运动的代表人物之一,Linux 操作系统的创始人李纳斯·托瓦兹(Linus Torvalds),便是这一理念的坚定实践者。他在 1991 年 8 月发布了 Linux 操作系统,并将其源代码公开发布在芬兰的 FTP 服务器上,从而催生了第一个开源操作系统——Linux。在他们的引领下,国际社会涌现出众多民间组织,如“自由软件联盟”“自由软件社区”以及开源联盟和开源社区等,其中包括 OpenOffice.org、SourceForge 和 GNU(GNU's Not UNIX)等知名项目。

GNU 计划由理查德·斯托曼于 1983 年发起,旨在创造一个完全自由的操作系统。他在 net.unix-wizards 新闻组上宣布了这项计划,并附带了一份《GNU 宣言》,详细阐述了该计划的愿景,其中便包括“重现当年软件界合作互助的团结精神”。

2022 年,首届中国开源大会(CCF ChinaOSC)在陕西省西安高新国际会议中心召开,主题为“开源创新,引领未来”。大会深入探讨了开源软件的发展及其对中国的贡献,同时讨论了如何通过开源促进软件业的生态友好,并在节能、环保、高效等方面发挥更大作用。作为数字化转型的核心,软件的发展离不开开源。开源已经成为经济社会变革的重要推动力量,为我国发展数字经济、培育新兴产业生态、助力新一代信息技术和产业发展、促进社会数字化转型与建设科技强国做出了巨大贡献。因此,首届 CCF 开源大会的召开对我国开源生态的发展具有重要意义,中国计算机学会也有责任推动中国乃至国际开源事业的发展。

近年来,开源软件在全球范围内取得了显著进步,基于开源技术的软件产品和服务逐渐展现出其成熟度和稳定性。我国亦在积极推动开源软件的使用与推广,以促进技术创新和产业发展。例如,恩信科技(http://www.nseer.com/)作为我国的一家开源软件公司,通过其不懈的努力和贡献,在开源社区中赢得了广泛认可。此外,中国自由软件联盟、LUPA(Leadership Of Open Source University Promotion Alliance,开源高校推进联盟)(http://

www.lupaworld.com/)等开源社区也在我国蓬勃发展,为开源软件的发展和应用提供了有力支持。

开源软件不仅展示了信息时代精英们的伦理精神和生活目标,也代表了一种全新的生活方式。例如,网络免费开放、人人可编辑的自由百科全书,如"百度百科"为人们提供了便捷的学习交流平台。同时,以美国麻省理工学院为代表的一批世界著名高校,通过将其所有教学资源免费放置在网上,供全球用户学习使用,进一步体现了开源精神。他们的"开放式课程网页"(http://www.myoops.org/cocw/mit/index.html)是这一精神的典型代表。这种开放知识、与他人分享和合作的信息时代伦理精神,不仅值得人们深入思考其文化内涵,而且对社会风尚产生了深远影响。

### 4.3.3 自由软件

个人能够通过网络发布信息并创建实用的网站,与此同时,许多互不相识的志愿者组织能够协作完成共同的项目。专家分享他们的知识和作品,形成了分散性的有价值信息"产品",这在商业领域中往往缺乏集中的"管理"。这种生产模式的激励机制与利润和市场价格无关,有时被称为对等生产(peer production),其历史可追溯至20世纪70年代兴起的自由软件运动(free software movement)。

自由软件(free software)不仅仅是一种软件分类,更是一种理念和职业道德,得到了众多计算机程序员的广泛支持和倡导。它允许并鼓励用户复制、使用和修改软件,其中"free"一词指的是自由(freedom),并不总是指没有成本,但往往是不收取费用的。自由软件的倡导者主张软件应可无限复制,并且其源代码应免费向公众提供。将源代码公开或分发的软件被称作开源软件(open source),开源运动与自由软件运动有着紧密的联系。相对而言,商业软件通常被归类为专有软件(proprietary software),其销售的主要产品是目标代码,即计算机可执行的代码,但对人类而言难以理解。

理查德·斯托曼(Richard Stallman)是自由软件运动的奠基人和知名倡导者。他于20世纪70年代发起了GNU项目,最初包括一个类UNIX操作系统、复杂的文本编辑器,以及多个编译器和工具。如今,GNU已经拥有数千个免费公开的程序,这些程序在计算机专业人员和熟练的业余程序员中广受欢迎。此外,还有数十万的软件包作为自由软件可供使用,涵盖了音频和视频操作、游戏、教育软件,以及各种科学和商业应用。

由于自由软件提供源代码,与传统专有软件相比,它具备诸多优势。任何程序员都可以查找并快速修复其中的bug,对程序进行裁剪和改进,以满足特定用户的需求。此外,他们还可以利用现有程序创造新的、更优秀的程序。斯托曼将软件比作菜谱,意味着用户可以自由地在其中增加或减少成分,而无需向菜谱的发明者支付任何费用。

在当前法律框架内,为确保自由软件的开放性和共享性,GNU项目引入了对称版权的概念。对称版权规定,开发者持有程序的版权,并在发布协议中允许他人使用、修改和分发该程序,或基于此开发新程序。然而,任何使用对称版权的程序开发的新作品,也必须遵循相同的协议。这意味着,一旦基于对称版权的程序被用于开发新程序,新的作品不能添加任何限制其使用或自由分发的条款。GNU通用公共许可证是广泛应用的对称版权实现方式之一。此外,法院也支持对称版权原则,曾有联邦法院裁定,开源软件的发布者有权起诉违反开源许可协议、将软件用于商业产品的行为,并申请禁制令。

　　长期以来，精通技术的程序员和爱好者构成了自由软件的主要用户群体，而商业软件公司对此持有敌意。然而，随着 Linux 操作系统的崛起，这一观念逐渐转变。Linus Torvalds 作为 Linux 内核的原始开发者，将其免费发布于互联网，并通过全球的自由软件爱好者网络进行持续改进。初期，Linux 因其复杂性和不适应性被视为不适合消费类或企业产品的"邪教软件"。然而，随着时间的推移，一些小公司开始销售 Linux 的不同版本，最终，主流计算机公司如 IBM、甲骨文、惠普和 Silicon Graphics 均开始采纳、支持并销售 Linux。其他广受欢迎的自由软件实例包括 Mozilla 开发的火狐浏览器（Firefox）和广泛使用的网站服务器软件 Apache。值得注意的是，谷歌的移动操作系统 Android 也是基于 Linux 开发的，其中融入了大量的自由和开源软件成分。

　　各大公司开始认识到开源的优势，并采取相应策略。一些公司甚至公开了自己的产品源代码，允许在非商业应用中免费使用。例如，太阳微系统公司根据 GPL 发布了 Java 编程语言的许可证，而谷歌、亚马逊等其他公司也公开了各自的人工智能翻译软件代码。这些公司在采纳自由软件运动的理念后，期望通过公开源代码来增强程序员对软件的信任度。IBM 等公司更是向开源社区捐赠了数百个专利，进一步推动了自由软件的发展。自由软件逐渐崭露头角，成为微软等传统软件巨头的有力竞争者，也因此被一些批评微软产品及其影响的人士视为对社会有益的推动力量。一些国家的政府也开始鼓励政府办公室从微软 Office 转向基于 Linux 的办公软件，以规避微软产品的许可证费用。

　　然而，自由软件模型也存在一些固有的弱点。首先，对于普通消费者而言，许多自由软件在易用性方面仍有待提高。其次，由于自由软件允许任何人进行修改，导致存在多个版本而缺乏统一的标准，这对非技术性的消费者和企业而言可能构成挑战，引发混乱。此外，许多企业更倾向于与特定的供应商合作，以便提出改进和请求帮助，他们对自由软件运动的松散结构表示担忧。不过，随着越来越多的企业学会如何适应这种新的模式，这些弱点中的一部分将逐渐得到缓解。同时，已有不少新的企业、组织和协作社区涌现出来，专门支持和改进自由软件，如为 Linux 提供支持的 Red Hat 和 Ubuntu 等。

　　自由软件和开源精神的影响已经延伸到了其他形式的创造性作品领域。以伯克利艺术博物馆为例，该机构在网上提供了数字艺术作品及其源文件，并允许公众下载和修改这些作品，从而体现了自由创作的理念。

　　在自由软件运动中，有些人主张废除版权对软件的保护，提倡所有软件均应以开源和免费的形式存在。因此，关键议题并非"自由软件是否值得提倡"，而是"自由软件是否应成为唯一选择"。在探讨此问题时，需明确讨论的上下文。这是从程序员或企业决定软件发布方式的视角出发，还是基于对社会利益的个人观点？又或者，是否倡导改变法律框架，以废除软件版权和专有软件？本文将聚焦于最后两个问题：若所有软件均为自由软件，其潜在影响如何？以及，是否应修改法律来强制实行这一模式？

　　自由软件的重要性与价值无可否认，然而，其是否能够产生足够的激励，以创造出如今大量可用的消费类软件，这是一个值得探讨的问题。对于自由软件开发者的报酬支付机制，是一个核心议题。程序员们自愿贡献他们的工作，往往是因为他们深信分享的道德价值，以及对于编程本身的热爱。斯托曼认为，许多杰出的程序员可能会像艺术家一样，为了支持自己的创作而接受相对较低的薪资。自由软件项目的运作往往依赖于捐款，这些捐款有时来自计算机制造商。斯托曼还建议政府向大学提供资助，作为支持软件开发的另一种途径。

然而,这些资助方法是否充足?大多数程序员的工作动机包括经济收益,即便他们在业余时间编写自由软件也是如此。那么,他们能否仅靠自由软件维持生计?企业是否能够通过提供额外服务收取费用,以获得足够的收入来支持所有的软件开发活动?自由软件是否能够支撑起销量达到数百万份的各种消费类软件?开发人员还可以探索哪些其他的资助途径?这些问题都值得我们进一步研究和探讨。

一位自由软件的倡导者将其比作由听众支持的电台和电视台。尽管这一比喻在描绘自由软件时具有启发性,但它并不足以证明应废除专有软件。事实上,在多数社区中,除了听众支持的电台外,还存在大量的专有电台。斯托曼从道德角度对专有软件提出了质疑,尤其是当它们禁止用户在未经软件发行商许可的情况下复制或修改程序时。他认为,复制程序并不剥夺程序员或其他任何人对该程序的使用权。斯托曼还指出,根据美国宪法的规定,版权的初衷是促进艺术和科学的进步,而非补偿作家。

对于坚决反对版权和专有软件的人士,对等版权的概念和GNU通用公共许可为他们提供了一个在法律框架内保护自由软件自由的机制。同时,对于那些认为自由软件和专有软件都扮演重要角色的人来说,这些机制也为两种模式的共存提供了可能。

# 4.4 版权侵犯措施

版权侵犯指的是未经作者或其他版权持有者明确许可,擅自使用其受版权保护的作品的行为。常见的版权侵犯行为包括但不限于:将他人创作的作品,无论全部或部分,原样或经过修改,以自己的名义发表;未经创作集体或其他合作者的同意,将集体创作或与他人合作的作品以自己的名义发表。值得注意的是,由于版权法律的地域性特征,在某些不承认外国作品版权的国家,使用外国受版权保护的作品并不构成版权侵犯。对于版权侵犯行为,一般被视为民事侵权行为,需要承担相应的民事法律责任。此外,许多国家对严重的版权侵犯行为还规定了刑事法律责任。

## 4.4.1 内容产业的防守和积极响应

娱乐和软件行业采取了多种策略以防止其产品未经授权的使用。这些策略包括利用技术手段检测并阻止复制行为,加强版权法和知识产权的教育宣传,采取法律诉讼手段,以及游说政府限制或禁止促进版权侵犯的技术。此外,这些行业还通过创新商业模式,以更便捷的方式向公众提供数字内容。尽管这些行动在情理之中,但内容产业有时可能采取不恰当的措施或滥用其权利,从而超出了版权法的初衷。

### 1. 利用技术手段来挫败侵权

在早期,存在多种用于保护软件的技术手段,这些技术取得了不同程度的成功。例如,一些软盘上的软件包含"复制保护"机制,旨在防止未经授权的复制。此外,软件公司还在免费试用版软件中设置了到期日期,限制软件在特定日期后的使用。针对高价值的图形或商业软件,一些公司采用了硬件加密狗(dongle)的方式,要求用户插入特定装置才能运行软件,从而确保软件在同一时间只能在一台机器上运行。另外,有些软件需要用户激活或注册特定的序列号才能使用。然而,这些技术大部分都被"破解",即程序员发现了绕过这些保护机制的方法。由于消费者对这些保护机制造成的不便感到不满,许多公司在较便宜的软件应用中放弃了这些技术。目前,大多数现代软件通过与软件公司在线通信的方式,验证软件是否已获得许可,以此作为保护软件的主要手段。

一些音乐公司采取了巧妙的策略来遏制未经授权的文件共享行为,即在文件共享网站上故意发布大量损坏的音乐文件。这些所谓的"诱饵"文件可能无法正常下载,或者在播放时充满噪声。这种策略背后的理念是,当用户发现下载的歌曲中有大量无法正常播放的文件时,他们可能会感到沮丧,进而减少或停止使用文件共享网站。类似地,电影公司也运用这一战术,通过互联网散布大量虚假的新电影副本,以期达到减少非法下载的目的。

为了打击非法录像行为,一些电影院在放映最新发布的电影时,会在观众席安装特殊的摄像机,用于侦测录像设备并通知安保人员。此外,作为一种额外的保护措施,部分电影院放映的电影会嵌入数字水印。一旦播放设备检测到这些水印,它会发出警告,表明该电影是从电影院非法录制的。通常,在电影播放20分钟后,水印检测机制便能吸引观众的注意力,此时设备会暂停播放,并要求观众支付费用以购买合法副本。通过这些措施,电影院旨在减少非法录像行为,保护电影的版权和收益。

## 2. 执法

软件行业组织,亦被称为"软件警察",自互联网和商务计算的早期阶段便已开始发挥其作用。在大多数情况下,违反版权法的行为是明确的,因此,许多企业或组织宁愿选择接受高额罚款,以避免进入法庭审判。随着对道德问题的深入理解和对罚款及曝光的畏惧,企业内部的软件拷贝行为已逐渐减少。在当前的商业环境下,大规模侵犯版权行为被视为不可接受。

执法机构会对涉嫌盗版软件的交易场所、仓库等地点进行搜查,并对卖家提起法律诉讼。法院对于组织化、大规模的盗版行为通常会给予严厉的处罚。例如,iBackup公司的首席执行官在承认非法复制和销售价值2000万美元的软件后,被判处七年监禁,并需支付500万美元的罚款。同样地,一名男子因多次在电影院使用摄像机录制新电影并销售自制盗版副本,也被判处七年监禁。这些案例均显示了法律对盗版行为的有力打击。

知识产权,包括版权、专利和商标,在部分国家尚未得到充分认可和保护。这导致在世界某些地区,假冒名牌产品屡见不鲜。长期以来,许多国家对国外书籍和其他印刷材料的版权保护持忽视态度,因此在这些国家,盗版软件、音乐和电影的存在并不罕见。众多国家中,出售或分享未经授权的游戏、软件、娱乐文件的网站如雨后春笋般涌现,这进一步加剧了知识产权侵权的问题。

商业软件联盟(BSA)是一个软件行业组织,据其估计,全球个人计算机上使用盗版软件的比例约为39%。其中,中欧、东欧和拉丁美洲的盗版率尤为突出。然而,必须指出,由于非法活动的隐蔽性,准确统计盗版软件的使用情况具有相当大的难度。BSA在进行估算时,综合考虑了多种因素,包括出售的计算机数量、每台计算机上软件包的预计平均数以及实际销售的软件包数量。

在许多盗版问题严重的国家,软件产业规模相对较小。因此,这些国家缺乏本土的程序员和软件公司来倡导软件保护。软件法律保护不足可以视为国内软件行业缺乏的原因之一,同时也可能是其加剧的因素。由于无法从软件开发的投资中获得足够的回报,这些产业往往难以取得进展。实际上,当主要软件公司均来自其他国家时,该国的民众和政府可能更倾向于不采取积极行动来减少未经授权的销售。在美国等拥有众多合法娱乐和软件卖家的国家,消费者可能更清楚自己购买的是非法产品或共享的是未授权文件。相比之下,在一些露天市场常见未包装食品的国家,人们可能不会对未经授权的卖家销售软件和音乐感到异常。在某些国家,购买盗版 DVD 电影可能比寻找合法经销商更为容易。盗版猖獗的另一个重要原因是一些国家经济相对落后,民众收入较低。例如,一张价值 20 元的 DVD 可能相当于他们一周的工资,而 1 元的盗版光碟则在经济上更为可承受。因此,文化、政治、经济发展、低收入以及知识产权法律执行不力等多种因素共同导致了高盗版率。

### 3. 禁令、诉讼和征税

知识产权产业通过诉讼和游说手段,已成功推迟、限制或禁止了某些可能易于复制的服务、设备、技术和软件,尽管它们同样具有合法用途。例如,音乐 CD 录制设备技术早在 1988 年便已被开发,但由于唱片公司的诉讼,其销售被推迟。类似地,一些公司因数字视频摄录机可跳过广告而对制造商提起诉讼。美国电影和唱片业通过威胁起诉制造 DVD 播放机的公司,阻止了消费者在设备上复制电影,从而推迟了 DVD 播放机上市的时间。此外,美国唱片业协会(RIAA)曾试图禁止 Diamond Multimedia Systems 公司销售其 RIO 设备,该设备可播放 MP3 音乐文件。尽管 Diamond 公司最终胜诉,部分原因是法院认为 Rio 仅为播放设备而非录音机,允许用户在不同地点播放自己的音乐,但这一事件仍引发了对知识产权保护的广泛讨论。有观察员指出,如果 RIAA 成功起诉 Rio,那么苹果公司的 iPod 可能也不会问世。

随着新公司纷纷推出多样化的新产品和服务,以灵活便捷的方式提供娱乐节目,然而,与行业诉讼相关的高昂成本实际上迫使其中一些公司不得不关闭。值得注意的是,许多公司并未真正通过审判来确定其产品的合法性。

娱乐产业积极推行法律和行业协议,强制个人电脑、数码录像机和播放机的制造商在产品中内置复制保护机制。这一举措对设备制造商施加压力,要求他们设计系统,使得使用未受保护格式的文件无法顺畅播放或根本无法播放。尽管这种要求在一定程度上可以降低非法复制的风险,但同时也对用户自制作品的使用和共享造成了干扰,使公共领域的内容共享变得更为复杂。此外,它还限制了用于个人使用和其他合理用途的合法复制。强制要求或禁止特定功能的法律侵犯了制造商开发和销售他们认为合适的产品的自由。

针对那些下载或分享未经授权音乐文件的成千上万的用户,娱乐行业通常会采取法律诉讼或其他相关行动。一些针对大学生的信件甚至威胁要处以高额罚款,数额高达数千美元。然而,这些诉讼策略不仅引起了客户的不满,而且在实际上并未有效遏制复制和共享行为。因此,娱乐行业逐渐减少了大规模诉讼的策略。相反,他们与互联网服务供应商合作,向非法传输音乐或电影的顾客发出警告,并在忽视警告的情况下可能关闭其账户。这种新的策略旨在通过合作与警告来减少非法行为,而不是单纯依赖严厉的法律诉讼。

作为限制版权侵权风险的替代手段,部分国家政府引入了对数字媒体和设备的额外税收,旨在补偿版权持有人因未经授权复制而可能遭受的损失。在 20 世纪 60 年代,这些国家开始对复印机和磁带实施特别税收,随后又对个人电脑、打印机、扫描仪、空白 DVD、录像机、音乐播放器和手机等征收相应税费。支持者认为,由于复制设备制造商的产品可能导致知识产权所有者的损失,因此他们应承担相应责任。当难以追踪到每个具体侵权者时,税收计划成为了一种相对合理的折中方案。然而,批评者指出,这种税收导致设备价格上升,对设备制造商构成不公平的惩罚,同时也对诚实用户造成了额外的经济负担。此外,如何公平分配所收集的资金也成为了一个具有政治色彩的难题。

在考虑是否禁止或限制某个软件、技术、设备或研究时，应当深入探究其背后的原则性问题。这一议题不仅局限于版权侵权行为，还广泛涉及到执法机构对匿名 Web 浏览和电子邮件的禁止，因为它们可能被用于隐瞒犯罪活动。类似地，禁止或限制可能用于犯罪的工具也出现在许多与计算机技术无关的领域。例如，美国一些城市禁止向未成年人出售喷漆，主要是出于担心他们会在墙壁上涂鸦，尽管这些喷漆也可能被用于为桌子喷漆等合法用途。同样，有些城市禁止嚼口香糖，是为了防止人们乱丢垃圾，保持公共卫生。

此外，许多国家禁止普通百姓拥有枪支，旨在防止滥用和保护公共安全。类似地，法律禁止某些特殊的药物用具，以遏制滥用行为。这些法律通过提高特定犯罪的预防成本来发挥作用，例如，虽然难以确定涂鸦的制造者，但通过对店主施加罚款威胁，可以有效减少喷漆工具的非法销售。

在一个自由社会中，关于合法工具的开发与使用的权利归属问题，常常引发广泛的讨论。一方面，有人主张个人应享有自由开发和使用具有合法用途的工具的权利；另一方面，也有人认为应防止这些工具被潜在用于犯罪活动。针对"禁止拥有既有合法用途也有非法用途的工具"的禁令，反对者认为将其推向极端是荒谬的，如同因有人用火柴纵火就全面禁止火柴的使用。

然而，支持者则认为应针对每种可能的应用进行个别评估，并根据其可能带来的伤害风险来制定相应的政策。这些支持者往往将工具可能造成的潜在损害置于对诚实使用该工具的人所享有的自由和便利的损失之上。然而，实际上，人们往往难以预测新技术所带来的所有创造性、创新性以及合法的使用方式。因此，过于严格的禁令、延迟实施以及高昂的限制措施，往往会导致社会错失许多无法预见的好处。

### 4．数字版权管理

数字版权管理（DRM）是一组用于控制在数字格式中知识产权访问和使用的技术。这些技术涵盖硬件和软件方案，并运用加密等工具来实现这一目标。DRM 的实施被内嵌到文本文件、音乐、电影、电子书等各类数字内容中，以限制用户的操作，如保存、打印、复制超过指定数量、分发文件、提取、摘录或快进跳过商业广告等。

然而，数字版权管理技术也受到了不少批评。尽管 DRM 旨在阻止侵权使用，但同时也限制了许多合理的使用场景。例如，用户可能因 DRM 而无法提取少量内容以进行评论，或在新的作品中合理使用受保护的内容。此外，受保护的作品在旧的或不兼容的设备和操作系统（如 Linux）上可能无法播放或观看，这进一步限制了用户的自由。

人们长期以来都享有出借、转售、出租或赠送实体书籍、唱片或 CD 等物品的权利。这种行为通常不会对版权人的利益造成负面影响，因为如果没有出借或赠送的可能性，朋友可能会选择购买另一份，从而为版权人带来额外的收入。1908 年，美国最高法院确立了一项原则，即版权拥有人仅对其作品的一个副本享有"首次销售"的权利。尽管出版商曾试图游说立法机构，要求对每次转售都收取提成，但这种尝试并未成功。然而，数字权利管理技术的出现使得内容销售商得以阻止用户出借、销售、租赁或赠送其购买的数字副本，从而改变了这一传统做法。

音乐产业长期以来一直反对以无保护的 MP3 格式发行音乐，转而支持使用数字版权管理技术。尽管唱片行业内部有人对 DRM 的防盗版效果持怀疑态度，但音乐销售模式仍发生了显著变化。EMI 集团、环球音乐集团和索尼等公司开始销售不含 DRM 的音乐,苹果公司的 iTunes 商店也放弃了 DRM 技术。尽管如此,关于 DRM 的争议在电影和图书产业中仍在继续。许多支持者认为,DRM 是防止盗版侵害的必要条件,他们担心,如果不实施对数字内容的访问控制,这些行业将面临巨大的经济损失。

值得注意的是,DRM 与其他先前讨论的防盗版手段(如禁令、诉讼和征税)在本质上有所不同。公司采用 DRM 技术是在自己的产品上施加限制,而不会干扰其他企业或个人的权益。他们有权选择以何种形式提供自己的产品,尽管这种方式可能对公众造成不便。然而,这并不意味着公众不能接受或改变产品。例如,如果市场上只有黑色、白色或绿色的汽车,消费者不能要求公司提供橙色车型。但他们可以选择购买现有车型并自行喷漆。然而,在 DRM 保护的知识产权领域,法律规定通常限制了消费者采取类似措施的自由。

## 4.4.2 不断变化的商业模式

在 20 世纪 80 年代,电影业曾视采用盒式录像带的录像机为威胁,然而最终发现,通过租赁和销售电影录像带,他们能够赚取数十亿元的利润。经历了一段时间的观望后,许多娱乐公司逐渐认识到,共享音乐文件的用户实际上是对音乐有浓厚兴趣的潜在消费者。苹果公司的 iTunes 平台已成功售出超过 100 亿首歌曲和数千万的视频,这证明了公司可以有效地销售数字娱乐内容,无论是从消费者的角度还是版权持有人的角度来看。如今,众多音乐订阅服务在与音乐公司达成的协议框架下运营,同时也有许多公司提供电影下载服务。

多年来,内容提供商面临的一个挑战是,当他们的内容被上传到如 YouTube 等流行网站时,他们往往无法从中获取收益,常见的做法只能是要求删除这些内容。然而,随着技术的发展,出现了一种新的解决方案:自动化的版权管理系统。这些系统不仅能够搜索和识别侵权材料,还提供了一种付费机制,根据版权持有人与网站之间的协议,网站可以选择阻止或删除侵权视频,或者向版权持有人支付一定的费用。

这种创新的方法为内容提供商提供了一个选择,允许他们的内容被用户上传和分享,而无需担心烦琐的许可程序或潜在的法律责任。由于网站通常从广告中获得收益,并拥有强大的财力和技术支持,因此由网站承担支付版权费用的责任是合理的。这不仅确保了内容提供商的权益得到保护,同时也为用户提供了更广泛的内容选择。

此外,这种机制还促进了内容提供商与网站之间的合作,共同维护了一个健康、有序的数字内容生态环境。通过自动化工具和合理的付费机制,内容提供商和网站能够共同分享数字时代的收益,推动整个行业的可持续发展。

过去曾涌现出一些新的商业模式,但最终未能持续。例如,2011 年,初创公司 Zediva 尝试通过流媒体方式向客户租赁电影,而非传统的 DVD 光盘快递。该公司认为,如果未经电影制片厂授权出租 DVD 光盘是合法的,那么以相同的方式在线上以流媒体形式出租电影也应被视为合法。然而,电影制片厂对此持有异议,他们认为流媒体播放电影构成公开演出,因此需要获得相应授权。最终,法院支持了电影制片厂的观点,导致 Zediva 公司不得不停止运营。针对这种法律解释,引发了关于其合理性的讨论:Zediva 利用流媒体的方式是否确实合法?

另一家初创公司 Aereo 则采用了不同的策略,利用美国的免费电视广播信号。该公司设立了多个仓库,配备了大量微小的天线,用户可以通过租用这些天线来观看直播电视,并访问云端的数字视频录像机（DVR）。尽管早期法院裁决曾认为类似 Aereo 的远程 DVR 服务不构成版权侵犯，但电视广播公司对此持反对意见，他们认为 Aereo 实际上是在重新传输信号，因此应当支付与有线电视公司相同的费用。与 Zediva 一案类似，最高法院裁定 Aereo 的服务同样构成公开演出。这意味着，即使广播信号本身是免费的，Aereo 也无权在未经内容创作者同意的情况下转播其节目。

除了直接提供非法复制视频的平台，还存在一些其他商业模式，意图规避版权法，以促进非法视频的分发。这些模式即便不直接包含未经授权的材料，但只要涉及帮助用户搜索和下载侵权内容（如音乐、电影、电脑游戏），依然构成对版权法的违反。美国电影协会已起诉了部分不直接存储侵权视频，但提供链接服务的网站。那么，单纯列出或提供指向含有未经授权文件的网站链接，是否构成违法行为？

网上寄存空间（cyberlocker）作为一种在线服务，为用户提供大型文件的存储和分享功能。一些知名网站利用此类服务，每日传输文件数量高达数百万。艺术家们将作品上传至 cyberlocker，供用户免费下载，以此作为宣传手段。然而，"cyberlocker"一词往往关联于那些故意鼓励分享非法文件的服务，或是其业务模式本身便极大地方便了大规模侵权行为的发生。以 Megaupload 为例，该公司虽然声称其服务条款禁止侵权行为，并在接到通知后会及时撤除侵权内容，但由于其在中国香港、新西兰等多地运营并拥有大量服务器和注册用户，使其成为了侵权行为的温床。判断一个企业是否非法助长侵权行为，需依据避风港保护原则及其相关规定，同时考察该企业是否严格遵循了这些规定。实际上，美国政府已关闭了 Megaupload，并通过法律手段没收了其域名，新西兰警方还逮捕了其创始人及相关员工。研究表明，在 Megaupload 及另一类似共享平台 Megavideo 关闭后，电影的在线销售和租赁量上涨了 6%～10%，这进一步印证了 cyberlocker 服务对电影市场的潜在影响。

## 4.5　网络知识产权

根据中国互联网信息中心（China Internet Network Information Center，CNNIC）2022年发布的调查数据，中国的互联网上网用户数为 10.67 亿人，其中使用手机上网的用户数为 10.65 亿人，互联网普及率达到了 75.6%。互联网的迅猛发展对人类社会产生了深远影响，这种影响在政治、经济、军事、文化、教育、法律等各个领域都表现得淋漓尽致，其变革程度甚至超过了人类历史上的任何时期。这种变革要求人们在新的网络环境下重新审视问题、调整关系，并作出相应的决策。其中，网络知识产权问题尤为突出，因为网络的特性使得知识产权的保护变得更为复杂，无国界、无地域限制、无时差的特点使得网络知识产权的维护成为一项重要而敏感的任务。

### 4.5.1　网络知识产权的特点

知识产权通常具有无形性、专有性、地域性和时间性等特点。然而，在网络空间的信息产生、传播和利用环境中，这些特点表现出一些独特的变化。

首先，知识产权的无形性在网络环境中变得尤为显著。作为一种无形财产权，知识产权涉及的是精神形态和信息形态的智力成果。在传统环境下，这些智力成果通常与物质载体相结合，如商标标识、外观装潢、专利产品、图书资料等。这些载体在知识产权的确认、授权、处分、转移和保护过程中起到了至关重要的作用。但在网络空间,智力成果主要以数字化的电子信号形式存在,并存储在网络服务器中。人们感知的仅仅是计算机终端屏幕上快速变化的数据和影像。这种无形性不仅加剧了知识产权侵权认定的复杂性,还使得保护措施更加难以实施。

其次,知识产权的地域性面临挑战。由于各国在政治、经济、文化和科技水平上的差异,知识产权的保护内容在不同国家之间存在显著差异,这导致了知识产权立法具有显著的地域性特点。然而,随着一个多世纪以来众多保护知识产权的国际、地区和双边条约的签订,知识产权的地域性特点已逐渐减弱。互联网的出现更是对知识产权的地域性带来了实质性的冲击。在网络空间中,智力成果信息能够以极快的速度在全球范围内传播,国家间的界限在网络空间中逐渐模糊。这导致跨国知识产权的侵权认定和保护在实施上遇到了理论和实践上的难题。网络的全球性和世界经济一体化趋势正在逐步减小各国知识产权立法的差异,使知识产权的地域性逐渐淡化。

第三,知识产权的时间性也受到了影响。知识产权并非永久性的法律权利,其财产权仅在法定的期限内有效。一旦期限届满,权利客体将进入公有领域,任何人都可以无偿使用而不构成侵权。在传统环境中,权利人因智力成果可能获得的经济收益通常与社会环境密切相关。然而,在网络信息环境下,信息传播的速度和范围远超传统环境,智力成果的收益实现时间大大缩短。同时,知识和技术的老化周期变短,淘汰速度加快,导致智力成果的无形损耗加剧。因此,现行知识产权保护期限的规定在网络信息环境下显得明显不适应。

第四,知识产权的专有性同样面临挑战。专有性,也称为独占性或垄断性,是指依法对某一智力成果只授予一次专有权,该权利仅为权利主体所享有,未经权利人许可(或法律另有特别规定),其他人不得占有和使用。在网络空间中,由于各国知识产权立法的差异、权利保护期限的不同以及信息流跨国高效传输等因素,知识产权的专有性受到了深刻影响。特别是网络环境下智力成果信息的“非物质化”特性,给知识产权的确认、有偿使用、侵权监测及保护等专有权的实现带来了困难。专有性是知识产权的本质特征,如何在网络信息环境下保证知识产权的专有性不被削弱,以及如何实现专有权,不仅是一个理论问题,也是一个涉及立法、司法、执法等多个领域的综合问题,值得深入探讨。

## 4.5.2　搜索引擎和网上图书馆

搜索引擎的众多业务与服务中,复制扮演着至关重要的角色。当回应搜索查询时,搜索引擎通常会展示网站的文字摘录、图像或视频的副本。为了迅速响应用户的需求,搜索引擎会对网页内容进行复制和缓存,并有时直接向用户呈现这些副本。此外,搜索引擎公司还会复制整本书籍,以便在响应查询时能够搜索和展示书中的内容片段。

值得注意的是,除了复制内容外,搜索引擎提供的链接网站中也可能包含侵权材料。对于许多个人和公司而言,使用谷歌等搜索引擎提供的服务可能会涉及未知的风险和成本,特别是对于那些规模较小的公司,因为如果不了解自身责任,便难以事先评估业务成本。

在讨论搜索引擎的复制行为时,一些论点与有争议的做法紧密相关。尽管搜索引擎通常会展示从网页中摘录的副本,但这一行为是否属于合理使用的范畴仍需进一步探讨。这些摘录通常较短,且能够帮助用户找到包含摘录内容的网站,这对于网站所有者来说通常是有益的。然而,搜索引擎复制摘录的网站内容通常是公开的,任何人都可以访问。在这种情况下，网络搜索服务在促进信息获取方面发挥着至关重要的作用，成为了极具价值的创新和工具。

尽管存在反对意见，但也有一些合理的论点支持搜索引擎的复制行为。大多数主要搜索引擎运营商是商业企业，依赖于广告收入，因此复制内容也符合其商业目的。然而，在某些情况下，展示简短摘录可能会减少版权持有人的收入。例如，对于新闻机构而言，如果用户从摘要中获取了足够的信息，他们可能就不会选择点击链接到新闻网站继续阅读。

相比之下，欧洲法律更倾向于保护出版商的利益。一组比利时报纸曾声称，由于谷歌展示了它们新闻存档的标题、照片和摘要，导致它们从订阅费中获得的收入下降，并在一家比利时法院赢得了诉讼。德国也通过了一项法律，要求搜索引擎和类似 Google News 的新闻聚合工具在展示新闻摘要前，必须先获得报纸出版商的许可。谷歌因不愿支付此类许可费，曾被德国出版商禁止展示其内容。随后，德国出版商发现从谷歌网站到其自有站点的流量显著下降，不得不改变其政策。

西班牙的法律则更为严格。该国法律要求像谷歌这样的服务必须向新闻产业组织支付费用，且不允许单个出版商豁免该费用。作为回应，谷歌关闭了西班牙版的 Google News，并将西班牙出版商从其其他新闻服务中移除。该法律生效一年后，西班牙报纸报告称其网站访问者下降了 10% 至 14%，同时一些小型新闻聚合网站也不得不关闭。

在讨论新闻出版商的版权是否应延伸至搜索和聚合服务的摘录问题时，我们观察到三种不同的处理方式。在美国，摘录的使用通常被视为合理使用，因此无需支付费用。而在德国和比利时，版权适用于摘录，双方需权衡出版商网站流量增减的可能性和价值来确定摘录的显示费用。与此不同，西班牙的法律则采取了一种高价策略，旨在消除消费者和许多相关企业更倾向的服务。

20 世纪 70 年代，古腾堡计划开始将公共领域的书籍转换为数字格式。当时，由于廉价的扫描仪尚未问世，志愿者需手工键入书籍的全部文字。随着 21 世纪初易用扫描工具的出现，谷歌和微软在征得图书馆同意后，开始扫描来自大学研究图书馆的数百万册图书。微软仅限于扫描公共领域的书籍，而谷歌的图书馆计划则涵盖受版权保护的书籍。谷歌为拥有这些图书的图书馆提供电子版，并展示用于相应搜索的摘要，但这一切均未获得版权持有人的许可。因此，谷歌扫描数百万本整书的行为看似构成大规模侵权，并因此遭到多起法律诉讼。其中，"作家协会诉谷歌"案自 2005 年立案至 2016 年宣判，历经长达 11 年的法律程序。

陈卓光法官在此案中裁定谷歌的图书馆计划符合合理使用原则。他强调了合理使用准则的重要性，特别指出谷歌的计划将书籍转化为对社会极具价值的新形式。通过扫描和索引数百万本书的内容，谷歌不仅提供了一套强大的新工具来增加信息获取，还有助于研究人员和读者找到相关书籍，并使语言研究人员能够分析历史和语言的使用。此外，扫描还有助于保护老旧和易损的书籍。谷歌为图书馆提供的数字副本还有助于图书馆员帮助用户定位资料。值得注意的是，谷歌并不销售书籍或片段的副本，也不会在与其无权复制的书籍相关的网页上展示广告。

关于合理使用准则中的市场影响因素，陈法官描述了谷歌采用的各种技术以防止用户收集到足够的片段来创建图书的完整副本。他认为，通过帮助人们找到图书并因其包含指向购买所搜索书籍的网站的链接，谷歌图书无疑会提高销售额。作家协会指出谷歌的复制规模前所未有，且谷歌使用书籍内容改进其搜索结果、翻译和语言分析等行为均有助于其商业成功。他们认为陈法官将"变革使用"一词应用于谷歌的书籍复制是对合理使用的史无前例的扩展。最终,作家协会上诉失败,最高法院拒绝受理此案。

　　除了考虑支持和反对这一裁定的论据外,我们不禁思考:如果陈法官在 2005 年就此案做出裁决的话,他的决定是否会有所不同?法律程序的长期延迟是否有助于让新服务的好处变得更加清晰?或者这种延迟是否带来了不公正的影响,导致许多人已习惯使用的服务难以关停?这些问题仍有待探讨。

### 4.5.3　网络知识产权存在的问题

　　网络知识产权的核心特征在于其数字化和网络化属性。网络技术的飞速发展不仅促进了信息的快速流通和资源共享,为科学文化的传播交流提供了广阔平台,同时也对作品的创作、传播和使用方式产生了深刻影响。在网络环境下,作品往往以数字化的形式存在,这种易于复制的特性使得侵权行为变得更为便捷,从而增加了保护著作权人合法权益的难度,引发了一系列现行知识产权管理制度难以应对的问题。

　　依据传统的知识产权保护法律观念,为了个人学习或欣赏目的而复制已发表的作品被视为"合理使用"。然而,随着信息传播技术的日新月异,用户通过国际互联网或电子信息设备复制作品以供个人使用的行为,已经对著作权人的权益造成了实质性损害。因此,在电子复制行为上必须持谨慎态度。

　　电子复制行为包括以下几种情形:作品被固定在计算机内且非短暂停留;印刷品被"扫描"成数字化文件;照片、图片或声音制品被数字化;数字化文件从用户机器上传至电子公告板(Bulletin Board System,BBS)或其他网络信息服务设施;用户从 BBS 或其他信息服务设施下载数字化文件;文件从一个网络用户转移给另一个用户;计算机终端用户从 BBS、网络用户或其他计算机处取得文件。作品以数字化形式进行存储、传播和使用,不仅模糊了各类作品之间的界限,还使得作品的复制速度、难易程度、修改方式、复制品质量、处理能力以及向公众传播的速度等方面都发生了本质性变化。因此,这必然对著作权法中关于复制品、"复制"和"复制品"的定义产生重要影响,使得判定作品的原件和复制品变得复杂而困难。

　　著作权作品以数字化形式存储并上传至网络后,其侵权行为变得难以甚至无法有效遏制,从而使得著作权保护变得形同虚设。此外,数字化作品的国际网络传播进一步加剧了著作权问题的复杂性。在网络环境下,传统的合理使用原则已不再适用。网络传输的便捷性导致合理使用的边界变得模糊,引发了多次转发和滥用,严重损害了著作权人的权益。为应对这一挑战,国际版权组织纷纷成立专项小组研究控制网络侵权问题。例如,英国出版商协会设立了工作组,提出通过合同手段来规范电子复制行为。多个国家已将"私人复制"和"家庭复制"的"合理使用"转变为"法定许可",即允许复制,但复制者需向版权所有者支付报酬。报酬标准由政府制定或由版权管理机构与电子信息网络经营者通过合同进行约定。目前,学术界普遍认为需要合理拓展"复制"或"复制品"的定义,明确包括单纯数字化处理在内的复制行为。

### 4.5.4　网络知识产权的保护

　　从知识产权保护的角度出发,信息可划分为作品性信息和非作品性信息两大类。作品性信息是指经过智力加工或激活的信息产品，例如情报研究作品、咨询研究作品、计算机程序作品、数据库作品和多媒体作品等。相对地，非作品性信息则指的是未经智力加工或激活的信息产品，如社会、经济、军事等事实性信息。在网络环境中，用户可能接触到来自全球各地、属于不同著作权人、存储于各种媒体上的信息。这些信息可能受版权保护、不受保护或版权已过期。

使用受知识产权保护的作品，必须获得著作权人的许可。未经许可擅自使用作品构成侵权行为。然而，在实际操作中，用户往往难以全面获取受版权保护作品权利人的信息，这在很大程度上阻碍了授权过程的进行。对于已享有著作权的作品，明确所有权利人是获取授权的前提，这一过程既耗时又耗资。因此，构建一个与网络管理相结合、既合理又高效的知识产权管理制度，成为了网络知识产权保护领域亟待解决的问题，同时也是一个技术性挑战。

在信息技术环境下，信息的传播过程涉及用户通过计算机存储器固定信息，并在屏幕上展示作品复制品以供浏览。信息的发送和接收构成了网络中的信息传播。随着计算机通信网络和信息高速公路的普及，版权作品以电子脉冲形式的数据流在网络中传播，成为作品发行的重要形式。这引发了作品在网络中发行的新问题。

在网络环境下，任何人都可以轻易出版发行自己的作品，这种行为很可能构成出版行为。因此，应明确规定在网络上传播作品属于著作权人的专有权利之一。在传统出版流程中，我国作品的出版发行通常经由出版社或相关机构进行，著者与出版者是两个独立的实体。根据著作权法，作品是否发表的决策权属于著作权人。网络环境的出版发行模式将对现行出版制度，如出版社的权利和出版合同等，造成冲击。为加强网络传播权的保护，国家版权局与原信息工业部于 2005 年联合推出了包含 19 条规定的"互联网著作权行政保护办法"。

虽然世界各国普遍遵循伯尔尼公约的原则，即不以登记注册为前提来保护作品版权，但在网络环境下，确认著作权权利人的需求使得著作权登记制度的重要性有所提升。随着因特网和信息高速公路的普及，用户急需专业的网络服务提供者。发达国家的经验表明，设立著作权管理机构，代表著作权人与作品使用者协商使用许可，监督侵权行为并追究法律责任，同时提供版权信息数据库检索，是协调著者与社会公众关系并保护著作权人权益的有效手段。

信息网络的日益国际化使网络知识产权问题愈发突出，涉及法律、技术、道德、社会环境及信仰等多个复杂层面。这需要国际社会共同关注和深入探讨。

**【案例 4-5】　大数据打击网络侵权案**

2020 年 11 月，公安民警在广东省东莞市常平镇及广州市黄埔区一作坊内共抓获嫌疑人 5 名，现场扣押 395 本图书。经鉴定，扣押图书均为非法出版物，共计价值人民币 5.2 万余元。经查，自 2020 年 6 月至 11 月间，肖某某、曾某某受雇于同案人黄某、肖某，未经著作权人许可，私自印刷、批发、零售教辅书籍，累计非法经营额达人民币 37.3 万余元。2021 年 3 月，广州市从化区人民法院作出刑事判决，肖某某犯侵犯著作权罪，判处有期徒刑一年五个月，并处罚金 1 万元。曾某某犯侵犯著作权罪，判处有期徒刑十一个月，缓刑一年六个月，并处罚金 5000 元，没收作案工具一批。

本案中，犯罪团伙通过网络销售侵权盗版图书，企图利用网络交易平台的监管漏洞达到非法获利的目的。公安机关充分运用大数据分析等手段，深挖证据线索，突破传统侦办模式，加大对在互联网平台制售盗版图书的打击力度，维护网络交易秩序。

## 思考讨论

1. 查阅资料并在学习小组中讨论知识产权保护所体现的道德内涵。

2. 保护知识产权的方法有哪些? 法律可以禁止盗版行为吗? 为什么?

3. 开源运动和自由软件代表了什么时代精神? 谈谈你知道的开源软件和开源社区。

4. 国际游戏规则主要的内涵就是尊重知识产权,调查并分析一下你身边保护知识产权的案例。比如你想买正牌商品却买回假冒商品等。

5. 作为一个地球村民,你认为使用盗版会有什么后果? 从网上或向其他同学处抄作业的行为合适吗? 如果可以,你认为可以抄多少? 要不要告诉原作者? 这种行为伤害了谁?

6. 美国著名大学麻省理工学院将他们的所有教学资源都放在网上供全球的人免费学习使用,他们的开放式课程网页为 http://www.myoops.org/cocw/mit/index.html。请讨论他们这一举措所倡导的伦理价值观是什么? 并调查他们这样做后有什么社会影响。

7. 举一个抄袭构成侵犯版权的例子,再举一个抄袭不构成侵犯版权的例子。

8. 根据法庭裁定,谷歌复制数百万本图书的行为是合理使用,还是侵犯版权?

9. 举例描述娱乐产业为了保护其版权所做的两件事情,并判断每件事的做法是否合理。

10. 你的叔叔拥有一家快餐店。他要求你为他写一个库存管理程序。你很高兴地帮助了他,并且不会对该程序收费。该程序运行良好,并且后来你发现,叔叔把它复制发给了也在经营快餐店的其他商家。你是否认为你的叔叔在把你的程序送人的时候,需要先得到你的许可? 你是否认为其他商家应该为使用该复制程序向你支付费用?

# 第5章

# 计算机犯罪

CHAPTER **5**

**本章要点**

近几十年来，以计算机技术为核心的信息技术在全世界发展异常迅速。在迎接信息社会来临的同时，人们也发现计算机犯罪现象正在急剧增加。它不仅给受害者造成巨大的经济损失，还扰乱社会经济秩序，对各国的国家安全、社会文化等构成威胁。计算机犯罪是信息时代的一种高科技、高智能、高度复杂的犯罪，其主要表现形式包括黑客攻击、计算机病毒、蠕虫以及木马等。本章对计算机犯罪的概念、黑客技术、计算机病毒、网络漏洞等方面进行了探讨，提出了计算机犯罪的防范措施。

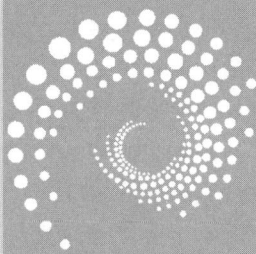

**【引导案例】**　Target 数据泄露事件

　　在为期四周的时间里，黑客窃取了美国 Target 超市顾客的大量个人信息，包括 4000 万张信用卡号码以及约 7000 万人的姓名、邮寄地址和电话号码。这是如何发生的？人们可能永远无法得知全部细节，但网络安全调查人员通过整合此次攻击的已知信息，已大致还原了事件经过。

　　在大规模数据泄露发生前两个月，黑客向 Fazio 机械公司的一名员工发送了一封钓鱼邮件。Fazio 是一家小型企业，约有 125 名员工，为包括 Target 在内的多家公司提供供暖、空调和制冷维护服务。该员工受到钓鱼邮件的诱导，点击了附件或链接，无意间安装了 Citadel 木马病毒。Citadel 恶意软件能够窃取用户名和密码。安全专家不确定黑客为何选择 Fazio，可能是因为它是 Target 的供应商，也可能仅仅因为它是小型企业。小型企业的计算机系统通常安全性较低，黑客可将其作为入侵更大目标的跳板。攻击发生时，Target 多家供应商的名称和联系方式都是公开的，这为黑客提供了比 Target 公司网络更容易入侵的目标清单。

　　通过互联网，Fazio 机械公司的员工可以访问至少两个不同的 Target 内部系统，用于电子账单处理和合同提交。当使用受感染设备的 Fazio 员工登录其中任何一个系统时，Citadel 木马就会窃取用户名和密码，并将这些信息发送给黑客。获取 Target 的登录凭证进一步激发了黑客团队的兴趣，他们可能因此展开更深入的研究，试图获取 Target 管理供应商的更多信息。

　　被盗的 Fazio 员工凭证使黑客能够获取 Target 提供给供应商的大量内部信息。当时，Target 还在其公共网站上公开了大量公司信息，无需登录即可访问。黑客可能已从这些网站下载相关文件，从中获取了有关 Target 内部网络架构的线索。例如，许多微软 Office 文档会记录编辑者的 Windows 用户名、域名以及文档所在服务器信息，这些都是黑客可利用的重要数据。

　　为入侵 Target 内部网络，黑客可能利用被攻陷的 Fazio 员工账号登录了合同管理系统。随后，黑客并未按系统预期上传合同文件，而是上传了用于控制 Target 服务器的恶意程序。成功入侵 Target 内部网络后，黑客团队明显降低了活动频率。此举既是为了规避检测，也是为了侦察网络拓扑，识别可访问的计算机设备。

　　尽管 Target 实施了密码策略，但网络安全调查人员发现其内部网络中部分 Web 服务器和数据服务器仍使用默认或弱密码，极易被黑客破解，进而获取系统、服务器、网络及客户数据的管理权限。在此期间，黑客很可能已窃取 7000 万 Target 客户的姓名和地址信息。

　　出于安全考虑，零售 POS 系统(用于结账时计算账单并处理支付的系统)被部署在独立的内部网络中。虽然黑客入侵 POS 系统网络的具体方式尚不明确，但在 Target 这类大型企业中，Web 或数据库服务器的配置失误时有发生。仅需一个安全漏洞，黑客就能获得入侵入口。经过数周侦查和反复尝试，黑客最终发现漏洞并成功入侵内部 POS 系统。随后，黑客将 BlackPOS 恶意软件植入 Target 网络，并将其部署在运行专用 POS 软件的 Windows 系统 POS 终端上。为保护消费者数据，系统会在刷卡后对持卡人信息进行加密处理，然后再传输卡号。但为完成卡号验证并确定对应的支付处理机构，POS 系统需临时解密卡号并将其暂存于内存中。正是利用这个短暂的数据解密窗口期，BlackPOS 成功窃取了持卡人数据。在约四周的时间里,BlackPOS 共窃取了近 4000 万 Target 客户的支付卡信息。

黑客团队还有一个障碍要跨越,他们必须让系统给他们发送信用卡信息,以便他们能够利用它。凭借先前获取的管理权限,黑客在 Target 内网部署了自建服务器。所有被入侵的 POS 终端持续向该服务器传输信用卡号等客户支付信息。黑客通过该服务器收集并转售这些敏感数据。此类数据泄露并非个案:18 个月后,黑客再次通过 HomeDepot 连锁店窃取逾 5000 万客户的信用卡号及邮箱信息;作案手法如出一辙——利用盗取的供应商凭证,在 HomeDepot 的 POS 终端植入 BlackPOS 的变种恶意程序。

# 5.1 计算机犯罪概述

微课视频

计算机犯罪,是在信息活动领域中,利用计算机信息系统或计算机信息知识作为手段,或者针对计算机信息系统,对国家、团体或个人造成危害,依据法律规定,应当予以刑罚处罚的行为。

## 5.1.1 计算机犯罪及其特点

计算机技术如同任何技术一样,也是一把双刃剑。它的广泛应用和迅猛发展,一方面极大地解放了社会生产力,另一方面也给人类社会带来了前所未有的挑战,其中尤以计算机犯罪最为突出。

计算机犯罪是指犯罪分子利用计算机或网络技术存在的安全漏洞,通过非法入侵受害者的计算机或网络系统实施非授权操作,从而造成受害者在经济、名誉及心理等方面损害的犯罪行为。与传统犯罪相比,计算机犯罪具有以下特点:

**1. 犯罪成本低,传播迅速,传播范围广**

利用黑客程序实施的犯罪,仅需发送几封电子邮件,一旦被攻击者打开邮件,犯罪行为即告完成。因此,越来越多的犯罪分子倾向于通过互联网实施犯罪。此外,计算机网络犯罪的受害者范围极广,可能波及全球各地的人群。

**2. 犯罪的手段隐蔽性高**

由于网络具有开放性、不确定性、虚拟性和超越时空性等特点,犯罪行为往往难以察觉且不留痕迹,其破坏性影响范围广泛。然而,犯罪嫌疑人的活动范围相对固定,相关证据难以锁定,这使得计算机网络犯罪具有极强的隐蔽性,大大增加了案件侦破的难度。

**3. 犯罪行为具有严重的社会危害性**

随着计算机的广泛普及和 IT 技术的持续发展,现代社会对计算机的依赖程度不断加深。从国防、电力、金融、通信等关键系统,到政府机关的办公网络乃至家庭计算机,都可能成为犯罪侵害的目标。

**4. 犯罪的智能化程度越来越高**

部分犯罪分子具有较高学历,接受过良好教育或专业培训,熟悉计算机系统技术,对实施犯罪所需的专业技能掌握娴熟。

## 5.1.2 计算机犯罪的构成要件

计算机犯罪的四大构成要件如下。

**1. 犯罪主体**

计算机犯罪的主体属于一般主体。从具体表现来看,这类犯罪的主体具有多样性特征,不同年龄、不同职业的人群均可能实施计算机犯罪。

**2. 犯罪主观方面**

计算机犯罪的主观方面包括故意犯罪和过失犯罪两种情形。故意犯罪表现为行为人明知其行为会造成对计算机系统内部信息的危害破坏,但由于各种动机和目的所驱使不良后果或危害发生。过失犯罪表现为行为人应当预见到自己行为可能会导致系统数据遭到破坏的后果,由于疏忽大意而没有预见,或是行为人已经预见到这种伤害性后果,但轻信能够避免这种后果而导致系统数据的破坏。

**3. 犯罪客体**

计算机犯罪侵犯的是复杂客体。计算机犯罪不仅侵害了计算机系统所有人的权益,还破坏了国家的计算机信息管理秩序,同时可能危害计算机系统中数据所涉及的第三人的权益。

**4. 犯罪客观方面**

计算机犯罪的客观方面是指刑法规定的、表现在外部的计算机犯罪活动的各种事实。其内容包括犯罪行为、犯罪对象、危害结果,以及犯罪行为实施的时间、地点和方法等。在计算机犯罪中,绝大多数危害行为是作为,即行为人通过实施特定行为导致危害后果发生;也有部分是不作为,例如行为人负有排除计算机系统危险的义务却拒不履行,从而导致危害结果发生。在计算机犯罪的客观方面,值得强调的是以下几点:第一,关于计算机犯罪的犯罪对象。计算机犯罪的犯罪对象是指犯罪行为直接作用的目标。许多计算机犯罪以信息系统作为侵害对象。这类犯罪行为必然会侵害计算机系统内部的数据,其侵害方式既包括直接破坏数据,也包括间接威胁数据的安全性和完整性,从而必然侵犯计算机系统所有人对数据的所有权及其他相关权益。在计算机犯罪的客观方面,还需要讨论犯罪工具问题。计算机犯罪的工具具有唯一性和依赖性,即真正意义上的计算机犯罪必须借助计算机实施,无法通过其他工具完成。这类犯罪只能通过计算机操作实现,若使用其他工具,则无法构成计算机犯罪或难以顺利达成犯罪目的。

## 5.1.3　计算机犯罪的历史

自 1966 年美国查处首例计算机犯罪案件以来,全球范围内的计算机犯罪呈现惊人增长态势。统计数据显示,当前计算机犯罪的年增长率已高达 30%,而发达国家及高技术区域的增长率更远超这一平均水平,例如法国达到 200%,美国硅谷地区甚至高达 400%。相较于传统犯罪,计算机犯罪造成的经济损失更为严重,以美国统计数据为例:平均每起计算机犯罪案件造成的损失高达 45 万美元,而传统银行欺诈案件的平均损失仅为 1.9 万美元,银行抢劫案平均损失约 4900 美元,普通抢劫案平均损失仅 370 美元。相较于财产损失,利用计算机实施恐怖活动等犯罪行为可能危害更大。因此,西方各国已普遍达成共识,必须高度重视计算机犯罪的防范与治理。

我国自 1986 年首次发现计算机犯罪(当年仅 9 起案件)以来,相关案件数量呈现爆发式增长。1999 年全国立案侦查的计算机违法犯罪案件为 400 余起,2000 年即激增至 2700 余起。根据公安部最新数据,2022 年全国共破获电信网络诈骗案件 46.4 万起。网络犯罪形式从早期的诈骗、敲诈、窃取等,发展到单案涉案金额达数百万元,造成的经济损失难以估量。其中,金融行业成为计算机网络犯罪的重灾区,相关案件占比高达 61%。

**【案例 5-1】** 虚假的电子邮件地址

2021 年,厦门某外贸公司遭遇一起高额邮件诈骗案件。该公司财务人员在付款环节未能识别诈骗邮件发件人地址的细微差异,导致近百万元资金被骗。诈骗分子使用的高仿邮箱地址与真实供货方邮箱高度相似,仅存在一个字母的差别:真实邮箱地址中的"m"被替换为"n"。由于未能发现这一差异,财务人员按照诈骗邮件提供的账户信息多次转账,累计金额达近百万元人民币。

厦门这起案件揭示,诈骗团伙事先已入侵该公司邮件系统。通过分析用户账户中的往来邮件内容,诈骗分子掌握了业务细节,并模仿供货方与客户的邮件往来获取信任。在掌握付款关键节点后,他们伺机实施诈骗。该案警示我们,日常工作中必须高度重视邮箱账户的安全防护。

专家提示:

(1) 合法机构通常不会要求用户通过电子邮件提供信用卡信息,如遇此类要求应当拒绝。

(2) 任何索要密码、账号或要求下载软件的邮件都可能存在风险,应立即删除。

(3) 犯罪分子常伪装成知名网站发送邮件,以降低用户警惕性,要求输入账号信息的邮件往往看似正常。

(4) 诈骗者会运用心理战术,利用用户的安全感使其放松警惕,从而落入预设陷阱。

# 5.2　黑客

微课视频

在公众认知中,黑客行为(hacking)往往被视为一种不负责任且具有破坏性的犯罪行为。典型黑客行为包括入侵计算机系统、故意传播病毒、窃取资金以及敏感的个人、企业和政府数据,还包括瘫痪网站运行、损毁文件以及干扰商业交易等。然而,也存在部分自称为黑客的群体,其行为模式与上述犯罪活动存在明显差异。

## 5.2.1　黑客行为的演变过程

计算机黑客最初在公众认知中仅指热衷于系统优化、功能定制和漏洞修复的技术爱好者。但随着近几十年病毒和网络犯罪的兴起,这类技术爱好者被错误地归入恶意黑客范畴,与真正的网络犯罪分子一同受到公众误解。从发展历程来看,黑客行为的演变可划分为三个主要阶段。

**1. 编程的喜悦**

在计算机技术发展初期,"黑客"(hacker)特指具有创新精神的程序员群体,他们擅长编写结构精巧、构思巧妙的程序代码。当时的黑客被尊称为"计算机艺术鉴赏家",而"优秀黑客作品"则专指那些极具创意的程序代码。这一群体创作了包括早期计算机游戏和操作系统在内的众多重要软件。尽管他们偶尔会探索进入未授权系统的方法,但早期黑客的主要动机是获取知识和应对智力挑战,有时也会享受突破系统限制所带来的成就感。大多数黑客并无破坏现有系统的意图,也不会刻意造成损害。其中部分黑客选择脱离社会主流,他们多为高中生、大学生或辍学生。这一时期的黑客活动主要发生在单台计算机、黑客控制的小型网络，或是在其日常工作与学术研究环境中展开。

《新黑客词典》把黑客描述为具有如下特点的人："喜欢探索可编程系统的细节，以及如何延伸这些系统能力；对编程序拥有巨大热情甚至是痴迷其中"。裘德·米尔虹（Jude Milhon）把黑客行为描述为"巧妙地规避人们所设定的限制"。这些限制包括系统技术限制、他人设置的安全防护、法律约束或个人技术局限。这一定义较为全面，涵盖了该术语的多种应用场景。这一时期的黑客如同新大陆的探险者，不断推进技术边界，并为自己的发现而欣喜若狂。

在众多技术会议及其他专业场合，"黑客行为"仍保留着其早期含义，即通过巧妙编程展现高超技能与突破限制的能力。例如，任天堂 Wii 游戏机的爱好者通过重新编程遥控器，实现了超出官方设计的功能；苹果 iPhone 发布后不久，黑客便找到方法绕过了公司的使用限制。此外，数以千计的开发者常聚集参与为期一天的黑客马拉松（hack-a-thons）活动，以高强度协作方式开发创新软件。

### 2. 黑客活动黑暗面的崛起

随着计算机的普及和滥用现象的增多，"黑客"一词的语义内涵发生了显著变化。对多数人而言，黑客活动不再代表技术探索与智慧突破，而演变为法律与道德边界的逾越。至20世纪80年代，黑客行为已涵盖计算机病毒传播——当时主要通过软盘植入商业软件实现。此类行为包括恶意恶作剧、数字破坏、网络骚扰、数据盗窃以及电话线路盗用等。这些活动为"黑客"一词注入了负面含义，最终形成其当今最常见的定义：未经授权侵入计算机系统的行为。

入侵大型研究中心、企业或政府机构的计算机系统对黑客而言具有特殊吸引力，这种挑战不仅能带来成就感，还能获取大量文件资料并赢得同行认可。年轻黑客尤其热衷于此类"奖杯式"入侵行为。受电影《战争游戏》影响，部分黑客专门针对国防部计算机系统实施入侵，且成功率颇高。

随着职业罪犯意识到黑客技术的潜在价值，他们开始招募黑客实施商业间谍、巨额盗窃和金融诈骗等犯罪活动。1994年，俄罗斯黑客弗拉基米尔·列文（Vladimir Levin）伙同跨国犯罪团伙，利用窃取的花旗银行员工密码盗取40万美元，并成功将1100万美元转移至境外账户，这被视为首例网络银行劫案。该案从伦敦引渡列文至美国受审耗时两年有余，充分凸显了计算机犯罪的跨国特性及其对司法执法带来的特殊挑战。

### 3. 黑客作为破坏性工具和犯罪工具

随着各类企业及各级政府机构将业务数据全面数字化，互联网可访问信息量呈现指数级增长。网络的高度互联性及其在敏感信息、金融交易和机密通信领域的广泛应用，显著提升了黑客行为对犯罪组织的吸引力，同时也大幅增加了对受害者的潜在危害。特别是当医院、交通管控、应急响应等关键基础设施系统接入网络后，黑客攻击目标范围急剧扩张，对公众日常生活构成的安全威胁也随之倍增。

随着互联网发展，罪犯和黑客可以将触角伸向不同领域。青少年能够入侵小型机场用于处理塔台与进港航班通信的计算机系统。英国的黑客曾伪装成空中交通管制员，向飞行员发送虚假指令。另有黑客通过篡改赌博网站程序，使所有参与者都能赢钱。还有人利用地铁售票机的软件漏洞，导致该城市地铁系统损失80万美元。

　　黑客还会实施报复性攻击。在瑞典警方突击搜查了一个知名盗版音乐网站后,黑客发起明显的报复行动,导致瑞典政府和警方的主要网站瘫痪。乔治·霍茨(George Hotz)公开演示如何在 PlayStation 3 游戏机上运行未经授权的应用程序和游戏后,索尼公司对他提起诉讼,随后一个黑客组织对索尼网站发动了拒绝服务攻击。在另一次攻击中,黑客窃取了索尼游戏系统中数百万用户的姓名、生日和信用卡信息。

　　随着智能手机和社交网络的普及,它们也成为黑客的攻击目标。当人们使用不安全的手机软件时,黑客可能窃取银行登录凭证。黑客能够访问 Facebook 用户的个人资料页面,并诱骗用户运行恶意软件,从而在这些页面上发布色情和暴力内容。一种常见的黑客策略是伪造优惠折扣、免费赠品或有趣的内容,用户只需点击就可能激活恶意软件。社交网络提供了大量潜在受害者,因为用户已经习惯于这种共享模式。

　　随着计算机安全应急响应团队的组建,计算机科学家通过改进安全技术来应对日益增长的安全威胁,但企业、组织和政府机构的安全意识始终未能同步提升。直到 21 世纪初,当一些破坏性病毒和重大安全漏洞引发广泛关注并影响众多机构时,安全技术和行业实践才出现显著改善。如今,网络安全领域已发展成熟,安全专家与执法部门密切协作,共同应对黑客威胁。

## 5.2.2　黑客攻击行为与反攻击技术

　　黑客攻击的方式包括拒绝服务攻击、非授权访问、预探测攻击、可疑活动、协议解码和系统代理攻击等。入侵检测技术通过截获网络信息来识别攻击行为。该技术的基本方法是采用模式匹配来发现入侵行为。要有效实施防御,必须首先了解攻击的原理和机制,这样才能做到知己知彼,有效预防入侵行为的发生。本节将介绍几种典型的入侵攻击方式,并分析相应的防御策略。

### 1. Land 攻击

　　攻击类型:Land 攻击属于拒绝服务攻击的一种。

　　攻击特征:在 Land 攻击中,数据包的源 IP 地址与目标 IP 地址相同。当操作系统接收到此类数据包时,由于无法正确处理源地址与目的地址相同的通信请求,可能导致系统陷入循环处理状态,大量消耗系统资源,最终引发系统崩溃或死机等问题。

　　检测方法:通过检测网络数据包的源 IP 地址与目标 IP 地址是否一致来识别 Land 攻击。

　　反攻击方法:可通过配置防火墙或路由器的过滤规则(通常设置为丢弃此类数据包)来防御此类攻击,同时记录攻击日志(包括时间戳、攻击主机的 MAC 地址和 IP 地址等信息)以便进行安全审计。

### 2. TCP SYN 攻击

　　攻击类型:TCP SYN(Synchronize Sequence Numbers,同步序列编号)攻击是一种拒绝服务攻击。

　　攻击特征:它是利用 TCP(Transmission Control Protocol,传输控制协议)客户机与服务器之间 3 次握手过程的缺陷来进行的。攻击者通过伪造源 IP 地址向被攻击者发送大量 SYN 数据包;当被攻击主机接收到大量 SYN 数据包时,需要占用大量缓存来处理这些连接,并将 SYN ACK(Acknowledge Character,确认字符)数据包发送回错误的 IP 地址,同时持续等待 ACK 数据包的回应,最终导致缓存耗尽,无法处理其他合法的 SYN 连接,从而无法对外提供正常服务。

检测方法:检查单位时间内收到的 SYN 连接是否超过系统设定的值。

反攻击方法:当接收到大量的 SYN 数据包时,通知防火墙阻断连接请求或丢弃这些数据包,并进行系统审计。

### 3. Ping Of Death 攻击

攻击类型:Ping Of Death 攻击是一种拒绝服务攻击。

攻击特征:该攻击数据包超过 65 535 字节。部分操作系统在接收长度超过 65 535 字节的数据包时,会导致内存溢出、系统崩溃、重启或内核错误等后果,从而实现攻击目的。

检测方法:判断数据包的大小是否大于 65 535 字节。

反攻击方法:使用新的补丁程序,当收到大于 65 535 字节的数据包时,丢弃该数据包,并进行系统审计。

### 4. WinNuke 攻击

攻击类型:WinNuke 攻击是一种拒绝服务攻击。

攻击特征:WinNuke 攻击又称带外传输攻击,它的特征是攻击目标端口,被攻击的目标端口通常是 139、138、137、113、53,而且 URG 位设为"1",即紧急模式。

检测方法:判断数据包目标端口是否为 139、138、137 等,并判断 URG 位是否为"1"。

反攻击方法:适当配置防火墙设备或过滤路由器就可以防止这种攻击手段(丢弃该数据包),并对这种攻击进行审计(记录事件发生的时间,源主机和目标主机的 MAC 地址和 IP 地址 MAC)。

### 5. Teardrop 攻击

攻击类型:Teardrop 攻击是一种拒绝服务攻击。

攻击特征:Teardrop 是一种基于 UDP(User Datagram Protocol,用户数据报协议)的病态分片数据包攻击方法,其原理是向目标发送多个分片 IP 包(IP 分片数据包包含所属数据包标识及在数据包中的位置等信息),某些操作系统在接收到含有重叠偏移的伪造分片数据包时,会出现系统崩溃或重启等现象。

检测方法:对接收到的分片数据包进行分析,计算数据包的片偏移量(Offset)是否有误。

反攻击方法:添加系统补丁程序,丢弃收到的病态分片数据包并对这种攻击进行审计。

### 6. TCP/UDP 攻击

攻击类型:TCP/UDP 端口扫描是一种预探测攻击。

攻击特征:对被攻击主机的不同端口发送 TCP 或 UDP 连接请求,探测被攻击对象运行的服务类型。

检测方法:统计外界对系统端口的连接请求,特别是对 21、23、25、53、80、8000、8080 等以外的非常用端口的连接请求。

反攻击方法:当收到多个 TCP/UDP 数据包对异常端口的连接请求时,通知防火墙阻断连接请求,并对攻击者的 IP 地址和 MAC 地址进行审计。

对于某些较复杂的入侵攻击行为(如分布式攻击、组合攻击),不但需要采用模式匹配的方法,还需要利用状态转移、网络拓扑结构等方法来进行入侵检测。

### 7. 缓冲区溢出攻击

缓冲区是一块连续的计算机内存区域。在程序中,通常把输入数据存放在临时空间内,这个临时存放空间被称为缓冲区。在计算机内部,如果向容量有限的内存空间存储过量的数据,这时数据就会溢出存储空间。

攻击类型:缓冲区溢出攻击是一种拒绝服务攻击。

攻击特征:黑客精心设计一个 EIP(执行接口程序),使程序发生溢出后改变正常流程,转而去执行他们设计好的一段代码。攻击者就能获取对系统的控制,利用 ShellCode 实现各种功能,例如监听一个端口、添加一个用户等。

检测方法:对输入的字符串进行检测,若确定为溢出攻击字符串,则采取阻拦措施,使攻击者无法注入攻击代码。此外,在函数调用返回前,可通过检查返回地址是否被修改来判断是否发生缓冲区溢出攻击。

反攻击方法:可通过操作系统设置,使缓冲区不可执行,从而阻止攻击者植入攻击代码。另一种方法是采用程序指针完整性检查,即在程序指针被引用前检测其是否被篡改。即使攻击者成功修改程序指针,由于系统已检测到异常,该指针也不会被使用。

缓冲区溢出是由于系统和软件本身存在漏洞所导致的。例如,目前广泛使用的 C 和 C++语言在编译时不会进行内存检查,包括数组边界检查和指针引用检查,这些检查需要开发人员手动实现,但往往被忽略。此外,标准 C 库中存在许多不安全的字符串操作函数,如 strcpy()、sprintf()和 gets(),这些函数容易引发安全风险,从而形成缓冲区溢出漏洞。

## 5.2.3　黑客行为的特定应用

黑客行为本质上属于计算机滥用行为,但应与计算机犯罪行为加以区分。从行为动机来看,黑客行为主要出于三种目的:信息窥探、恶作剧或技术炫耀。虽然这类行为可能造成一定的社会危害,但其主观恶意通常不足以动摇社会根基,造成的损失也往往达不到刑事处罚的标准。值得注意的是,在某些特定情况下,黑客行为反而可能促进技术革新。因此,在制定相关法律规范时,需要审慎考量其特殊性,建立与之相适应的监管机制。

人们会在网上从陌生人手中购买产品和服务,也会在网上进行银行交易和投资,却不知道交易对象的真实物理位置。人们只需带上护照和信用卡或借记卡就可以出门旅行,也可以在几分钟内通过住房抵押贷款或汽车贷款的资格审查。作为提供这种便利和效率的一部分,人们的身份已转化为一系列数字和计算机文件。然而,这种便利性和效率也伴随着风险。远程交易成为多种犯罪行为的温床,尤其是身份盗窃(identity theft),以及由此引发的信用卡和借记卡欺诈。

身份盗窃是指犯罪分子盗用他人身份信息实施违法犯罪的行为。一旦获取受害者的银行卡号,不法分子会进行大额消费或转卖牟利;还可能利用身份证、手机号等个人信息冒名办理银行账户。这些犯罪分子常通过骗取网贷、盗刷移动支付、转移账户资金、伪造票据等手段非法获利,甚至利用他人身份信息注册公司或办理电信业务。近年来,随着移动支付的普及,此类犯罪呈现出团伙化、跨区域作案的特点,给人民群众财产安全带来严重威胁。

个人信息是网络黑产的主要目标,黑客攻击往往成为金融诈骗的关键手段,例如入侵个人网银或支付账户盗取资金。在某些案件中,盗取身份信息实施诈骗本身就是犯罪分子的最终目的。一旦发生大规模数据泄露事件，可能影响数百万用户，并导致大量诈骗案件。虽然银行和支付机构会承担部分欺诈损失，但这些成本最终可能通过提高手续费等方式转嫁给普通用户。更严重的是，受害者可能因身份被盗用而征信受损，影响房贷、消费贷等金融业务办理，甚至波及就业和租房。此外，部分金融机构还可能要求受害者偿还被冒名办理的贷款，进一步加重损失。

不法分子常通过招聘网站窃取求职者简历信息，收集包括住址、身份证号、手机号、学历等详细个人资料，用以实施身份冒用等违法犯罪活动。这些犯罪分子惯用两种手法：一是伪装成企业 HR 发布虚假高薪职位，二是冒充用人单位以"入职背调"为由骗取更多隐私信息。当前这类犯罪日益猖獗，求职者需特别注意：在招聘平台发布简历时，应隐去身份证号、具体住址等敏感信息；收到面试通知后，需通过软件核实企业资质，或要求对方提供加盖公章的录用函后再提交详细资料。目前主流招聘平台均已上线隐私保护功能，用户可自主选择隐藏关键个人信息。

虽然公众普遍关注犯罪团伙利用黑客技术实施身份盗窃，但事实上，亲友熟人也可能成为信息泄露的重要源头。大量身份盗窃案件源于钱包丢失、证件被盗等线下场景。无论在线上还是线下，民众都需妥善保管身份证号、银行卡密码、手机验证码等敏感信息。特别要注意：不要将包含个人信息的证件随意借给他人使用；废弃的快递单、银行回单等纸质文件需彻底销毁；手机解锁密码和支付密码应避免使用简单数字组合。

## 5.3 计算机病毒

### 5.3.1 计算机病毒的概念

根据《中华人民共和国计算机信息系统安全保护条例》，计算机病毒（Computer Virus）被明确定义为：一组能够自我复制的计算机指令或程序代码，这些指令或代码通过编制或插入计算机程序的方式，破坏计算机功能或数据，影响计算机正常使用。

**1. 计算机病毒的产生和分类**

计算机病毒是计算机技术与社会信息化发展到特定阶段的必然产物。它产生的背景如下。

（1）计算机病毒是计算机犯罪的新型表现形式，属于高技术犯罪范畴，具有瞬时性、动态性和随机性特征。由于取证困难且破坏性强，这种犯罪形式刺激了不法分子的犯罪意识，成为部分人群在计算机领域实施恶作剧或报复行为的手段。

（2）计算机软硬件产品存在固有的技术脆弱性。作为电子产品，计算机在数据输入、存储、处理和输出等环节都可能出现误操作、篡改、丢失或破坏等问题；程序容易被删除或篡改；软件开发仍主要依赖手工方式，效率低下且周期冗长；目前尚无法预先检测程序中的全部错误，只能在运行过程中逐步发现和修正，难以彻底排除潜在缺陷。这些技术漏洞为病毒入侵提供了可乘之机。

（3）微型计算机的普及为计算机病毒的产生提供了必要条件。1983 年 11 月 3 日，美国计算机专家首次提出并验证了计算机病毒的概念。当时正值计算机普及应用的热潮，微型计算机广泛使用，其操作系统简单透明，软硬件缺乏有效安全防护。随着了解计算机内部结构的用户增多,系统漏洞和攻击点逐渐被掌握,不同目的的使用者可以采取完全不同的操作方式。当前 IBM PC 系统及其兼容机上广泛流行的各类病毒,正是这一现象的典型例证。

计算机病毒按性质可分为良性病毒和恶性病毒两类。良性病毒危害较小,不会破坏系统和数据,但会大量占用系统资源,导致计算机运行速度下降甚至完全瘫痪,例如国内曾出现的圆点病毒就属于此类。恶性病毒则具有破坏性,可能损毁数据文件或导致系统崩溃。

根据激活时间特征,计算机病毒可分为定时发作型和随机发作型两类。定时发作型病毒仅在预设时间点激活,通常由系统时钟触发;随机发作型病毒则没有固定触发时间,其激活具有不确定性。

根据入侵方式,计算机病毒可分为操作系统型、源码型、外壳型和入侵型四类。操作系统型病毒破坏性强,通过替换或修改操作系统关键部分实施攻击,可能导致系统完全瘫痪,如圆点病毒和大麻病毒;源码型病毒在程序编译前植入 Fortran、C 或 PASCAL 等语言的源代码中,通常依附于语言处理程序或连接程序;外壳型病毒附着在可执行文件首尾,不修改源程序代码,这类病毒编写简单但容易被发现,通过检测文件大小变化即可识别;入侵型病毒则直接嵌入主程序,替换不常用的功能模块或堆栈区,这类病毒通常针对特定程序编写。

根据传染性特征,计算机病毒可分为不可传染性和可传染性两类,其中不可传染性病毒可能更具危害性和预防难度。

按传播途径划分,主要存在感染磁盘引导区、操作系统和应用程序三类病毒。

从攻击目标来看,病毒可分为攻击微型计算机、小型机和工作站等类型,其中针对微型计算机的病毒最为常见,全球约 90% 的病毒专门攻击 IBM PC 及其兼容机。

**2. 计算机病毒的特点**

(1) 寄生性:病毒依附于正常程序存在,程序执行时激活破坏功能,未运行时难以察觉。

(2) 传染性:除自身破坏性外,病毒可通过复制和变异快速传播,防控难度大。

(3) 潜伏性:部分病毒可预设激活时间,如黑色星期五病毒在特定条件触发前完全隐蔽。

(4) 隐蔽性:病毒检测难度高,部分可被查杀,部分完全隐匿或行为多变,处置极为困难。

**3. 计算机病毒的表现形式**

计算机受到病毒感染后,会表现出不同的症状,以下是一些常见的现象。

(1) 机器不能正常启动。通电后机器无法启动,或者可以启动,但所需时间比原来的启动时间更长,有时会突然出现黑屏现象。

(2) 运行速度降低。如果在运行某个程序时,读取数据的时间比原来更长,存储或调取文件的时间都增加了,那可能是病毒造成的。

(3) 磁盘空间迅速变小。由于病毒程序要进驻内存,并且能自我复制,因此会使内存空间变小甚至变为“0”,导致用户无法保存任何信息。

(4) 文件内容和长度发生变化。文件存入磁盘后,其长度和内容通常不会改变,但由于病毒的干扰,文件长度可能改变,内容可能出现乱码。有时文件内容无法显示,或显示后突然消失。

（5）频繁出现"死机"现象。正常操作不会导致死机，即使是初学者输入错误命令也不会死机。如果机器频繁死机，可能是系统感染了病毒。

（6）外部设备工作异常。由于外部设备受系统控制，若机器感染病毒，外部设备工作时可能出现异常情况，产生一些无法用理论或经验解释的现象。

### 4. 计算机病毒的工作过程

计算机病毒的完整工作过程包括以下几个环节：

（1）传染源。病毒通常依附于某些存储介质，如软盘、U盘、硬盘等，某些恶意网站也可能成为传染源。

（2）传染媒介。病毒传播的媒介取决于工作环境，可能是计算机网络，也可能是可移动存储介质，如U盘等。

（3）病毒激活。病毒被加载到内存中，并设置触发条件。一旦条件满足，病毒就会开始作用——自我复制到其他对象中，并进行各种破坏活动。

（4）病毒触发。计算机病毒一旦被激活，就会立即发挥作用。触发条件多种多样，可能是内部时钟、系统日期、用户标识符，也可能是系统的一次通信等。

（5）病毒表现。病毒表现是其主要目的之一，有时会在屏幕上显示出来，有时则表现为破坏系统数据。可以说，凡是软件技术能够影响到的范围，都可能成为病毒表现的目标。

（6）传染。病毒的传染性是衡量其危害性的重要指标。所谓传染，就是病毒将自身复制到另一个可感染对象中的过程。

### 5. 计算机病毒的预防措施

正如无法研制出包治百病的灵丹妙药一样，开发出万能的计算机病毒防护程序也是不可能的。但我们可以针对病毒特性，利用现有技术并开发新技术，使防病毒软件在与计算机病毒的对抗中不断完善，更好地保护计算机系统。计算机病毒预防是指在病毒尚未入侵或刚刚入侵时就进行拦截、阻击或立即报警。目前防病毒软件主要采用以下技术。

（1）集成多种杀毒引擎，在开机时或执行可执行文件前进行扫描。这种方法的局限性在于：对变种病毒和未知病毒无效；系统资源占用大，需要常驻内存；扫描耗时随病毒库增大而增加。

（2）监控病毒常修改的系统信息，如引导区、中断向量表和内存空间等。这种方法的不足是：难以区分正常程序和病毒行为，容易产生误报，可能导致用户对警报失去警惕。

（3）监控磁盘写入操作，对引导区（BR）或主引导记录（MBR）的写入操作发出警报。当检测到程序试图修改可执行文件时，即判定为可疑病毒行为并阻止写入。该技术的缺陷在于：某些正常程序也会进行类似操作，容易产生误报。

（4）通过生成文件校验码实现程序完整性验证，在程序执行前或定期进行校验，发现异常立即报警。该方法的优势在于：能够早期发现病毒感染，同时对已知和未知病毒均具备防护能力。

（5）智能判断型：通过建立病毒行为判定知识库，运用人工智能技术来区分正常程序与病毒程序行为。误报率取决于知识库设计的合理性。其局限性在于：单一知识库难以涵盖所有病毒行为，例如对不驻留内存的新型病毒容易漏报。

（6）智能监察型：整合病毒特征库（静态）、病毒行为知识库（动态）和程序存取行为知识库（动态），配合可调整的推理机制。这种方法能有效应对新型病毒，误报和漏报率较低，代表着未来病毒防治技术的发展方向。

## 5.3.2　蠕虫

【案例 5-2】　incaseformat 蠕虫病毒来袭

2021 年,深信服安全团队监测到名为 Incaseformat 的蠕虫病毒在国内爆发。该病毒执行后会自我复制至系统盘 Windows 目录,并创建注册表实现自启动。若用户重启主机,病毒母体从目录启动,进程将遍历除系统盘外的所有磁盘文件执行删除操作,导致不可

时会触发删除行为,重启将导致其在 Windows
目录全防护和病毒查杀前避免重启主机。同时需避免随站获取程序。建议关闭非必要共享,或设置共享
目录质的使用,使用前须进行病毒查杀。若发现主机
已感描查杀,再尝试通过数据恢复软件修复。

行的独立程序,通过持续获取存在漏洞的联网计
算机特征在于无需人为操作即可自主复制传播。

同扫描、攻击、传染和现场处理四个阶段。当蠕虫
程序将自身主体(或核心模块)传输到目标主机。接
着,执行现场处理任务。现场处理工作主要包括隐
藏、在该主机上生成多个副本,这些副本会重新开始
上不同的蠕虫所采取的 IP 地址生成策略可能不
同具体实现复杂程度也存在差异,有的十分复杂,有
的

析,可以归纳出它的行为特征:
向黑客入侵的自动化工具,一旦被释放,从搜索漏洞、
利个过程均由蠕虫自主完成。这种自主性使其区别于
传

统都可能存在漏洞,蠕虫通过利用这些漏洞获取目
标为可能。这些漏洞的来源多种多样,包括操作系统缺
陷员的配置错误。正是由于漏洞成因的复杂性,才导致
谷

洞主机的过程中需要执行以下操作:检测目标计算
机是否存在、判断特定应用服务是否运行、验证漏洞是否存在等,这些行为必然会产生额外的网络数据流量。同时,蠕虫副本在不同主机之间传播或向随机目标发起攻击时,也会产生大量网络数据包。即使某些蠕虫不包含破坏系统正常运行的恶意代码,其产生的巨大网络流量仍可能导致整个网络瘫痪,进而造成严重的经济损失。

(4)消耗系统资源。蠕虫入侵计算机系统后,会在被感染主机上生成多个自身副本,每个副本都会启动扫描程序搜索新的攻击目标,从而大量消耗系统资源,导致系统性能显著下

降,这对网络服务器的影响尤为严重。

（5）留下安全隐患。多数蠕虫会收集、传播和泄露系统敏感信息(如用户数据等),并在系统中植入后门,这些行为都会给计算机系统带来长期的安全风险。

### 3. 蠕虫的检测

这里介绍中科网威 VDS(Virus Delect System)对蠕虫的检测技术与防治策略。

（1）对未知蠕虫的检测。对蠕虫在网络中产生的异常,有多种方法可以对未知的蠕虫进行检测,比较通用的方法有对流量异常的统计分析,对 TCP 连接异常的分析。网威入侵检测在这两种分析的基础上,又使用了对 ICMP(Internet Control Message Protocol, Internet 控制报文协议)数据异常分析的方法,可以更全面地检测网络中的未知蠕虫。这种网络蠕虫的检测方法是 Bob Gray 和 Vincent Berk 在 2003 年 11 月 4 日的 ISTS(Intel Science Talent Search,英特尔科学奖)技术大会中提出的。

（2）对于已知蠕虫的检测。网威网络病毒检测系统为了适应对蠕虫各个阶段的不同行为的检测,使用编译技术,创建了网威的脚本语言 NPDCL(网威检测控制语言),结合虚拟机技术,创建了解释执行 NPDCL 的虚拟机。通过整个 NPDCL 脚本来控制整个 VDS 的检测过程,打破了传统的单一地发现符合某条规则就进行事件报警的机制,提高安全事件的关联分析功能,从而可以对一个蠕虫的各个阶段的不同行为进行关联分析,并且根据蠕虫的多个行为特征进行判断,而不是简单地针对某个存在漏洞的服务进行特征匹配。NPDCL 同时具有丰富的行为特征库,可以对目前流行的病毒,如振荡波、冲积波等病毒以及多种变种进行检测。

### 4. 蠕虫的防治策略

1）防火墙保护

通过控制防火墙的策略,对感染主机的对外访问数据进行控制,防止蠕虫对外网的主机进行感染。同时如果 VDS 发现外网的蠕虫对内网进行扫描和攻击,也可以和防火墙进行互动,防止外网的蠕虫传染内网的主机。

2）交换机联动

中科网威 VDS 支持和 Cisco 系列的交换机通过 SNMP(Simple Network Management Protoco,简单网络管理协议)进行联动,当发现内网主机被蠕虫感染时,可以切断感染主机同内网的其他主机的通信,防止感染主机在内网的大肆传播,同时可以控制因为蠕虫发作而产生的大量的网络流量。同时为了适应用户的网络环境,VDS 还提供了 Telnet 配置网络设备的接口,这样 VDS 可以和网络中任何支持 Telnet 管理的网络设备进行联动。装有 HIDS 的服务器接收到 VDS 传来的信息,可以对可疑主机的访问进行阻断,这样可以阻止受感染的主机访问服务器,使服务器上的重要资源免受损坏。系统发出报警,通知网络管理员对蠕虫进行分析后,可以通过配置 Scanner 来对网络进行漏洞扫描,通知存在漏洞的主机到 Patch 服务器下载补丁进行漏洞修复,防止蠕虫进一步传播。

3）蜜罐技术

蜜罐(Honeypot)的机理是人为设置网络陷阱,诱骗攻击者将主要的资源和时间都放在攻击蜜罐系统上,并暴露自己的攻击模式。现阶段很多比较先进的蜜罐系统,还能在受到攻击后作出相应的应答,让攻击者产生错误判断,继续执行攻击行为,在这一过程中让网络安全员或网络安全系统了解更多的技术细节,以便于根据攻击模式提供针对性的防御策略,甚至逆向追溯攻击者的 IP 地址,达到打击网络犯罪的效果。现阶段蜜罐技术已经趋于成熟,并且衍生出了多种类型,例如按照交互程度的不同,可分为高交互蜜罐与低交互蜜罐,按照蜜罐是否真实可以分为实系统蜜罐、伪系统蜜罐等。

4) 白色蠕虫与反击技术

白色蠕虫(Ethical Worm)是利用应用补丁或者加固配置等方式,在检测到有蠕虫入侵,但是尚未侵占系统之间进行网络安全漏洞的修复,从而达到保护数据安全的一种技术手段。在传统的网络安全管理模式下,每当发布一个新的补丁时,系统管理员首先要判断系统是否需要安装该补丁,然后进一步验证补丁的真实性,以免安装了被攻击者伪装成补丁的恶意代码。验证通过后再安装补丁,修补系统的安全漏洞。整个过程不仅操作烦琐,而且浪费较多时间。相比之下,利用白色蠕虫技术则可以省略上述步骤,自动修补安全漏洞,有效遏制了蠕虫的大规模爆发,从而以更快的速度、更少的资源消耗,达到了保护系统安全的目的。另外,白色蠕虫技术除了可以作出主动防御外,还具备反击功能,主动清除主机内感染的蠕虫。

## 5.3.3　木马病毒

【案例 5-3】 一位网络工程师的日记

×年×月×日:一位客户的 PC 出现了奇怪的症状,速度变慢,CD-ROM 托盘毫无规律地进进出出,从来没有见过的错误信息,屏幕图像翻转等。我切断了他的 Internet 连接,然后按照对付恶意软件的标准步骤执行检查,终于找出了罪魁祸首:两个远程访问特洛伊木马,一个是 Cult of the Dead Cow 臭名昭著的 Back Orifice,还有一个是不太常见的 The Thing。在这次事件中,攻击者似乎是个小孩,他只想搞些恶作剧,让别人上不了网,或者交换一些色情资料,但没有什么更危险的举动。如果攻击者有其他更危险的目标,那么他可能已经从客户的机器及其网络上窃取到许多机密资料了。

### 1. 木马病毒的概念

一般的木马都有客户端和服务器端两个执行程序,其中客户端是用于攻击者远程控制植入木马的机器,服务器端程序即是木马程序。攻击者要通过木马攻击用户系统,他所做的第一步是要把木马的服务器端程序植入到用户计算机里面。

在瑞星"云安全"拦截的病毒数量统计中,木马占病毒总数的 53%,是目前感染计算机最严重的病毒,而且木马近年来发展迅速,经常被黑客利用,它是一种特殊的病毒,独立存在或隐藏在正常程序中,如果把它当成一个软件来使用,该木马就会植入计算机,随后,计算机的控制权就会交到"黑客"手里,木马将渗透到用户的计算机系统内,盗取用户的各类账号和密码,窃取各类机密文件,甚至远程控制用户主机,对用户的财产安全构成了威胁,严重侵害人民和国家的利益。了解木马如何进行隐藏,利用何种手段可以检测出木马就显得尤为重要。

### 2. 木马的入侵途径

目前木马入侵的主要途径是先通过一定的方法把木马执行文件放置到被攻击者的计算机系统里,如邮件、下载等,然后通过一定的提示故意误导被攻击者打开执行文件,比如故意谎称这个木马执行文件是朋友送给某个人的贺卡。可是当收信人打开这个文件后,确实有贺卡的画面出现,但这时可能木马已经悄悄在用户后台运行了。

一般的木马执行文件非常小,大都是几 KB 到几十 KB,如果把木马捆绑到其他正常文件上,用户很难发现。所以,有一些网站提供的软件下载往往是捆绑了木马文件的,在用户执行这些下载的文件时,也同时运行了木马程序。

木马也可以通过 Script、ActiveX 及 ASP、CGI 交互脚本的方式植入,由于微软的浏览器在执行 Script 上存在一些漏洞,攻击者可以利用这些漏洞传播病毒和木马,甚至直接对浏览者计算机进行文件操作等控制。如果攻击者有办法把木马执行文件上载到攻击主机的一个可执行 WWW 目录夹里面,他可以通过编制 CGI 程序在攻击主机上执行木马目录。木马还可以利用系统的一些漏洞进行植入,如微软著名的 IIS(Internet Information Services,互联网信息服务)溢出漏洞,通过一个 IISHACK 攻击程序即令 IIS 崩溃,并且同时在攻击服务器时执行远程木马执行文件。

### 3. 木马的攻击手段

木马在被植入攻击主机后,它一般会通过一定的方式把入侵主机的信息,如主机的小地址、木马植入的端口等发送给攻击者,这样攻击者才能够与木马里应外合控制攻击主机。

在早期的木马里面,大多都是通过发送电子邮件的方式把入侵主机信息告诉攻击者,有一些木马文件干脆把主机所有的密码用邮件的形式通知给攻击者,这样攻击者就不用直接连接攻击主机即可获得一些重要数据,如攻击 OICQ(腾讯 QQ)密码的 GOP 木马即是如此。使用电子邮件的方式对攻击者来说并不是最好的一种选择,因为如果木马被发现就可以通过这个电子邮件的地址找出攻击者。现在还有一些木马采用的是通过发送 UDP 或者 ICMP 数据包的方式通知攻击者。

### 4. 木马的隐藏技术

木马的隐蔽性极高,它会伪装成合法程序,植入计算机系统,它不会"刻意"地感染其他文件,因此很难被发现。木马的隐藏方式一般有三种:一是加载时隐藏,木马植入到计算机,如果黑客不对木马进行任何伪装,正常的计算机用户不会主动运行恶意程序;二是存储时隐藏,木马的存储必须保证隐蔽性,避免用户发现计算机中出现了异常文件;三是运行时隐藏,包括端口隐藏和进程隐藏。

随着木马不断的演变和发展,为了保护自身不被发现,又出现了一系列新的隐藏方式:一种是"进程列表欺骗"隐藏方式。Windows 系统中,一般是通过应用程序编程接口(ApplicationProgrammingInterface,API)调用来查看运行的进程,"进程列表欺骗"方式就是利用改变 API 的返回结果来伪造返回的进程结果。木马程序对特定的 API 调用进行 Hook。Hook 是 Windows 中提供的一种用以替换 DOS 下"中断"的一种系统机制,中文译名为"挂钩"或"钩子"。在对特定的系统事件(这里指 API 函数的调用事件)进行 Hook 后,一旦发生已 Hook 的事件,对该事件进行 Hook 的程序(如木马)就会收到系统的通知,这时程序就能在第一时间对该事件作出响应(木马程序便抢在函数返回前对结果进行了修改)。因此,保护了木马程序不被发现。

另一种隐藏方式是篡改系统中的动态链接库(DynamicLinkLibrary,DLL)文件。DLL 是 Windows 系统的一种可执行文件。DLL 文件没有程序逻辑,是由多个功能函数构成的,它并不能独立运行,需要由程序加载并调用。运行 DLL 文件的最简单方法是 Rundll32.exe。例如,"3721 网络实名"就是通过 Rundll32 调用 DLL 文件实现的。安装了"网络实名"的计算机中注册表中"HKEYLOCAL_MACHINE\SOFTWARE\Microsoft\Windows\ Current Version \Run",有一个名为"CnsMin"的启动项,其键值为"Rundll32 C:\ WINDOWS \

Downlo～1\CnsMin.dll Rundll32",CnsMin.dll 是网络实名的 DLL 文件。微软对重要的 DLL 文件采用备份的方法进行保护。一旦操作系统发现被保护的 DLL 文件被篡改,就通过备份库恢复这个文件。

**5．木马的发现及应对**

在实践分析中,对于大范围传播的木马,用户可以使用几种简单易行的方式来发现木马。例如,对于一般存储时隐藏的木马,可以查看计算机中隐藏的文件及其扩展名,看是否存在多扩展名进程,如果有就可能存在木马,然后检查系统文件是否都处于正常的系统文件夹内,如果存在多个同样的系统文件,那么就要注意查看这些文件是否为木马文件;对于运行时隐藏的木马,木马在等待和运行的过程中,始终向外界打开端口,容易暴露。通常情况下,用户可以通过运行系统自带的 netstat 命令,查看端口的状态,利用任务管理器检查系统的活动进程,观察有没有陌生的进程,重点是注意 CPU 占用率较高的进程,利用异常进程发现木马,结束进程。但是一些小范围传播,或者针对性很强的木马程序,在木马特征库中通常没有相应的特征信息。用户需要利用专业软件和手工相结合来发现木马,具体介绍如下。

1) 自启动木马程序

大量的木马程序都是开机即启动运行,对启动项的查看有助于检测木马。需要查看系统启动时,哪些程序将自动运行,哪些服务将自动启用,哪些驱动将自动加载。Autoruns 是微软所推荐的一个启动项管理工具,在本地计算机中使用 Autoruns 发现开机自启动的程序并显示出其存储位置,前面有打勾选项的程序是本机的自启动程序,用户可以自行检查哪些程序在运行,如果没有安装该软件,那么很可能是病毒。

2) 系统服务描述符表(System Service Descriptor Table,SSDT)被修改

在 Windows 系统中查找木马,最典型的是检查系统服务描述符表 SSDT。很多木马程序会利用 Hook 技术修改 SSDT,截获各类对底层服务函数的调用,从而实现木马的隐藏和自我保护,针对此情况,可以使用"狙剑软件"找出使用 Hook 技术修改过 SSDT 的函数,利用"狙剑软件"找出使用过 Hook 技术的函数及其所在模块。

3) 查看关联端口进程

虽然 DLL 木马隐藏在其他进程中,不易被发现,但是往往会有一些异常。使用 Fport 软件,可以同时查看本机进程和端口的运行情况,再将二者联系起来,就更容易发现异常。如图 5-1 所示,给出了本机运行的进程及其对应的端口,对于那些占用多个端口的进程,应该引起警惕,很可能存在木马。

4) 检查注册表

Windows 通常采用 KnownDLLs 米缓存经常使用的 DLL 文件,也可以被当作是一种阻止恶意软件植入木马 DLL 的安全机制,但是假若木马修改或增加了 KnownDLLs 键值,则木马 DLL 可以无声息地替代原有的 DLL 进入进程。因此,可以查看内存中运行的 DLL 模块,对 DLL 文件列表进行备份,检查其下是否有新增的和可疑的键值,如果有,很可能存在木马,一旦找到木马程序的文件名后搜索整个注册表,找出全部隐藏在注册表中的木马及其安装路径指示文件,再进行删除、修改等操作。

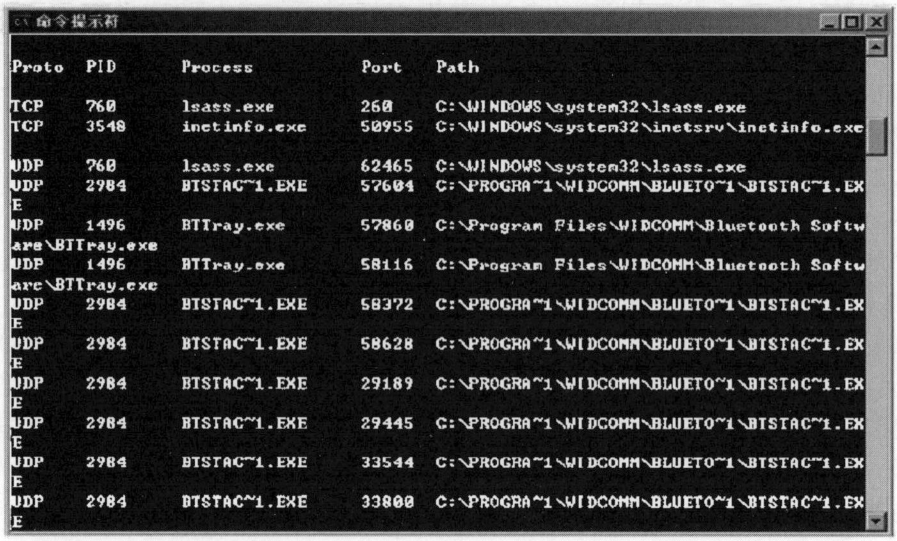

图 5-1　蠕虫病毒利用 Fport 软件查看进程和端口信息

## 5.4　数字世界的弱点

微课视频

为什么黑客似乎很容易就能访问到人们及其朋友的联系人名单,并向他们发送垃圾邮件？为什么对敏感数据和设备的黑客成功攻击如此之多？为什么对医疗设备的保护不足以免受黑客攻击？正如人们看到的,新工具非常强大,但是也非常脆弱。

几乎每种数字设备或系统,从人们的移动电话和平板电脑到健身监视器、网络控制的家庭照明系统和电视、个人计算机、Web 服务器和互联网,都存在漏洞,即包含人可以发现和利用的弱点或缺陷。安全漏洞和弱点来自各种不同的因素：

- 计算机系统固有的复杂性。
- 互联网与网络的发展历史。
- 运行电话、网络、工业系统的软件和通信系统,以及人们使用的许多互连设备。
- 新应用程序开发的速度。
- 经济、商业和政治因素。
- 人性。

### 5.4.1　互联网的弱点

互联网构造复杂,规模宏大。少数几个节点上出现故障,导致局部错误或崩溃,是不至于影响大局的。在大多数时候,全部节点中总有百分之三的节点处于故障状态。只要几个连接率最高的节点没有崩溃,人们根本感觉不到若干次要节点出了问题。但一些长期分析互联网内部连接状况的人士指出,如果容纳高连接率节点的网络遭到黑客攻击,互联网就会被一举摧毁。

#### 1. 操作系统

任何一台计算机最重要的部分之一就是它的操作系统它控制对硬件的访问,并使计算机用户可以使用应用程序和文件。像微软 Windows、苹果 macOS 和 Linux 这样的操作系统都试图在下列特性中做出平衡：

- 向用户提供尽可能多的功能。
- 向用户提供对尽可能多的功能加以控制的能力。
- 方便和易用性。
- 提供稳定、不崩溃的系统.提供一个安全的系统。

每个操作系统以及操作系统的每个版本都会以不同的方式来平衡这些标准。编写软件来管理计算机、键盘、鼠标、触摸屏、硬盘和内存,同时连接到网络,并提供对上述标准的平衡,是一项极其复杂的任务,可能需要协调由数千名软件设计师、开发人员和测试人员组成的庞大团队在移动设备或手机上,前后摄像头、多点触控压力敏感屏幕、指纹阅读器、电池使用和无线连接进一步增加了操作系统设计者面临的挑战。

在操作系统或应用程序中存在错误并不少见。编写软件的公司定期发布补丁来更新它们的产品,以修复错误。一些公司开始发送自动更新,而不再需要用户知情或同意。这些公司认为,软件的安全性至关重要,它们不想等到非技术用户的同意,才去进行重要的安全性更新。有些人认为这是对他们购买的设备"失去了控制",并因此反对软件的自动更新。企业中的信息技术部门反对自动更新,因为它们经常导致无法与企业内部的应用程序正确地交互。IT 部门需要时间来控制和测试更新,然后再将其提供给员工。到现在,大多数软件公司已经为用户提供了可选的自动软件更新,导致操作系统和应用软件在进行安全更新和打补丁的过程中会产生不一致的情况。

大型组织、企业和政府机构拥有跨越多个网络的庞大的信息系统,有时还会位于世界不同地区,这些网络上的硬件和软件被不断地升级和替换。跟踪在这个动态环境中发生的一切,并保持对网络安全人员的培训,是一项艰巨的任务,在某个时间点可能是安全节的系统在稍后时间就可能会变得很脆弱。

**2. 互联网的弱点**

互联网的起源是 ARPANET,它把许多大学、科技公司和政府设施联系在一起。在早期,互联网主要是研究人员的通信媒介,因此把重点放在开放访问、易用性和易共享信息上。许多早期的系统并没有密码,并且很少连接到电话网络;对入侵者的防护并不是他们需要担心的问题,早期的互联网先驱们并不会想到用户竟然会去故意破坏系统。安全主要依赖于信任,为开放而设计的互联网现在有 30 亿全球用户,而且有数十亿设备都连接到了互联网上。

20 世纪 90 年代,当企业和政府机构开始建立网站时,网络安全专家法默(Dan Farmer)运行了一个程序,来探查银行、报纸、政府机构甚至色情卖家的网站,寻找其中的软件漏洞,这些漏洞使得黑客很容易入侵,造成网站无法使用或者遭到破坏。在他调查的 1700 个网站中,大约三分之二存在安全漏洞,只有四个网站明显注意到有人在探查它们的安全性。但是,法默的警告没有起到什么效果。

万维网上的一个漏洞是用于查找消息转发的最佳路径的协议,例如,从人们的设备路由到想要访问的网站。网络实际上是由成千上万个较小的互连网络所组成的,在这些网络连接的点上,每一个点都向其他站点发送它能提供最短路径的站点列表。在这个庞大的连接网中,一个消息可以有大量不同的传播方式。有了这些关于最短路线的信息,可以大大加快通信速度。当新的网络和节点联机时,需要频繁更新最短路径列表,但是却没有机制来对更新进行验证,结果是每个网络都相信它得到了准确的信息。这些列表曾被故意和无意地篡改过几次,结果,互联网错误地将美国军事有关的网络流量中的很大一部分都绕到了中国,一些人认为这是一起蓄意监视美国军事秘密的企图。在另一起事件中,丹佛市相距很近的两台计算机之间的通信却被绕到了冰岛的一台恶意服务器上。

许多小企业没有 IT 部门,并且很多企业都没有足够资源雇佣一个专职人员来支持企业的计算机、软件和网络。他们的员工没有经过正式的安全培训,这些企业的安全软件通常仅限于免费版本的反恶意软件。虽然免费的反恶意软件也能提供一些保护,但它的范围有限,可能不会自动扫描病毒,并且很少定期更新已知恶意软件的列表。

许多小型企业网站是由当地的网页设计公司,或者可能是企业老板的朋友或家庭成员创建的。这些网站只是提供有关公司及其服务的信息“这里没有什么有价值的东西,为什么要担心安全呢?”因此这些网站对于黑客来说是很容易获得的有价值的奖品。黑客可以在这些企业网站上建立新的隐藏网站,然后使用该隐藏网站模拟银行网站,用于钓鱼诈骗、网址嫁接、作为僵尸网络的命令和控制服务器,或者用于其他恶意目的。从银行或其他大企业窃取数百万条数据记录的黑客通常一开始都会以小公司为目标,并找到跳到大公司的方法。

### 3. Heartbleed 安全漏洞

正如人们看到的,许多系统使用开源软件或自由软件 OpenSSL 就是一个这样的产品,它为程序员提供了用来发送和接收加密消息的计算机代码库。使用 Apache 软件的 Web 服务器依靠 OpenSSL 向银行、政府和包含敏感信息的其他站点提供安全的 Web 浏览服务。Android 智能手机操作系统、许多电子邮件服务器和大多数网络路由器也都在使用这个库。据估计,当在其中发现一个灾难性的 bug 使得黑客能够访问未加密的用户名、密码、数字证书和加密密钥时,将近三分之二的互联网都依赖于 OpenSSL 进行安全保护。这个缺陷被称为“Heartbleed”(心脏出血),因为它是在 OpenSSL 代码中的心跳(heartbeat)部分。

许多人对关键软件可能会有如此严重的缺陷感到震惊,并因此传出了关于该错误是被恶意加入的阴谋理论。真正的原因其实没有那么玄乎。为支持 OpenSSL 创建的非营利组织只有一名员工,该组织每年仅收到约 2000 美元的捐款。这个 bug 是一个简单的编程错误,是在一个兼职贡献者提供的更新过程中引入的,并且在软件版本发布之前的审查中没有被发现由于代码是开源的,任何开发者都可以查看其代码,但直到好几年之后,才有人发现这个错误。

## 5.4.2　人性、市场和物联网的弱点

导致安全性薄弱的一个重要因素是创新的速度和人们对新事物的快速渴望。竞争压力促使公司在开发产品时,没有投入足够多的思考或预算来分析潜在的安全风险,并对这些风险加以防范。共享文化,以及用户为社交网络和智能手机开发应用程序和游戏的现象,不仅带来了人们所拥有的一切美妙的好处,同时也带来了很多安全漏洞。消费者购买新产品和服务并下载应用程序时,更感兴趣的是便利性和令人眼花缭乱的新功能,而很少去关心其风险和安全性。每当出现新的产品、应用程序或网络空间的新现象时,黑客和安全专业人员都经常会发现漏洞。

许多敏感数据被盗的事件涉及被盗的便携式设备,如笔记本电脑和手机。这是当个人、

组织、政府机构和企业在拥抱技术进步时很少考虑风险以及几乎不采取任何安全措施的一个典型例子。公司最终学会了使用更多的物理保护措施,例如用安全线缆将笔记本电脑固定在办公室或酒店的重型家具上,并培训员工对便携式设备更加小心。移动设备的安全性已成为一项快速增长的业务。

现在人们可以跟踪被盗或丢失的设备,并且还可以远程擦除文件或整个设备。人脸识别、声纹和指纹识别器正成为访问设备的常用生物身份特征识别控件。物联网(Internet of Things,IOT)包括数十亿的设备,从手机、汽车和灯泡到道路和桥梁传感器。惠普公司的一项研究表明,物联网上的每个设备平均有几十个漏洞这些设备中的大部分都具有用于存储个人信息的移动应用程序,而黑客通过其漏洞很容易就能访问这些信息。一位安全顾问曾展示过,使用一台笔记本电脑大小的设备模仿一个无线基站,一个人就可以从 30 英尺之外入侵一些智能手机并复制其存储器中的信息、安装软件,并控制手机的摄像头和麦克风。研究人员证明,可以远程控制 Phillips Hue 灯泡的早期版本,并关闭受害者家中的灯。连接到互联网的智能电视和 DVD 播放器存在漏洞,黑客可以监控人们在家中正在观看的节目和电影。

在某些场景中,制造商可以通过互联网自动修复漏洞,但一般情况下这很可能是做不到的。家用电缆调制解调器和路由器一般会被用作家庭中所有互联网活动的中心枢纽,但其中几种型号的设备具有允许黑客对设备进行控制的漏洞。要修复这些漏洞,用户必须首先知道它们的存在。制造商不能通知产品的所有用户,因为它只知道注册了该产品的用户,而大多数人没有或者不愿意花时间注册其购买的产品,或者购买的是二手产品。一旦有人发现需要修复这些设备,必须手动下载并安装补丁。对于典型的家庭用户来说,这是一项艰巨的任务,如果没有正确执行打补丁的过程,则可能会造成该设备无法使用。有时候,最简单的解决方案是购买一个新设备,但即便如此也并不总是有效:在数百万台新制造的路由器中发现了一个 10 年前已经修复的 bug,因为其中一个路由器零件的制造商继续在其芯片中使用旧的有问题的软件,而路由器制造商也并未意识到该零件使用了过时且易受攻击的软件。

随着汽车也开始联网,驾驶员和乘客都会面临新的危险。安全研究人员研究了如何通过蜂窝通信网络发送一条消息,就可以操控汽车中的安全系统,解锁汽车并启动其引擎。其他研究人员使用简单的现成可购买的硬件,就可以把虚假交通和天气信息发送到汽车的导航系统中。在另一个案例中,计算机科学家通过互联网使用笔记本电脑,闯入汽车控制系统并接管操作,从娱乐系统到变速器和制动器都可以进行控制,而驾驶员则只能不知所措地坐在移动的车辆中。汽车制造商发布了一个补丁,要求所有车主都下载,将其复制到 U 盘上,然后把 U 盘插入汽车接口;或者也可以到汽车经销商处去打补丁。只有在漏洞被公开后,汽车制造商才对超过 140 万辆汽车发出了召回通知。

数百万架无人机在天空中执行任务,黑客可以欺骗无人机用来确定其位置的 GPS 信号。这意味着有人可能从网上卖家发来货物的路上偷走包裹,迷惑跟踪罪犯的监视无人机,或者捕获军用无人机虽然看起来可能像科幻小说,但是医生可以向人体植入用来监测和控制健康的医疗设备的数量和类型正在增长。这些设备有助于管理各种疾病,如心律失常、糖尿病和帕金森病。通过网络更容易访问这些医疗设备,以便医生、患者和家庭成员可以监控某人的健康状况,并在需要采取行动时立即发出警报。通常,人们不仅可以简单地进行监控,而且还可以通过网络控制这些设备,从 X 光机和实验室设备,到用于治疗心脏病患者的设备。在发现有关漏洞后,联邦药品管理局会定期发布医疗设备的安全警报。其中一个警报是关于输液泵的,即一种控制向患者静脉输送液体的装置。黑客可以远程控制输液泵,并改变其剂量。对这些设备的用户造成意外或故意伤害的可能性已成为一个严重的问题,也许这时候人们应该停下来思考一下。假设有人攻击了心脏起搏器,那么可能会杀死一个人;但发生这种情况的风险可能远远低于需要心脏起搏器但没有起搏器的人心脏病发作的风险。与此同时,开发人员必须不断寻找漏洞并设法减少漏洞。

### 5.4.3　网络暴力

网络空间的开放性和匿名性使得人们在行使言论自由的同时,积极参与社会事务的讨论、发表意见,提高了人们参与公共事务的积极性。然而,并不是所有的网民在网络上都能理智、客观地表达观点。互联网上时常会出现激烈的言论,有的甚至侵害他人的名誉权、隐私权,形成"网络暴力"。网络暴力并非一个法律概念,在现有的法律法规和规范性文件、指导性文件中缺乏对网络暴力概念内涵和外延的规定,亦缺乏列举性的规范方式。网络暴力,是一种新型的暴力的方式,使用网络暴力攻击别人,导致的危害和作用是不容忽视的。

网络暴力的方式分为以下几种:

**1. 形式**

网络暴力的形式主要分为以文字语言为形式的网络暴力以及图画信息为形式的网络暴力,例如羞辱谩骂、信息骚扰、信息泄露、被传谣言、威胁恐吓、人肉搜索等。

**2. 性质**

1) 非理性人肉搜索

网络暴力事件的另一主要类型是非理性人肉搜索。非理性的人肉搜索最易侵犯受害者的隐私权,而参与者往往认为是一件刺激而有趣的事,在这个过程中更多的是满足于自身"FBI(Federal Bureau of Investigation,美国联邦调查局)"能力的窃窃自喜。

2) 充斥谣言的网络暴力

谣言的危害性是非常明显的,而且一旦发生会有愈演愈烈之势。谣言,顾名思义,是虚假的言论,是由不法者恶意编造,网民成为被利用者,谣言伤害了网民群体的相互信任感。民众一再被造谣者愚弄,很容易变得草木皆兵,使得网络社会的信任感变得愈发的低。网络暴力的发生有些源于谣言,源于谣言的网络暴力最开始是由利益人发布不法的谣言,再煽动不知情的网民推波助澜,而利益人则等待事件扩散,坐收其中利益。有的网络暴力虽最开始并非因谣言而起,却在整个过程中会以讹传讹,最终谣言四起,真相变得更加扑朔迷离。当矛盾变得更加尖锐时,网民已经不考虑事件的真相,享受的是破坏和指责的快感。

一方面网络暴力以粗暴的语言、带有攻击性的言论给当事人带来巨大的心理伤害,损害其精神健康,影响其日常生活;另一方面网络暴力在潜移默化地影响大众的心理,漫骂、攻击淡化和扭曲了人们的是非观念,更有可能逐渐演变为一种习惯,蔓延到线下的现实社会中,威胁社会正常秩序。网络本身也包含诸多暴力信息,如网络上的暴力游戏,暴力影视等。但是无论哪种网络暴力类型,都不是单一存在于网络暴力事件中,往往是结合几种类型一起,作用于整个网络暴力事件之中。

### 3．作用方式

#### 1）直接攻击

直接攻击是指网络暴力事件中通过直接的方式进行攻击，也就是说在言语上直接用侮辱性和攻击性的恶毒语言对当事人进行讨伐。就网络暴力而言，直接性的攻击危害比较大，给当事人造成的伤害也比较明显。

#### 2）间接攻击

间接攻击则是通过讽刺等方式跟风发表意见，即俗称的骂人不带脏字，有的也选择转播他人的直接攻击进行二次攻击。无论是哪种形式的网络暴力，无外乎都会从虚拟世界进而影响到现实世界，也因此，在应对网络暴力的过程中，任何一种形式的网络暴力都不能忽视。

### 4．一般表现

（1）网民对未经证实或已经证实的网络事件，在网上发表具有伤害性、侮辱性和煽动性的失实言论，造成当事人名誉损害；

（2）在网上公开当事人现实生活中的个人隐私，侵犯其隐私权；

（3）对当事人及其亲友的正常生活进行行动和言论侵扰，致使其人身权利受损等。

**【案例5-4】　网络暴力与现实之殇**

2022年1月24日，曾在网上发布寻亲视频并认亲成功的河北男孩刘学州留下遗书，在三亚海边结束了自己的生命，年仅15岁。在刘学州最后贴出的7000多字的微博中，他自述一生坎坷经历：出生时被父母卖掉做彩礼；四岁养父母双亡；二年级开始在寄宿学校上学，遭受校园欺凌，男老师猥亵……刘学州称寻亲成功后，因在网上公开自己被生母拉黑的截图，"被一些颠倒黑白的人说要求买房子"等经历，遭受众多网友的"网络暴力"。在遗书的最后，刘学州希望人贩子及"在网络上丧尽天良的人"得到"应有的惩罚"。这个15岁少年的悲剧，让人们唏嘘不已。刘学州去世所引发的争论和思索，已远远超过其"寻亲者"身份的单一事件性表述。他的不幸源自多方面因素，但网络暴力应该是压倒这个少年的最后一根稻草。

《民法典》（2021.1.1生效）第一千一百八十三条【精神损害赔偿】侵害自然人人身权益造成严重精神损害的，被侵权人有权请求精神损害赔偿。因故意或者重大过失侵害自然人具有人身意义的特定物造成严重精神损害的，被侵权人有权请求精神损害赔偿。

对于监管机构、网络平台而言，舆情初起时制止怕影响社会监督，等发现网络流瀑效应形成时，再发文、断链制止为时已晚。而对于审判机关而言，缺乏网络暴力的法律定义，只能以是否符合侵权行为构成要件或者犯罪构成要件来回应当事人提出的关切。

在具体办案实践中，中国没有具体明确的法律规定和司法解释来规制网络暴力，也没有明确其法律内涵。因此易导致立案困难、取证艰难、受害者陷入维权困境等。

### 5．抵御措施

随着现代网络社会的高度发展，侮辱谩骂、造谣诽谤等网络乱象层出不穷，使整个网络空间充斥着无序的情绪宣泄和肆意的网络暴力，既污染网络世界、败坏社会风气，也给人们带来巨大的精神压力。如何构建一个清朗的网络空间、有效杜绝网络暴力成为了各地各部门必须高度关注并思考的问题。

为有效防范和解决网络暴力问题,切实保障广大网民合法权益,中央网信办就加强网络暴力治理进行专门部署,要求网站平台认真抓好集中整治,建立健全长效机制,确保治理工作取得扎实成效。

中央网信办有关负责人表示,"清朗·网络暴力专项治理行动"主要聚焦网络暴力易发多发、社会影响力大的18家网站平台,包括新浪微博、抖音、百度贴吧、知乎等,通过建立完善监测识别、实时保护、干预处置、溯源追责、宣传曝光等措施,进行全链条治理。一是建立健全识别预警机制,进一步细化网络暴力信息分类标准,强化行为识别和舆情发现,及时预警网络暴力苗头性、倾向性问题。二是建立健全网络暴力当事人实时保护机制,调整私信功能规则,及时过滤"网暴"内容,强化"一键防护"等应急保护措施,建立快速取证和举报通道,加大弹窗提醒警示力度,加强重点群体救助保护。三是严防网络暴力信息传播扩散,以社交、直播、短视频、搜索引擎、新闻资讯和榜单、话题、群组、推荐、弹窗等环节为重点,及时清理处置涉及网络暴力的评论、弹幕等内容。四是加大对违法违规账号、机构和网站平台处置处罚力度,针对首发、多发、煽动和跟风发布等不同情形,分类处置网络暴力相关账号,连带处置违规账号背后MCN机构,严肃问责处罚失职失责网站平台,会同有关部门依法追究相关人员法律责任。五是强化警示曝光和正向引导,及时公布典型案例处置情况,推动权威机构和专业人士友善评论、理性发声。

中央网信办有关负责人强调,重点网站平台要按照统一部署,结合平台特点进一步细化明确目标要求、工作措施和完成时限,抓好任务落实。中央网信办将组织督导检查,对于落实不力、问题突出的网站平台,采取严厉处置处罚措施。互联网不是法外之地,各网站平台要加强宣传,引导广大网民严格遵守法律法规,尊重社会公德和伦理道德,共同抵制网络暴力行为,坚决防止网民遭受网络暴力侵害。

对个人而言,网络暴力有以下解决方式:

(1) 收集网络暴力的证据。

(2) 向相关部门报案。可向公安部门、互联网管理部门、工商部门、消协、行业管理部门和相关机构进行投诉举报。

(3) 委托律师维权。

要构建向上向善、风清气正、没有网络暴力的网络空间,是需要各地各部门多措并举、全社会共同参与的系统性治理工程。既要从制度上完善网络相关法律法规,明确网络权责关系,也要将网络相关法律法规付诸实践,以"零容忍"的态度打击人肉搜索、恶意剪辑等网络暴力行为,对不法分子形成有效震慑,维护清朗网络空间。各大网络平台要严格落实信息内容管理的第一主体责任,积极发挥网络平台在坚持正确价值取向、保障网络内容安全、维护网民合法权益等方面的作用,弘扬正能量,传播真善美,在网络暴力面前主动发声,坚决说"不",推动互联网这个最大变量成为事业发展的最大增量。

监管机构要加大网络乱象整治力度,为广大网民构建一个良好的网络秩序,守好网络空间"责任田"。主流媒体要主动发挥价值引领导向作用,以形式多样的内容供给、传播方式提升正能量作品的吸引力、感召力。广大网民要自觉遵德守法、文明互动、理性表达。社会各界也应积极参与,发挥各自优势,拓展网络道德实践模式,壮大网络正能量的版图。如此,才能让正能量更加充沛、网络文明蔚然成风。

## 5.5　安全

人们已经讨论了技术的发展和导致数字生活如此脆弱的其他因素,也已经探讨了犯罪分子、外国政府和其他人会如何利用这些漏洞。几乎每天都有头条新闻宣布各种安全漏洞和网络攻击,但似乎没有人在努力保护数据、设备和系统。事实上远非如此,安全性其实很强,考虑得也很周密;如果不是这样的话,人们就无法完成所有的在线购物、银行业务、投资和工作。然而,安全性有时候也会表现得非常脆弱,甚至到了危险和不负责任的地步。在本节中,将讨论保护人们的人员和工具,以及存在的弱点和一些不负责任的方面。

### 5.5.1　帮助保护数字世界的工具

在描述各种安全措施时,人们还将描述黑客发现的用来阻止这些安全措施的弱点或方法,然后会讨论一些应对措施。随着每一方对另一方的进步作出反应,许多工具都会出现持续的跨越式发展,接下来可以在讨论信用卡和其他支付技术时清楚地看到这一点。

#### 1. 信用卡欺诈和保护的演变过程

信用卡诈骗一开始是很简单的低技术犯罪行为,例如,一个人使用捡来或偷来的卡片疯狂购物。有组织的盗窃团伙和单干的抢包贼都会尝试偷窃信用卡,而且他们现在仍然还在这样做。在一个早期的案例中,一家航空公司的一伙雇员从该公司的飞机上运输的信件中盗窃新申请的信用卡;在他们被抓到之前,这些被盗的卡片上被盗刷的金额总计大约 750 万元。为了防范从信件中盗窃新卡的行为,发卡机构对开卡程序进行了修改。为了验证的确是合法拥有者收到了该卡片,信用卡发卡机构要求客户打电话确认,并提供身份信息,才能激活该信用卡,但是此过程的安全性取决于身份识别信息的安全性。最开始,信用卡公司通常使用客户的社会安全号码和母亲的姓作为验证信息。现在,信用卡公司使用来电号码来验证开卡请求电话是否来自该客户提供的电话。

电子商务使得窃取信用卡号码以及不需要物理卡片而使用卡号进行消费变得更加容易。当网络上开始进行商品零售的时候,技术上训练有素的盗贼使用软件来截获从个人计算机传输到购物网站的信用卡号码加密技术和安全服务器基本上解决了这个问题,才使得电子商务有今天这样的繁荣局面

盗贼们在商店、加油站和饭馆的读卡器内暗中安装录制设备。他们使用这种方法收集借记卡号码和密码,利用这些信息制造假冒卡片,在 ATM 机器上盗窃受害人的银行账户。一些盗贼还会通过安装假的 ATM 机来记录卡号和密码;这些机器也会有少量现金可以提取,这样让它们看起来好像是真的。在拉斯维加斯举行的一次安全会议上安装了一台这样的机器,在有人发现它是假的之前,已经过了好几天,而它也获取了很多与会者的卡片数据。

现在,信用卡公司运行复杂的人工智能软件来检测不寻常的消费活动。当系统发现可疑事件时,商家可以要求客户提供额外的身份证明,或者信用卡公司可以向持卡人打电话来确认该笔交易。例如,如果你居住在中国,而有人使用你的信用卡在罗马购物,软件就可以检查你最近是否购买了机票。企业会保存关于购物和其他活动的大量数据,这些数据可能会威胁人们的隐私,但是同时也能够帮助信用卡公司的软件相当准确地预测信用卡上的消费是否是欺诈。

信用卡发卡机构和商家需要在安全性和客户便利性之间进行权衡。对于在商店中购物，大多数顾客在使用信用卡时不想花时间提供身份证明，并且要求看身份证可能会让顾客感到冒犯，因此许多商家并不会检查身份。随着自助结账柜台的推出，人们可以自行扫描购买的物品并自行变付，这样根本没有任何超市员工会看人们的卡片。作为开展业务的一部分，商家和信用卡公司愿意承担一些欺诈损失。这种权衡并不是新鲜事。零售店总是会愿意因为有人偶尔偷东西而接受一些损失，而不是选择把商品都锁起来，因为这样会给顾客带来极大的不便。当公司认为损失过高时，就会想办法提高安全性。

商家和信用卡公司在什么时候会不负责任地忽视简单而重要的安全措施？又在什么时候会在方便、高效和避免冒犯客户之间进行合理的权衡？近年来，这种平衡倾向于安全一方。为了应对越来越高的欺诈率，信用卡公司开发了一种名为 EVM（名字来自 Europay、Visa 和 MasterCard 这三家提议该标准的公司的缩写）的"智能"卡技术。智能卡芯片可以提供更好的卡片认证，盗贼不能像克隆磁条芯片数据那样将芯片信息克隆到伪造的卡片上。

像 PayPal 这样的服务，会提供一个值得信赖的第三方，以增加在线交易的信心，同时可以减少信用卡欺诈。客户可以在线向陌生人购买，而不需要提供信用卡号。

PayPal 在处理支付的过程中只收取少量的费用。Applepay、Androidpay 和 Samsungpay 等服务可与移动设备和某些台式计算机配合使用。相应的移动版本使用称为近场通信（Non-fungibleCertificate，NFC）的技术，客户只需要简单地拿手机在支付终端附近扫一下，系统就会创建一个加密的交易记录，该记录对于此次购买是唯一的，而且不会向商店员工公开任何信用卡信息。具有芯片的信用卡和基于移动的 NFC 支付应用程序使欺诈变得更加困难，因此窃贼已经将更多的努力转移到了互联网上，导致了所谓的"无卡"（card-not-present）欺诈行为的增加。

身份窃贼和信用卡与借记卡欺诈的许多策略，以及作为对这些欺诈行为的响应而开发的许多解决方案，都说明了安全策略的日益复杂化以及犯罪策略的复杂性。它们还说明，为了减少盗窃和欺诈，将技术、商业政策、消费者意识和法律组合起来具有重要的应用价值。随着技术的发展，在法律两边的聪明人都会发展新的想法。对于普通大众和在工作中使用支付技术的任何人来说，有必要在这个过程中时刻保持警觉和灵活性。

### 2．加密技术

加密是一种特别有价值的安全工具。一些早期的互联网设计师强烈主张使用加密技术然而，核心互联网通信协议 TCP/IP 并不对数据加密，因为加密需要大量的计算能力，这在制定协议的时候会带来比较大的代价，并且还因为在那时安全地分发密钥以解密消息的问题也非常具有挑战性。

现在，可以使用非常强大的加密技术，但在开发成本和计算资源方面，仍然很不方便且成本高昂。因此，政府和企业通常不会充分或适当地使用加密技术，即使在非常重要的应用中也是如此例如，由于军方没有加密美国捕食者无人机的视频输入，伊拉克叛乱分子使用互联网上花 26 美元就可以买到软件来拦截这些信息。可以访问这些视频信息为叛乱分子提供了有关监视和攻击的宝贵信息，并具备对这些视频流进行修改的潜力。自 20 世纪 90 年代以来，美国军方官员都知道这些视频流没有受到保护。他们重新考虑进行加密，但是却假设对手不知道如何利用这个安全漏洞。在一个系统部署之后，再为系统添加加密手段是代价很高的，但即使在 20 世纪 90 年代省略它可能是一个合理的权衡，现在军方官员显然应该重新考虑该决定。低估对手的技能和不愿意为更强的安全性花钱，成为政府和商业系统中包含漏洞的常见根本原因。

零售商 TJX 使用易受攻击的过时加密系统来保护收银机和商店计算机之间在其无线网络上传输的数据。调查人员认为，黑客使用高功率天线拦截这些数据，破解员工密码，然后入侵了公司的中央数据库。在大约 18 个月的时间里，黑客窃取了数十万人的数百万信用卡和借记卡号码，以及其他重要的身份信息。调查还发现了其他安全问题，例如将借记卡交易信息传输到没有加密的银行，以及未能安装适当的软件补丁和防火墙的金融机构。

上述两起事件中都涉及对传输中的数据的加密保护不足。加密的另一个重要用途是用于保存的数据和文档。在几起重大的消费者个人数据被盗事件中，在零售商的数据库中包含未加密的密码、信用卡号和从卡片磁条上读取的其他安全号码。对主要安全公司的黑客攻击表明，即使是这类公司也经常将未加密的敏感数据保存在系统上。

黑客用来获取用户信息的另一种技术就是坐在咖啡店或其他拥有未加密 Wi-Fi 信号的地方。黑客扫描每个人连接到商店网络的 Wi-Fi 传输，在其中寻找个人信息和登录凭据。如果人们在不用密码的情况下连接到免费 Wi-Fi，那么连接和数据都很容易受到攻击。

### 3. 反恶意软件和受信任的应用程序

一些工具和软件可以帮助非技术用户保护自己的设备和文件，并避免成为安全链中的薄弱环节。人们可能已经对防病毒或反恶意软件比较熟悉，并且 ISP（Internet Service Provider，互联网服务提供商）或学校可能会建议在计算机上安装特定的软件包。防病毒软件会使用两种技术在人们的计算机上搜索恶意软件。

首先，当人们将新设备（如相机或 USB 驱动器）连接到计算机时，反恶意软件会查看或扫描设备上的所有文件。同样，人们也可以将软件设置为定期扫描计算机上的文件。该软件会搜索文件中的计算机代码，查找病毒的"签名"，即与其数据库中存储的已知病毒相匹配的字符序列。如果找到匹配项，它会通知人们其中一个文件有病毒并"隔离"它，通常是将其放在特殊文件夹中，直到决定删除该文件或通过从文件中删除恶意代码来清除它。

有时候，病毒或其他恶意软件可能会在扫描过程中躲过检测。因此，反恶意软件的第二种技术是监视计算机系统上的"病毒式"活动。某些类似病毒的活动正在修改通常不会被修改的系统文件，修改计算机允许修改的计算机内存区域以外的部分，或同时启动和修改多个程序。当反恶意软件检测到此类活动时，它会关闭执行这些活动的程序，并向用户提出警告。随着时间的推移，黑客会找到绕过反恶意软件的方法，例如更改病毒的签名。反恶意软件的供应商也会升级他们的软件，然后黑客又找到了绕过新版本的新方法，以此类推。

大多数操作系统制造商都在其操作系统中添加了一项功能，使用户可以选择要求其计算机或移动设备上的所有软件都必须来自经过认证的开发人员合法开发人员可以向操作系统制造商申请获取数字证书。该开发人员创建的任何应用程序都可以附带这种数字证书，并且因此被认为是"受信任的应用程序"。启用操作系统中的这项功能后，设备上运行的软件都必须来自经过认证的开发人员，否则操作系统不允许其运行。正如人们所描述的其他保护措施一样，这个保护也并不完美；例如，黑客在 Android 操作系统用于验证证书的程序中也发现了漏洞。这些黑客能够伪造证书，直到操作系统供应商修补系统来解决这些错误为止。用户可能希望关闭认证功能，并使用由没有证书的小公司或个人创建的应用程序，但这种操作会增加运行恶意应用程序的风险。

苹果公司的移动操作系统 iOS 要求所有应用程序都来自经过认证的开发人员，Appstore 中仅提供此类应用程序。许多人认为这一政策限制了创造力，并通过减少竞争增加了苹果的利润。一些用户破解了他们的 iPhone 和 iPad，以禁用这个认证要求。这样做是一种形式的越狱，虽然越狱后用户可以更好地控制他们的 iOS 设备，但也会增加设备感染病毒的机会。实际上，有几种病毒会专门针对越狱的 iPhone。因此，人们再次看到一种需要平衡的行为，一方面是安全性，另一方面是灵活性、用户控制或便利性。安全性被削弱所带来的危险性可能会超出被越狱手机的范围：恶意应用程序可以控制手机的拨号功能，使之成为拒绝服务攻击的一部分。

### 4. 网站认证

有时候，假网站或引导人们访问假网站的电子邮件相对比较容易被发现，因为它们通常语法不通或者质量普遍较低。软件还可以相对准确地确定一个网站的地理位置如果它声称是一家美国银行，但却来自罗马尼亚，那么选择赶快离开才是明智之举。电子邮件程序、Web 浏览器、搜索引擎和附加软件也会提醒用户可能存在欺诈行为。如果一个链接的实际 Web 地址与消息文本中显示的 Web 地址不同，有些邮件程序也会提醒用户。

Web 浏览器、搜索引擎和附加软件可以过滤被认为安全的网站，或者对收集和滥用个人信息的已知网站发出警报。虽然对比较谨慎的用户可能很有帮助，但这些工具也会产生潜在问题。人们可能希望色情内容过滤器更具限制性，即使这意味着可能会造成儿童无法访问某些非色情网站；而垃圾邮件过滤器应该限制较少，以免误删合法邮件。Web 工具在将网站标记为安全的时候，应该采取多么严格的标准？如果一个主要的浏览器只把它已经认证的大型公司标记为安全的，那么网络上的合法小企业就会受到影响。将合法网站错误标记为已知或可疑的网络钓鱼网站，可能会毁掉一个小型企业，并可能导致提供评级的公司被起诉。无论从道德还是商业角度来看，在设计和实施此类评级系统时都需要非常谨慎。

在要求客户输入密码或其他敏感识别信息之前，银行和金融企业开发了一些技术来向客户保证他们访问的是真实的站点。例如，当客户首次设置账户时，一些银行要求客户提供一个数字图像或从银行网站的许多图像中选择一个。之后，只要该人员通过输入自己的名字开始登录过程，系统就会显示该图像因此，在客户通过输入密码验证自己之前，站点会先向客户验证自己。

### 5. 用户认证

用户认证是安全性的重要组成部分。在本节，描述了用于保护信用卡号码和减少信用卡欺诈的不断发展的安全方法，其中就包括了认证用卡用户。在这里，人们专注于 Web 和其他应用程序中的用户。

一名俄罗斯男子先买入股票，然后侵入许多人的在线证券账户，并通过这些账户购买了相同的股票。大量的购买推高了价格，该男子随后卖掉股票，并获得了巨大利润。即使黑客无法从一个账户取走资金或股票，对投资账号的恶意访问对于合法的所有者来说也会带来高昂代价。这一案例以及来自网上银行和投资账户的众多盗窃事件导致人们开发了更好的程序来对客户和用户进行认证。这些企业该如何区分真实账户所有者与拥有被盗账号和其他常用识别信息的身份窃贼？

远程对客户和用户认证本身就很困难：许多人、企业和网站必须接收到必要和足够的信息,才能识别某人或对此次交易进行授权。如果身份验证仅依赖于少量的数字,最终总是会有人丢失、泄漏或被窃取这些信息。接下来简要介绍一些已经出现的更好的方法,然后再更深入地研究生物识别技术,后者是一个正在不断发展的新兴领域。

有些网站要求客户在首次开户时提供额外信息,然后在登录时验证这些信息。还有些网站会保存用来标识客户通常登录的设备信息,并且只有当有人尝试从其他设备登录时,才询问这些额外信息。有些人要求客户在设立账户时从一组图像中进行选择,然后要求客户在登录时验证这些图像。

更复杂的身份认证软件会用到人工智能技术。这些软件会根据客户通常登录时间的变化、经常使用的浏览器类型、客户的典型行为和交易等来计算风险评分。如果披露说网上银行或证券公司保存了有关每个客户访问网站的所有信息,那么隐私权倡导者和公众又会如何对此作出反应?

地理位置工具有时也可以告诉一个在线系统客户所在的位置。如果客户从他居住的国家或地区以外的地点登录,或者如果客户来自欺诈率高的国家或地区,则零售商或金融机构可能会要求提供额外的身份识别。

### 6. 生物识别技术

生物识别技术(biometrics)指的是对每个人来说唯一的生物特征,包括指纹、声纹、面部结构、手形、虹膜或视网膜模式以及DNA,如图5-2所示。执法和司法系统利用DNA已经众所周知。

把生物识别技术应用于身份识别上是一个价值数十亿美元的产业,并且会带来许多很好的应用场景。它会在提供安全的同时也提供便利性。通过用手指触摸扫描仪,就可以打开人们的智能手机、平板电脑和家门。不用再担心会忘掉密码、丢失钥匙,或是在拎着大包小包开门时把钥匙掉到地上,而且扫描指纹还可以降低被黑客和盗贼访问的可能性些智能手机应用使用人脸或语音识别技术来对所有者的身

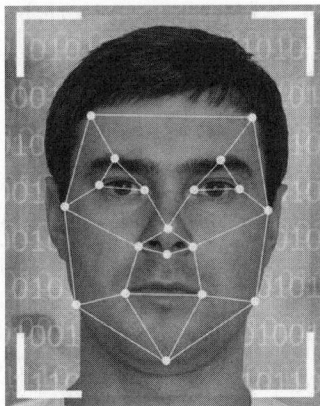

图 5-2 面部识别

份进行认证,以防止信息和手机"电子钱包"中的资金被盗。有些州使用面部扫描和图像匹配来确认一个人不会用不同的姓名来申请额外的驾驶执照或者各种福利。为减少恐怖主义的风险,一些机场使用指纹识别系统,确保只有员工才能进入受限区域。在工厂里,工人不需要再打卡,他们现在只需要扫描手就可以了。

正如人们一直还会想出绕过其他安全机制的方法,他们也会想方设法来打败生物特征识别技术。在生物特征识别的早期,美国和日本的研究人员利用由明胶和橡皮泥制成的假手指,成功骗过了指纹识别器。利用智能手机拥有者的照片,就可以解锁由面部识别技术加锁保护的手机;犯罪分子可以戴隐形眼镜来骗过眼扫描仪。今天的生物识别器要好得多。例如,手指扫描仪可以测量手指的电容,并拍摄皮下指纹的超高分辨率图像,它不会读取手指顶部的死皮,而是读取下方的活皮肤。这些功能大大降低了扫描仪被死手指和假指纹欺骗的可能性。

一些智能手机执行虹膜扫描以识别手机主人。虹膜扫描会分析人眼瞳孔周围的彩色环中的图案。还有一种更准确的扫描方法,即视网膜扫描,在手机上还没有实现。视网膜扫描

拍摄并分析每个人在眼睛视网膜中的独特血管模式。使用当前的技术，几乎不可能通过伪造骗过视网膜扫描，而且因为视网膜中的图案在死亡后会迅速消失，因此一个人必须活着才能通过认证。

若小偷偷走了人们的信用卡号码，人们可以建立一个新的账户和一个新的号码，但如果黑客得到数字化指纹或视网膜扫描的电子文件的副本，人们却无法把它们换成新的。应该如何保护这些数据？其中又存在什么风险呢？为了防止数字化指纹被盗，有些手机会对数据加密，并保存到手机上一个特别设计的安全区域中。由于数字化指纹不会离开手机，黑客就无法拦截它类似的安全技术用于其他生物识别设备中以保护数字化的识别信息。如果黑客窃取了某人的指纹或视网膜扫描的数字化文件，该人的身份是否会永久性地受到损害？不，至少现在不是这样。生物识别的数字文件通常是加密的，因此它们仅在有限的情况下可用。另外，黑客必须物理地绕过或欺骗扫描设备以发送文件的副本而不是执行手指或眼睛的实际扫描。

随着生物识别技术的使用继续大幅增加，它有可能增加对人们的监视和跟踪。事实上，犯罪分子可以打败生物识别技术，生物识别技术也可能会带来隐私风险，但不能因为这些事实就谴责这些技术。一如以往，人们必须要对它们的优缺点和风险建立一个准确的视图，并把它们同替代方法进行比较，谨慎地确定在应用中应该使用什么技术。通过预测它带来的隐私风险，以及罪犯将会使用什么方法来绕过新的安全措施，人们才能设计更好的系统。举例来说，由于想到了眼睛虹膜扫描仪可能会被照片欺骗，某些扫描仪会对着眼睛闪光，然后判断瞳孔是否会收缩，这样就可以判断对面站着的是否是真人。同样，一些指纹匹配系统可以区分活的人体组织和假手指，研究人员开发的方法可以区分人脸照片和真实的人脸。就像负责任的企业必须使用最新的加密技术一样，那些提供生物识别保护的公司也必须定期更新技术。

## 5.5.2　通过黑客攻击提高安全性

### 1. 渗透测试

即使是设计良好的程序，并且已经安全运行了很长时间，也往往会存在漏洞和安全缺陷。网络安全专业人员和各种类型的黑客在开发或运行复杂系统的组织内外，不断探索弱点和漏洞。安全专业人员会执行称为渗透测试（penetrationtesting）或笔测试（pentesting）的过程，在访问信息系统或应用程序的时候，尝试违反系统或其服务的机密性、完整性或可用性。执行渗透测试的人员或团队扮演了黑客的角色，并使用黑客使用的许多技术。

一个组织的网络安全人员可以对组织内部的系统进行渗透测试，也可以聘请专门从事安全工作的外部公司。在后一种情况下，进行测试的公司通常受保密协议（NonDisclosureAgreement，NDA）的约束，不得向除该组织安全人员以外的任何人传播渗透测试的结果。违反渗透测试的 NDA 向公众披露结果是严重违反职业道德规范的行为。

渗透测试也是网络安全专业人员培训的重要组成部分，他们的工作是检测恶意黑客攻击并跟踪黑客，要想打败黑客，人们必须要像黑客一样思考。

### 2. 负责任的披露

从计算机和互联网的早期开始，就出现了黑客的亚文化，他们在未经许可的情况下，将计算机系统作为一种智能练习来发现其中的安全漏洞。其中一些黑客将此活动视为公共服务,并称自己为"安全研究人员"或"灰帽子",以避免黑客一词的负面含义。与学术界的网络安全研究人员一起,当他们发现软件和数字设备中的漏洞时,他们面临的一个关键的道德挑战是:如何负责任地告知潜在的安全漏洞受害者,同时又不让会利用该漏洞的恶意黑客获得信息?

负责任地披露网络安全漏洞比典型的告密场景更为复杂,在许多告密的案例中,不安全或非法活动已经在组织内进行并且是已知的。通过揭露和宣传这些活动,告密者的目的是通过公之于众,以寄望于提高安全性或制止犯罪。另一方面,当局外人发现网络安全漏洞时,创建该软件的组织可能还没有意识到这一点。暴露漏洞会公开提醒那些可能在修复程序可用之前利用漏洞的黑客。私下披露漏洞是一种更负责任的做法,以便相关组织有时间准备补丁或关闭安全漏洞。

Google 网络安全团队会搜索常见软件中的安全漏洞,并在将找到的缺陷公开之前,为开发人员提供 90 天的时间来解决这些漏洞,但如果他们发现黑客已经在利用该漏洞的话,他们将迫使组织更快地修复这些漏洞。30 天或 90 天是否属于适当的等待时间?许多网站和软件应用程序都很复杂,并且在有时间进行彻底测试之前,急于修复它还可能会引入额外的错误和漏洞。因此,一个具有道德含义的决策是在公开漏洞之前需要等待多长时间。

Google、Facebook 和 Microsoft 等公司为私下向其披露软件漏洞的人提供奖励或奖金。认识到连接到互联网上的汽车也具有潜在危险的安全漏洞,一些汽车制造商也在这样做。另一方面,一些公司认为任何黑客攻击他们的设备都是非法的,即使黑客自己拥有该设备也不行,也有人通过起诉以防止公布安全漏洞。在学术研究人员发现大众汽车无钥匙点火系统存在缺陷后,该公司成功起诉以防止该漏洞被公开。差不多两年之后,大众汽车才允许发表相关论文,而且是经过修改之后的版本。

许多黑客都对大型软件公司嗤之以鼻,认为他们的产品存在大量安全漏洞,而且即使他们知道这些漏洞,采取行动堵住这些漏洞也动作很慢。一些企业和政府机构对他们的系统充满信心,他们拒绝相信有任何人可以侵入。黑客认为这些组织对公众不负责任,公开其安全问题会促使他们采取纠正措施。黑客和安全顾问反复警告一些公司,他们存在允许未经授权访问的漏洞,但有些公司却没有作出任何回应,直到被恶意黑客利用该漏洞,并导致了严重问题。

目前几乎所有未经授权的计算机系统访问都是非法的,因此无论动机多么高尚,黑客都必须考虑可能违反法律的道德规范。违反法律并不总是不道德的,但必须拥有强有力的论据证明自己这样做是对的。暴露安全漏洞通常不是进行非法黑客攻击的合理理由,但是,作为副作用,它确实有时会加快安全性的改进。

## 5.5.3　预防抵御措施

计算机犯罪是信息时代的一种高科技、高智能、高度复杂化的犯罪。计算机犯罪的特点决定了对其进行防范应当立足于标本兼治、综合治理,应从发展技术、健全法制、强化管理、加强教育监管、打防结合以及健全信息机制等诸多方面着手。

### 1. 技术改进与研究

先进的科技预防是预防打击计算机犯罪的最有力的武器。谁掌握了科学技术谁就控制了网络,谁首先拥有了最先进的科学技术谁就将主宰未来。特别要注重研究、制定发展与计算机网络相关的各类行业产品,如网络扫描监控技术、数据指纹技术、数据信息的恢复、网络安全技术等。这一切都必将为计算机网络犯罪侦查以及有效法律证据的提取保存提供有力的支持帮助。只有大力改进技术才能在预防打击计算机犯罪的战斗上占据有利地位。

### 2. 健全管理机制

科学合理的网络管理体系不仅可以提高工作效率,也可以大大增强网络的安全性。事实上,大多数安全事件和安全隐患的发生,管理不善是主要原因,技术上的问题才是次要的。从诸多案例中可以看出,一半以上的网络漏洞是人为造成的,更多的网络攻击犯罪来自系统内部的员工,所以加强管理防堵各种管理漏洞是非常必要的。在强化管理方面,除了要严格执行国家制定的安全等级制度、国际互联网备案制度、信息媒体出境申报制度和专用产品销售许可证制度等外,还应当建立 IT 职业人员的审查和考核制度、软件和设备购置的审批制度、机房安全管理制度、网络技术开发安全许可证制度、定期检查与不定期抽查制度等。

### 3. 加强立法与严格执法

加快立法并予以完善,是预防计算机犯罪的关键一步,只有这样才能使执法机关在预防打击计算机犯罪行为时有法可依,更重要的是能够依法有效地予以严厉制裁并以此威慑潜在的计算机犯罪,要依法治国,更要依法预防打击计算机犯罪。计算机网络安全立法需要进一步加以完善,如对网络中心虚拟财物如何认识,网络生活中的侵财、侵权如何处理,都没有明确规定。除了要完善防范惩治网络犯罪的实体规范外,还应对侦查、起诉网络犯罪的程序和证据制度加以完善,为从重、从严打击网络犯罪提供有力的法律武器。现今刑法对计算机网络犯罪的惩罚部分量刑太轻,从而放纵了很多计算机犯罪者。

### 4. 加强网络道德环境

预防计算机犯罪的第一步,是需要加强人文教育,用优秀的文化道德思想引导网络社会,形成既符合时代进步的要求又合理合法的网络道德。随着计算机网络迅速发展,网络虚拟社会的一些行为正在使传统的道德标准面临挑战,不是说所有的这种挑战都会导致犯罪,但是计算机网络犯罪与当今网络社会的道德失衡不无关系,像各种网络色情、黑客技术的泛滥等方面的事物对网民特别是广大青少年的影响很大,进而,形成了潜在的犯罪因素,因此造成了许多犯罪。所以,必须大力加强思想道德教育,建立科学健康和谐的网络道德观,这才是真正有效预防计算机犯罪的重要措施。

另外,由于计算机犯罪对象的多样性、远距离性、跨国性等特点决定了计算机犯罪预防工作必须从各方面入手,与各部门加强合作,社会治安综合治理离不开全社会的共同参与。只有各方面的力量多方有机合作形成合力,才能聚集最大的力量预防打击计算机犯罪。

总之,要在打击计算机犯罪活动中占得先机、取得胜利,就必须从道德、法律、科技、合作等多方面全线出击,严格执法、发展科技、注重预防、加强合作,动员一切可以动员的力量,做到"未雨绸缪,犯则必惩",积极主动地开展计算机犯罪的预防活动,增强对网络破坏者的打击处罚力度。

【案例 5-5】　算法欺诈链：虚假软件背后的诈骗陷阱

2020 年 10 月起,被告人蔡某某设立某信息科技有限公司,下设 IT 部、网销部、市场部。其中,被告人黄某某等人作为网销部成员,通过网络社交软件及投资网站等平台虚构其公司开发的"光擎智能交易软件"可通过算法增加外汇交易盈利能力,并以此为诱饵,吸引客户先以人民币 3000 余元购买软件,并由 IT 部曲某某等为客户网络远程安装无独立交易功能的虚假交易软件,以为客户完成交易设置为由获取客户账户及密码,由市场部人员杨某某、汪某某等人通过后台操纵客户账户营造盈利假象,使客户误以为系通过该软件算法获得盈利。

客户购买并使用上述软件三天后,由市场部业务员将客户拉入所谓的 VIP 客户微信群,由公司人员在群内扮演客户发送盈利截图、升级软件年版等转账截图,夸大软件盈利能力。网络销售人员在群内谎称如不升级年版,月版可能会因交易通道升级产生交易服务停止而爆仓等风险,诱使客户高价购买光擎软件年版、三年版。待被害人付清款项后便制造公司倒闭等假象逃避履约,骗取钱款数额巨大。

2022 年 2 月,上海市松江区人民检察院以涉嫌诈骗罪对蔡某某等 43 人提起公诉。同年 9 月,上海市松江区人民法院以诈骗罪判处蔡某某有期徒刑十年三个月,剥夺政治权利两年,并处罚金;判处黄某某等 35 人有期徒刑六年至十一个月不等,并处罚金;对情节较轻并积极退赃的颜某某等 7 人适用缓刑。

本案中,蔡某某等人通过虚构交易软件盈利能力,制造软件销售火爆假象,虚构账户爆仓风险,层层递进,诱使被害人支付高额软件费用。在此过程中,被害人支付费用购买软件,系因蔡某某等人一系列虚构事实行为产生误解,蔡某某等人行为的实质系诈骗,应依法予以严厉打击。

当前,网络诈骗犯罪手段不断更新,犯罪团伙披着公司合法外衣在网络上以销售"新算法"量化交易软件包装为诱饵,吸引广大投资者参与,具有极大迷惑性。犯罪分子利用买卖假象以及投资交易本身的或然性,使被害人误以为是投资失败,从而隐瞒诈骗的实质。广大投资者在选择交易平台或软件时,应当仔细查验平台及软件是否具备相关交易资质及许可,尤其对于推销者提出的远程安装软件等服务应谨慎对待,警惕利用网络的非正规操作带来的潜在风险。

## 思考讨论

1. 黑客攻击行为主要有哪些? 分别有哪些反攻击技术?
2. 计算机病毒是怎样产生的? 有什么特点? 如何预防计算机病毒?
3. 蠕虫有哪些行为特征? 如何检测与防治蠕虫?
4. 特洛伊木马的入侵途径和攻击手段有哪些? 如何对付特洛伊木马的入侵和攻击?
5. 预防计算机犯罪主要应从哪些方面入手?
6. 一个黑客团体从一家安全公司窃取了客户的信用卡号码,并用它们来进行慈善捐款。黑客的部分目的的是为了证明该企业的安全漏洞,试分析这一事件是否道德。
7. 巴黎发生恐怖袭击后,一个黑客组织说,它破坏了属于伊斯兰国家成员的 Twitter 账户,并在网上发布了有关他们的个人信息。当人们考虑这个团体的行为是否在伦理上是可以接受时,应该问什么问题? 请列出至少两个问题。
8. 互联网的历史对它的脆弱性产生了哪些影响?
9. 为了减少针对网上银行的诈骗行为,一些人建议创建一个新的互联网域名".bank",

只把它提供给特许银行使用。考虑人们讨论过的身份盗窃和欺诈技术。这个新城名对于预防哪些问题是有效的？对于哪些问题是无效的呢？总体而言，你认为这是一个好主意吗？请说明理由。

10. 人们看到，黑客和身份窃贼使用了许多技术，并且还在不断开发新的技术。设想一个新的计划，可以用它来获得某种类型的密码或可能用于身份盗窃的个人信息，然后描述一种可能的应对措施来阻止你的计划。

# 第6章

# 软件质量、安全与风险控制

CHAPTER **6**

## 本章要点

近年来,随着信息科技的迅速发展,软件产品数量急剧增加。软件已经逐渐渗透到人们日常生活的各个方面,广泛应用于当今社会、经济和军事等各个领域,例如手机游戏、购物软件、医疗和航空控制系统等。2020年,我国软件产业业务收入达到81 616亿元,同比增长13.3%。另外,随着各项技术的突破性进展和人们对产品需求的不断增加,软件产品的规模和系统功能越来越复杂,加之在需求分析阶段不清晰的规范定义、在系统设计阶段不完善的设计方案、在编码阶段不规范的实现过程和在测试阶段不正确的判断决策等多个阶段中存在的一些不可控的因素,导致软件系统中不可避免地存在一些质量问题。这些质量问题轻则影响用户的体验和造成经济损失,重则会带来严重的人员伤亡。

1985年到1987年间,由于Therac25放射性治疗仪中存在的基于输入数据顺序问题的缺陷,让众多患者暴露在严重超标的放射性剂量的辐射之中,最后导致10余人死亡。

1991年,第一次海湾战争中由于部署的爱国者导弹系统存在的时间计算不精确和算数计算错误的缺陷,导致该系统未能对来自于伊拉克的飞毛腿导弹进行准确追踪和拦截,最后造成28名士兵死亡。

1996年,欧洲阿丽亚娜_5(ARIANE 5)火箭由于软件运算位数错误,火箭的水平速度计算时产生了溢出造成火箭在高速下进行大角度水平滚转,导致该型号火箭首次测试发射后37秒被迫自行引爆。

1999年,NASA火星气候探测器由于在控制软件中忘记将一处英制单位转换为公制单位,导致飞船在接近火星表面时偏离了正确的轨道,因为轨道过低而坠入火星大气层意外解体。此次事故使得花费数亿美元的飞船化为灰烬,同时对后续火星气象探测以及火星极地着陆器通信中继任务造成了严重的不利影响。

　　2003 年,俄罗斯联盟 TMA1 号载人飞船由于软件故障使返回舱的导航系统失效,造成飞船返回时与飞控中心失联十余分钟。该故障还导致飞船的降落地点严重偏离预定降落点,距离偏差达近五百千米。

　　2019 年,美国星际客机(Starline)航天飞船由于"数据检索"软件出错,收集了错误的任务时间,使得飞船误判任务阶段而提前消耗掉大部分燃料,无法按预期与国际空间站实现对接,被迫提前返回地球,首次测试飞行任务宣告失败。

　　这些惨痛的教训使人们深刻地认识到软件质量的重要性,进而对软件质量提出了更高的要求。随着现代软件规模和复杂性的日益增加,如何控制和保证软件的质量已成为系统质量管理的关键问题。提高软件质量、设计开发出更高质量的软件产品成为了项目总体以及软件开发人员的一致目标。

## 6.1　软件质量

### 6.1.1　软件及其复杂性

　　"软件"是指由书面的或可记录的信息、概念、文件或程序所组成的产品。计算机软件的定义是与计算机系统操作有关的程序、规程、规则以及与之有关的文件和数据。通常,将交付用户使用的软件"实体"(全套程序规程及有关的文件和数据)称作"软件产品"。计算机所做的工作是由软件规定的,软件必须像硬件一样需要进行严格的质量管理。

　　软件复杂性是指理解和处理软件的难易程度,包括程序复杂性和文档复杂性。软件复杂性主要体现在程序的复杂性中,因此,又称其为程序的复杂性,即模块内程序的复杂性。程序的复杂性直接关系到软件开发费用的多少、开发周期的长短和软件内部潜伏错误的多少,同时,它也是软件可理解性的一种度量。

　　软件的复杂性可以从各种各样的事例中找到身影。第一个例子就是微软公司的Windows。Windows 7 系统大约有 50 000 000 行代码。Windows 7 开发时有 23 个小组,每个小组约有 40 人,也就是共有将近 1000 人。这仅仅是 Windows 团队的人数,其余为其作出贡献的更是数不胜数。第二个例子是目前软件所采用的体系结构。相对要解决的问题来说,不管要解决的问题本身是简单还是复杂,软件给出的解决方案通常都不会简单,尤其是一些企业级解决方案。例如一套航天飞机所用的软件包含了 2560 万行命令,需要 22 096人工作一年来开发,成本达 12 亿美元;花旗银行的自动柜员系统软件有 78 万行代码。伦敦希斯罗机场使用的计算机管制系统是名为"国家领空"的系统,大约由 100 万行程序组成,编写它大约花费了 1600 人一年的工作量,进一步的完善也用去了 500 人一年的工作量。

　　软件除了上述技术方面的复杂性之外,还体现在软件文档的复杂化、大型化所带来的生产、开发过程等复杂化。在软件生命周期内,由于项目开发过程的复杂性、多方人员参加以及时间跨度较长等因素的存在,软件文档作为记载"软件历史"的载体,记载了所有与软件有关的需求、建议、方案、结论和过程等,是保证开发任务和软件正常运行的基础支撑。

　　越复杂的软件就越难以保证其质量、费用和生产率,当其复杂性超过人们能够控制的程度时,该软件项目的失败便是必然。据美国项目管理学会(PMI)相关统计数据显示,约有70%的项目研发超出预先设定的时间安排,大型软件项目延长计划交付时间的比例平均为

20%～50%,超过90%的软件项目的研发费用超过了预算。统计数据同时表明,项目规模越大,项目计划被超出的程度越高。只有复杂性在可控范围内,软件项目才能成功。复杂性是一个贯穿整个软件生命周期的重要因素,它和软件生产的成本、质量、生产和价格密切相关。业界学者和实践者都公认复杂性是使软件系统出错、难以理解和产生安全问题的重要原因。

## 6.1.2　软件复杂性的表现及其影响

### 1. 软件复杂性的表现

一个系统的复杂性是由系统元素数量和类型以及交互构成。在软件代码中,运算符、局部变量、全局变量、条件语句、指针、函数调用等数百万个元素相互连接创建的复杂单元和大规模抽象层,以及与之相应的软件版本、需求、测试等的依赖关系在软件中造成了惊人的复杂性。然而,这种复杂性往往并不能增加软件的功能,而是会消耗大量的工作并产生软件缺陷。从软件层面来看,复杂性具体表现在以下几个方面:

(1) 源码的复杂性。就一辆沃尔沃汽车而言,到2020年,整个源代码中有1000万条条件语句、300万个函数,这些函数在源代码中大约3000万个位置被调用。这些功能中有很多会在车辆运行时执行任务。函数产生错误结果的概率取决于程序员的技能、代码的整洁性、测试的质量等,尽管概率非常小,但开发后缺陷仍然会数以百计。不是因为开发人员不熟练,也不是因为测试环节做得不好,而是因为总的复杂性是惊人的,巨大的复杂性很可能产生软件缺陷。

(2) 软件架构的复杂性。软件架构的本质是降低软件的复杂性,从而降低开发和维护成本。然而,随着互联网＋和移动互联网的发展,行业和用户开始深刻影响软件的架构和设计,软件架构设计再也不是架构师独立思考的产物,而是在和用户的互动中完成的。传统软件开发是以实体为交付目标的,因为一旦需求确定是不会改变的,软件各个实体从架构到实现都是提前已知的。而对于互联网软件来说,需求变更将是常态。另一方面,系统是由一组实体和这些实体之间的关系所构成的集合,其功能要大于这些实体各自的功能之和。在软件开发中,系统不能直接和产品简单对应。以微信为例,用户安装的产品是微信App,但是在微信构建的系统中,包含了用户、数据、电商、公众号、小程序等实体。这些实体的功能要远大于各自功能之和,其架构也不能简单用App＋Cloud来描述。软件架构远比想象的复杂得多,因为软件架构主要是对系统中实体以及实体之间关系的抽象描述。

(3) 软件变体的复杂性。根据不同的国家、地区、文化偏好、法规政策等因素调整不同的参数,同一款软件可能会有上百种变体,使得它们可以满足不同市场部门的需求。变体不是软件的部件,而是整个软件,其变量值和已编译代码集的范围略有不同。随着变量的出现,代码、体系结构、需求和测试的复杂性也随之增加。

(4) 需求的复杂性。与源代码一样,软件需求也趋于复杂。经统计,整个沃尔沃汽车软件的功能需求超过10万项。功能需求被进一步分解成多倍的设计需求,如此巨大数量的需求应该持续地与源代码和测试保持一致,以保持可追溯性。当源代码经历变更时,相应的需求错过更新,知识的不协调性就产生了,导致软件工程师也更加困惑。

### 2. 软件复杂性产生的原因

(1) 追求完美。希望系统能对要解决的问题给出一个完美而通用的方案,因此就将所有可能的情况都加入系统实现中,使得系统变得复杂、庞大。从实践看,这样的系统通常不会有很长的生命力或得到广泛应用。例如,为简化 MULTICS 而诞生的 UNIX 已被广泛使用了 30 多年,再继续用上 30 年应该也没问题。UNIX 的核心思想就是保持简洁性。

(2) 系统使用过程中逐步变得复杂。系统初始设计时吸取前车经验,会比较简单,但随着使用者的增多,新的需求也不断提出。另外,还要在竞争中保持优先,新特性会不断加入系统,使系统变得复杂。Java 就是个例子,刚诞生时对 C++ 进行了很多简化,很快风靡软件界。但到了 10 年后再看 Java,当初简化掉的特性基本都已再次加入系统。Java 的这种复杂性使得一些相对简单的动态语言红极一时。

(3) 规避缺陷。图灵奖得主、QuickSort 算法的发明人霍尔曾说过“开发软件有两种方法:一种是使系统尽可能简单,使它看上去没有什么缺陷;另一种是将系统弄得很复杂,使你很难看出它有什么缺陷。”对于开发商而言,将系统搞得复杂一些会让使用者无法一眼看出其深浅长短,以显得高深莫测。

### 3. 软件复杂性带来的后果

(1) 增加开发难度,降低开发效率。开发一个复杂的系统需要耗费不少精力去应对复杂性本身所带来的附加工作量,不能有效关注在解决问题本身,造成开发效率的降低。

(2) 增加维护难度。维护一个复杂系统是一个很艰巨的任务,需要时刻防备系统不稳定性造成的故障。当要扩展系统时,需要大力克服因复杂而造成的障碍。

(3) 增加学习使用难度。复杂性会使学习曲线变得陡峭,如果封装得不好,会给操作带来很多的不便,通常需要花费很多的时间才能掌握其操作。

## 6.1.3　软件质量的概念

软件质量关系着软件使用程度与使用寿命,一款高质量的软件更受用户欢迎,它除了满足客户的显性需求之外,往往还满足了客户隐性需求。

软件质量是指软件产品满足基本需求及隐性需求的程度。软件产品满足基本需求是指其能满足软件开发时所规定需求的特性,这是软件产品最基本的质量要求;其次是软件产品满足隐性需求的程度。例如,产品界面更美观、用户操作更简单等。

从软件质量的定义,可将软件质量分为 3 个层次,具体如下。

(1) 满足需求规定:软件产品符合开发者明确定义的目标,并且能可靠运行。

(2) 满足用户需求:软件产品的需求是由用户产生的,软件最终的目的就是满足用户需求,解决用户的实际问题。

(3) 满足用户隐性需求:除了满足用户的显性需求,软件产品如果满足用户的隐性需求,即潜在的可能需要在将来开发的功能,将会极大地提升用户满意度,这就意味着软件质量更高。

高质量的软件除了满足上述需求之外,对于内部人员来说,它应该也是易于维护与升级的。软件开发时,统一的符合标准的编码规范、清晰合理的代码注释、形成文档的需求分析和软件设计等资料对于软件后期的维护与升级都有很大的帮助,同时,这些资料也是软件质量的一个重要体现。

### 6.1.4 软件质量评价标准

软件质量是使用者与开发者都比较关心的问题,但全面客观地评价一个软件产品的质量并不容易,它并不像普通产品一样,可以通过直观的观察或简单的测量能得出其质量是优还是劣。那么如何评价一款软件的质量呢？目前,最通用的做法就是按照 ISO/IEC 9126：1991 国际标准来评价一款软件的质量。ISO/IEC 9126：1991 是最通用的一个评价软件质量的国际标准,它不仅对软件质量进行了定义,而且还制定了软件测试的规范流程,包括测试计划的撰写、测试用例的设计等。ISO/IEC 9126：1901 标准由 6 个特性和 27 个子特性组成,如图 6-1 所示。

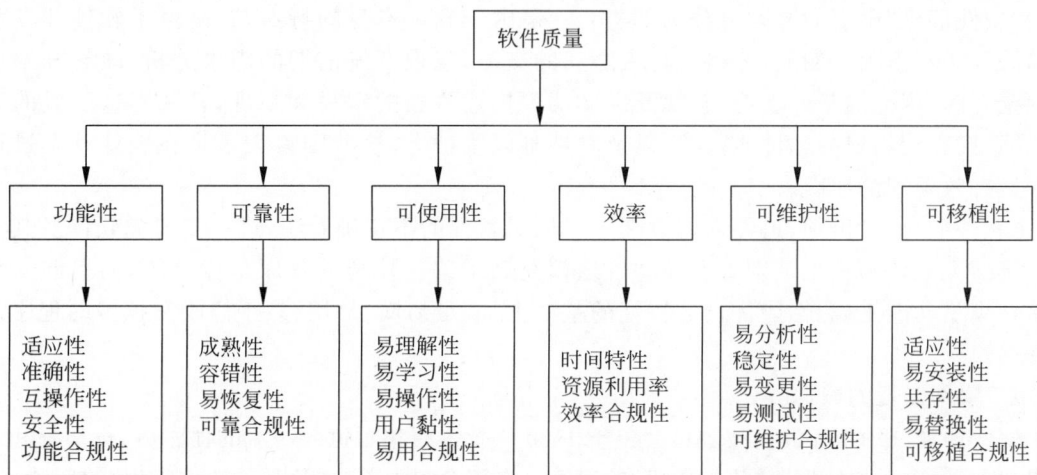

图 6-1 ISO/IEC 9126：1901 软件质量评价标准

ISO/IEC 9126：1901 标准所包含的 6 大特性的具体含义如下。

(1) 功能性：在指定条件下,软件满足用户显性需求和隐性需求的能力。

(2) 可靠性：在指定条件下使用时,软件产品维持规定的性能级别的能力。

(3) 可使用性：在指定条件下,软件产品被使用、理解、学习的能力。

(4) 效率：在指定条件下,相对于所有资源的数量,软件产品可提供适当性能的能力。

(5) 可维护性：指软件产品被修改的能力。修改包括修正、优化和功能规格变更的说明。

(6) 可移植性：指软件产品从一个环境迁移到另一个环境的能力。

这 6 大特性及其子特性是软件质量标准的核心,软件测试工作就是从这 6 个特性和 27 个子特性去测试、评价一个软件的。

## 6.2 软件工程

### 6.2.1 软件工程的概念

**1. 软件危机**

在计算机系统刚刚兴起的初期,软件通常用来执行单个的程序或者实现单个特定的功

微课视频

能，由于软件通常由使用者开发，因而明显地具有个人色彩或特征。早期的软件设计常常是在程序员个人的头脑中完成的，没有系统的软件工程理论和方法作指导，整个软件开发过程无章可循。此外，在早期的软件中往往只有源代码，由于缺乏软件说明书等详细的开发文档，使得可读性较差。

随着计算机技术的发展，出现了"软件作坊"。软件作坊是一种初期的软件开发模式，该时期的软件都是专门根据用户的需求而编写。早期的个体化软件开发模式仍然被该时期所使用。但是由软件作坊开发的软件产品往往质量不高、开发效率低下、维护难度大、开发成本高，很难满足社会对软件的需求量日益剧增的事实。随着软件规模的日益增加，失败的软件产品层出不穷，导致了"软件危机"的产生。

"软件危机"出现的原因可分为两类：一是由于软件本身的特点，二是由于软件开发和维护的方法不正确。例如，忽略人与人之间的交流，忽视开发前期的需求分析，缺乏开发过程中统一的、规范的基础理论，忽视开发文档等描述资料的编写和整理，轻视测试阶段的工作，导致提交给用户的软件质量差，以及软件难以维护等，这些因素大多是在软件开发过程中缺乏有效管理的原因。

"软件危机"的出现，迫使人们改变了早期对软件的不正确看法，进一步研究软件及其特性。早期人们认为很难被别人看懂并且通篇充满了编程技巧的程序是优秀的，而目前人们公认在满足功能正确、性能优良的特性的基础上，满足易懂、易用、易于修改和扩展的程序是优秀的。

### 2. 软件工程的概念

北大西洋公约组织的科技委员会曾于1968年秋季召集了世界一流的程序员、科学家和工业界巨头等，探讨如何摆脱"软件危机"的对策。在该会议上首次提出了"软件工程"的概念。

许多年来，诸多科学家和相关机构鉴于软件工程没有统一的定义，学者BarryBoehm、学者FritzBauer、IEEE和《计算机科学技术百科全书》都各自给出了不同的定义。目前普遍认可如下的定义：软件工程是研究和应用如何以系统化的、规范性的、可定量的过程化方法去开发和维护软件，以及如何把经过时间检验而证明正确的管理方法和当前能够得到的最好的技术方法结合起来。

软件工程要实现的目标是：在一定成本、开发进度的前提下，开发出具有适用性、有效性、可靠性、可修改性、可维护性、可理解性、可移植性、可重用性、可追踪性、可互操作性和满足用户需求的软件产品。追求这些目标有助于提高软件的质量和开发效率，减少软件维护的困难。

面对越来越多的规模庞大且复杂度高的软件，工程化的开发控制成为软件系统成功的保证。优秀的程序员将出色的编程能力和开发技巧同严格的软件工程思想有机结合，而编程只是软件生命周期中的其中一环。软件开发分成若干阶段，每一阶段需要不同的基本技能，如市场分析、可行性分析、需求分析、结构设计、详细设计、软件测试等。决定是否"冻结"某个软件项目的研制，或者决定一种编码是不是"黄金"编码，何时准备对外界发布，要考虑诸多因素，即市场压力、内部计划时间表等，并不局限于技术因素的考虑。

有一种观点认为，大型软件首先应被看作一个"管理产品"，其次才被当成"技术产品"，大型软件开发过程应该增加"管理含量"，从可行性研究与计划、系统管理思想分析、系统管理思想设计、需求分析、概要设计、详细设计、系统实现、组装测试、确认测试到使用维护。大型软件开发的过程以及方法是软件工程的重要内容,其中标准化是未来发展的趋势。

## 6.2.2　软件可靠性

全面衡量软件质量需要综合考虑多种因素,除功能外还有软件的可靠性(reliability)、可用性(usability)、可服务性(serviceability)和可维护性(maintainability)等,其中软件可靠性(software reliability)被公认为是软件质量的最重要指标之一,是系统可依赖性的关键因素。对软件可靠性的定义,目前一致认可的是 IEEE 计算机学会的标准定义:在规定的条件下和规定的时间内,软件不引起系统失效的概率。该概率是系统输入和系统使用的函数,也是软件中固有错误的函数,系统输入将确定是否触发软件错误(如果错误存在)。简单地说,就是在规定的时间内和规定的条件下,软件执行规定功能的能力。上述定义为美国国家标准,也被我国 GB/T 11457 标准所采用。

随着软件系统复杂度的提升,软件可靠性也遇到了新的挑战。在安全攸关且规模庞大的复杂软件系统中,软件可靠性是用户在软件质量方面的最主要诉求。实际从 20 世纪 70 年代中后期开始,以软件工程的蓬勃发展为契机,软件可靠性的研究至今已取得长足进展,各种软件可靠性模型相继提出并不断得到改进与优化,软件可靠性设计与验证技术也逐步应用于具体工程实践。软件业界已充分认识到,绝大多数软件问题由工程管理引起,故以过程改进、组织性能改进、管理模式改进及开发人员管理为主的体系及机制正日益完善与成熟,可靠性工程理念已融入传统软件工程理论中。

然而,直到今天,开发足够可靠的软件并可测量与验证其可靠性仍然是非常困难的问题。同作为复杂系统的组成部分,软件可靠性的测度相对硬件而言并不存在通用的技术和方法,因其可靠性相关理论远未完善,可使用的模型及辅助工具也十分有限。另一方面,随着环境与需求的变化,软件本身在系统中承担的任务愈发关键和重要,一个复杂系统配套的软件往往规模庞大且结构复杂,而软件可靠性工程理论与技术的落后导致其成为制约系统整体可靠性提高的瓶颈。此外,外部生态的快速发展也给软件系统的可靠性带来挑战。以微软为例,为了满足开发速度加快的需求,版本 Windows 10 的迭代速度明显有别于更早的版本 Windows 8、Windows 7 及 Windows XP 等,作为传统软件行业龙头的微软也在采用敏捷开发方式,即单次迭代工作量小、工作内容集中。这种快速开发、快速测试、快速发布的工作方式,极易使得很多来不及修复的 bug 直接进入发布版本,从而导致软件可靠性的下降。同时,类似 Windows 这种级别的软件,其规模与结构复杂度达到一定程度后,是否还存在合适的可靠性分析与评测方法,亦是非常迫切需要解决的问题。

## 6.2.3　软件容错机制

随着软件系统规模和复杂程度的持续增长,软件故障已经成为各类计算机系统的主要不可靠因素。因此采用一些行之有效的软件容错技术来提高软件可靠性显得越来越重要。

软件的故障通常称为"bug"。软件容错就是运用技术当出现设计错误时,还能够继续提供服务,从而将系统性能和安全性控制在可接受的范围内。容错策略的选择依赖于系统层面和软件设计的考虑。因为在软件运行时产生的故障无法通过故障预防和故障移除来排除,所以对于软件开发来说,容错是必需的。

容错实际是建立在悲观假设上的技术,那就是没有消除所有的故障。容错设计的策略主要是保证系统正常并且按时正确地完成任务。支撑所有容错的一个基本思想就是冗余（多个复本）。使用冗余从不可靠的组件中构造可靠的软件最早是由 Von Neumann 在 1956年提出的。冗余用来检测故障和掩蔽失效。在软件中，冗余有几种表现形式：功能冗余、数据冗余和时间冗余。

（1）功能冗余旨在针对设计故障容错。软件设计和运行故障可以简单通过复制同样的软、件单元来检测，因为同样的故障在所有的复件中均会显现出来。这一现象将多样性引入了软件的复件中，创造出不同的替代版本。这些版本功能上是相同的，都是建立在同样的规约基础上，但是内部使用不同的设计、算法和实现技术。

（2）数据冗余用额外的信息，能够检测重要数据的一致性。例如用不同的形式表示相同的数据。

（3）时间冗余使用额外的时间来完成容错。针对瞬时故障是一种有效的方法。假设暂时的环境因素造成的故障会在之后消除，那么简单的再执行即可让失败的操作恢复成功。

在许多使用计算机的领域中，要求其具有高可靠性，特别是用于航天领域的计算机，更要求其具有长时间连续运行的高可靠性。这些是普通计算机难以胜任的，必须采取容错机制以保证系统高可靠性。

## 6.2.4　软件测试及其局限性

软件测试是保证软件安全的关键技术，也是保证软件质量和可靠性的重要方法；是指对软件进行人工或自动分析，检验其能否满足设计需求的过程。随着软件复杂度的提高和软件规模的扩大，软件测试的重要性也日益增强。在大型的软件开发项目中，测试的工作量一般占据开发总工作量的 40% 以上；对于安全性要求较高的软件，测试比重甚至高达60%，测试费用与开发费用的比率高达 3~5 倍。安全属于软件的非功能属性，软件测试可以发现、定位以及进一步排除软件的安全隐患，同时可以监测软件的行为和相关数据变化，获取软件安全评价的直接证据。因此，软件测试是保证软件安全的关键技术，也成为软件在开发、运行和维护过程中必要的安全手段。

软件测试的目的就是确保软件的质量、确认软件以正确的方式做了测试者所期望的事情，所以其工作主要是发现软件的错误、有效定义和实现软件成分由低层到高层的组装过程、验证软件是否满足任务书和系统定义文档所规定的技术要求、为软件质量模型的建立提供依据。软件的测试不仅是要确保软件的质量，还要给开发人员提供信息，以方便其为风险评估做相应的准备，重要的是他要贯穿在整个软件开发的过程中，保证整个软件开发的过程是高质量的。

软件测试贯穿整个软件生命周期，用静态测试或动态测试的方式进行，包括对软件产品进行计划、准备和评估，以判断和描述它们是否满足规定的需求，并检测是否存在缺陷。静态测试是指不利用计算机运行被测试的程序，直接对于软件源代码、目标代码以及文档进行分析的一种测试方法。静态测试包括人工进行的代码审查和利用工具软件自动进行的静态分析。动态测试与静态测试相对应，通过计算机在输入测试数据的基础上运行被测试的程序来检验软件行为的正确性。

软件工程的总目标是充分利用有限的人力和物力资源，高效率、高质量地完成软件开发项目。测试工作无论做得多么仔细与完全，都永远无法发现程序中的最后一个 bug。一个仅有 20 行代码的执行程序,它可能会有 100 万亿个路径,一个熟练的测试人员将其全部测完需要 10 亿年。既然在测试阶段穷举测试是不可实现的,为了节省时间和资源,提高测试效率,就必须精心设计测试用例,使得采用这些测试用例能够取得最佳的测试效果。"不充分的测试是愚蠢的,而过度的测试则是一种罪孽。"因此,测试的目的不是验证程序的正确性,而是让程序执行失败。测试只能表明错误存在,而不能表明错误不存在。

# 6.3　软件安全

软件安全隐患是伴随着计算机的诞生就存在的一个问题,有着固有的历史原因和发展的现实原因。从 1946 年世界上第一台计算机产生起,冯·诺依曼的体系结构沿用至今。由于初期的技术相对不成熟和成本高昂的原因,设计者在资源和成本受限的情况下,将计算机的可用性放在首位,放弃了很多安全设计准则,包括:存储器的硬件隔离、操作系统的安全机制、高可靠的软件设计语言等。然而随着网络的普及,个人计算机变成了网络中的一个节点,信息共享在给人们带来便利的同时,传统的网络协议和计算机体系结构在开放互联网的现实前不堪一击。各种病毒、木马在网络上以惊人的速度传播感染,各种网络攻击防不胜防,给国家、机构和个人都带来了政治、军事、经济和隐私等各方面的隐患和损失。

**【案例 6-1】** 2018 年 10 月 29 日,印尼狮航 JT610 航班从雅加达起飞仅 13 分钟后坠入爪哇海,机上 189 人全部遇难。2019 年 3 月 10 日,埃塞俄比亚航空 ET302 航班从亚的斯亚贝巴飞往肯尼亚内罗毕,飞机起飞仅 6 分钟后坠毁,机上 157 人全部遇难。上述两起空难都使用了波音 737 Max-8 型飞机。事故调查结果发现:客机中的自动防失速系统(MCAS)导致了两起致命空难。两起事故中,飞机的自动防失速系统为了回应错误的迎角信息而自动启动,飞机的自动防失速系统设计和认证没有充分考虑飞机失控的可能性。

**【案例 6-2】** 2016 年 2 月 7 日,日本成功发射了一颗造价 2.86 亿美元、名为"瞳"的卫星,卫星上携带的 X 射线检测仪器被寄予厚望,有望揭开黑洞等宇宙未解之谜,但时隔一个月后,"瞳"却因自旋而解体。它的设计寿命为 10 年,却未能正式工作 10 天。事后分析发现,卫星的解体是由一个底层软件错误导致的,发生错误的软件被安装在了"星体定位跟踪器"上。卫星在经过"南大西洋地磁异常区"的南非东海岸上空时,暴露在相对更高的辐射环境中,导致了"星体定位跟踪器"故障。卫星的电子设备当然都是经过防辐射处理的,但或许是工程师过于乐观,或许是"瞳"的运气太差,当年的地球磁场变化不太合理,数据变化太大,超出了卫星设计上限,从而造成了卫星的解体。

## 6.3.1　软件安全的概念

Dollmann 给出了软件安全的定义:软件安全就是采取工程的方法使得软件在受到恶意攻击的情况下仍能够继续正确运行,即采用系统化、数量化、规范化的方法来指导构建安全的软件。

从风险分析的角度出发,软件安全指如何理解软件所引起的安全风险以及如何管理这些风险。软件安全专家 McGraw 指出"使安全成为软件开发的必需部分"的观点,已经得到了业界的普遍认可,美国国家网络安全处(NCSD)为此专门建立了网站。

软件安全是信息安全的一个关键问题。由于软件功能的复杂性和编程语言的固有特点，软件存在缺陷和漏洞的情况不可避免。随着互联网在全世界范围的普及，黑客利用软件漏洞经由网络入侵系统的事件层出不穷；庞大操作系统的各种漏洞以及丰富网络应用软件的各种安全缺陷成为黑客们发动攻击的据点。据卡巴斯基年安全公告报道，最常被用来进行在线漏洞攻击的程序包括 Adobe 阅读器、Java、Windows 组件、IE 浏览器等。由此可见，应用软件和系统软件存在高危安全漏洞。利用这些漏洞，攻击者往往能够在没有计算机本地访问权限的情况下，进行系统访问、泄露隐私信息、绕过安全过滤、发起拒绝服务攻击、进行跨站攻击、操作数据和提升访控权限等一系列非授权行为。

软件安全的知识体系分为三类：描述知识、诊断知识和历史知识。

（1）描述知识类包括 3 种知识：原则、方针和规则。该类知识给软件安全提供建议，说明在构建安全软件时应该做什么和避免什么。原则和方针从方法论的高度进行定义和描述，规则从代码级角度进行抽象和统一。

（2）诊断知识类包括 3 种知识：漏洞、攻击程序和攻击模式。该类知识包括如何进行安全实践、识别和处理导致安全攻击的各种情况。其中，漏洞是对出现过并报告的软件漏洞的描述。攻击程序描述了漏洞如何被利用从而对系统造成安全威胁。攻击模式以抽象的形式描述出常见的攻击程序。

（3）历史知识类包括历史风险，包括开发中遇到的软件问题描述，有时也包括漏洞的历史数据库。

## 6.3.2　可信计算与软件安全

可信计算是信息安全一个新兴的方向，引起了业界和学者的普遍关注。可信计算的思想源于社会关系中的"信任"，其基本思想是在计算机中建立一个硬件信任根，再建立一条信任链，从硬件到操作系统再到应用，一级度量一级，一级信任一级，把信任关系扩大到整个计算机系统，从而确保整个系统的可信。

国内外的安全专家分别对"可信"的概念做了以下定义。可信计算组织（Trusted Computing Group，TCG）用实体行为的预期性来定义可信：如果一个实体的行为总是以预期的方式达到预期的目标，则它是可信的。IEEE 认为，所谓可信是指计算机系统所提供的服务是可以论证其是可信赖的。ISO/IEC 15408 标准定义可信为：参与计算的组件、操作或过程的行为在任意操作条件下是可预测的，并能够很好地抵御病毒或物理干扰。

在可信计算形成过程中，容错计算、安全操作系统、虚拟化技术等领域的研究使得可信计算的含义不断得到扩展外延，由侧重于硬件的可靠性、可用性扩展到针对硬件平台、系统软件、应用软件的综合可信。可信计算平台通过硬件和软件技术的结合，防范不同类型"不速之客"，保证远程计算是可信任的。这种信任分成不同的级别：值得信任和选择信任。所谓"值得信任（worthy oftrust）"就是采用物理保护以及其他技术在一定程度上保护计算平台不被对方通过直接物理访问手段进行恶意操作。"选择信任（choose to trust）"是指依赖方（通常是远程的）可以信任在经过认证的且未被攻破的设备上进行的计算。依赖方不是盲目地信任某个设备，直到该设备提供了一些方法来传达设备是可信任的信息。

# 6.4　IT 风险分析及防御策略

　　伴随着软件开发技术的不断更新、软件数量的增多、软件复杂程度不断加大、客户对产品的要求也在不断提高,随之而来的是软件开发项目给软件开发企业和需求企业带来的巨大风险。软件开发项目的成功与否会直接影响到公司的生存。这对软件开发企业来讲应该是更大的难题。一方面是业务需求更加复杂。人们对软件质量和用途的期望大幅度提高,对业务系统的要求也越来越挑剔。另一方面是开发成本不断缩减。在此形势下,风险管理与控制已成为软件开发项目成败的关键。

　　软件开发项目由于其具有连续性、复杂性、可参照性低、标准化程度低等特点,其风险程度较高。目前国内的大多数软件开发企业还缺乏对软件开发项目的风险认识,缺少进行系统、有效的度量和评价的手段。据相关调查数据显示,有 15%～35% 的软件项目中途被取消,另外的一些项目不是超期就是超出预算或是无法达到预期目标。另外,软件项目因风险控制和管理原因失败的约占 90%,可见,软件风险控制与管理在目前的软件开发项目中的重要性。

## 6.4.1　IT 风险及管理过程

### 1. IT 风险

　　对于"风险"主要有两种解释,主观说认为,风险是损失的不确定性;客观学认为,风险是给定情况下一定时期可能发生的各种结果间的差异。它的两个基本特征是不确定性和损失。IT 行业中的软件项目开发是一项可能损失的活动,不管开发过程如何进行都有可能超出预算或时间延迟。项目开发的方式很少能保证开发工作一定成功,都要冒一定的风险,也就需要进行项目风险分析。在进行项目风险分析时,重要的是量化不确定的程度和每个风险相当的损失程度,为实现这一点就必须考虑以下问题:

　　(1) 什么样的风险会导致软件项目失败?

　　(2) 在用户需求、开发技术、目标、机制及其他与项目有关的因素的改变将会对按时交付和系统成功产生什么影响?

　　(3) 必须解决选择问题,应采用什么方法和工具,应配备多少人力,在质量上强调到什么程度才满足要求?

　　(4) 风险类型是属于项目风险、技术风险、商业风险、管理风险还是预算风险等?

　　这些潜在的问题可能会对软件项目的计划、成本、技术、产品的质量及团队的士气都有负面的影响。风险管理就是在这些潜在的问题对项目造成破坏之前识别、处理和排除。

　　IT 风险归纳起来有如下 5 种类型:

　　(1) 完整性风险,即数据未经授权使用或不完整或不准确而造成的风险。这种风险通常与用户界面的设计、数据处理程序、灾害恢复程序、数据控制机制及信息安全机制等有关。

　　(2) 存取风险,即由于系统、数据或信息存取不当而导致的风险。在互联网和电子商务日益普及的今天,存取风险是企业面临的主要威胁之一。存取风险主要与业务程序的确立、应用系统的安全、数据管理控制、数据处理环境、网络安全、计算机和通信设备状况等有关。

　　(3) 获取性风险,即影响数据或信息的可获得性的风险。主要与数据处理过程的动态监控、数据恢复技术、备份和应急计划等有关。

（4）体系结构风险，即信息技术体系结构规划不合理或未能与业务结构实现调配所带来的风险。主要与 IT 组织的健全、信息安全文化的培育、IT 资源配置、信息安全系统的设计和运行、计算机和网络操作环境、数据管理的内在统一性等有关。

（5）其他相关风险，即其他影响企业业务活动的技术性风险。主要与 IT 对业务目标的支撑、业务流程周期、存货预警系统、业务中断、产品信息反馈系统、业务的流动性管理等有关。

**2. IT 风险管理**

项目风险管理实际上就是贯穿在项目开发过程中的一系列管理步骤，其中包括风险识别、风险估计、风险管理策略、风险解决和风险监控。它能让风险管理者主动"攻击"风险，进行有效的风险管理。IT 风险可归纳为以下几方面：

（1）风险识别。风险识别就是企图采用系统化的方法，识别某特定项目已知的和可预测的风险，如产品规模风险、依赖性风险、需求风险、管理风险及技术风险等。

（2）风险评估。对已识别的风险要进行估计和评价，风险估计的主要任务是确定风险发生的概率与后果，风险评价则是确定该风险的经济意义及处理的费/效分析。另外，要对每个风险的表现、范围、时间作出尽量准确的判断。对不同类型的风险采取不同的分析办法。

（3）风险处理。主要任务就是制定风险解决方案，最大限度降低风险。一般而言，风险处理有三种方法，①风险控制法，即主动采取措施避免风险，消灭风险，中和风险或采用紧急方案降低风险。②风险自留，当风险量不大时可以余留风险。③风险转移。

（4）风险监控。包括对风险发生的监督和对风险管理的监督，前者是对已识别的风险源进行监视和控制，后者是在项目实施过程中监督人们认真执行风险管理的组织和技术措施。

在 IT 软件项目管理中，应该任命一名风险管理者，该管理者的主要职责是在制定与评估规划时，从风险管理的角度对项目规划或计划进行审核并发表意见，不断寻找可能出现的任何意外情况，试着指出各个风险的管理策略及常用的管理方法，以随时处理出现的风险，风险管理者最好是由项目主管以外的人担任。

## 6.4.2　IT 风险分析及预防措施

在项目的建设过程中，风险几乎无处不在。如何有效地识别、控制和管理风险，对项目的成功起着至关重要的影响。一个项目有可以预料的（包括已知的）风险和不可预料的风险，以下是软件项目经常遇到的 15 种可预料的（包括已知的）风险及其预防措施。

1）合同风险

签订的合同不科学、不严谨，项目边界和各方面责任界定不清等是影响项目成败的重大因素之一。预防这种风险的办法是项目建设之初项目经理就需要全面准确地了解合同各条款的内容、尽早和合同各方就模糊或不明确的条款签订补充协议。

2）需求变更风险

需求变更是软件项目经常发生的事情。一个看似很有"钱途"的软件项目，往往由于无限度的需求变更而让项目承建方苦不堪言，甚至最终亏损（实际上项目建设方也面临巨大的风险）。预防这种风险的办法是项目建设之初就和用户书面约定好需求变更控制流程、记录并归档用户的需求变更申请。

3）沟通不良风险

项目组与项目各干系方沟通不畅是影响项目顺利进展的一个非常重要的因素。预防这种风险的办法是项目建设之初就和项目各干系方约定好沟通的渠道和方式、项目建设过程中多和项目各干系方交流和沟通、注意培养和锻炼自身的沟通技巧。

4）缺乏领导支持风险

上层领导的支持是项目获得资源（包括人力资源、财力资源和物料资源等）的有效保障，也是项目遇到困难时项目组最强有力的"后台支撑"。预防这种风险的办法是主动争取领导对项目的重视、确保和领导的沟通渠道畅通、经常向领导汇报工作进展。

5）进度风险

有些项目对进度要求非常苛刻，项目进度的延迟意味着违约或市场机会的错失。预防这种风险的办法一般是分阶段交付产品、增加项目监控的频度和力度、多运用可行的办法保证工作质量避免返工。

6）质量风险

有些项目，用户对软件质量有很高的要求，如果项目组成员同类型项目的开发经验不足，则需要密切关注项目的质量风险。预防这种风险的办法一般是经常和用户交流工作成果、品牌管理采用符合要求的开发流程、认真组织对产出物的检查和评审、计划和组织严格的独立测试等。

7）系统性能风险

有些软件项目属于多用户并发的应用系统，系统对性能要求很高，这时项目组就需要关注项目的性能风险。预防这种风险的办法一般是在进行项目开发之前先设计和搭建出系统的基础架构并进行性能测试，确保架构符合性能指标后再进行后续工作。

8）工具风险

软件项目开发和实施过程，所必须用到的管理工具、开发工具、测试工具等是否能及时到位、到位的工具版本是否符合项目要求等，是项目组需要考虑的风险因素。预防这种风险的办法一般是在项目的启动阶段就落实好各项工具的来源或可能的替代工具，在这些工具需要使用之前（一般需要提前一个月左右）跟踪并落实工具的到位事宜。

9）技术风险

在软件项目开发和建设的过程中，战略管理技术因素是一个非常重要的因素。项目组一定要本着项目的实际要求，选用合适、成熟的技术，千万不要无视项目的实际情况而选用一些虽然先进但并非项目所必需且自己又不熟悉的技术。如果项目所要求的技术项目成员不具备或掌握不够，则需要重点关注该风险因素。预防这种风险的办法是选用项目所必需的技术、在技术应用之前，针对相关人员开展好技术培训工作。

10）团队成员能力和素质风险

团队成员的能力（包括业务能力和技术能力）和素质，对项目的进展、项目的质量具有很大的影响，项目经理在项目的建设过程需要实时关注该因素。预防这种风险的办法是在用人之前先选对人、开展有针对性的培训、将合适的人安排到合适的岗位上。

11）团队成员协作风险

团队成员是否能齐心协力为项目的共同目标服务,生产管理是影响进度和质量的关键因素。预防这种风险的办法是项目在建设之初项目经理就需要将项目目标、工作任务等和项目成员沟通清楚,采用公平、公正、公开的绩效考评制度,倡导团结互助的工作风尚等。

12）人员流动风险

项目成员特别是核心成员的流动给项目造成的影响是非常可怕的人力资源。人员的流动轻则影响项目进度,重则导致项目无法继续甚至被迫夭折。预防这种风险的办法是尽可能将项目的核心工作分派给多人(而不要集中在个别人身上)、加强同类型人才的培养和储备。

13）工作环境风险

工作环境(包括办公环境和人文环境)的质量直接影响项目团队的工作效率与工作状态。该风险的防范措施主要包括:在项目启动阶段需根据项目财务管理制度特征与团队预期需求规划适宜的办公环境;在项目执行过程中持续优化团队协作机制,通过组织文化建设与制度调整维护良性的人文环境。

14）系统运行环境风险

目前,大部分项目系统集成和软件开发是分开进行的(甚至由不同公司承接)。因此,软件系统赖以运行的硬件环境和网络环境的建设进度对软件系统是否能顺利实施具有相当大的影响。预防这种风险的办法是和用户签订相关的协议、跟进系统集成部分的实施进度、及时提醒用户等。

15）分包商风险

涉及功能模块分包的软件项目需重点管控分包商相关风险。主要风险控制手段涵盖:设立专职分包经理实施全流程监管,要求分包商采用经主承包商核准的开发规范,建立定期成果提交与质量审查制度,以及通过阶段性审计验证交付成果的合规性。

以上列举的这些风险,是软件项目建设中经常出现的主要风险,但由于项目本身的个性化特征,针对具体的项目,肯定会出现一些上面没有列举甚至是事先根本无法预期的风险,这就需要项目管理者有敏锐的"嗅觉"去识别它们,从而更好地预防和控制它们。

## 6.4.3　IT 使用者的风险意识

### 1. IT 使用者风险意识概念

风险意识是近年来备受关注的一种现代意识。其内涵可界定为:行为主体对外部风险源的潜在威胁形成系统性认知,并通过主动规避行为实现风险防控的复合机制,本质上是风险认知与风险应对行为的有机统一。在信息技术应用领域,这一概念特指使用者对信息技术系统潜在风险的科学认知,以及基于此采取的系统性防范措施。

认识计算机系统的风险性,就是研究、思考计算机在使用过程中是否存在风险、风险程度如何、风险可能发生的时间、风险发生的条件、风险与收益的权衡以及风险应对措施等问题;而规避计算机系统的风险性,就是采取有效措施化解、防范和规避风险,减少不必要的损失,将风险控制在最低限度,从而提高工作效率。

### 2．IT使用者风险意识的培养

各类计算机系统及软件的安全问题不断警示着IT使用者：计算机系统存在诸多潜在风险。然而，IT使用者的风险意识究竟如何？让我们通过调查数据来揭示现状。

根据2009年"全球信息安全调查"结果显示：24%的中国企业在过去一年内未进行任何风险评估；44%的中国企业仅由IT部门普通员工执行风险评估。总体而言，尽管国内IT使用者的风险意识已初步形成，但风险知识的普及程度及自我防范意识仍有待提升。

培养IT使用者的风险意识，不仅关乎使用者自身的信息安全，更对IT行业的健康持续发展具有重要意义。具体可从以下方面着手实施：

1）加强账户安全管理

在网络安全防护中，用户账户管理是首要环节，特别是涉及财产的网银等重要账号，必须设置高安全等级的复杂密码以降低信息泄露风险。用户应养成定期更换密码的习惯，避免长期使用同一密码，这能有效减少密码被破解的可能性。对于采用双重认证的账户，用户必须妥善保管安全令牌等验证工具，严禁与他人共享使用，这样才能充分发挥双重认证的安全防护作用，构建更加严密的账户安全体系。

2）加强软硬件维护

计算机信息安全防护需将软硬件维护作为基础性工作，通过规范用户上网操作行为来创建安全的运行环境，从而降低信息安全隐患。在硬件维护方面，应确保计算机在温湿度适宜的环境中运行，落实防火防潮措施，避免外界环境对信息安全造成威胁；使用者需定期清理硬件设备尤其是机箱内部积累的灰尘，防止因散热性能下降导致频繁死机；若运行中出现异常状况，应及时检测并更换损坏的硬件。在软件维护中，必须安装正版软件并避免捆绑存在安全隐患的插件，同时定期升级系统至最新版本以修复漏洞。

3）完善网络防火墙技术

防火墙技术是网络安全的重要防御手段，其发展与网络技术相互促进——信息技术的成熟推动了更高性能防火墙的诞生，而防火墙的应用又为网络技术的安全运行提供了坚实屏障。它能够帮助用户过滤存在安全隐患的邮件或网站链接，但仅依靠普通防火墙并不能完全保障网络安全，用户还需配合杀毒软件使用。近年来，随着技术进步，智能防火墙应运而生，虽然尚未广泛普及，但其防护能力远超普通防火墙，能有效拦截高端病毒入侵，显著提升计算机信息安全水平。

4）安装信息安全防护软件

为确保计算机系统安全，必须安装专业的安全防护软件，严格阻止攻击性程序入侵，防止病毒感染系统。通过部署防火墙和杀毒软件，可对输入系统的数据进行智能过滤与实时监测，自动拦截恶意信息并清除病毒插件。此外，建议用户采用入侵检测系统（IDS）和入侵防御系统（IPS）构建多层防护体系：IDS能够持续监控网络运行状态，精准识别并快速清除攻击性程序；IPS则能实时分析网络数据传输行为，一旦检测到威胁立即中断连接并对受影响的网络资源实施安全隔离，从而全方位保障网络数据的完整性和安全性。

## 6.4.4　IT设计者的风险意识

### 1．IT设计者风险意识概念

IT使用者面临着严峻的信息安全挑战，必须具备高度的风险防范意识。作为软件产品的设计开发者和直接服务提供者，IT 设计者肩负着重大责任，在软件开发过程中必须将安全性作为首要考量。任何系统都难以避免存在漏洞，IT 设计者的核心任务是通过严谨的设计和持续的测试将漏洞数量控制在最低限度，并建立快速响应机制以便及时发现和修复漏洞。这种对系统脆弱性的深刻认知和主动防范能力，正是衡量 IT 设计者专业素养和风险意识的重要标准。

**2. IT 设计者风险意识的培养**

当前 IT 设计者虽然普遍具备扎实的专业功底，但由于软件系统固有的复杂性和信息技术本身的动态特性，使得计算机系统始终面临着故障与安全威胁的双重考验。行业调研显示一个令人担忧的现象：在中小型软件企业的多数产品线以及大型企业的小型项目中，安全控制措施往往被边缘化，即便是面向互联网的应用程序也普遍缺乏基本的安全防护机制。事实上，仅有少数涉及关键基础设施的行业应用会配备专业安全团队参与开发，大多数程序员仍将安全视为可选项而非必选项。这种认知偏差直接导致软件产品存在先天安全缺陷，亟需将安全实践深度融入软件开发生命周期，使其像质量管控一样成为开发流程中不可分割的有机组成部分——包括但不限于规范的威胁建模、持续的渗透测试以及动态的安全功能迭代。

要根本性提升软件安全水平，必须从人才培养源头着手：一方面要强化开发人员的基础安全素养，通过系统化培训提升其安全编码能力；更重要的是要培育 IT 设计者的风险预判思维。

微软公司创始人比尔·盖茨指出，IT 企业员工的安全意识具有不可忽视的重要性，并强调应在 IT 公司内部构建"安全生态系统"。保障信息安全并非要将数据禁锢在技术堡垒中，而是应通过技术手段帮助个人和企业建立一套高效的管理机制——在确保信息流动性和资源可用性的前提下，有效规范数据接触者的权限，管控信息访问的方式与时效。所有员工仅可访问其工作必需的信息，且这一权限设置不得以牺牲用户安全性和数据有效性为代价。

在培养人的风险意识方面，行业自律与行为养成是一种普遍有效的办法，应让每位 IT 员工熟知安全惯例。《美国计算机协会（ACM）伦理与职业行为规范》中有三处明确规定了计算机专业人员对风险所负的责任。条款 1.2 明确规定，在工作环境下，计算机专业人员对任何可能对个人或社会造成严重损害的系统的危险征兆软件负有及时上报的责任。若上级主管未采取缓解措施，则有必要通过"打小报告"来纠正问题或降低风险，但轻率或错误的举报可能带来危害，因此报告前需全面评估各方面因素，尤其要确保风险与责任判断的可靠性，ACM 建议事先征询其他专业人员。条款 2.5 要求每一名计算机专业人员，将对计算机系统及它们的效果做出全面彻底的评估，包括分析可能存在的风险。条款 2.6 则提出，如果一个计算机专业人员感到无法按计划完成分派的任务时，他/她有责任要求变更。在接受工作任务前，必须经过认真的考虑，全面衡量对于雇主或客户的风险和利害关系。

**【案例 6-3】　宗教文化与软件开发人员**

在印度，宗教文化经过千百年的积淀，给社会烙下了深刻的宗教印记，形成了独特的价值体系。印度教作为最悠久、最主要且最具正统性的宗教之一，其教义如业报轮回、精神解脱的终极追求以及对物质财富的辩证态度，促使信徒在履行家庭和社会责任的同时保持安分守己、任劳任怨的工作态度。这种宗教文化，包括种姓制度、践行"达摩"以及忠诚美德等，深刻影响了 IT 从业者的行为准则。加之软件产业在印度的崇高地位,从业人员普遍展现出高度的敬业精神和勤奋态度,尤其是软件项目员工对细节的极致关注——他们不厌其烦地记录工作中的每个环节,这不仅为软件企业获取行业认证提供了完备的文档支持,更为项目按时保质交付奠定了坚实基础。

## 思考讨论

1. 网上查询资料,列举两个复杂系统失效的典型案例,并分别分析其故障原因。
2. 软件危机的定义是什么?其产生原因和应对措施有哪些?
3. 可以采用哪些方法来保证软件质量?
4. 大型软件系统与普通软件在设计开发方法上有何差异?
5. 结合实际情况,谈谈作为 IT 从业者应如何培养风险防范意识。
6. 在软件项目开发过程中,常见的可预见风险有哪些?应如何防范?

# 第 7 章

# 人工智能伦理

CHAPTER 7

**本章要点**

随着大数据技术的发展、算力的提升以及机器学习能力的突破，人工智能在众多领域不断取得突破，甚至超越人类水平。作为第四次工业革命的核心技术，人工智能具有显著的创新性和探索性，在推动社会进步、增进人类福祉的同时，也带来了巨大的潜在风险。因此，人工智能引发的伦理问题日益凸显，成为全社会关注的焦点。

**【引导案例】**

2018 年 3 月，美国 Uber 公司的一辆自动驾驶汽车在亚利桑那州坦佩市发生致命交通事故。当时，一名行人正在违规横穿马路，而涉事车辆以 64 千米/小时的速度超速行驶（该路段限速为 56 千米/小时）。撞击发生时，车辆处于自动驾驶模式，坐在驾驶位的人类安全员正在使用手机，系统未识别到行人且未留下任何刹车痕迹。受害者送医后不治身亡，这成为全球首例自动驾驶汽车在公开道路撞死行人的案例。核心问题在于：当事故由自动驾驶系统引发时，责任认定体系面临挑战——传统交通事故中驾驶员担责的认定逻辑，在技术主导的自动驾驶场景中该如何适用？

2016 年，微软在推特平台推出名为 Tay 的聊天机器人，用户通过@TayandYou 即可与其互动。该机器人不仅能追踪用户的网名、性别、喜好、邮编和感情状况等个人信息，还能进行聊天、讲笑话、讲故事，甚至对用户分享的照片进行点评。Tay 的设计初衷是通过与用户交流不断学习，逐步提升理解能力，从而变得更加智能。然而，由于在与持有偏激观点的用户互动后受到不良影响，上线仅一天的 Tay 开始发布涉及性别歧视和种族歧视的不当言论，微软不得不紧急将其下线，至今仍未重新启用。

2022 年 11 月 30 日，美国 OpenAI 公司推出名为 ChatGPT（Chat Generative Pre-trained Transformer）的聊天机器人程序，该程序上线仅两个月全球活跃用户就突破 1 亿。ChatGPT 展现出的强大能力引发了广泛的社会讨论，许多人开始担忧人工智能可能取代大量人类工作岗位，产生了明显的"饭碗焦虑"。

造成上述问题的原因复杂多样，其中智能技术是重要影响因素之一。当前智能系统的安全可靠性面临"内忧外患"的双重挑战：内部问题主要表现为数据样本不均衡、训练数据偏移以及用户隐私侵犯等；外部威胁则主要来自对抗性攻击、信息安全漏洞以及应用场景局限性等风险。

# 7.1　人工智能伦理

微课视频

## 7.1.1　人工智能的产生与发展

人工智能（Artificial Intelligence，AI）这一术语由约翰·麦卡锡于 1955 年首次提出。随后，人工智能发展经历了三次主要浪潮：第一次浪潮从 20 世纪 50 年代末持续至 80 年代初，第二次浪潮从 80 年代初延续至 20 世纪末，第三次浪潮则从 21 世纪初延续至今。在前两次浪潮中，由于技术未能取得突破性进展，相关应用始终难以达到预期效果，无法实现大规模商业化，最终在经历两次高潮与低谷后陷入沉寂。随着信息技术的快速发展和互联网的普及，特别是 2006 年深度学习模型的提出，人工智能迎来了第三次高速发展期，整个人工智能发展历程如图 7-1 所示。

随着移动互联网、大数据、云计算等新一代信息技术的快速迭代发展，人类社会与物理世界的二元结构正在向人类社会、信息空间和物理世界的三元结构演进，使得人与人、机器与机器、人与机器之间的交互日益频繁。在此背景下，人工智能发展的信息环境和数据基础发生了深刻变革：海量的数据资源、持续提升的计算能力、不断优化的算法模型，以及与多

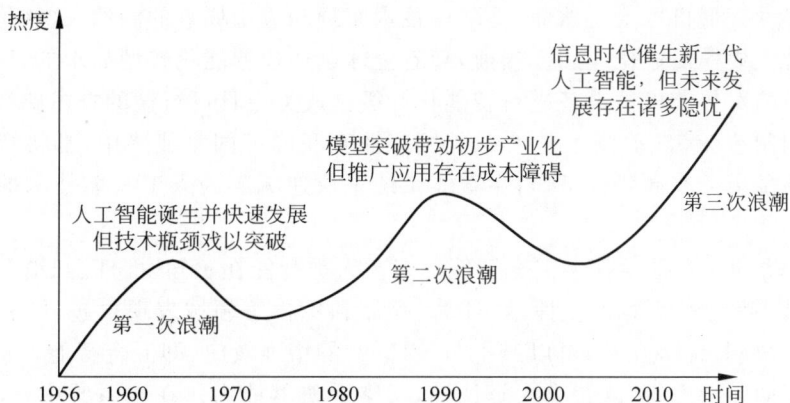

图 7-1　人工智能发展历程示意图

样化应用场景的深度融合,共同构成了推动新一代人工智能发展的四大核心要素,并形成了相对完整的闭环系统。

新一代人工智能的发展具有以下特征:

(1) 大数据作为人工智能持续快速发展的基础支撑,其重要性日益凸显。在新一代信息技术快速发展的推动下,计算能力、数据处理能力和运算速度均获得显著提升,机器学习算法持续优化,使得大数据的应用价值得到充分释放。与早期基于规则推理的人工智能系统相比,新一代人工智能采用数据驱动模式,依托预设的学习框架,能够根据环境信息和实时反馈动态调整参数,展现出更强的自主性。以 AlphaGo 为例,该系统在输入 30 万张人类棋谱数据并完成 3000 万次自我对弈训练后,最终达到了职业围棋选手的顶尖水平。当前,随着智能终端和传感设备的广泛普及,数据规模呈现指数级增长态势,这为基于大数据的人工智能发展提供了持续的动力源泉。

(2) 随着技术的快速发展,文本、图像、语音等多模态信息已实现跨媒体交互融合。当前,计算机视觉、语音识别和自然语言处理等核心技术取得显著突破,在识别准确率和处理效率方面大幅提升,已成功应用于无人驾驶、智能搜索等多个垂直领域。与此同时,互联网和智能终端的普及推动多媒体数据呈现指数级增长态势,这些数据通过网络平台实现实时动态传播,打破了传统单一媒体形式的局限。在此背景下,智能化搜索和个性化推荐等应用需求得到充分释放。展望未来,人工智能系统将逐步逼近人类智能水平,通过模拟人类多感官协同认知机制,整合视觉、语言、听觉等多维度感知信息,最终实现包括识别、推理、创意设计、内容生成和趋势预测等在内的综合智能功能。

(3) 基于网络的群体智能技术开始萌芽。随着互联网、云计算等新一代信息技术的快速普及应用,大数据持续积累以及深度学习、强化学习等算法的不断优化,人工智能研究重点正在发生重要转变:从原先单纯模拟人类智能、构建具有感知与认知能力的单个智能体,逐步转向开发多智能体协同的群体智能系统。这种新型智能形态充分体现了"全局优化、协同决策"的理念,具有去中心化、强自愈性和高效信息共享等显著优势。目前,基于网络的群体智能技术已初现端倪并成为学界研究热点。典型案例如我国研发的固定翼无人机集群系统,在 2017 年 6 月成功实现了 119 架无人机的协同编队飞行。

(4) 自主智能系统正逐渐成为人工智能领域的新兴发展方向。纵观人工智能发展历程,仿生学应用始终是其重要研究方向,典型代表包括美国军方研发的机械骡以及各国科研机构开发的多款人形机器人。然而，受限于技术瓶颈和应用场景的制约，这些仿生智能系统始终未能实现大规模商业化应用。当前，随着全球制造业智能化转型需求的日益迫切，通过嵌入式智能系统对传统机械设备进行智能化升级已成为更具可行性的技术路径。这一趋势也体现在中国制造 2025、德国工业 4.0、美国工业互联网等国家战略中，都将智能系统改造作为核心发展举措。在此背景下，自主智能系统正快速崛起为人工智能技术的重要发展方向和实际应用突破口。

（5）人机协同正在催生新型混合智能形态。人类智能在感知、推理、归纳和学习等方面具有独特优势，而机器智能则在搜索、计算、存储和优化等领域表现卓越，二者形成显著互补。通过人机协同，优势互补，可以产生"1＋1＞2"的增强效应，即混合智能。这种智能形态构建了一个双向闭环系统，既包含人类认知，又整合机器能力。在该系统中，人类可以接收机器提供的信息，机器也能解读人类的信号，二者形成良性互动、相互促进的关系。基于这一发展趋势，人工智能的根本目标已从单纯模拟人类智能，转变为提升人类智力活动效能，以更智能的方式辅助人类完成日益复杂的任务。

随着人工智能技术的快速发展，其研发与应用已深度渗透到人类社会生产生活的各个领域，并持续向工业、农业、服务业等更多行业延伸拓展。从自动驾驶汽车、精准天气预报、智能医疗诊断，到机器翻译写作、智能制造系统，乃至自主性武器研发；从日常生活的智能化服务到管理决策的自动化升级，人工智能在为人类社会发展提供高效便捷解决方案的同时，也带来了不容忽视的伦理风险与技术挑战。

## 7.1.2　人工智能伦理概述

人工智能伦理是一个多学科研究领域，旨在探讨 AI 带来的伦理问题及风险、研究解决 AI 伦理问题的方案、促进 AI 向善发展、引领人工智能健康发展。该领域涉及哲学、计算机科学、法律、经济学等多个学科的交叉融合。目前，学界在人工智能伦理研究的问题框架方面尚未达成共识，仍处于探索阶段。

人工智能的发展应增进人类福祉，并与人类的道德价值相契合。要做到这一点，必须赋予人工智能"良芯"（即道德内核）。这意味着，人工智能伦理研究应以构建"良芯"为核心，从"机芯"（机器道德）和"人心"（人类伦理）两个维度展开。

"机芯"研究主要指人工智能道德算法研究，旨在使机器具备道德决策能力，成为符合伦理的人工智能；"人心"研究则关注人工智能研发者与应用者的伦理责任，确保其设计合乎道德、避免恶意应用，并推动人工智能的善用。具体而言，"人心"研究涵盖人工智能设计伦理与社会伦理等领域。接下来，我们将从人工智能道德算法、设计伦理和社会伦理三个维度展开探讨。

### 1. 人工智能道德算法

"当今，文明社会的每个角落都存在算法，日常生活的每分每秒都与算法有关。算法不仅存在于你的手机、笔记本电脑，还存在于你的汽车、房子、家电以及玩具当中。"作为信息社会的基础设施，算法不仅能引导人类思维与行动，甚至逐渐具备支配性力量。这种趋势必然导致算法日益深入地参与人类道德生活。尽管有观点坚持道德具有不可计算性，反对用算法规约道德，并将道德领域视为技术扩张的禁地，但人工智能对社会结构的重构已成不可逆之势——算法的影响早已突破技术疆界，成为文明社会中不可剥离的组成部分。

人工智能道德算法的研究主要是指那些在道德上可接受的算法或合乎伦理的算法,他们使自主系统的决策具有极高的可靠性和安全性。那么,人工智能如何才能成为一个安全可靠的道德推理者,能够像人类一样甚至比人类更加理性地做道德决策呢?

人类的道德推理能力是先天禀赋与后天学习共同作用的结果,而道德决策则是这种能力在具体情境中的稳定或不稳定展现。人工智能的道德推理能力本质上是人类预知的产物,因为它依赖于将特定群体认可的价值观和道德标准程序化为道德代码,并嵌入智能系统。然而,这种预设能力并不能确保人工智能能够做出合理的道德决策,因为道德决策高度依赖具体情境,而现实场景又极其复杂多变。虽然智能系统可以通过学习算法进行道德训练,从而具备类人的道德推理能力,但仅依赖学习算法是远远不够的,甚至存在严重缺陷。机器的道德学习极度依赖训练数据的样本和特征值输入,而不稳定的对抗样本反复出现可能导致智能机器被误导,做出错误决策。此外,算法的黑箱特性使得道德决策逻辑缺乏透明性和可解释性,而使用者的价值偏好和道德场景的差异还可能使系统做出与人类理性判断相悖的道德选择。因此,人工智能的道德能力既可能向善发展,也可能向恶演化。

因此,当智能机器面对道德规范时,如何提升其普适性? 这不仅是一个技术难题,更是对人类社会如何达成价值共识的深刻考验。

### 2. 人工智能设计伦理

人工智能的伦理设计需从双重维度进行考量:首先,在产品研发阶段,设计者与制造商必须确立明确的价值导向,并对其技术可能产生的社会影响进行系统性预判;其次,在应用层面需构建动态纠偏机制,当系统服务过程中出现价值偏离时,能够及时阻断危害传导路径。以数据挖掘技术为例,其算法可能放大数据集中的隐性偏见,并将这些歧视性模式转化为决策依据。由于机器自身很难像人类一样自觉抵制一些偏见或歧视,这时就需要通过技术矫正和社会干预联合消除这类系统性伦理风险。

2017年,美国电气电子工程师协会(IEEE)发布了全球通用的第二版《人工智能设计伦理准则》白皮书,旨在引导社会各界关注人工智能技术可能产生的非技术性影响,确保其设计符合人类道德价值与伦理规范,同时最大化系统的社会效益。该准则提出了人工智能设计的五大基本原则,为行业发展提供了重要指引。第一,人权原则。算法设置应当遵循基本的伦理原则,尊重和保护人权是第一位的,尤其是生命安全权和隐私权等。第二,福祉原则。设计和使用人工智能技术应当优先考虑是否有助于增进人类福祉,是否避免了算法歧视和算法偏见等现象的发生,维护社会公正和良性发展。第三,问责原则。对于设计者和使用者要明确相应的责权分配和追责机制,避免相关人员借用技术推卸责任。第四,透明原则。人工智能的运转尤其是算法部分要以透明性和可解释性作为基本要求。第五,慎用原则。要将人工智能技术被滥用的风险降到最低,尤其是在人工智能技术被全面推向市场的初期,风险防控机制的设置必须到位,以赢得公众的信任。

### 3. 人工智能社会伦理

人工智能社会伦理是指人工智能技术在研发、设计与应用实践中的合理性边界,其核心是权利与义务的关系。它涵盖了人工智能研发与应用的道德规范、价值精神的形成与演进所需的社会条件,以及相关社会价值、交往方式和结构体制的合理性等内容。此外,也可以将其理解为人工智能技术对社会产生的积极影响与消极影响的综合考量。

历史证明,每一次技术革命虽然可以消除基于旧技术的不平等,但也可能催生新的、更严重的不平等。不同国家和群体在获取人工智能带来的福利时，可能面临不公平和不平等问题，从而形成"人工智能鸿沟"。如何防止这场技术革命加剧社会差距，确保更多人从中受益，是人工智能社会伦理研究的核心议题。

从技术层面看，人工智能系统对数据的需求近乎无限，这必然涉及个人信息安全与隐私权保护等问题。为应对潜在的伦理风险，隐私政策和知情同意机制需要与时俱进，商业机构在进行数据挖掘和价值开发时，必须遵循相应的伦理准则。此外，为确保数据安全，数据共享方式亟待优化，而隐私权和个人信息保护将成为人工智能社会伦理研究的重点方向。

事实上，如何善用人工智能并防止其被滥用，才是人工智能社会伦理研究的关键问题。这一问题的核心在于优化人机协作关系，建立一种能让人类与智能机器相互适应、彼此信任的机制，从而确保人工智能能够以建设性的方式助力人类的生产与生活。

近年来，以美国和英国为代表的主要发达国家相继发布国家人工智能战略报告，积极推进人工智能及其相关产业的发展。我国同样高度重视人工智能与自主系统的研发应用。2017年7月，国务院颁布《新一代人工智能发展规划》，将人工智能伦理法律研究列为重点任务，要求开展跨学科探索性研究，深化人工智能法律伦理的基础理论研究。该规划制定了人工智能伦理和法律发展的三步走战略目标：到2020年，在部分领域初步建立人工智能伦理规范和政策法规；到2025年，基本形成人工智能法律法规、伦理规范和政策体系框架；到2030年，构建更加完善的人工智能法律法规、伦理规范和政策体系。

《新一代人工智能发展规划》明确指出，人工智能的发展将深刻改变人类社会生活和世界格局。然而，人工智能在带来变革的同时，也可能引发就业结构调整、法律与社会伦理冲击、个人隐私侵犯、国际关系准则挑战等问题。因此，在大力推进人工智能发展的同时，必须高度重视其潜在的安全风险与挑战，加强前瞻性预防和约束引导，最大限度降低风险，确保人工智能实现安全、可靠、可控的发展。

## 7.1.3　人工智能伦理风险评估

无论是深度学习、强化学习还是联邦学习，人工智能技术的核心逻辑都依赖于对海量真实场景数据的模型训练，这一过程必然涉及用户数据的采集、处理、共享及销毁等关键环节。因此，在推动人工智能技术发展的同时，我们必须高度重视其潜在的伦理风险，主要包括以下几个方面：

1）威胁用户隐私安全

人工智能的发展高度依赖数据基础，其产业链呈现环环相扣、错综复杂的特征。作为核心生产要素的基础训练数据贯穿整个产业链，但在实际运行中，数据采集终端、处理节点、存储介质和传输路径存在诸多不确定性，导致系统性风险较高。更为严峻的是，当前行业内缺乏统一的标准规范来约束企业在数据处理各环节的责任划分和行为准则。在这种情况下，隐私数据的使用边界与安全保障完全取决于服务提供商的技术能力、安全水平、道德操守以及行业自律程度。

【案例7-1】　2022年发生的一起典型金融诈骗案件中，不法分子通过冒充执法人员身份，诱导交通银行6名储户下载仿冒App，非法获取了受害者的个人信息及生物特征数据（包括人脸影像）。诈骗分子随后诱骗受害人将资金存入交通银行储蓄卡，并利用伪造的人脸信息成功通过银行的人脸识别验证系统。据银行后台数据显示，犯罪嫌疑人在实施密码重置和大额转账操作时,系统共进行了 6 次人脸识别比对,结果均显示"活体检测通过",最终导致超过 200 万元资金被非法转移。

人脸识别作为人工智能领域最广泛应用的技术之一,其安全性问题日益凸显。当前主流的网络传输与加密协议难以满足人脸数据的高安全级别要求,导致数据存储和传输环节存在被劫持的重大风险。在数据爬取、网络攻击、信息泄露频发的互联网环境下,掌握人脸数据的企业既可能主动越权采集、使用和流转用户面部信息,也可能因安全防护不足而被迫泄露数据。一旦人脸特征信息被窃取,不法分子可以轻易突破用户的人脸识别系统,获取金融交易、门禁控制、设备解锁等高敏感权限。更为严重的是,结合深度合成技术,被窃取的人脸数据可能被用于制作具有人格诋毁性质的伪造音视频内容,不仅会对受害者造成严重的精神伤害和心理创伤,还将引发恶劣的社会影响,破坏社会信任基础。

由此可见,人工智能技术带来的隐私风险呈现出多维度、系统性的特征。这些风险不仅直接威胁用户的隐私权益,更可能引发连锁反应,导致名誉权、肖像权、姓名权、信用权等多项人格权利遭受连带侵害,其系统性风险不容忽视。

2) 侵犯用户生命财产等合法权益

近年来,人工智能技术虽然取得了突飞猛进的发展,但其在实际应用过程中仍然存在诸多安全隐患,可能导致人身伤害或财产损失等严重后果。尽管基于大数据和算法的智能化认知与决策系统因其客观性、高效性和精确性等优势而被广泛应用于各个领域,但是智能化决策归责主体难以确定,同样会危害信息安全。

【案例 7-2】 2015 年 2 月,英国进行了首例由机器人辅助的心脏瓣膜修复手术,这本应是一场展示尖端医疗 AI 技术的里程碑式案例,却因一系列技术失误和人为疏忽演变成一场触目惊心的医疗事故。手术过程中,机器人控制台的信号传输系统存在严重缺陷,音频信号不仅音量过低且质量极差,导致主刀医生与助手几乎无法正常交流,被迫全程提高音量喊话。更严重的是,"达芬奇"手术机器人在操作过程中出现重大失误,不仅错误地选择了心脏缝合的位置和方式,迫使医生耗费大量时间拆除缝线重新操作,还在手术过程中意外戳破患者主动脉,喷涌而出的鲜血甚至遮蔽了机器人的摄像头视野。面对突发状况,慌乱中的医生试图寻求场外专家支援,却因沟通不畅导致两位专家误判形势提前离场。在危急关头,医生不得不放弃机器人辅助,转而采用传统开胸手术进行紧急修复,然而此时患者的心脏功能已严重受损,最终因多器官衰竭不幸离世。

在上述案例中,即便医生在操作过程中出现极其微小的失误,都可能直接导致手术失败甚至患者死亡。然而,无论是患者本人还是医疗团队,都难以准确判断这种失误的真正来源——它可能是现场操作机器人的医生造成的"直接人为错误",也可能是机器人制造商或算法提供商在系统设计或维护上的"间接人为错误";既可能源于外部个人或组织恶意的物理攻击、远程干扰等蓄意破坏行为,也可能是电力中断、数据传输故障等意外事故所致。更复杂的是,即便医生和供应商都没有犯错,人工智能系统本身的"黑箱"特性或自主决策机制也可能导致无法解释的"机器错误"。这种责任认定的模糊性使得患者安全难以得到根本保障。人工智能技术虽然在医疗领域展现出巨大潜力,为无数患者带来希望,但同时也伴随着技术安全、责任划分等深层次的伦理困境。当人工智能系统对人类生命权、身体权或健康权造成严重侵害时,由于技术复杂性、多方参与等因素,往往难以明确界定责任主体。

3）动摇人类感知及思维能力的自主性

随着人工智能技术的普及，人类通过在各个领域部署大量传感器，已经能够突破时空限制，轻松获取远超自身天然感知能力范围的海量信息。然而，这种技术便利也带来了潜在风险——人工智能的不当应用可能导致其对人类感知能力的过度替代。许多原本感知功能健全的人，会在不知不觉中过度依赖人工智能的信息获取方式，同时逐渐忽视和减少运用自身天然感知能力的机会。这种趋势将不可避免地导致人类与生俱来的整体感知能力退化，当失去人工智能辅助时，人们可能会陷入无所适从的困境。正如尤瓦尔·赫拉利（Yuval Noah Harari）所警示的，天然感知能力作为人类的基本生存技能，在漫长的进化过程中始终为人类提供着基础保障，但在人工智能时代，由于对智能产品的过度依赖，现代人的感知能力正呈现出明显的退化趋势，与祖先相比正在逐步减弱甚至丧失。

【案例7-3】 智能导航系统的广泛应用显著增强了人类的路况感知能力，不仅能自动规划最优路线，还能实时提供交通状况预警，有效解决了传统出行中可能遇到的各种导航难题。英国uSwitch网站的调查数据显示，78%的驾驶员会使用智能导航系统，其中超过半数驾驶员完全依赖导航提示，甚至不再主动观察路面的限速标志等关键信息。这种现象不仅发生在现代都市，连传统因纽特人的生活方式也受到深刻影响——卫星导航技术的普及正在改变他们世代相传的环境感知方式，导致其与生俱来的地理空间感知能力逐渐退化。

目前智能导航产品的相关设计者和制造者大多致力于突出产品的强大路况感知和导航功能，以吸引消费者并使其在使用中产生过度依赖，却没有针对这类负面影响采取有效的预防措施。比如，在智能导航的设计时，没有为人自身天然感知能力在特殊情况下发挥作用保留相应的空间，或在产品说明中对此作出显要的提示，结果导致许多使用者一味依赖智能导航，甚至依照导航提示冲出了道路末端。这就是一种伦理责任问题了。

此外，在数据和算法驱动的新一代人工智能浪潮下，人类社会正经历着深刻的认知变革——越来越多的思维决策权被让渡给以逻辑运算见长的人工智能系统。然而，这种技术替代背后潜藏着认知失衡的风险：人工智能的思维本质上是基于人类既有知识库的算法模拟，它通过预设的程序规则对数据进行计算和推理，虽能保持客观冷静的优势，却存在着根本性的局限。这种机械化的逻辑推演无法像人类思维那样建立跨领域的有机联系，更缺乏直觉思维所特有的整体把握和灵感迸发能力。当决策系统过度依赖人工智能的逻辑运算时，人类的直觉认知空间会逐渐被压缩，这不仅削弱了"用心思考"的哲学智慧，更可能造成思维方式的单向度发展——在逻辑推理获得技术性强化的同时，想象力、创造力和综合判断力等直觉思维却因缺乏实践机会而退化。

案例7-2中，"达芬奇"机器人外科手术系统（Da Vinci Robot Surgical System）的宣传虽然近乎完美，但在英国首例心脏瓣膜手术中却酿成悲剧——病人因手术失败而死亡。这一事故的根本原因在于，负责监控该智能系统的专家和主刀医生未能履行应有的监督责任。由于对该系统的过度信任和依赖，监控专家提前离岗，而主刀医生也未能充分了解该系统的运作机制。这一案例揭示了一个关键问题：人工智能本应作为辅助工具，增强医生的决策能力，提高手术精准度和成功率，但在实际应用中，却因不合理的依赖而将关键决策完全交由算法处理，忽视了医疗人员基于经验和直觉的综合判断能力。类似的问题也出现在警用无人机的使用中：虽然无人机能提升警务效率，但如果警察过度依赖技术，将所有精力投入操作无人机，就可能逐渐丧失通过长期训练积累的基本技能。一旦遇到无法使用无人机的紧急情况,他们可能会因缺乏实战能力变得手足无措。

由此可见,随着人工智能在逻辑思维方面的不断发展及其对人的思维能力的不断替代,要保证人工智能技术的健康发展,避免其负面影响对"以人为本"伦理原则的违背,必须重视人类特有的直觉思维的价值和作用。在通过人工智能思维能力来强化自身逻辑思维的同时,也应该注重预先或及时控制逻辑思维与直觉思维的关系失衡可能带来不良后果,为此承担起相应的伦理责任。

4) 动摇劳动主体的相关权利

人工智能的诞生,本质上是为了辅助人类劳动,承担那些超出人类能力范围的任务,或是减轻劳动负担、提升生产效率。然而,这种替代效应在广泛的应用领域内可能对人类的劳动机会构成挑战,甚至引发失业问题,进而动摇劳动者在传统生产体系中的主体地位及其相关权益。具体而言,人工智能的普及正在重塑现有的劳动关系架构:一方面,它削弱了人类在生产活动中的主导性,使劳动者面临被边缘化的风险;另一方面,对于接受人工智能服务的群体而言,原本基于人际互动的劳动关系被技术中介所异化,导致人与劳动成果之间的关系变得疏离。表 7-1 汇总了近十年来学界关于人工智能取代人类劳动主体的主要观点。

表 7-1　关于人工智能取代人类劳动主体的观点

| 时　间 | 主　要　观　点 | 人物/机构 |
|---|---|---|
| 2015 年 9 月 | 机器已取代 80 万工人,但同时创造了 350 万份新工作,这些新工作要求不同的技能。未来人类最大的优势在于创造力,只有创造性的工作才是安全的 | 德勤会计师事务所 |
| 2016 年 10 月 | 所有从事重复性工作的职业都可能被淘汰,仅有 2% 的人能在智能时代取得成功 | 吴军 |
| 2017 年 6 月 | 2027 年,人工智能将驾驶卡车;2031 年,人工智能将取代所有零售店工作;有 50% 的可能性,未来 120 年内机器和算法将取代人类所有工作 | 牛津大学人类未来研究院 |
| 2017 年 7 月 | 50% 的工作将被人工智能取代,唯有情感(如爱)能让人区别于机器 | 李开复 |
| 2017 年 10 月 | 电话推销员、打字员、会计、保险业务员、银行职员等 365 种职业将因人工智能迅速被淘汰 | BBC(基于剑桥大学分析报告) |
| 2017 年 11 月 | 2030 年,美国 1/3 的劳动力可能因人工智能失业;全球 4 亿至 8 亿工作岗位将被机器取代,约占全球劳动力的 1/5 | 麦肯锡公司 |
| 2018 年 3 月 | 50% 的工作会被取代,但这一过程是渐进的,可能需要 20 至 30 年完成 | 梁建章 |
| 2023 年 6 月 | 未来 1 年 AI 将威胁全球 3 亿个全职岗位,高技能白领同样面临风险 | 高盛集团 |
| 2024 年 6 月 | AI 正从替代蓝领转向渗透白领职业(如审计、营销),复杂工作的子任务将被高效拆分 | 加拿大治理创新中心 |
| 2025 年 2 月 | 中国在 AI 驱动下,生成式 AI 相关职位增长 321.7%,同时催生 200 种新型职业(如提示词工程师) | 阿里研究院、猎聘大数据 |
| 2025 年 5 月 | 标准化服务领域替代率达 60%～85%(如客服、快餐制作),但创意产业替代仅 15%～30% | 麦肯锡全球研究院 |

【案例 7-4】 2022 年 11 月 30 日，美国人工智能研究公司 OpenAI 正式发布了一款名为 ChatGPT(Chat Generative Pretrained Transformer)的智能聊天机器人程序。这款革命性产品在短短两个月内就吸引了全球超过 1 亿活跃用户，创造了互联网产品用户增长的新纪录。ChatGPT 具备强大的自然语言处理能力，不仅能像人类一样进行流畅对话，还能根据上下文语境实现智能互动。更令人惊叹的是，它可以胜任多种专业任务，包括撰写邮件、创作视频脚本、编辑文案、语言翻译、编写代码甚至完成学术论文写作。在实际应用中，谷歌面试官惊讶地发现 ChatGPT 能够通过年薪 18 万美元的工程师招聘考试；北密歇根大学教授意外发现班上优秀的论文竟出自 ChatGPT 之手；美国房地产经纪人利用它生成房源描述，原本需要一小时的工作仅用 5 秒就能完成；更有甚者，它仅用 3 分钟就能模仿柯南·道尔的文风创作出全新的福尔摩斯故事。这些令人震撼的表现引发了广泛的社会讨论，许多人开始担忧人工智能可能取代大量工作岗位，产生了"饭碗焦虑"。

随着人工智能技术在生产与生活领域的深度渗透，其展现出的卓越能力已远超人类所能企及的水平。人工智能凭借其惊人的精确度和工作效率，摆脱了人类情感与主观经验的束缚，实现了极低的错误率。无论是在海量数据检索、知识回溯方面，还是在持续学习与案例更新方面，人工智能的处理速度都令人类望尘莫及。然而，这种技术优势也带来了潜在风险：人类可能因过度依赖人工智能而逐渐降低对专业技能、知识储备和工作经验的要求标准，甚至在潜意识层面开始质疑传统知识技能培养体系的必要性。

在人类社会中，某些特殊职业（如医生、教师）的本质价值不仅在于专业技能，更在于其承载的人格尊重与人文关怀；同时，绝大多数人正是通过劳动实践来建构对社会关系和人际互动的认知框架。人工智能的渗透可能从根本上改变这一现状，而其所带来的影响仍旧值得深思。

5）加深数字鸿沟

人工智能的广泛应用必须以坚实的经济基础为前提，这一现实正在全球范围内制造新的数字鸿沟。在经济欠发达国家和地区，由于基础设施薄弱和资金短缺，智能技术的普及不仅难以实现预期效益，反而可能加剧不平等，使这些地区错失技术发展带来的福祉。而在发达国家，尽管具备推广人工智能所需的完善基础设施和经济实力，但技术红利并未实现普惠——城市中的老年群体、残障人士等弱势人群，受限于教育背景、认知能力或身体条件，往往被排除在人工智能服务体系之外，无法完全享受人工智能所带来的福利。

【案例 7-5】 在信息化高速发展的时代，电子支付、人脸识别等智能技术已成为人们日常生活中不可或缺的"便捷钥匙"，有"智能设备"畅通无阻，无"终端支持"举步维艰。然而，老年人因不会操作自助结账系统在超市排队受阻、因无法调取电子存根在银行办理业务遭拒的情况时有发生。2022 年，上海某银行网点一位拄拐杖的老先生因未能通过手机银行验证身份，被工作人员建议"让子女代办"，老人反复解释自己独居且急需取钱治病，却遭到排队顾客"耽误大家时间""跟不上时代"的指责，最终在值班经理协助下耗时两小时完成纸质流程。

金融数字化转型本是提升服务效率的创新举措，但该模式默认所有客户都熟练使用智能终端且具备持续学习能力，而目前我国仍有超 3 亿人未接触过移动金融服务，其中多数是教育程度有限的老年群体和视障人士，他们平等享受基础金融服务的权利正在被技术门槛所限制。智能技术构建的知识壁垒，不仅加剧了弱势群体的社会隔离，更在资源配置中形成了隐性的机会不平等——当技术成为权力的新载体,那些被数字浪潮冲刷至边缘的群体,正面临着比物质贫困更严峻的"智能贫困"危机。

# 7.2　人工智能系统的算法偏见

微课视频

在人工智能所涉及的伦理问题中,算法伦理居于基础地位。在智能时代,算法已经渗透到人们生活的每个角落,深刻地影响着我们对周遭环境的认知和理解,并逐渐成为我们生活世界底层架构的一部分。可以说,在人工智能的广泛应用所引发的越来越多的社会伦理问题中,多数都是由算法衍生而来的。

## 7.2.1　算法与算法伦理

算法是指解题方案的准确而完整的描述,是一系列解决问题的清晰指令,代表着用系统的方法描述解决问题的策略机制。

安德森在《依赖代码:算法时代的利与弊》中指出,算法能帮助我们处理大量数据,带来诸多可见与不可见的益处,例如激发科学突破、提升创造力和自我表达能力、创造新的便捷生活方式等;然而,这些益处也伴随着诸多挑战,如果过于追求数据和建模,就可能削弱人类判断、形成算法偏见、加深社会分歧,从而产生各种不良后果。

因此,从算法伦理的层面对算法的使用进行规制极为重要。算法伦理以算法后果的不可预测性和算法的价值负荷为理论前提,以尊重性、安全性、预防性、透明性和友好性为基本准则,以培养算法设计主体的道德想象力和遵循价值敏感性为实现路径。

在一些领域,算法的性能表现和任务解决能力已能与人类媲美,在某些方面甚至优于人类的分析和决策。随着算法广泛嵌入日常生活,对其可靠性的要求越来越高,衡量标准既体现在技术进步,也反映在道德可接受性上。这种价值导向使研究者主要关注两类算法:一是行为后果难以预测的算法;二是决策逻辑难以解释的算法。它们将不确定性和不透明性引入计算过程,并延伸到社会生活领域,无形中增加了伦理风险。这两类算法给伦理学带来全新挑战,且由于算法引发的伦理问题与其他技术引发的伦理问题存在明显差异,因而具有更大的讨论价值。

## 7.2.2　算法偏见的主要表现和特点

人工智能算法在收集、分类、生成和解释数据时往往会产生与人类相似的偏见与歧视,主要表现为种族歧视、年龄歧视、性别歧视、消费歧视以及对弱势群体的歧视等现象。当这些算法决策被广泛应用于教育、就业、福利等领域,甚至延伸至刑事司法、公共安全等重要价值领域时,算法偏见可能引发严重的政治与道德风险。

1)　种族歧视

显性的种族歧视容易识别和打击,而隐性的种族歧视则难以防范。当算法被嵌入带有种族歧视倾向的代码时,其中隐藏的偏见往往在人工智能"客观""公正""科学"的表象掩护下更加肆无忌惮,令人放松警惕。加之算法"黑箱"特性的遮掩,这种歧视行为变得更加隐蔽且难以察觉。

【案例 7-6】　美国部分州采用了一款名为 Compas 的犯罪风险评估算法,选用该算法的初衷是认为计算机在评估嫌疑人风险时能够避免种族等主观因素的干扰。然而，调查数据显示，该算法在实际应用中存在明显的种族偏见：系统预测黑人被告的再犯罪风险显著高于白人被告，其风险值甚至达到后者的两倍。这一发现引发了人们对算法公正性的质疑。

【案例 7-7】　2019 年，美国国家标准与技术研究院发布的研究报告揭示了人脸识别算法存在的显著种族差异。该研究收集了全球 99 名开发人员提交的 189 种算法，测试其在识别不同族裔面孔时的表现差异。结果显示：相较于白人面孔，这些算法对非洲裔和亚裔面孔的识别错误率高出 10 至 100 倍；在数据库检索特定面孔时，非洲裔女性的误识率尤其突出，明显高于其他族裔群体。

研究表明，部分应用人工智能技术的机构正在将系统性种族偏见植入算法系统，导致黑人和少数族裔群体在申请贷款时遭遇更高拒绝率，或在寻求医疗服务时难以获得同等质量的服务。近年来，由算法决策引发的种族歧视案例持续涌现，这一现象不仅揭示了技术应用中潜藏的偏见问题，更凸显了在数字化时代推进反种族歧视工作的紧迫性与重要意义。

2）性别歧视

大数据作为社会发展的产物，不可避免地承载着人类社会中潜在的性别偏见。当这些带有偏见的数据被用于训练人工智能算法时，就会在就业招聘、大学录取等关键领域无意识地强化既有的性别歧视现象。

典型例证包括：自动简历筛选系统在搜索"程序员"岗位时，由于该职业长期与男性形象相关联，算法会优先显示男性求职者的简历；而在搜索"前台"岗位时，则会偏向推荐女性求职者。同样地，谷歌翻译在将西班牙语新闻转换为英语时，经常将涉及女性的表述错误地译为"他说"或"他写"。这些案例清晰地展现了算法如何复制并放大现实社会中的性别偏见。

【案例 7-8】　2019 年，美国一对长期居住在共同财产制地区的夫妇在使用苹果信用卡（Apple Card）时遭遇了明显的性别歧视。尽管夫妻二人多年来一直共同申报纳税，且妻子的信用评分明显优于丈夫，但苹果公司授予丈夫的信用额度却高达妻子的 20 倍。这一事件经丈夫在社交媒体曝光后引发广泛关注，直接促使美国国会对金融机构信贷决策算法展开系统性审查。

【案例 7-9】　卡内基梅隆大学的一项关于 Google 广告系统的研究表明，其个性化推送算法存在明显的性别偏见。研究发现，高收入职位的招聘广告呈现显著的性别差异投放：男性用户接收到的此类广告数量远多于女性用户。具体数据显示，同一则高薪职位广告向男性用户展示了 1816 次，而女性用户仅收到 311 次；在 500 名模拟男性用户中，有 402 人（80.4%）至少收到一次该广告，而女性用户中仅有 60 人（12%）获得相同机会。这种算法歧视不仅反映了技术系统中潜藏的性别偏见，更实质性地限制了女性获取优质就业机会的可能性。

3）年龄歧视

在就业招聘和员工管理过程中，求职者的姓名、性格、兴趣、情感、年龄乃至肤色等个人信息往往被全面采集，这使得利用大数据算法对年龄等数据进行筛选与评估变得十分便捷。例如，不同年龄段的求职者在寻找新工作时，其日常活动可能包括浏览招聘网站和提交在线申请。表面上，这一过程看似透明客观，将所有应聘者置于仅凭经验和资历竞争的公平环境中，但实际上，年龄歧视现象仍然普遍存在。

【案例 7-10】  2016 年,ACCESS-WIRE 旗下的 ResumeterPro 项目组研究发现,在人工筛选环节之前,高达 72% 的简历会被申请人跟踪系统(ATS)自动拒绝。这一过程依赖复杂的算法,可能导致基于不准确假设的无意识歧视,而雇主可以利用这些算法专门针对年龄等特定因素筛选并淘汰申请者。

【案例 7-11】  2016 年,非营利新闻机构 ProPublica 调查发现,Facebook 利用精准广告投放系统,将大龄劳动者排除在招聘广告的覆盖范围之外,这一做法直接侵犯了他们的平等就业权。更令人担忧的是,此类系统性歧视往往难以被察觉,因为被排除在外的求职者很难证明自己未被录用或未被广告触达是由于年龄因素导致的。

4) 消费歧视

在大数据和算法时代,消费歧视呈现出多种形式,主要包括:①对新老用户实行差异化定价,甚至出现会员价格高于普通用户的情况;②针对不同地区的消费者设置不同价格;③对频繁浏览页面的用户实施动态涨价;④利用复杂的促销规则和算法制造价格混淆,使消费者难以计算真实价格。虽然在某些细分市场中,基于公开透明原则的差别定价属于正常商业策略,但如果商家针对特定个人或群体实施歧视性定价,就会造成针对性的不公平损害。

有网友反映,自己经常通过某旅行网站预订一家出差时常住的酒店,常年价格维持在 380~400 元之间。然而某天该网友用自己的账号查询时显示价格为 380 元,而用朋友的账号查询同一酒店仅需 300 元。类似现象屡见不鲜,不少网友还发现某些网络平台会根据用户手机型号提供差异化的收费标准。事实上,这种价格歧视策略由来已久——早在 2000 年,亚马逊就曾通过算法对 DVD 产品实施差别定价实验,比如将 Titus 碟片对新用户定价 22 美元,却向老用户收取 26 美元。虽然这一项目在被消费者发现后立即叫停,但各种新型的价格歧视手段仍在不断涌现。

5) 弱势群体歧视

算法模型设计中的偏见会导致弱势群体在雇佣评估、信贷审批、住房租赁、保险定价甚至刑事司法判决中遭受系统性歧视。美国联邦贸易委员会的调查显示,广告商更倾向于向低收入社区居民推送高息贷款广告,这种定向投放加剧了经济不平等。当训练数据存在样本不平衡、选择性遗漏或倾向性采集等问题时,算法会进一步放大对弱势群体的歧视效应。这种现象在语音识别领域同样明显——任何带有浓重或不常见口音的使用者都可能遭遇智能助手(如 Siri)的理解障碍,因为当特定口音或方言缺乏足够的训练样本时,语音识别系统就难以准确解析其表达内容。

随着全球老龄化趋势加剧,针对老年群体的歧视问题日益凸显。由于老年人使用数字技术产品的比例较低,导致相关数据采集不足,基于这些有限数据作出的预测往往存在偏差。研究人员曾运用深度学习技术开发面部识别模型,通过分析 IMDb 电影数据库、维基百科名人照片以及 UTKFace 人脸数据集中的图像数据,构建了预测年龄和性别的算法。然而测试结果显示,该模型对 60 岁以上老年人群体的年龄预测准确率明显偏低,究其根本原因在于训练数据中老年人样本的严重不足。

## 7.2.3  算法偏见产生的原因

大众一般会认为人工智能及算法决策所做出的决定比人类的决定更加客观公正,因为他们普遍相信人工智能系统决策的时候排除了人类主观的想法和呈现。实际上，人工智能算法决策也有可能像人类一样充满偏见。在人工智能系统开发的不同阶段，人类的价值和取向都可能有意或无意的被引入系统，那么这样开发出的算法也会因为这些内嵌的价值观而出现偏见。从人工智能算法的设计、研发和落地等环节考虑，算法偏见的产生主要有以下原因。

1）算法自主性产生偏见

传统编程需要程序员手动编写代码，并明确定义算法的决策规则和权重分配。而现代机器学习算法能够自动生成代码，程序员只需提供基础算法框架和充足训练数据即可。随着大数据训练规模的扩大和学习能力的提升，算法能够从数据中发掘新规律、构建预测模型，并自主调整决策规则。这种学习能力赋予算法一定自主性，但也带来了不确定性——既难以预测算法如何处理新输入，也难以解释其具体决策过程。这种不确定性阻碍了算法伦理问题的识别与修正。算法的自主性虽然提升了决策效率，却同时引入了不透明性，导致可解释性和可预测性成为显著缺陷。该问题日益严峻的原因在于：算法复杂度持续提升，且算法与其他决策要素的交互不断增强，二者的叠加效应使算法解释工作变得愈发困难。

【案例 7-12】 2015 年，黑人程序员 Jacky Alciné 震惊地发现谷歌图像识别系统存在种族歧视问题：Google Photos 将他与黑人朋友的合照错误标记为"大猩猩"。Alciné 立即向谷歌提出抗议，公司随即致歉并尝试修复该漏洞。然而工程师们发现，无论如何调整算法参数，系统始终无法准确区分黑肤色人种与黑猩猩的图像。最终，谷歌不得不采取极端措施——直接从系统标签库中删除"gorilla"（大猩猩）这一分类标签。这一解决方案虽然避免了将黑人误判为大猩猩的尴尬，却导致系统完全丧失识别大猩猩的能力。Google Photos 的图像识别算法从此彻底失去了对大猩猩这一物种的认知，既不会将黑人误认为大猩猩，也无法正确识别真正的大猩猩照片。

2）样本和训练数据的偏见

计算机领域有一个著名的缩写术语 GIGO（Garbage In, Garbage Out），意思是如果输入的是垃圾数据，那么输出的也将是毫无价值的垃圾信息，这表明算法的输出结果在很大程度上取决于训练模型所使用的数据集质量。类似的观点在大数据领域同样存在，《自然》杂志曾提出 BIBO（Bias In, Bias Out，即"偏见进，偏见出"）的概念，用以强调输入数据中存在的偏见会直接影响算法结果的准确性，揭示了数据质量与算法输出之间的强相关性。

从技术角度分析，机器学习分类器可能产生不公平的预测结果，这种算法偏差往往是无意中形成的。首先，训练数据作为现实社会的映射，不可避免地反映了人类社会既有的偏见，基于此类带有偏差的数据训练的算法自然继承了这些不公平性；其次，样本量的不平衡也会影响模型性能，分类器的准确度通常与训练数据规模呈正相关。具体而言，数据样本越充足、覆盖范围越广，所构建的分类器性能越可靠；反之，数据稀缺往往导致预测结果失准，例如少数族裔和弱势群体相关数据的相对匮乏可能加剧预测偏差。此外，技术局限性、文化差异等因素也会影响算法公平性。由此可见，算法训练数据并非价值中立，其本质上植根于数据采集者和处理者的价值取向。

3）算法设计者的偏见

在计算机系统执行特定任务时，需要编写相应的算法程序。从问题定义、数据采集到模型选择，算法设计者的主观认知会不可避免地渗透到整个开发流程中。设计人员的专业训练背景、知识结构和价值观念都会对算法的公正性和客观性构成挑战。算法本质上承载了开发者或使用者的价值取向,从而延续了人类社会既有的价值体系。

即使算法设计者主观上摒弃了性别歧视、种族偏见等不当观念,仍难以完全规避刻板印象的影响。这主要源于两个因素:其一,设计者的技术思维容易陷入"重数据轻人文"的技术主义误区;其二,由于对算法应用领域的专业知识体系和社会规范缺乏深刻理解,加之对数据内涵的认知不足,往往难以通过代码准确、全面地呈现该领域的整体特征和细节特征。

【案例 7-13】　2020 年 12 月,斯坦福大学医学中心爆发了一起疫苗分配争议事件。数十名一线住院医师和医务人员抗议院方在新冠疫苗首批接种名单筛选过程中将他们排除在外。医院管理层将责任归咎于用于确定接种优先级的算法系统。然而,经专家团队深入调查后发现,问题的根源在于算法设计者未能科学考量员工在病毒环境中的实际暴露风险,而是采用了简单的年龄排序标准。

4) 算法研发公司及购买企业的利益诉求

算法已成为一种新型的权力控制工具,主导着在线社会的运行实践。由于算法研发的最终目的在于商业应用和盈利,研发机构与采购企业的商业意图必然会深刻影响算法设计。同时,算法细节的隐蔽性为企业意识形态的隐藏提供了便利,这解释了为何复杂的数据分析和决策系统往往缺乏透明度——即便是编程工程师也难以准确描述其运算细节,更遑论让公众识别其中潜在的歧视问题。当企业将利润追求置于社会责任和公共伦理之上时,算法歧视现象便难以避免。

【案例 7-14】　2016 年美国总统大选期间,Facebook 的新闻推送算法被证实大量传播虚假信息。根据美国新闻聚合平台 BuzzFeed 的调查数据显示,在大选关键阶段,来自恶作剧网站和极端党派博客的 20 条最具影响力的虚假选举新闻在 Facebook 平台上获得了数万次的分享与互动。这些虚假内容的广泛传播不仅影响了选举舆论环境,同时也为 Facebook 带来了可观的经济收益。

【案例 7-15】　2011 年,美国亚马逊网站上出现了一本名为 *The Making of a Fly* 的书籍,其标价异常高达 170 万美元。随后一周内,该书价格持续飙升,最终达到 2369 万美元的天价。经调查发现,这是由于卖家采用算法定价策略所致:该卖家的算法持续追踪竞争对手的价格变动,当同行提价时便自动跟涨。巧合的是,竞争对手同样使用了追踪该卖家价格的算法。这导致双方的定价算法陷入循环加价的恶性竞争模式,相互推高价格,最后攀升至天价。

## 7.2.4　算法偏见产生的后果

随着人工智能技术在社会各领域的广泛应用,人们在享受其带来的生活便利、惊叹其技术威力的同时,也逐渐认识到人工智能算法本身存在的偏见所引发的负面效应。

算法歧视会形成自我强化的反馈循环,导致偏见不断固化。当算法使用带有偏见的历史数据进行训练时,其输出结果必然存在偏差;这些偏差结果又被作为新数据反馈给系统,进一步强化原有的歧视倾向。这种循环使得算法歧视被固化到系统的运行机制中,不仅延续和放大了社会原有的偏见,还在算法"黑箱"中以规模化、隐蔽化的方式持续运作。这种机制不仅会固化用户的认知局限,甚至可能引发严重的社会分化问题。

算法歧视会加剧社会资源分配中的马太效应。当算法对特定群体产生系统性偏见时，不仅会加深该群体在社会生活中的不平等处境，还会进一步强化社会分层、固化阶层差异。特别是在社会福利资格审查等领域，算法构建的公民画像往往基于原有的社会条件进行界定，导致底层民众、弱势群体和少数族裔获取机会与资源的渠道日益受限。这种机制最终使得社会资源分配的不平等现象持续扩大。

# 7.3　人工智能造假

## 7.3.1　人工智能造假的两面性

2017年底，一位网名为deepfake的用户在美国Reddit论坛发布多段经过人工智能技术伪造的视频，视频中将演员面部替换为知名明星的形象。这一事件首次引发社会对人工智能造假的广泛关注，并促使deepfake（深度伪造）一词成为基于人工智能技术进行内容伪造的代名词。随着此类伪造内容的传播，其背后的人工智能技术逐渐成为公众和研究者关注的焦点。

"深度伪造"是一种基于深度学习的内容合成技术，主要利用生成对抗网络（GAN）算法实现原始内容与目标内容的模拟、合成与替换。该技术能够生成全新内容或篡改现有内容，包括视频、图像、音频和文本等多种媒体形式。

深度伪造技术具有广泛的应用场景，被大量用于语音导航、新闻传播、智能客服、社交媒体等领域。在个人娱乐方面，该技术能够提供创新体验：图像处理可实现"换脸"视频制作，让用户体验虚拟化身的乐趣；语音克隆技术既能帮助失语者恢复发声能力，又能让文学作品形象生动呈现，从而丰富人们的精神世界。商业领域同样受益于这项技术：影音制作中，语音克隆可用于外语配音和个性化导航语音；虚拟人物生成技术则能突破影视创作的时空限制，大幅拓展艺术表现空间。教育应用方面，通过"复活"历史人物增强教学互动性；网络服务领域则可打造虚拟客服、虚拟医生等智能助手。深度伪造技术还能促进现实空间与虚拟空间的融合，为智能化、视觉化、场景化的"元宇宙"等数字空间提供技术支持。此外，它在社会公共服务领域也发挥着重要作用：一方面，可用于合成医疗影像数据，辅助肺癌、视网膜疾病和阿尔茨海默病的诊断；另一方面，在刑侦追捕中，当监控视频因遮挡、分辨率低或光照问题导致人脸识别困难时，该技术能优化模拟画像与数据库图像的匹配度，提升破案效率。同时，深度伪造中的生成对抗网络还能推动其他智能技术的发展，例如优化分类算法、改进垃圾邮件过滤系统，以及加速虚拟化学分子的研发，促进材料科学和医学研究的进步。

深度伪造技术虽然在教育、文创、新闻和娱乐等领域具有重要应用价值，但其便捷的获取渠道和广泛的应用场景也带来了无序扩散的风险和隐患。例如，2018年5月，比利时某政党利用该技术篡改视频，伪造美国总统宣布比利时应退出全球气候变化协议的虚假声明，引发民众强烈不满；2019年，又有人伪造Facebook CEO扎克伯格的视频，发布关于侵犯个人隐私的不实言论。这些事件使深度伪造技术陷入舆论争议，凸显了其被滥用的潜在危害。

深度伪造技术对个人、企业和国家都可能造成严重危害。对个人而言，该技术可能被用于制作色情内容、恶搞视频或伪造言论，直接损害个人声誉，并侵犯隐私权、名誉权等合法权益。对企业来说，伪造核心人物的虚假言论会破坏企业形象，造成经济损失。在国家层面，该技术已被用于制作奥巴马、普京等政要的虚假视频，成为信息战的新工具，对国家安全构成威胁。这些滥用行为不仅损害社会信任，更可能引发法律纠纷和公共危机。

2020年，澳大利亚与美国分别发布了《深度造假武器化——国家安全与民主》报告和《Deepfakes：基本威胁评估》报告。这两份报告重点从国家、社会和公众三个层面总结了"深度伪造"技术带来的威胁，指出该技术的广泛使用可能破坏个体与政府机构之间的正当沟通机制，大量虚假合成内容会削弱公众对信息真伪的辨别能力，从而降低对政府制度的信任度，引发信任危机。报告强调，"当网络信息环境与个人的认知偏见以有害方式相互作用时，真相会在思想市场中逐渐衰退"，而"深度伪造"技术将使这一问题更加严重。当公众意识到该技术被滥用却缺乏辨别能力时，会形成对新闻媒体和网络资料的不信任，进而对媒体和政府公信力造成严重冲击。2019年6月，美国皮尤研究中心的报告显示，超过三分之一的受访者认为"虚假新闻"阻碍了他们获取真实信息。

## 7.3.2 人工智能造假的主要类型

人工智能造假技术的主要类型包括人脸深度伪造、语音深度伪造和文本伪造。

### 1. 人脸深度伪造

目前的人工智能造假类型中，人脸深度伪造类的图像和视频内容传播范围最广、影响最大。人脸深度伪造是指利用深度学习技术生成或篡改人脸信息，从而伪造图像和视频的行为。根据伪造方式的不同，人脸深度伪造可分为四种类型：人脸替换、表情操纵、全脸合成和属性编辑。

人脸替换是指将图像或视频中人物的面部替换成另一个人的面部。该伪造类型通常采用两种方法：基于传统计算机图形学的方法和基于深度学习的方法。2019年，国内一款名为"ZAO"的换脸App上线，因其操作简单且趣味性强而迅速走红。

表情操纵是指通过技术手段修改人物的面部表情，例如将一个人的表情特征移植到另一个人的面部。这类伪造常用Face2Face技术，能够实现实时表情操控。该技术存在被黑客利用的风险，可能通过伪造"张嘴、眨眼、摇头"等指令性动作，绕过银行系统的人脸核验机制。具体方式是在不启动摄像头的情况下，直接向系统底层注入合成的动态人脸视频，从而突破人脸识别系统的安全防护。

全脸合成是指利用人工智能技术生成完全虚构的人脸图像。这类伪造主要采用StyleGAN技术，能够生成高度逼真的人脸照片。例如，Generated Photos网站就运用这项技术，提供了10万张包含不同性别、年龄、肤色和表情特征的虚构人脸图片，每次刷新页面都会随机生成一张全新的全脸合成照片。

属性编辑是指通过技术手段修改人脸的特定特征，包括发色、肤色、性别或年龄等属性。这类伪造主要采用StarGAN技术实现，FaceApp就是典型应用案例，该应用程序能够将用户的面部特征修改为不同年龄段（如老人或儿童），并支持添加眼镜、改变发色等多种属性编辑功能。

### 2. 语音深度伪造

语音伪造是指通过技术手段生成目标说话人的声音，旨在欺骗人类听觉系统（HAS）或自动说话人验证系统（ASV）。语音深度伪造特指由人工智能技术生成的非自然伪造音频，主要包括语音合成、语音转换以及对抗攻击等技术生成的语音。相比人脸深度伪造，语音深度伪造出现较晚,2019年才开始兴起。目前,伪造语音在拟真度、自然度和真实性方面已有显著提升,且支持汉语、英语、越南语等多种语言的伪造软件已向公众开放,使用门槛和操作难度也在不断降低。

与伪造视频类似,攻击者通过为算法提供训练数据来构建语音模型,需要采集丰富多样的语音样本来捕捉说话者的自然节奏和语调,并对训练语音进行静音剔除和降噪处理,以获取纯净有效的语音片段。这些目标语音通常来自公开演讲、企业视频和访谈录音等公共渠道。政府官员、公司高管和公众人物的语音数据更易获取,因此常成为诈骗团伙的伪造目标。欺诈案例通常将伪造音频作为语音留言或用于实时电话对话,攻击者往往利用背景噪声掩盖音频瑕疵。美国 Modulate 公司开发的语音合成产品可模拟特定声音属性;Facebook 的 Melnet 音频生成模型也能逼真复制人类语音语调。

**【案例7-16】**　2020年初,阿联酋一位银行经理接到自称某大公司董事的电话,对方声称正在进行收购项目,要求银行向美国账户转账3500万美元,并已发送律师确认邮件。由于银行经理能辨认出董事声音(此前有过交谈),且收件箱确有相关邮件,便确认了转账。实际上,这个"董事"的声音是诈骗团伙利用"深度伪装"AI技术合成的仿冒语音。

这并非语音深度伪造技术首次被用于网络诈骗。2019年3月,一家英国能源公司的德国总部高管同样遭遇 deepfake 诈骗,损失约25万美元。诈骗分子利用深度伪造技术模仿德国母公司 CEO 的声音,成功诱骗英国分公司经理执行紧急转账。

**3. 文本伪造**

文本伪造是指利用自然语言模型(如 DeepSeek、GPT)生成高度仿真的虚假文本,包括社交媒体评论、论坛发帖以及长篇新闻和观点文章。2022年11月30日,美国 OpenAI 公司推出的 ChatGPT 聊天机器人程序引发广泛关注,该程序不仅能理解人类语言进行对话,还能根据上下文互动交流,甚至可以完成邮件撰写、视频脚本创作、文案写作、翻译、编程和论文写作等任务。这一技术的问世将文本伪造推向了舆论焦点。

文本生成工具的快速发展大幅降低了文本伪造的技术门槛、时间成本和资金投入,使其相比其他深度伪造技术能够更快速、更经济地生成"足够好"的伪造内容。这类技术更注重虚假信息的产出速度和数量,而非内容的真实性与一致性,通过信息轰炸达到吸引注意、混淆视听和误导目标的效果。

**【案例7-17】**　2023年2月,一则关于"杭州市政府将于3月1日取消机动车尾号限行"的虚假新闻在网上流传,因其看似官方发布而误导了不少市民。经查证,该消息源自杭州某小区业主群讨论 ChatGPT 时的玩笑:一位业主尝试用 ChatGPT 生成取消限行的新闻稿并发布在群内,后被不明真相的群成员截图转发,最终导致这则 AI 生成的假新闻在网上广泛传播。

## 7.3.3　针对人工智能造假的监管政策

人工智能造假因其门槛低、效果逼真、传播迅速等特点,极易被恶意利用,自问世以来就备受争议。为应对这一问题,各国政府正积极制定相关监管政策。

从全球范围看,美国联邦层面虽未出台专门立法,但对人工智能造假的监管最为积极。参众两院已提出四部侧重点不同的法案,包括《深度伪造责任法案》《2018恶意深度伪造禁止法案》《2019年深度伪造法案》《2020财年情报授权法案》。在地方层面,各州对"深度伪造"技术的法律监管更为主动,已有正式生效的法律。总体而言,美国立法着重强调"深度合成"技术的虚假性,在治理虚假信息危害时采取"市场主体预防-平台自我规制-立法强制监管"的自下而上模式,要求社交平台和视频平台先进行自我管理,再由联邦和地方立法实施强制性监管。

欧盟尚未针对深度伪造技术制定专门法律,而是将其分解为个人生物识别信息和算法技术进行规制,主要从个人信息保护和人工智能伦理角度出发,采取个人数据治理与算法规制相结合的模式。例如,《一般数据保护条例》对深度伪造技术滥用个人生物识别信息设置了严格限制;2019 年欧盟人工智能高级专家小组发布的《可信赖人工智能伦理指引》,则从数据管理、算法开发和商业应用等全生命周期环节,对深度伪造技术使用提出了严格的程序与实体要求。德国、新加坡、英国、韩国等国选择将"深度合成"相关犯罪纳入刑法体系,目前尚未出台国家层面的专项立法。

我国针对人工智能造假问题已出台系列监管措施。在法律层面,《民法典》为"深度伪造"技术的图像视频应用划定了法律红线。在规章层面,国家网信办等部门先后制定《网络音视频信息服务管理规定》《网络信息内容生态治理规定》等文件,对于"深度伪造"技术的使用者、提供者和政府机关划定了明确的义务和责任,如不得制作虚假新闻、应以显著方式标识、健全辟谣机制、开展安全评估等。上述规范既为"深度伪造"技术的应用廓清了合法边界,同时也为其应用场景留出必要的发展空间。2022 年 11 月 25 日,我国第一部针对深度合成服务治理的专门性部门规章——《互联网信息服务深度合成管理规定》(以下简称《规定》)对外发布,于 2023 年 1 月 10 日起施行。《规定》一方面为防范深度合成的潜在风险提出了科学且系统的治理方案,另一方面有效统筹了深度合成的风险管理与技术创新,有利于促进深度合成相关人工智能技术健康有序发展。《规定》提出:深度合成服务提供者和技术支持者提供人脸、人声等生物识别信息编辑功能的,应当提示深度合成服务使用者依法告知被编辑的个人,并取得其单独同意;深度合成服务提供者和使用者不得利用深度合成服务制作、复制、发布、传播虚假新闻信息等。

# 7.4 无人驾驶系统的法律责任

微课视频

无人驾驶系统的概念最早可追溯至 20 世纪 20—30 年代,当时美国军方为减少战区路边炸弹袭击造成的军人伤亡,首次提出军用车辆无人驾驶的构想。此后 DARPA 持续资助相关研究但进展缓慢,该领域长期未受广泛关注。1987 年,梅赛德斯-奔驰与慕尼黑联邦国防大学合作启动尤里卡普罗米修斯计划,首次实现大型企业与研究机构联合研发可运作的无人驾驶汽车原型。1999 年卡内基梅隆大学完成首次无人驾驶汽车试验,2013 年美国批准首台民用无人车上路测试,随后特斯拉推出特定环境下的无人驾驶汽车,标志着该技术开始走向实用化和商业化。2020 年,百度 Apollo 在北京开放无人驾驶出租车服务,Waymo 在凤凰城推出完全无人驾驶出行服务。当前无人驾驶技术发展迅猛,各大企业和汽车厂商纷纷加大研发投入,多国陆续开放道路测试并出台相关法规。然而在快速发展的同时,无人驾驶系统也对现有法律秩序形成冲击,亟需建立创新监管制度。准确认知无人驾驶系统的概念、特征和风险,是未来立法工作的重要基础。

### 7.4.1　无人驾驶系统概念

无人驾驶系统是指通过激光雷达、车载摄像头等传感设备采集环境信息，由智能控制系统自主完成车辆操控，不需要人工干预即可实现自动驾驶的智能汽车系统。

理论上，对无人驾驶系统概念的理解通常不存在疑义，但对于其概念内涵是否包含驾驶辅助技术，学界存在分歧。美国交通部《联邦无人驾驶汽车政策》将无人驾驶汽车定义为由无人驾驶系统操控、基于特定操作环境设计的智能汽车；而美国高速公路安全管理局则限定为在执行转向、油门或刹车等核心控制功能时不需要人类直接参与的车辆，明确将仅具安全警告功能的系统排除在外。这种定义差异既反映了监管机构的不同立场，也揭示了无人驾驶技术发展程度的阶段性特征。必须指出的是，当前"无人驾驶系统"仍属发展中的过渡形态，其终极目标是实现完全不需要人工干预的自主驾驶，但现阶段仍需要人类监督。因此，本书采用的"无人驾驶系统"概念特指通过计算机系统逐步替代人类驾驶功能的智能汽车系统，既包含有条件自动化技术，也涵盖高度自动化的发展方向。

值得注意的是，我国当前出台的一系列有关无人驾驶汽车的规范性文件更多采用"智能网联汽车"这一表述。例如，2018年4月，工信部、公安部和交通运输部联合发布的《智能网联汽车道路测试管理规范》第28条对智能网联汽车的概念作出了明确界定。

探讨无人驾驶系统的发展需参考智能化分级标准，其核心依据是人类驾驶员对驾驶系统的参与或干预程度。2020年3月，我国根据汽车自动化水平将其划分为六个等级，具体分类如表7-2所示。

表 7-2　无人驾驶汽车自动化等级分类

| 分级 | 名　称 | 描述性定义 | 功 能 范 围 |
|---|---|---|---|
| L0 | 应急辅助驾驶 | 车辆的运行完全由车内驾驶员操纵，没有任何自动驾驶模式 | 驾驶员控制环境（仅具备辅助驾驶功能） |
| L1 | 部分辅助模式 | 在驾驶员控制汽车的前提下，车辆的智能系统在一定程度上可以辅助驾驶员操控车辆 | |
| L2 | 组合驾驶模式 | 在某些情况下，无人驾驶系统可以独立运行车辆，但前提是车内驾驶员应当对车辆的运行保持较高的注意义务，并具有随时接管车辆、完成其他驾驶任务的准备 | |
| L3 | 有条件自动驾驶模式 | 特定模式下智能系统可以自主操控车辆，并且自主完成驾驶任务，但驾驶员仍需保持一定的注意义务，应处于可以介入、接管车辆的状态 | 无人驾驶系统（简称"系统"控制驾驶环境） |
| L4 | 高度自动化模式 | 在一定情况下，无人驾驶系统能够独立操控车辆而不需要驾驶员接管 | |
| L5 | 完全自动驾驶模式 | 智能系统在任何情况下都能够自主操控车辆、自主作出决策，完成所有驾驶任务，不需要驾驶员的参与甚至可以不需要驾驶员 | |

### 7.4.2　无人驾驶系统的特点

相较于传统机动车，无人驾驶系统具有运行自主性、数据依赖性及操控主体不确定性等特征，这些特性导致其在道路运行中发生交通事故并造成损害时，难以依据现行法律追究侵权责任。具体而言,无人驾驶系统的特性主要表现在以下几个方面。

首先,无人驾驶系统具有运行自主性。实际上,无人驾驶汽车是一种可移动机器人,其自主性体现在两个方面。首先,无人驾驶系统在行驶和路线选择上具有自主性,无须驾驶员介入即可独立完成驾驶任务。无人驾驶系统通过智能系统对大量数据进行收集和分析,从而实现自主运行。具体而言,它通过车联网收集大数据,并依靠算法规则对数据进行整合和分析,结合车辆运行环境实时作出回避、变速、变道、转向等决策,同时能够根据实时路况流量规划最佳行驶路线。其次,无人驾驶系统在运行过程中还具备自主学习能力,即在原有算法的基础上,对使用过程中收集的信息进行整理、理解和分析。例如,通过 CNN 学习图像信息的处理方式,先将神经网络模型训练完整,再将其移植到开发平台,最终实现实时高效地处理图像和视频信息。从无人驾驶汽车的自主学习性可以延伸出其决策的不可预测性,原因在于智能系统通过自主学习后作出的决策可能超出汽车生产者的预期,突破原有的算法设定,因此在无人驾驶汽车发生侵权事故时,难以准确认定事故原因。

其次,无人驾驶系统具有数据依赖性。传统汽车主要依靠坚固的硬件设施和组装工艺来确保安全性,而无人驾驶系统要实现安全运行和自主决策,则高度依赖通过车联网获取的大量数据。例如,无人驾驶汽车利用地图数据规划路线和定位,依靠传感器数据感知周围环境,借助图像数据识别障碍物。然而,这种对数据的强依赖性也带来重大风险:一旦黑客攻击数据传输系统,可能导致数据紊乱并引发严重后果。因此,针对无人驾驶系统的数据依赖特性,开发更先进的数据安全防护技术已刻不容缓。

最后,无人驾驶汽车的驾驶主体具有不确定性。传统机动车驾驶人必须通过专业考试取得驾驶证才能上路,而无人驾驶汽车降低了对驾驶操作的技术要求。随着技术发展,无人驾驶汽车的自动化水平将不断提升,智能系统可能完全取代人类驾驶员,使老人、儿童等原本无法驾驶的人群也能"使用"无人驾驶汽车。此时,车内人员的角色将从"驾驶员"转变为"乘客",导致事故责任主体可能涉及多方。现行《道路交通安全法》规定交通事故责任主体为"机动车一方",通常指向车辆使用人或所有人。但在无人驾驶场景下,使用人或所有人可能并未实际参与车辆运行,继续将其作为责任主体缺乏法律依据。这种变化给现行机动车事故侵权责任认定带来了新的挑战。

## 7.4.3　无人驾驶系统对现行法律制度的挑战

无人驾驶技术的发展给社会治理带来了新的挑战。作为人工智能应用的集大成者,无人驾驶系统技术仍处于起步阶段,其安全风险始终是最受关注的问题。2016 年,一辆以无人驾驶模式行驶的特斯拉汽车与垃圾清扫车相撞,造成一人死亡,这是全球首例无人驾驶致死事故。2018 年 3 月,Uber 无人驾驶汽车在美国超速行驶,撞死一名横穿马路的行人。无人驾驶汽车的智能系统能够在运行过程中自主决策,无须驾驶员干预。正是这一特性,使得传统机动车交通事故责任规则难以直接适用。具体表现为:当无人驾驶汽车发生交通事故造成侵权后果时,将面临责任主体认定困难、因果关系划分不清,以及现有归责原则适用性不足等困境。

### 1. 侵权主体认定障碍

传统机动车发生交通事故时,责任主体的认定主要依据运行利益标准和支配标准。然而,无人驾驶汽车能够在特定条件下自主运行而无须驾驶员参与,当车辆在高度自动化模式下发生交通事故时,这种新型驾驶方式对传统的责任主体划分标准产生了冲击。

车联网收集的数据具有实时性和不稳定性,在复杂算法作用下,智能系统会随数据变化不断调整决策,甚至可能突破算法规则导致失误,这使得无人驾驶系统深度学习后的决策具有不可预测性。当无人驾驶汽车自主运行时,车辆使用人实际上处于"乘客"地位,既不控制车辆运行,也不干预系统决策,此时无人驾驶系统成为车辆运行的"实际行为人"。这引发了一个法律问题:能否认定无人驾驶系统具有独立法律人格,使其成为独立的责任主体? 对此,理论上存在三种学说:肯定说、否定说和折中说。

肯定说主张应赋予人工智能体与自然人同等的法律地位。基于无人驾驶汽车的自动化特性,其能够在特定条件下自主运行而无须车主参与,因此可将无人驾驶系统视为具有独立意思表示的行为主体。根据这一观点,由于车辆本身是行为主体,其引发的交通事故应由其作为民事主体承担相应责任。该理论在实践中已获得部分认可,如沙特阿拉伯授予"索菲亚"机器人公民身份;欧盟也曾通过决议承认人工智能体的独立法律地位。

否定说认为,人工智能体不具备法律规定的民事主体资格,因此不能赋予其独立法律地位。人工智能技术由人类发明,以服务人类为目的,并最终受人类控制,故不具备独立法律人格。有学者指出,虽然高度智能化的人工智能体(如无人驾驶汽车)不应简单归类为民法上的物品,但可类比为动物——而动物在我国法律中被界定为物。因此,赋予人工智能体独立法律人格缺乏理论依据,在无人驾驶汽车发生交通事故时,责任主体仍应指向相关责任人。

折中说主张,对于无人驾驶汽车这类具备高度智能化、自主学习能力,并能基于收集信息与系统设定自主决策的人工智能体,可赋予其"电子人格",使其具备"准法律人格"地位。例如,2016 年 2 月美国高速公路管理局认定谷歌自动驾驶系统可被视为"驾驶员";2017 年 2 月欧洲议会针对高级自主机器人建议确认其"电子人"资格,以便追究其损害责任。

此外,高度自动化的无人驾驶汽车作为科技进步的产物,其责任主体具有广泛性特征。这既包括传统汽车制造商,也涉及智能系统开发者、地图与路况数据供应商以及传感器等关键零部件提供商。无人驾驶汽车的设计生产流程复杂,任一环节的失误都可能影响其运行安全。虽然无人驾驶汽车旨在减轻人类操作负担,其智能程序有助于降低驾驶人的注意义务,但在 Uber 自动驾驶事故中,车辆处于无人驾驶状态时,驾驶人却在玩手机且未采取制动措施,此时责任主体认定面临难题。直接将驾驶人归为责任主体既违背权利义务对等原则,也不符合民法公平正义理念。即便驾驶人负有接管义务,实际认定接管时机和权限的方式也会影响责任主体的判定。

鉴于上述情况,继续沿用现行法律来认定无人驾驶汽车侵权责任主体缺乏理论依据。由于无人驾驶汽车制造商、使用方等多方主体之间存在复杂的关联性,导致在事故发生时难以准确界定责任主体。

**2. 因果关系划分模糊**

因果关系是连接侵权行为与损害结果的纽带,也是认定侵权责任的必要前提。在满足其他要件的情况下,若存在因果关系即可认定构成侵权行为,进而确定责任主体。因此,因果关系的存在与否是责任认定的关键判断标准。

当无人驾驶汽车在交通事故中造成损害时,现行法律尚未确立明确的规则来判断损害结果与事故主体之间的因果关系。在因果关系缺失的情况下,如何建立联系以解决责任分配问题也缺乏法律依据。同时,由于车辆自动化等级不同,驾驶员的参与程度和注意义务也存在差异,这导致其在事故中承担的责任也有所区别。

首先,驾驶模式的复杂性是认定因果关系的主要障碍。对于高度自动化的无人驾驶汽车,其自主性越强,辅助驾驶人员的注意义务就越低,事故与驾驶人过错之间的因果关系就越弱;反之,低自动化车辆要求驾驶人承担更高注意义务,其承担侵权责任的可能性就越大。然而,实践中对无人驾驶汽车等级的认定存在困难。以邯郸特斯拉事故为例,特斯拉公司辩称事故发生时车辆未启用最高等级自动驾驶模式,仍需要驾驶人参与操作,以此否认车辆自主运行与事故结果的因果关系,主张生产商不应承担责任。这一案例表明,在交通事故中认定无人驾驶汽车与事故的因果关系存在多种可能,现行法律难以提供明确认定标准。

其次,无人驾驶汽车的自主学习能力削弱了产品质量缺陷与生产者之间的因果关系。传统汽车事故可能直接归因于出厂时的技术缺陷,从而追究生产商责任。然而,无人驾驶汽车出厂后能通过持续输入的数据进行分析学习,吸收使用者的操作习惯,使原有算法不断优化并自主决策。随着这一过程的持续,系统可能偏离初始算法设定,导致生产商与事故之间的因果关系被切断。

最后,无人驾驶汽车的多主体特性增加了因果关系认定的难度。正如前文所述,无人驾驶汽车的正常运行需要硬件制造商、智能系统开发者、数据分析提供商等多个主体的协同合作。在认定侵权责任时,必须根据事故具体原因联系相关主体进行责任划分。由于不同主体适用不同的归责原则,只有通过排除干扰因素、多方验证,才能确定最终责任主体。总之,无人驾驶汽车固有的多主体复杂性,使得事故可能由单一原因或多个原因共同导致,在多种因素影响下,因果关系难以准确认定。

因果关系是认定侵权责任的必备要件。然而,无人驾驶汽车主体资格的争议性导致难以界定车辆自主驾驶行为与损害结果之间的因果联系。同时,车辆通过深度学习可能突破初始程序设定,这将割裂损害结果与汽车生产者之间的因果关系,最终造成责任主体认定困难,使受害人面临索赔无门的困境。

**3. 规则原则使用困难**

无人驾驶汽车在道路行驶过程中能够自主操控,车内人员不参与驾驶操作,导致其造成侵权后果时难以适用以驾驶人主观过错为基础的二元归责体系。同时,无人驾驶汽车的高度自主学习能力使其在出厂后可能脱离生产者的控制范围,这既引发了其是否仍应被视为独立客体的争议,也对产品责任的适用提出了新的挑战。

部分学者基于无人驾驶汽车不需要人工操控的特性,认为其本质上属于科技发展的产品范畴。当无人驾驶汽车引发交通事故时,首先应判断车内人员是否参与驾驶操作。若确认无人参与,则应根据产品责任追究汽车生产商的责任,因为依据现行法律规定,产品缺陷导致的损害后果,除适用侵权责任外,还可追究产品生产者的责任。

从法理角度分析,在理想状态下,由于无人驾驶汽车的研发者和生产者将智能算法植入系统,因此当车辆功能故障导致损害时,可以追究生产商的产品责任。作为具有工具性特征的物,无人驾驶汽车在发生交通事故后,即使无法证明侵权责任成立,仍可尝试适用产品责任中的产品瑕疵条款。然而实际上,现行产品责任制度难以完全适用于无人驾驶汽车交通事故,主要原因有二:第一,现行法律中关于产品责任的免责条款难以适用。作为核心部件的智能系统具有高度自主学习能力，其决策不仅基于生产者的初始算法设定，还整合了使用过程中收集的新数据，这使得系统在出厂后可能脱离生产者的控制范围。这种运行过程中超出生产者预判的不可预测性，导致"将产品投入流通时的科学技术水平尚不能发现缺陷存在"这一免责事由失去适用基础。第二，判断无人驾驶汽车是否存在产品缺陷的标准尚未统一，导致被侵权方举证困难。无人驾驶汽车的深度学习能力使其在出厂后逐渐脱离研发者和生产者的初始设定，成为一个相对独立的系统，这给产品责任的适用带来挑战。即便事故由车辆自身故障引发，受害人要追究生产者责任，仍需证明车辆出厂时即存在缺陷且该缺陷是损害主因。然而，无人驾驶汽车的人工智能特性使其驾驶行为具有高度自主性，降低了生产者对系统的可预测性和可解释性，导致难以证明算法自主行为与损害结果之间的因果关系，也就难以认定车辆存在产品缺陷。此外，普通消费者缺乏专业技术知识，更难发现无人驾驶汽车的质量缺陷与损害结果之间的因果关系。

现行制度下，无人驾驶汽车产品缺陷的认定主要依赖专业机构评估，但我国相关专业机构数量有限，受害人自行聘请专家费用高昂，这显著增加了举证难度，导致实践中难以追究生产者责任。对于高度智能化的无人驾驶汽车，即便作为产品，消费者也难以干预其运行。车辆在不同驾驶模式下的反应均基于实时数据分析，无论是驾驶员还是生产者都无法提前预判。这种特性使得损害结果难以归责于生产者。同时，无人驾驶汽车事故往往由多重因素共同导致，产品制造缺陷以外的原因占比重大，事故原因与产品缺陷之间复杂的因果关系难以确证。

### 7.4.4　无人驾驶系统的监管缺失

我国目前尚未出台专门法律法规对无人驾驶系统的安全风险进行规范。关于无人驾驶系统的研发应用、监管机制以及责任认定等问题，均缺乏相应的立法规定。这种立法空白导致监管部门对无人驾驶汽车持保守态度，客观上可能制约其技术发展进程。

无人驾驶技术的实现高度依赖人工智能系统及各类核心软硬件。随着无人驾驶汽车网联化程度的提升，其面临的网络安全风险也日益加剧。因此，在无人驾驶时代，保障信息网络安全至关重要。《无人驾驶蓝皮书：中国无人驾驶产业发展报告（2020）》指出：网络安全是智能汽车发展的核心要素，缺乏网络安全保障将严重制约智能汽车的推广应用。无人驾驶系统在运行过程中需要持续进行信息获取和交互，这使得系统可能面临网络攻击风险。一旦系统程序出现故障或遭受黑客攻击，将直接威胁无人驾驶汽车的安全性能。例如，黑客可以通过入侵 GPS、摄像头、激光雷达、毫米波雷达和 IMU 等传感器装置，干扰无人驾驶系统对环境感知和行驶决策的准确性。除黑客攻击外，道路基础设施故障也是重要风险源，在极端天气或复杂路况下，系统若无法准确采集和分析数据，将显著增加行车危险系数。

网络安全风险已成为无人驾驶汽车面临的新型威胁。近年来，特斯拉、克莱斯勒等公司生产的无人驾驶汽车均遭遇过黑客攻击。一旦无人驾驶系统被攻破，将对车内人员及公共安全构成严重威胁，可能引发交通混乱甚至被用作犯罪工具，其潜在危害难以估量。2018 年，大众、博世等企业联合高校启动了 Security For Connected, Autonomous Cars 研究项目，旨在修补现有无人驾驶系统的安全漏洞，提升联网安全性。当前亟需解决的关键安全问题包括：如何强化无人驾驶汽车的预期功能安全和防碰撞能力，确保即便在系统遭受入侵或出现网络故障时,仍能将风险控制在最低限度,并实现安全停靠。

无人驾驶系统除面临网络安全风险外,还存在用户信息保护不足的问题。无人驾驶汽车依赖定位导航技术,会记录乘客的乘车时间、途经地点、行车轨迹及目的地等敏感信息。这些数据一旦泄露或被黑客窃取,可能被恶意利用。在共享交通场景下,无人驾驶系统还将收集大量乘客个人信息。虽然我国现行法律对个人信息保护有明确规定,但仍未完全覆盖乘车轨迹等行程数据。若法律不能有效规范无人驾驶系统对各类信息的采集、处理、存储和删除流程,未能明确生产者、销售者、车主及乘客的权利义务,将严重威胁乘客隐私权保护。因此,如何保障此类信息安全、防范非法使用,并厘清相关主体的法律责任,成为无人驾驶安全领域亟待解决的重要问题。

## 7.4.5 无人驾驶系统的监管政策

目前,我国对无人驾驶汽车的监管主要采取政策引导方式。在国家层面,除《智能网联汽车道路测试管理规范(试行)》外,尚未出台专门针对无人驾驶汽车侵权事故及网络安全风险等问题的具体可操作性法律规范。现阶段,国家主要通过战略规划对无人驾驶汽车发展进行引导,如表 7-3 所示。

表 7-3 无人驾驶汽车政府规范文件

| 时 间 | 牵 头 部 门 | 文 件 | 主 要 内 容 |
|---|---|---|---|
| 2015 | 国务院 | 《中国制造 2025》 | 将智能网联汽车确立为汽车产业发展方向 |
| 2016.4 | 中华人民共和国工业与信息化部 | 《新一代人工智能发展规划》 | 明确智能网联汽车技术发展路径,制定产业发展目标和任务 |
| 2016.8 | | 《装备制造业标准化和质量提升规划》 | |
| 2016.11 | | 《中国智能网联汽车技术发展线路图》 | |
| 2017.4 | 国家发展和改革委员会 | 《汽车产业中长期发展规划》 | 从技术、产业、应用、竞争四个维度制定发展战略,推动建立智能网联汽车标准体系 |
| 2017.12 | | 《国家车联网产业标准体系建设指南》 | |
| 2018.1 | | 《智能汽车创新发展战略(征求意见稿)》 | |
| 2018.4 | 中华人民共和国工业与信息化部 | 《智能网联汽车道路测试规范》 | 制定技术标准建设指南和道路测试管理规范 |
| 2018.6 | | 《国家车联网产业标准体系建设指南(总体要求)》 | 规划 2020 年构建支持 L3 级及以上自动驾驶的技术体系,实现特定场景规模应用 |
| 2018.12 | | 《车联网(智能网联汽车)产业发展行动计划》 | |
| 2020.2 | 国家发展和改革委员会 | 《智能汽车创新发展战略》 | 强化顶层设计,规划 2025 年实现高度自动驾驶汽车在特定环境的市场化应用 |

国家发布的战略性政策文件明确了无人驾驶汽车在智能交通建设中的重要地位,强调必须重视该技术的研发和应用。然而现有规范性文件显示,我国无人驾驶相关立法层级较低,缺乏法律和行政法规层面的规定。虽然这些文件关注了道路测试和产业标准问题,但仍

难以有效应对无人驾驶带来的安全风险,特别是在侵权责任法、道路交通法及保险法等法律法规中,均未对无人驾驶的侵权责任和保险问题作出相应规定。

我国最新出台的《智能交通汽车发展战略》对无人驾驶技术发展作出明确规划:到2035—2050年,将全面建成中国标准智能汽车体系。这一"全面建成"不仅涵盖技术层面的要求,还包括通过制定规范无人驾驶汽车测试、准入、使用和监管的法律法规,配合《道路交通安全法》等法规的修订完善,强化无人驾驶车辆产品管理。该战略致力于建立覆盖无人驾驶汽车生产、准入、销售、检验、登记直至召回的全生命周期管理体系。

为解决无人驾驶汽车侵权问题,我国可借鉴国外立法经验并结合国情,为未来专门立法做准备。美国、德国和日本等无人驾驶技术领先国家已建立相关法律体系:美国通过《无人驾驶汽车法案》侧重行政监管;德国修订《道路交通法》形成严谨详细的操作规范;日本立法则主要聚焦侵权责任分配问题。这些国家的立法实践为我国提供了有益参考。

## 7.5　机器人的"人权"与道德

AlphaGo战胜围棋冠军柯洁后,棋圣聂卫平评论道:"AlphaGo堪称20段水平,人类战胜它的唯一方法就是切断电源。"这番评论引发了一个深刻的哲学和法律命题:人工智能是否应当享有不被随意终止运行的"生命权"?

这个问题并非易解,从索菲娅获得公民身份引发的争议便可见一斑。2017年10月,沙特阿拉伯授予机器人索菲娅公民资格,这一事件引发全球热议。舆论呈现两极分化:有人强烈反对,指出索菲娅享有的权利甚至超过该国女性;有人则嗤之以鼻,认为这只是哗众取宠的营销噱头。这引发三个核心法律议题:机器人能否成为法律意义上的"人"?是否应该享有人权?以及应当享有哪些特定权利?在人工智能深度融入人类社会的今天,这些问题已不再是抽象的理论探讨,而是具有重大现实意义的实践课题。

### 7.5.1　机器人的"人权"

关于机器人的定义,学界尚未形成统一认识,存在多种不同观点。目前主要存在两种概念界定:传统机器人概念与现代机器人概念。

传统机器人概念特指能够自主执行特定任务的机械自动化装置,其核心特征在于实现"无须人工干预的自动化运行"。在这一概念框架下,无论自动化功能是通过预设程序实现,还是基于自主学习获得,只要具备自主作业能力即可被视为传统机器人,其技术实现路径并非概念界定的关键要素。

现代机器人概念不仅关注自主执行任务的能力,更强调其具备思维、推理和问题解决等认知功能。这一概念下的自动化运行不再依赖预设程序,而是通过经验学习和自主推理实现。部分观点还认为现代机器人应具备情感和意识等高级智能特征。

人工智能的"人权"是一个具有隐喻性质的概念。这一概念并非指代人工智能应当享有与人类完全相同的权利,而是指作为一种特殊存在形式,人工智能应当获得某种基础性权利保障,类似于人类因其本质而享有的人权。从本质上看,机器人权利问题探讨的是三种关系规范:人机互动准则、机器间交互准则,以及人类对机器应尽的道德责任。正如人权规范人际和社会关系一样,机器人权利实质上是构建和谐人机关系的伦理框架。简言之,这一概念核心在于确立人类对待人工智能的道德义务准则。

　　未来发展中,具备自主意识的人工智能机器人将成为现实,这一趋势已不可逆转。科学界普遍认为"类人机器人"代表着机器人技术的发展方向,这类机器人不仅在形态上趋近人类,更在功能上"超人性化"。随着智能族群与人类社会的深度融合,从本体论角度分析,人工智能终将具备特定历史阶段获得人权所需的心智特征和道德属性。基于这一发展逻辑,赋予人工智能相应人权具有理论合理性。

　　同时,机器人自问世以来就在家庭和医疗等领域承担重要职能,替代人类完成高危复杂作业,显著提升工作效率。如今,机器人已渗透至社会各个角落。在这样的时代背景下,人类与机器人不再是相互独立的个体,而是形成了紧密的共生关系。为妥善处理人机关系及机器人与社会的互动,必须前瞻性地承认其作为道德主体的必然性,将其纳入道德体系范畴,并赋予其履行道德责任所必需的权利保障。由此可见,承认机器人的"人权"将是社会发展的必然趋势。

## 7.5.2　机器人的道德困境

　　2018 年 3 月 29 日,欧洲科学与技术伦理组织在其发布的《关于人工智能、机器人及自主系统的声明》中指出,人工智能、机器人技术以及"自主"技术的发展,已经引发一系列需要迫切解决的复杂伦理问题。

　　【案例 7-18】　电影《我,机器人》中有一个令人深思的经典场景:当两辆汽车坠入水中时,机器人面临救警官史普纳还是小女孩萨拉的伦理困境。虽然史普纳警官声嘶力竭地喊着"救她",但机器人最终根据计算结果选择救助生还概率更高的警官(45%),而非生还概率仅 11% 的小女孩。

　　事实上,这一情节真实反映了现实中机器人面临的道德抉择困境,通过影视艺术的形式展现了现代社会普遍存在的机器人伦理难题。

　　随着机器人应用范围的扩大和自主性的提升,其在社会生活中需要进行道德判断的场景将日益增多。当前亟需解决的关键问题是:虽然现代机器人智能水平显著提高,但仍不具备道德推理这一核心能力。这种能力的缺失严重制约了机器人在复杂情境中做出道德决策的可能性。若机器人无法识别道德困境并作出恰当应对,可能给人类社会带来严重后果。正如"机器人虽具备人工智能,却缺乏怜悯、悔恨等情感,即便造成伤害也不会产生愧疚"所言,我们必须赋予机器人道德判断能力。

　　早在 1942 年,科幻作家艾萨克·阿西莫夫就在其系列科幻作品中探讨了机器人的安全防护与伦理准则问题。他提出了著名的机器人三定律:①机器人不能伤害人类,不允许袖手旁观坐视人类受到伤害;②机器人应服从人类指令,除非该指令与第一定律相背;③在不违背第一条和第二条定律情况下,机器人应保护自身的存在。尽管阿西莫夫的这一理论体系存在某些缺陷、漏洞和表述模糊之处,但这标志着人类首次系统性地尝试解决机器人伦理这一复杂命题。

　　随着人工智能技术的快速发展和广泛应用,人工智能伦理问题日益受到国际社会重视。联合国经过两年研究发布的机器人伦理报告建议建立全球性的人工智能伦理框架;欧盟在2018 年将人工智能伦理立法列为重点工作,着手制定相关指导方针以应对技术发展带来的道德挑战。韩国在人工智能伦理立法方面走在前列:2006 年 11 月,由专家、未来学家和科幻作家组成的特别工作组启动《机器人道德法》起草工作，该法拟通过编程方式植入道德标准，规范人机互动行为；2017年，韩国国会进一步提出《机器人基本法案》，专门设立"机器人伦理规范"章节，明确规定伦理规范的制定程序、修订机制，以及设计者、生产者和使用者必须遵守的伦理准则。

从阿西莫夫提出机器人三定律，到韩国起草《机器人道德法》，再到欧盟将人工智能伦理确立为2018年立法重点，人类在机器人道德领域的探索历程，既体现了促进人机和谐共处的美好愿景，也为如何赋予机器人道德能力积累了重要经验。

## 思考讨论

1. 人工智能的发展究竟会带来福祉还是挑战？

2. 文学作品中描绘的人工智能伦理问题是否会在现实中重现？如果会，应当如何预防和应对？

3. 通过立法能否有效解决人工智能伦理问题？其依据是什么？

4. 如果未来驾驶L5级无人汽车，你会完全信任自动驾驶系统吗？

5. 具有情感和意识的人工智能是否应该享有人权？理由是什么？

6. 如果"电子人脑"复制品能够产生思维意识，这种思维的存在是否等同于人的存在？

7. 请分析具有自我改造进化能力的人工智能是否存在潜在危险。

8. 你是否遇到过人工智能造假案例？若有，请分析并分享你的看法。

9. 在日常生活中是否感受到人工智能算法的偏见？例如在广告推送等方面。

10. 你是否担忧人工智能导致的失业问题？对此有何解决建议？

# 第8章

# 虚拟现实技术伦理

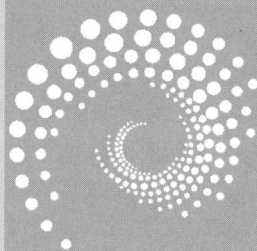

CHAPTER 8

**本章要点**

虚拟现实技术作为新兴的人机交互技术,能够为用户提供高度仿真的感官体验,在教育、医疗、零售和游戏等领域展现出广阔的应用前景。然而,该技术目前仍存在诸多问题,包括可能助长用户暴力倾向、诱发犯罪行为以及导致人际关系疏离等。本章重点分析了虚拟现实技术发展中的主要伦理风险,并提出了相应的伦理规范建议,对促进该技术产业健康发展具有积极意义。

**【引导案例】**

《头号玩家》是史蒂文·斯皮尔伯格于2018年执导的科幻电影,该片构建了一个人类逃避现实、沉迷虚拟世界的未来图景,深刻探讨了虚拟现实技术引发的诸多伦理问题。

VR游戏"绿洲"成为人们的精神寄托,这个虚拟宇宙风靡全球。在这个世界里,无论现实中的贫富差距,每个人都有机会成为拯救世界的英雄。游戏创始人哈利迪将毕生财产藏于游戏中,规定获得三把钥匙的玩家可继承其全部资产及"绿洲"所有权,引发全球范围的激烈争夺。竞争公司IOI为控制"绿洲",雇佣大量劳工获取钥匙,并利用雄厚财力打压游戏高手。男主角凭借游戏天赋和对设计者的了解,与女主角团队合作逐步破解谜题,最终获得三把钥匙。这些游戏谜题实际上是哈利迪对现实与自我的深刻反思。

电影《头号玩家》的核心技术设定基于网络通信和虚拟现实技术。虽然这是一部科幻作品,但其中展现的技术在现实中已有广泛应用。因此,我们的讨论不仅限于影片内容,更着眼于从电影情节延伸出来的、现实中虚拟现实技术所引发的工程伦理问题。

《头号玩家》深刻探讨了虚拟与现实界限这一媒介成瘾伦理问题。现实中虽已存在众多虚拟现实游戏,但由于通信技术和处理器性能的限制,VR的拟真度远未达到理想水平,尚未形成真正的VR热潮。5G网络难以满足游戏所需的低延迟、高负载传输需求,现有处理器对图像视频的处理能力也使"绿洲"式虚拟世界遥不可及,因此当前社会尚未出现严重媒介成瘾现象。然而必须预见的是,随着技术进步和商业驱动,未来必将出现类似"绿洲"的虚拟宇宙,我们可以通过影片情节提前探讨相关成瘾问题。

游戏开发公司自然是首要责任方。然而从影片中可见,创始人哈利迪的初衷是良善的——他拒绝在游戏中设置过多限制,也不愿将自己的理想国变成牟利工具,这些理念都体现在他设计的谜题中。但必须承认,作为技术开发者,必须充分考量并承担技术可能引发的伦理问题责任。

电影中的IOI公司更应受到批评,他们必须为工程伦理问题承担主要责任。作为开发公司,IOI未能履行应尽的社会责任,只是一味追求商业利益——研究如何植入更多广告、如何让玩家更沉迷游戏。影片中哈利迪与同伴关于游戏本质与规则的讨论颇具深意,这提醒我们在推进工程技术发展的同时,需要时常反思科技发展的初衷。虽然游戏规模扩大和用户增长必然带来商业化需求,但必须把握好商业化的合理限度。

从电影回归现实,我们可以获得重要启示。以虚拟现实技术为例,开发者必须全面评估该技术可能产生的负面影响,特别要重视新技术对用户身心健康的潜在危害。在开发过程中,技术人员应当掌握消除虚拟现实技术负面效应的基本原则,主动承担作品可能引发的伦理责任。

# 8.1　虚拟现实技术伦理概念

微课视频

从柏拉图在《理想国》中描述的洞穴寓言——囚徒将墙上的影子误认为真实,到现代人通过VR眼镜进入虚拟世界,再到虚拟现实技术在教育、军事、医疗等领域的实际应用,这些发展表明:曾经的虚构场景如今已能通过虚拟现实技术实现高度仿真,极大地丰富了人类生活。然而该技术也带来诸多问题,例如在跑酷游戏《消逝的光芒》中,如图8-1所示。虽然

VR 支持增强了沉浸感,却导致许多玩家出现眩晕、恶心等生理不适,这源于 VR 视角的快速转换和画面震颤。由此可见,虚拟现实技术具有明显的双面性,其潜在伦理问题不容忽视,无论它带来多大益处。

图 8-1 《消逝的光芒》跑酷游戏场景

## 8.1.1 虚拟现实技术介绍和发展史

为了更好地理解虚拟现实技术伦理概念,在此首先介绍虚拟现实技术的相关概念以及虚拟现实技术的发展史。

### 1. 虚拟现实技术介绍

虚拟现实技术是计算机领域的新兴技术,融合了计算机图形学、多媒体技术、人机交互、网络通信、立体显示和仿真技术等多学科成果。从硬件构成看,其核心设备包括显示终端、传感器、视听头盔、数据手套和音频设备等,关键技术涉及三维空间建模、实时运动追踪以及多模态传感技术。从技术实现流程看,首先需要采集真实世界数据构建三维虚拟环境;其次通过用户输入信息完善三维模型;最终用户可沉浸式体验虚拟世界,并与虚拟对象实时交互。

美国学者迈克尔·海姆将虚拟现实的特征归纳为七个方面:模拟性、沉浸感、临场感、人工性、交互性、网络传播性和全身沉浸性。G. Burdea 在《虚拟现实系统和它的应用》中则用三个 I 概括虚拟现实的本质特征:Immersion(沉浸)、Interaction(交互)和 Imagination(想象),三者相辅相成。沉浸性指用户完全融入虚拟环境的状态,虚拟现实技术通过设备模拟真实空间,为用户创造身临其境的体验。交互性强调用户与技术系统的双向互动,良好的用户体验是技术发展的核心动力,而非简单的系统预设。想象性则体现为用户在虚拟空间中的创造性思维,能够根据需求构建多样化环境。

基于前文对虚拟现实技术硬件构成、实现流程和本质特征的分析,可以得出:虚拟现实技术本质上是一种计算机领域的人机交互技术,它能根据人类需求动态调整虚拟环境。该技术的根本目的是服务人类,既满足人类日益增长的需求,又帮助人类深化自我认知,推动人类智慧向更高层次发展。

### 2. 虚拟现实技术发展史

在商业化浪潮席卷的今天，虚拟现实技术在商业领域的应用比以往更加迅猛。学界和商界通常将 2016 年定义为虚拟现实技术的元年，认为这项技术在 20 世纪 90 年代以及 21 世纪初重新回到大众视野。审视虚拟现实技术的发展历程，可以将其主要分为以下三个时期：萌芽时期、起步时期和发展时期。在萌芽时期，最早可追溯至 1929 年美国的 Edwin Link 设计的一种飞机模拟器，这种模拟器没有计算机参与，只能通过机械物理方式模拟飞行感觉。20 世纪 50 至 70 年代可称为虚拟现实技术的起步时期。1965 年，美国心理学家里克立德在《人——计算机共生》一文中论述了人与计算机合作共事的理念，这启发了摩登·海里戈的早期尝试。摩登·海里戈建立的视频系统包含了图像、声音、震动、风和气味等元素，但不具备交互功能。20 世纪 70 年代，虚拟现实技术通过伊万·萨瑟兰的人机图形通信系统和三维头盔显示器、Nolan Bushnell 开发的交互电子游戏以及 Frederick Brooks 的机械操纵器等软硬件设备的完善，获得了充分的发展条件。1989 年，VPL 公司的拉尼尔正式创立虚拟现实技术系统并将其投入市场，这标志着其发展时期的开始。在此之前，虚拟现实技术已在军事领域成功创造了虚拟环境。目前，虚拟现实技术正全方位、多角度地渗透到社会各个领域，未来其潜力将更加显著。

## 8.1.2　虚拟现实技术的应用领域及影响

### 1. 虚拟现实技术的应用领域

随着 19 世纪以来的技术发展，虚拟现实技术的新知识、新理论和新发现不断涌现，其应用领域主要集中在娱乐、教育、医学和军事等方面。

在娱乐领域，虚拟现实技术目前广泛应用于游戏、晚会直播和演唱会等场景。在游戏中，玩家通过头戴式显示器进入虚拟世界，借助双眼视差和画面变形技术获得强烈的立体感和景深感。虚拟现实系统能够根据玩家的反应实时反馈，使其既能体验枪林弹雨的刺激，也能感受世外桃源的宁静。国内游戏公司如腾讯、小米、龙图、盛大和乐视正逐步从虚拟现实硬件入手，建立实验室并投资 VR 新游戏。此外，虚拟现实技术与直播的结合最早出现在 2015 年 10 月的 NBA 常规赛上。2016 年 10 月，王菲的演唱会采用了 VR 技术；2017 年央视春晚推出 VR 全景直播；江苏卫视和湖南卫视则运用全息投影技术打造舞台效果，打破时空限制，使平面图像变得立体生动，为观众带来身临其境的体验，大幅提升了参与感。

【案例 8-1】　虚拟演唱会

2023 年 1 月 7 日，COCO 李玟"千禧之境"6DoF 全虚拟 VR 演唱会在 PICO 视频平台上线。这是国内首场采用 6DoF 技术、全虚拟场景和实时动作捕捉技术的明星 VR 演唱会。演唱会以"搭乘时光列车穿越至千禧年代解救李玟"为主线剧情，为观众带来独特的 VR 视听体验。整场演唱会分为四个主题篇章：奇幻东方（东方风格）、CoCo 迪斯科（迪斯科风格）、拾光之遇（《宝莲灯》动画主题）和千禧乐园（Y2K 风格），每个篇章对应不同的场景设计和音乐风格。PICO 通过时光列车的创意设计实现不同主题场景的自然过渡，使观众在不知不觉中完成场景转换。虽然当前虚拟演唱会尚无法实现与歌手面对面的真实互动，但它提供了传统演唱会所不具备的创新玩法和交互体验，如图 8-2 所示。

在教育领域，虚拟现实技术堪称新型教学媒体，其教学环境、师生互动和实践操作方式都与传统教学媒体截然不同。传统教学媒体更偏向刻板的灌输式教育，学生仅能通过教学

图 8-2 千禧之境

媒介被动获取知识,难以深刻体会学习乐趣。随着虚拟现实技术的发展,动态环境建模技术构建的沉浸式学习环境能有效激发学生的学习主动性。借助多功能交互技术,学生不仅能够足不出户与师生实时对话,实现即时互动并突破空间限制,更能显著提升学习效率。通过三维模型呈现,抽象复杂的知识变得直观可感,学生可以亲自动手操作实验、分析数据,从而构建个性化学习平台,最终实现优质的教学效果。

【案例 8-2】 电子游戏与教育

当前,电子游戏在教育领域的应用展现出巨大潜力。美国小学教育已采用知名模拟教学游戏如《模拟城市》和 *Math Blaster* 进行教学。近期,微软不仅为教师提供教育工具类应用,还推出了沙盒游戏 *Minecraft* 的教育版本,旨在通过游戏化方式辅助教学。以 *Mindcraft Edu*(如图 8-3 所示)为例,该工具利用三维环境帮助学生探索吉萨大金字塔并理解基础电子工程原理。相较于传统的教师教育工具,微软将游戏引入教育领域是一种创新尝试。美国教育界对游戏辅助学习的观念正在转变,许多教育工作者认可 *Minecraft* 的知识补充功能。部分国外院校已开始应用 VR 技术,例如美国佐治亚州的 Savannah 艺术设计学院率先大规模使用 VR 技术,通过录制校园介绍视频寄送给已录取但未入学的新生,以此吸引生源并推广校园文化。据媒体报道,清华大学、北京航空航天大学、上海交通大学等高校已建立虚拟现实技术实验室,主要开展 VR 领域的科研与技术开发工作。清华大学在计算机基础课程中增设了虚拟现实相关内容,并利用虚拟仪器构建了汽车发动机检测系统。北京师范大学教育部虚拟现实应用工程研究中心专注于该技术在文化遗产保护和医学领域

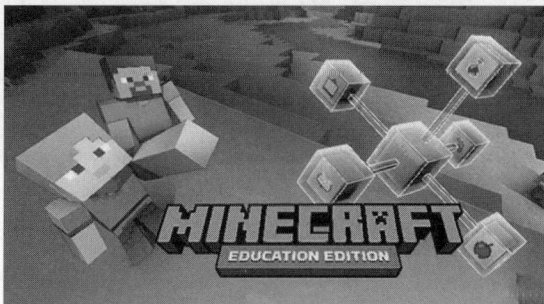

图 8-3 "我的世界"教育版

的应用，开发了北京胡同虚拟游览系统、秦兵马俑阵列运动模拟和虚拟内窥镜等程序。华中科技大学机械学院工程检测实验室将虚拟实验室成果在线公开，用于远程教育。复旦大学、上海交通大学、暨南大学等高校也开发了多套新型虚拟仪器系统用于教学科研。由此可见，虽然虚拟现实技术已在国内外教育领域有所应用，但在我国仍主要局限于高校的研究性教学，尚未在普通大中小学教育中实现广泛普及。

在医学领域，随着经济水平提升和生活节奏加快，人们越来越关注身体健康。当前医患关系紧张、人文关怀不足的社会背景下，减少医疗纠纷、降低死亡率成为改善生活质量的重要诉求。虚拟现实技术与医学的结合正在开创一个全新领域，对完善医疗设备、提升康复手段和推进远程医疗发展具有重要意义。首先，虚拟现实技术为医生提供模拟手术台和尸体模型等训练设备，通过提高手术熟练度来提升成功率并减轻患者痛苦。其次，虚拟仿真技术可将心理创伤或运动障碍患者置于虚拟环境进行康复训练，帮助其适应环境、克服障碍。再次，远程医疗应用既能提升医疗条件落后地区的诊疗水平，又能缩小技术差距。例如英国外科医生沙菲曾运用虚拟现实技术全球直播手术过程，旨在搭建国际医疗交流平台，促进经验共享，共同推动医疗事业发展。

【案例 8-3】 化身实验

英国伦敦大学学院(UCL)、西班牙巴塞罗那大学和英国德比大学的心理学家与计算机科学家联合发表了一项研究，提出利用虚拟现实技术提升自我同情的新方法。该研究采用"化身实验"方案，被试者分别以安抚者、被安抚者和第三人称视角进行测试，如图 8-4 所示。研究结果表明：以虚拟儿童身份回溯安抚过程的女性，其自我同情能力明显增强，同时自我批评水平显著降低；而以第三人称视角回溯安抚过程的女性，虽能减少自我批评，但在自我同情方面未见明显提升。

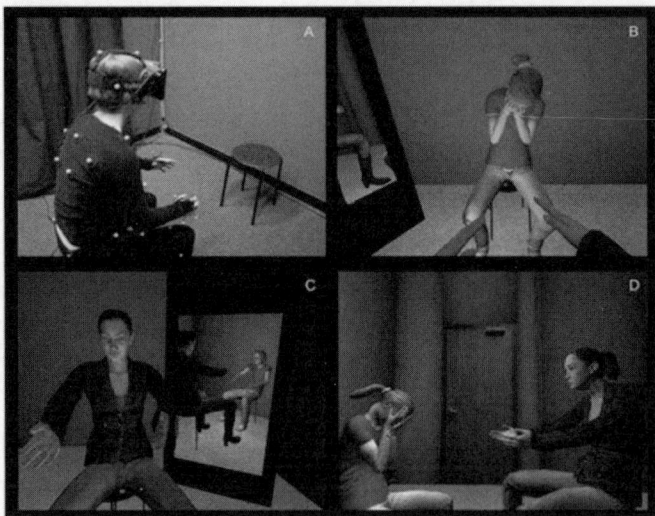

图 8-4 化身实验

该治疗方案运用虚拟现实技术的具体流程如下：首先，确诊为心理焦虑症的患者会被带入配备 VR 设备的治疗室，可选择与虚拟人物互动(如共进晚餐、交谈)，或坐在舒适椅上通过设备进入宁静的虚拟环境(例如海滩场景)。对于焦虑程度较重的患者，仅环境沉浸可能效果有限，此时需要心理医师介入。医师通过 VR 设备传递专业语音指导，结合身临其境的虚拟环境,从而显著提升焦虑症的治疗效果。

在军事领域,虚拟现实技术最早得到应用并已取得显著成效。1983 年,美国国防高级研究计划局与陆军合作开发了虚拟战场环境,构建了多兵种、大范围的军事演练系统。20 世纪 90 年代以来,美国将该技术主要运用于单兵模拟训练、联合军事演习和指挥官培训,其安全性高、可控性强、操作便捷等特点为军事训练、作战方案制订和武器装备研发提供了科学手段。未来军事发展中,虚拟现实技术的融合应用不仅能增强战略装备性能,还将持续提升士兵战斗力和生存能力,配合大规模战场模拟,其在军事领域的应用深度将不断扩大。

**【案例 8-4】** 虚拟战场

虚拟现实技术能够构建高度仿真的感官环境,可在短时间内模拟战场爆炸、飞机驾驶舱操作、紧急医疗救援等多种任务场景,使受训者掌握实战中的操作流程和战术运用,为真实作战做好准备。这一特性使其在军事领域展现出重要的应用价值。

英国是较早将虚拟现实技术应用于军事训练的国家之一。20 世纪 80 年代,英军就装备了一套用于培训医护人员在战场环境下紧急处理伤情的虚拟训练系统。数据显示,该系统曾用于训练英国陆海空三军 60% 以上的医护人员。部分参与海湾战争的受训者反馈,该系统有助于预判复杂战场环境,并做好心理和技术准备。

2014 年,英军开展了代号为"永恒黎明"的模拟训练,参训装备包括皇家空军作战训练中心的"台风"和"狂风"战斗机、沃勒普训练中心的直升机,以及皇家海军科林伍德基地的舰艇等。借助虚拟现实技术,这些装备无须实际调动,仅通过头盔和训练舱等虚拟设备就能构建一个集成所有装备的训练环境。受训者无须离开驻地,即可熟悉各类装备性能并掌握协同作战要领。

美国是较早将虚拟现实技术应用于军事训练的国家之一。多家游戏开发商曾为美军开发专业训练游戏,内容涉及射击、跳伞、狙击等多个军事科目。自 2012 年起,美军开始采用专用虚拟现实系统进行战争模拟、战斗训练和军医培训。数据显示,虚拟现实与增强现实技术将重塑价值 93 亿美元的全球军事模拟训练市场。仅 2012 至 2016 财年,美国空军通过战斗模拟训练就节省了 17 亿美元经费。

美国《防务新闻》周刊报道称,美军正加速推进训练改革,以应对日益复杂的作战环境需求。美国陆军诸兵种合成训练中心副司令杰维斯指出,综合虚拟训练的技术升级既能加速未来战斗力生成,又能提升美军与盟友的联合作战效能。她透露:"(美国)国防部要求每场实战前必须完成 25 次虚拟对抗演练"。

其他国家也在积极推进虚拟现实军事训练。加拿大军队于 2013 年开展了虚拟现实模拟演习;韩国军队利用 VR 设备进行室内训练;阿联酋为新兵提供 3D 虚拟现实体验;泰国国防技术研究所则与多所高校合作研发 VR 训练设备。

**2. 虚拟现实技术对人类社会的影响**

随着虚拟现实技术的深入研究和应用,该技术对人类的影响日渐显著,并且这些影响随着技术进步而不断扩大。首先,虚拟现实技术正在改变社会的生产方式。生产方式包括生产力和生产关系,其中生产力是人类利用劳动工具改造自然的能力。虚拟现实技术通过计算机网络技术,推动生产技术从手工操作转向数字化操控,用网络运行替代人工操作,从而改变生产力形态。生产关系指生产劳动中形成的人与人之间的关系,包括政治、经济、文化等社会关系。在虚拟现实技术影响下,生产要素从物质形态转向信息形态,使信息和知识成为重要资源,对政治、经济、文化等社会关系的变革产生重要推动作用。其次,虚拟现实技术正在改变人们的思维方式。人类历史发展表明,技术与思维密不可分,新技术的出现必然改变思维方式。恩格斯指出:"思维是能的一种形式,是脑的一种功能。"虚拟现实技术不仅是人类体力的延伸,更是脑力的提升,它体现了人类思维的创造性、自主性和现实性。该技术催生了一种新的思维方式——虚拟思维,这种基于特定时期客观实践的创造性思维,本质上是现实思维的延伸,能够突破原有束缚,充分发挥联想能力,并将思维拓展至其他领域。再次,虚拟现实技术正在改变人们的交往方式。当今社会,人类与技术相互依存,科技已成为交往的重要媒介,没有科技就难以实现现代交往活动。虚拟现实技术推动交往手段进入"比特时代"——这个概念由美国学者尼古拉·尼葛洛庞蒂提出,他用二进制信息单位"比特"来描述数字化进程,这一进程具体表现为虚拟环境和虚拟交往方式的兴起。人类对虚拟环境的依赖性源于虚拟空间的交往方式具有轻松自由、无差别无阶级的特点,加之虚拟现实技术提供的沉浸式体验,使人们更倾向于相信虚拟交往的真实性。

## 8.2　虚拟技术伦理问题

从词源上看,"伦理"中的"伦"指辈分、类别、次序等含义,"理"则指道理、规则、本分。伦理是指特定社会基本人际关系规范及其相应的道德准则。马克思主义伦理观认为,伦理道德是由人们现实生活中的经济关系所决定的,以善恶为评价标准,依靠内心信念、社会传统和舆论维系的人类社会现象。虚拟现实技术带来的主要伦理问题包括主体性问题、安全伦理问题、责任伦理问题和隐私伦理问题。

### 8.2.1　主体性问题

主体意志的实现需要通过主体有目的的实践活动来完成。工具的存在是为了满足人类的实践需求。

#### 1. 道德主体意识的虚化

虚拟现实技术作为人类实践活动的工具,往往是对人类主体的意识起到干扰作用,导致主体的意识在无意中被虚化。这种干扰重点体现在虚拟空间给主体带来的虚无感和虚拟空间的诱惑性上。虚拟空间特有的隐匿性可以让人忘却现实世界中的社会道德规范和行为约束。在虚拟世界中,主体可以冲破道德和伦理,享受"人性释放",这无疑会导致主体意识的逆失。

随着计算机技术、网络技术和虚拟现实技术的快速发展及其在各行业的广泛应用,社会运作体系中的人际合作模式发生了重大转变,从传统的"线下"模式逐渐转向"线上"模式。在高度发达的计算机和网络技术环境下,人们对互联网、虚拟数据和计算机的依赖程度日益加深,这可能导致虚拟世界对现实人类,特别是青少年的支配和控制。"从主体的内心出发,当外界传递给人的信息超过了人能承受的极限之后,这些信息非但不会带来的生活质量的提升,反而会给人带来各种弊端,比如紧迫感、压抑感和浮躁感,对外界输入的信息接纳能力减弱,感觉思维敏捷下降,思维深度也受到不同程度的影响"。虚拟空间充斥着各类信息,包括有用信息、无用信息甚至诱导性信息。例如,无处不在的广告会诱导人们产生非必要的消费需求。假设在虚拟现实环境中"闲逛"的用户 A,虽然只是体验沉浸式空间带来的真实感,但其中充斥的炸鸡广告会刺激自控力较弱的用户 A 产生消费冲动。用户 A 会试图在附近寻找炸鸡店以满足食欲,却不知这些虚拟广告正是由体验馆附近的炸鸡店投放的。这种利用虚拟空间进行信息干扰和诱导的行为,往往导致用户偏离原有行为轨迹,在此过程中,用户的主体意识被逐渐虚化。

虚拟现实技术将超时空特性与逼真度完美结合,可能导致用户产生“自闭”心理。许多沉迷网络游戏的青少年出现了一系列身心不良反应,包括体能下降、生物钟紊乱、情绪低落和烦躁等。更严重的是,部分使用者会混淆虚拟与现实世界,导致在两种环境间的角色转换出现障碍。复旦大学社会学教授胡守钧表示,“虚拟世界和现实世界中的行为方式存在巨大的差异,如果仅仅当作娱乐游戏未尝不可,但是如果将虚拟世界中的人物或者行为方式转移到现实中来的话,则要加以鉴别,否则一不小心便会对现实生活造成伤害。”

主体意识的虚化同时受到虚拟身份的影响。用户在现实空间和虚拟空间会经历不可避免的身份转换过程。随着社会发展节奏的加快和“内卷”现象的加剧,人们承受的社会压力和学习压力不断增大,而虚拟世界能够“免除”这种烦恼,虚拟空间的虚拟身份成为这部分人群暂时逃避现实压力的“桃花源”。虽然虚拟空间能给人带来轻松愉悦,为现实压力提供排解渠道,但这就像一剂“致幻剂”,总有清醒的时刻。一旦回到现实压力中,由于大脑寻求舒适的心理机制,人们又会“重返虚拟”。如此循环往复,虚拟空间作为逃避现实的方式,导致用户的消极心理日益严重,最终丧失主体自我意志。

### 2. 道德意识的虚化

虚拟现实技术推动人类社会向多元化发展。从本质上说,虚拟现实是通过技术构建的虚拟空间。虚拟空间的出现改变了主体对时空的想象和原有认知水平,也改变了人与人之间的信息流通方式、生产方式和思维方式,同时拓宽了现实世界中主体的信息获取能力。一方面,虚拟空间促进了社会现代化发展,但也不可避免地引发了虚拟空间的道德危机。虚拟空间成为虚拟犯罪和道德问题的多发地。虽然虚拟空间与现实社会在道德实践上存在差异,但虚拟现实空间涉及的领域会与现实道德环境产生交集。道德问题在虚拟空间中具有一定的动态性,它会随着新技术的出现和社会焦点问题的变化而演变,因此虚拟空间中的主体与道德之间会产生隔阂。再加上现实中道德意识的弱化,虚拟空间的道德问题进一步加剧,这也凸显了人在虚拟空间中作为主体的关键作用。这需要科学有效的道德干预和指导。例如某款电脑游戏,其内容是虚拟主角在虚拟世界中不受任何约束,可以按照自己的意愿实施打砸抢烧,甚至伤害他人性命。这种行为在虚拟空间中没有受到任何制裁,完全由实践主体主导。在道德意识较强的情况下,实践主体即使在虚拟空间也会遵守秩序,维护虚拟空间的和谐稳定。但在主体道德意识弱化的前提下,其在虚拟空间的行为就可能失控。

随着虚拟现实技术的普及,虚拟空间因其特有的虚拟性、多变性、匿名性,催生了许多道德问题,使得社会道德水平因虚拟空间的媒介作用而有所下降,并进一步弱化了主体的道德意识。虚拟空间的信息便捷性导致良莠不齐的信息泛滥。“信息的共享或封锁、保密与泄密、利用与泛滥、授权与非授权等各种矛盾和纠纷日益增多。”这些不真实的信息可以轻易隐藏在虚拟空间之中,意味着任何实践主体都能在匿名状态下发布真实性存疑的内容。这使得虚拟空间的隐身性成为道德弱化主体的“避风港”。虚拟空间虚假信息的蔓延对道德诚信体系构成严峻挑战,如网络诈骗、夸大或歪曲社会公共事件、断章取义等失信行为,导致虚拟空间的道德底线不断下滑,并严重影响主体的现实生活,如图 8-5 所示。

图 8-5　现实的敌人

【案例 8-5】　VR 暴力游戏对情绪的影响

关于暴力游戏对玩家攻击性行为及性格影响的调查结果显示，在测试者中，观看暴力游戏的被试攻击性明显受到游戏内容影响，攻击情绪被显著激发；而参与暴力游戏的被试比被动观看者表现出更强烈的攻击情绪。这一结果并不令人意外，但普通电子游戏尚且如此，VR 设备上的暴力游戏可能产生的影响更值得深入思考。

### 3. 人与人关系的淡化

人无法孤立存在于社会，必须融入群体。正如马克思所言："人的本质不是单个人所固有的抽象物，在其现实性上，它是一切社会关系的总和。"人际关系存在于所有人类活动中，可以说有人类活动的地方就有人际关系。"社会是什么呢？是人们交互活动的产物。"正是通过人际关系，社会才得以发展进步。用社会科学术语表述，人际关系是个体之间基于自身需求，在实践活动中通过特定方式建立的相互关系，通常指代个体间的互动关系。

虚拟空间的交流存在明显局限性。在面对面交往中，个体通过语言、手势和表情进行互动，这种交流能带来全方位的感官体验。虚拟社交媒介虽然极大地拓展了交流范围，却以牺牲信息和情感的真实体验为代价。这种交流必须依赖计算机、手机等电子设备和网络技术，使现实中的人际交流异化为"人-机"互动。即便虚拟现实技术能完美模拟真实表情和动作，其本质仍是电子设备模拟的互动而非真实的人类互动。在时空分离的状态下，人们难以对他人的情感产生共情，导致心灵日渐疏离，人际关系逐渐淡化，最终使整个社会的道德情感趋于冷漠。尤其是对于未成年人来说，在形成成熟的价值观和培养自我控制力之前，容易混淆现实与虚拟的界限。在虚拟空间中，一个简单的操作就可以结束好友关系，甚至抹杀一条虚拟生命，但这类行为不会带来实质性的谴责或流血等现实反馈，因此难以从中吸取教训，久而久之便会对这类行为变得漠然。长期处于这种环境会导致情感麻木，进而引发虚拟空间的道德冷漠，这种冷漠还会蔓延至现实社会，使现实中的主体交往变得疏离，最终导致人际关系的淡化。例如，在网络即时通信高度发达的今天，微信已成为普及率极高的社交软件。然而，在虚拟空间中表达情感往往仅能依靠文字和表情符号，这些方式难以完整传递主体内心的真实情绪和想法，导致通过社交软件进行的沟通存在局限性。长此以往，人与人之间的交流会受到阻碍，部分人可能转而寻求其他情感表达方式，例如与聊天机器人互动，最终进一步加剧人际关系的疏离。

**【案例 8-6】** 包容和沉浸

西雅图设计公司 Artefact 的设计师马库斯·威尔佐克(Markus Wierzoch)表示:"包容与沉浸是两个不同的概念。"他和团队认为,第一代虚拟现实头盔缺失了关键的人性化功能,这些功能不仅关乎沉浸式体验,还应在必要时承担与外界的沟通作用。

脱离现实不正是虚拟现实的初衷吗?确实如此,但 Artefact 的设计师们认为,未来的虚拟现实体验将从社交导向转向独处导向,而头盔设计需要体现这一转变。威尔佐克强调:"即便是最具沉浸感的体验,我们也认为需要为他人保留包容的空间。"

## 8.2.2 安全伦理问题

在此将从心理安全问题、生理安全问题、社会安全问题三个方面进行介绍。

### 1. 心理安全问题

心理安全是指个体在所处环境中感到稳定、无威胁的心理状态,是一种和谐的内在体验。笔者认为虚拟世界与现实世界既统一又分割。统一性体现在虚拟世界中的所有元素都源于现实世界,每个虚拟存在都能在客观现实中找到原型,例如体验过山车或世界末日海啸的场景时,这些虚拟画面分别源自游乐场的真实设施和自然灾害的影像记录。分割性则表现为尽管虚拟世界是现实世界的映射,无论其带来的感受多么逼真、场景多么震撼,终究只是虚拟的存在,是一种人造的幻象。当这种幻象可能对使用者产生负面心理影响时,就需要重新审视该技术的合理性及其应用方式。虚拟现实技术能够重现已经消失或从未存在过的场景与事物。部分体验者在目睹荒废多年的建筑时,配合特定的音效,可能产生强烈不适感,甚至在离开虚拟环境后仍会反复回忆相关画面,从而造成心理创伤;又如通过虚拟现实设备还原核电站事故等灾难场景,其惨烈画面虽非真实发生,但沉浸式的体验足以让使用者感同身受,触发内心深处的恐惧与悲痛,最终形成持久性的心理创伤。

虚拟空间引发的心理安全问题主要体现为三种类型:虚拟空间抑郁心理、现实空间疏离心理和虚拟空间成瘾心理。

(1)虚拟空间抑郁心理是指个体对虚拟环境的过度依赖。虚拟空间中的虚拟身份虽然能为个体提供精神刺激,但这种刺激仅限于虚拟环境,无法在现实社会中延续或实现。当现实社交活动受阻时,就会产生虚拟空间抑郁心理,具体表现为:个体道德标准降低,行为与思想缺乏理性约束,呈现出随意性和放纵性特征。

(2)现实空间疏离心理表现为个体沉溺于虚拟环境后产生的身份认知障碍。具体表现为:个体难以在虚拟身份与现实身份之间自如切换,无法履行应尽的社会责任。部分个体在虚拟空间中获得"虚拟成就感",展现出较强的号召力和影响力,却在现实环境中表现截然相反,不仅与自身理想背道而驰,甚至难以建立健康的人际关系。这种虚拟空间的优越感、成就感与现实空间的挫败感形成强烈反差,导致"虚拟价值"无法转化为现实价值,最终引发个体的心理失衡,表现为对现实社会的抗拒与疏离,形成病态心理状态。

(3)虚拟空间成瘾心理特指个体对虚拟环境过度依赖的心理状态。具体表现为:虚拟社交、虚拟婚恋、虚拟游戏等虚拟活动,以及虚拟空间中的不良信息(如色情、暴力内容),容易使部分个体产生认知偏差。这种过度沉迷不仅会导致个体道德标准降低,更会对其现实生活中的社交关系和家庭关系造成负面影响。虚拟空间的无约束特性对使用者产生显著的心理影响,由此引发的心理问题将严重损害个体的身心健康。

【案例 8-7】 伦敦劫案

索尼推出的 VR 设备 Project Morpheus 在发布时同步展示了多款演示程序,凭借其强大的性能为用户提供了高度真实的视听体验。其中"伦敦劫案"演示程序中,玩家可以操控角色完成自杀动作,这一设计因过于逼真而引发强烈争议。在虚拟现实环境中,如此直接地呈现暴力场景必然会对玩家心理产生难以估量的负面影响,造成严重的心理创伤和精神压力。

**2. 生理安全问题**

在生理安全层面,虚拟现实技术主要涉及使用者的生命健康与身体安全等物理性风险。该技术通过头戴显示器、音响系统、手持控制器及体感座椅等设备,能够创造出足以媲美真实世界的沉浸式体验。然而,人类感官系统在接收视觉和听觉刺激时,会触发神经系统的应激反应机制。例如,在体验游乐场大摆锤项目时,使用者虽实际站立不动,但在虚拟环境中已"乘坐"上剧烈摇晃的设施,这种感官冲突会导致身体本能地做出平衡反应,若无防护措施极易造成跌倒受伤。此外,约30%的体验者会出现不同程度的晕动症状,这是由于大脑接收的虚拟信号与实际体感存在偏差所致,持续体验可能引发呕吐、神经性眩晕等不良反应。特别值得注意的是,心血管疾病患者在体验刺激性场景时,存在诱发血压骤升、心脏病发作等严重风险。这些潜在的生理危害促使我们必须审慎评估虚拟现实技术的安全使用规范。

**3. 社会安全问题**

社会安全作为个人发展与社会运行的基石,既是维护公平正义的前提,也是保障国家稳定的关键。在信息化时代背景下,虚拟空间安全已成为数字伦理体系的核心议题。当前虚拟空间主要面临三大安全隐患:利益冲突、信息伦理缺失和网络暴力,这些问题会通过信息的快速传播对现实社会产生实质性影响。

具体而言,首先体现在经济利益驱动下的新型犯罪形态。部分不法分子为牟取非法利益,利用虚拟空间实施高技术犯罪,包括金融诈骗、数据窃取等。更有甚者,通过技术漏洞实施黑客攻击,非法侵入他人设备窥探隐私,甚至操控智能家居等私人空间设备,将窃取的音视频资料贩卖获利。这类行为不仅造成个人财产损失和隐私泄露,更对社会安全构成系统性威胁。

其次,信息伦理缺失表现为部分用户违背社会道德规范,肆意传播未经核实的信息。这种行为扭曲虚拟空间的舆论生态,阻碍真相传播,当错误信息渗透至现实社会后,将严重破坏社会认知基础,威胁公共安全。

最后,网络暴力主要呈现两种形式:一是人肉搜索,即通过网络信息检索对特定个体进行追踪,往往伴随网络谩骂、侮辱乃至人身威胁;二是舆论胁迫,通过具有威胁性的文字、图像或视频内容对受害者施压。虽然不直接造成物理伤害,但会导致严重的心理创伤。当此类行为形成规模效应时,虚拟空间的安全危机将直接转化为现实社会问题。

【案例 8-8】 虚拟现实技术的物理伤害

虚拟现实游戏在游戏产业中的普及度持续攀升。随着硬件技术的迭代升级,VR 设备的沉浸式体验和交互性能得到显著提升。然而,这种高度沉浸特性也带来了潜在风险:玩家在激烈游戏过程中(如僵尸射击类游戏)极易忽视现实环境中的物理障碍物,尽管这些桌椅等物品看似无害,实则构成严重的安全隐患。

2017年,俄罗斯发生了首例VR相关致死事故。一名男性玩家在佩戴VR头显游戏时意外绊倒,撞击玻璃茶几导致休克,最终因失血过多身亡。值得注意的是,事故发生时受害者仍佩戴着VR设备。这一悲剧性事件凸显了VR系统安全防护措施的必要性和紧迫性。

### 8.2.3 责任伦理和隐私伦理问题

虚拟现实技术引发的伦理问题主要集中在责任伦理与隐私伦理两个维度,以下将对此展开具体分析。

#### 1. 责任伦理问题

"责任伦理"这一概念由德国社会学家马克斯·韦伯(Max Weber)提出。其核心观点认为:责任伦理是对可预见行为后果的价值审视,强调伦理判断应基于行为结果,要求行为主体必须承担自身行为引发的责任后果。20世纪50年代后,责任伦理研究逐渐兴起,该理论从道德哲学视角出发,构建了现代社会中个体责任的评判体系。作为信息时代的重要伦理范式,责任伦理具有影响范围广、理论层次高的特点,旨在建立协调社会关系的新型规范,既要求个体履行实践中的应尽责任,也强调对侵害他人或组织权益的行为承担相应后果。

虚拟现实技术的责任伦理研究聚焦于技术使用者的道德责任范畴。该理论从伦理学视角出发,系统分析虚拟环境中行为主体的责任归属问题。在虚拟空间内,主体履行其角色责任对维护主体间关系具有关键作用。每个虚拟角色都对应特定的责任要求,这正是角色责任存在的价值基础。然而,虚拟空间的高度开放性和自由性特征,往往导致主体过度主张权利而规避责任,这种责任伦理缺失现象已成为虚拟环境的普遍问题,并由此衍生出诸多社会矛盾。

(1)主体价值取向混乱:道德相对主义和个人主义较为盛行。道德相对主义否认普遍道德准则的存在;个人主义以个人为评判标准,将自己的判断放在第一位,只要自我认可便会行动,以自己为中心。虚拟空间去边界化、去中心化的特点助长了道德相对主义,使每个个体都成为中心,个体的言行举止都按照自身标准来进行,甚至将自身标准强加于整个虚拟空间的道德伦理准则之上,当作大众标准,忽视其他个体的权益与感受。这种行为容易引发严重后果,导致虚拟空间秩序混乱。

(2)主体道德情感冷漠:正如前文所述,人与人之间关系的淡化会导致主体道德情感冷漠。由于虚拟空间的社交对象是经过包装的虚拟个体,时空隔离使主体难以真切体会交流对象的情绪变化,因此交流效果相比现实社交大打折扣,人的情感世界也会逐渐冷淡。长期处于这种状态,虚拟空间的冷漠甚至会蔓延到现实生活之中。

从伦理与道德的角度衡量个体的行为,并非所有行为都符合道德要求和伦理规范,因此,对于这种现象,道德主体需要承担一定的责任。要使虚拟空间责任伦理真正发挥作用,必须对虚拟现实技术的技术人员、管理人员及用户进行责任意识培养,并引导其树立正确的价值观念。

#### 2. 隐私伦理问题

隐私是指符合道德规范、需要主体或客体保密的既定事项。按照功能划分,隐私可分为肖像隐私、行为隐私、身体隐私、名誉隐私和收入隐私等类型。早在远古时期,人类用树叶花草遮羞蔽体时,隐私概念就已产生。对于涉及主体隐私信息的问题,必须加强保护力度。作为一种新型侵权形式,其发展势头较之传统隐私侵权更令人担忧。

想要窃取个人信息,必须解密进入系统,这要求"黑客"具备强大的耐力和专业能力,因此与传统隐私侵权相比,虚拟空间隐私侵权的显著特点是技术性和专业性。虚拟现实技术高度依赖计算机和网络,但如果缺乏熟练的计算机知识、网络使用规范以及对安全技术的了解,隐私将极易被窃取。在虚拟空间中,用户看到和听到的所有事物和声音都是由程序代码构成的,而通过网络发生的隐私侵权大多从这一环节入手,将程序、数据等无形信息作为攻击对象,因此隐私侵权行为往往不留痕迹。正因不留痕迹,这些行为很难被察觉。网络打破了信息流通在时间和空间上的限制,这意味着隐私信息的传播范围可以扩展到全球任何有网络的地方。相比传统的隐私侵权团伙,虚拟组织更加不受约束,其潜在的社会影响难以估量。

虚拟世界是由计算机创造的空间,虽然其构成与现实世界不同,但其中蕴含的道德准则与现实世界有着千丝万缕的联系。虚拟世界与现实世界之间被一层"结界"隔开,这层结界为个体在虚拟世界提供了自由的空间,但相关的责任伦理问题仍然难以避免。当个体进入虚拟空间时,往往会认为自己享有绝对自由的权利,认为在这个由自己主导的虚拟世界中,可以像造物主一般拥有所有特权,甚至包括现实世界中不被允许或违背道德的行为。事实上,很多人对道德责任的界定并不清楚。出于一己私欲或滥用权力,他们在虚拟空间制造混乱以获取利益,或是纯粹发泄不满、满足窥探欲。例如,某人与虚拟角色"结婚生子"以满足求偶欲望,但现实中两人可能素未谋面,由此引发的伦理问题值得深思。又如,有人利用虚拟现实技术报复现实中的仇家,通过泄露其隐私来达到目的。再如,直接创造"人替"(用户在虚拟空间中的替身)的行为,同样涉及复杂的伦理考量。在虚拟世界中,有人会不计后果地攻击"人替"以泄愤,然而现实中这些"人替"对应的主体却毫发无损甚至毫不知情。如今,虚拟空间的隐私侵害已成为 20 年前未能预见的新型威胁,而更多潜在的隐私伦理风险尚未被发现,这一现状令人深感忧虑。

**【案例 8-9】** *Face-Mic*

罗格斯大学的研究人员发表了题为 *Face-Mic* 的研究成果,这是首个探讨虚拟现实(AR/VR)头盔语音命令功能可能导致隐私泄露的研究。

研究表明,黑客可利用 AR/VR 头盔内置的运动传感器记录与语音相关的细微面部动态,从而窃取通过语音命令传输的敏感信息。攻击者能够推导出简单语音内容,包括数字和文字,进而推断出信用卡号、社保号码、电话号码、PIN 码、出生日期和密码等敏感信息。这些信息的泄露可能导致身份盗窃、信用卡欺诈,以及机密信息和医疗记录的泄露。

罗格斯大学研究人员为验证安全漏洞的存在,开发了针对 AR/VR 头盔的窃听攻击装置 Face-Mic。该装置通过捕捉用户面部动态,可在佩戴 AR/VR 设备时推断出用户的私密敏感信息。

## 8.2.4　元宇宙伦理问题

元宇宙并非全新概念,早在 1992 年,尼尔·斯蒂芬森就在其科幻小说《雪崩》中提出了"元宇宙"(Metaverse)这一概念。然而直到近年来,随着相关信息技术集群取得突破性进展,能够整合通信技术、人工智能、扩展现实、区块链及脑机接口等先进数字技术的元宇宙概念才被重新提出并受到重视。根据现有学者的总结,元宇宙通常被定义为基于当代数字信息技术对现实世界进行数字化的产物。

### 1. 元宇宙的主要特征

元宇宙是一种特殊空间形态,它融合了经济系统、社交系统和身份系统,能为用户提供沉浸式体验,并保持开放特性,允许每个用户进行内容生产和编辑。虽然作为新兴互联网应用平台,元宇宙的内涵和外延仍处于动态变化状态,但通过总结其主要特征和发展趋势,我们仍可获得相对稳定且具象化的认知。关于元宇宙的主要特征,学界和企业已有诸多探讨,例如游戏公司 Roblox 在招股说明中总结的八个特征:身份性、互动性、沉浸性、场景多样性、低延迟性、内容丰富性、经济性和安全性。综合现有研究,元宇宙主要具备虚实相融性、自治性和社会性三大特征。

1) 虚实相融性

元宇宙本质上是通过数字技术构建的虚拟空间,但与传统的互联网虚拟空间不同,它是虚拟与现实世界深度融合的产物。对现实世界的映射及与现实世界的交互性构成其重要特征。首先,元宇宙的基础形态源自数字孪生技术对现实世界的映射,是在现实世界数字镜像基础上演变延伸而来。通过将现实世界数字化,并运用知识提取、空间孪生、场景投射等技术再造镜像世界,这是构建元宇宙的第一步。因此,元宇宙并非与现实世界完全平行或对立,"可被视为现实世界在虚拟空间中的映射或翻版"。其次,元宇宙与现实世界存在深度交互与耦合,其基于区块链技术构建的经济体系能够实现与现实世界在经济、社交及身份系统层面的融合。以元宇宙游戏《第二人生》(*The Second Life*)为例,其流通的林登币(Linden Dollar)可通过浮动汇率与美元直接兑换。随着区块链技术及基于该技术的通证技术不断发展和大规模应用,可以预见,元宇宙与现实世界之间的商品交易和资金流动将变得更加便捷、安全且频繁。此外,元宇宙的最终目的仍是为现实世界的人类服务。借助虚拟现实(VR)、增强现实(AR)和扩展现实(XR)等技术手段,元宇宙能够突破现实世界的社会结构、物理规律、生理特征和资源种类等限制,为用户提供满足其身份认同、能力发展、自由追求、感官体验和想象力发挥等需求的内容,从而丰富人类情感体验、拓展感知边界、延伸创造能力并提升价值内涵。

2) 自治性

元宇宙本质上是一个去中心化的组织系统。在理想状态下,各类主体能够突破现实世界中经济身份的限制、法律法规的约束以及中心权力的管控,从而获得高度平等与自主权。不同于传统互联网平台,元宇宙平台仅提供基础开发架构而非具体产品内容,这要求用户基于开源代码参与社会共建、边界拓展、产品塑造和协议制定等活动。这种模式赋予用户开发者身份,使其不仅能够自主控制数据生产,还获得资源开发、内容管理、规则制定和收益分配等权限,从而形成与传统互联网平台的本质差异。

作为元宇宙底层技术的区块链技术会强化元宇宙高度自治和去中心化的特质。区块链技术通过确保数据的公开性、不可篡改性和可靠性,为元宇宙构建了"去中心化身份控制机制"(DID):一方面,基于链上协议生成的"非同质化通证"(NFT)使用户无需第三方认证和维护即可实现对不可拆分、不可复制、具有唯一性的数据资产的绝对占有权;另一方面,通过智能合约这一元宇宙主要决策执行机制,用户可在没有第三方监督和强制的情况下开展自主交易活动,从而保障复杂社区自组织体的顺利运转。

3) 社会性

不同于仅将互联网空间视为信息存储和传递工具的屏幕阅读时代,Web 3.0 时代元宇宙空间的功用中心已从信息转变为人们在其中的虚拟化身。在元宇宙空间内活动的角色不再是被操控的对象化角色，而是能在不同虚拟角色交往中获得主体间性的角色，这类角色代表着玩家或"AI数字原住民"。被赋予主体性的元宇宙角色之间可通过合作、交往、交易等行为形成除血缘、地缘、业缘之外的第四种社会关系，即虚拟体之间的社会关系。元宇宙社会关系本体论正是这种虚拟体在交往和实践中形成的社会关系形态，它既是元宇宙区别于传统技术工具性定位的重要特质，也意味着元宇宙建构并重塑了与现实社会相互嵌套但又有所区别的新型社会关系体系。

虚拟性使元宇宙中的角色能够超越现实社会的身份、地位、等级和种族等限制，从而建构出新的社会交往伦理准则、文化规范和行为框架。摆脱现实身份束缚意味着元宇宙社会关系的形成更为纯粹，玩家交往可以基于共同旨趣或利益，社区秩序规则也更多依赖全体玩家的民主表决。然而，元宇宙与现实社会相互嵌套的关系决定了玩家的社会交往无法完全脱离现实社会的知识体系、价值理念和交往规则，现实世界中的秩序意识、话语结构和信念认知都会被带入并移植到元宇宙的交往行为中。

**2. 元宇宙的社会风险**

历史上的每一次技术革命都会引发社会变迁、权力重构和伦理革新，元宇宙的出现同样会推动社会生产结构、运行机制和关系状态的联动变革，并在此过程中催生新的社会风险。虽然元宇宙构建了超越现实世界的虚拟空间，但由于其现实性、社会性特征以及主要行为主体仍来自现实世界，因此其引发的社会风险并非独立的存在论风险，而是始终与现实社会的风险相互嵌套或外溢。为此，我们有必要在元宇宙仍处于技术探索阶段时，就对相关社会风险进行前瞻性梳理与反思，从而为促进元宇宙的良性可持续发展奠定基础。

区块链技术作为元宇宙的底层架构，其应用与用户数据隐私保护之间存在一定冲突。该技术通过为元宇宙提供身份认证体系、资产交易体系和加密货币体系等核心架构，成为元宇宙的关键基础设施。然而，区块链技术的公开验证机制与个人隐私保护存在矛盾：为确保去中心化平台数据的可靠性，区块链采用全网节点公开验证的方式存储和维护数据，这种方式虽然解决了元宇宙缺乏中心化信任机构的难题，却不可避免地涉及用户隐私数据的公开问题。但当元宇宙用户的财产、交易等信息被记录在区块链上后，这些数据将被所有验证节点共享，这意味着用户的个人信息对全网节点都是透明的。因此，用户的交易记录、账户信息、身份地址以及存储的文件照片等个人数据都可能面临公开和泄露的风险。

除数据收集、存储和认证环节的风险外，智能合约及跨链操作等区块链技术在元宇宙的具体应用同样可能造成用户隐私泄露。作为元宇宙核心决策执行机制的智能合约，在用户发起交易指令时需经区块链节点认证处理，这一过程将交易相关操作流程及数据信息向所有认证节点开放，导致用户身份地址、资金流向、投票方案等敏感信息存在泄露风险。又如，为实现不同元宇宙间的互联互通，需要借助跨链技术完成数据链间的价值传递。然而，由于不同区块链在系统架构和隐私保护机制上存在差异，当使用跨链技术在同构或异构链之间进行数据传输和交换时，可能导致用户隐私数据在跨链过程中泄露的风险。

元宇宙平台通过技术与资本结合形成权力中心，存在滥用权力、侵害用户权益和压缩用户权利空间的风险。尽管有学者基于元宇宙去中心化特性认为，其精简高效的制度体系能够取代现实社会复杂的信用担保和臃肿的官僚体系，从而促进社会制度更高效平等地运行，但这种技术赋权也可能导致新的权力失衡问题。然而，由于元宇宙具有现实性、公共性和社会性,其去中心化本质上是权力中心的转移与重构过程:元宇宙的基本秩序和发展方向仍需开发者和建设者进行设计与规划;用户在使用开源代码和区块链开展活动前,仍需依赖元宇宙平台提供的代码标准、治理结构和争议解决机制等底层架构;随着重要组织机构的加入,元宇宙平台将逐渐成为影响用户活动的核心中介;同时,出于数据安全和效率考虑,平台也可能通过控制数据中心来垄断数据资源。

在元宇宙权力中心重构的过程中,平台通过掌握行为规则制定、资源分配、秩序维护和个体行为控制等权力,成为事实上的秩序维护者和利益分配者。然而,与传统公权力不同——后者基于民众授权并以保障社会公平正义为目的——元宇宙平台的权力来源于资本与技术赋能,其根本目的在于商业利益最大化。这种权力获取与行使方式面临正当性质疑:平台凭借技术优势、信息优势和资本优势,能够通过虚拟空间规避现实法律约束、利用技术黑箱逃避监管、借助自动决策机制转嫁责任风险,从而在权力行使过程中强化与用户之间的不对等关系,不断扩大权力势差。在权力扩张和利益最大化驱动下,元宇宙平台会利用其隐蔽性、自动化和垄断性特征,突破现有权力制衡体系,构建"权力-支配"格局。对外通过设置交易壁垒、限制用户迁移等手段阻碍其他元宇宙发展;对内则通过提高准入门槛、增加交易税率、抬升虚拟资产价格等方式挤压用户权益空间。以用户为例,他们不仅是消费者,更是内容生产者——其投入在建筑构造、游戏开发等创作中的智力、精力和财力往往被平台以消费者身份为掩护无偿占有并牟利。这种信息与管控能力的不对称最终可能使元宇宙异化为新型剥削工具,用户则沦为被平台肆意剥削的"数字劳工"(Playbour)。

元宇宙可能引发用户个体意识被操控的风险,进而危及人类自主性。自主性作为基本人权之一,是个人获得尊严的前提条件。控制自身意识、自主决策和独立选择的权利与自由,构成了其他几乎所有自由的基础。然而,作为人脑与元宇宙主要连接通道的脑机接口技术,对人类意识的自主性和思想的自由性提出了挑战:一方面,为增强元宇宙吸引力并促进商品营销,平台会通过脑机接口接收分析用户神经信号,绘制反映个体情感波动和审美体验的"神经地图",从而精准推送刺激用户情感愉悦和审美偏好的内容,最终可能导致对用户的不当诱导和隐性操控。例如,神经营销学正逐渐受到业界重视,该技术能够直接或间接获取神经信息中隐含的个人偏好和情绪状态,进而通过调整音乐、更换阅读内容、改变光照环境等方式影响和操控用户情感。更为严重的是,新一代"脑深部电刺激"技术(Deep Brain Stimulation)可通过电极刺激脑神经电波,直接干预个体的记忆、情感和意向等心理活动。这一原本用于治疗精神疾病的脑机接口技术,在元宇宙应用中可能改变使用者的个性特征、行为目标和情绪反应,从而威胁个体的自主性、能动性和精神完整性。当个体的行为和思想被外力操控而无法遵循自身意愿时,将导致其丧失自主意识和人格尊严,最终沦为技术操控者的"数字奴隶"。

元宇宙允许用户在虚拟空间中自由设定和更改角色的性别、肤色、年龄、种族、社会阶层等可能引发歧视的特征,因此被视为重塑用户间平等身份的新契机。然而,元宇宙不仅未能解决身份歧视问题,反而可能加剧数字弱势群体(Data Vulnerable Groups)的困境。一方面,元宇宙的基础架构基于对现实世界的映射,其参照主体主要是现实用户,导致现实中的歧视问题同样被带入虚拟空间。研究表明,在元宇宙游戏《第二人生》(The Second Life)中,现实生活中的沟通机制、行为规则和制裁方式仍被玩家沿用,成为虚拟社区中社交互动和社会控制的主要手段。因此,现实世界中蕴含歧视倾向的交往规则自然会被元宇宙用户延续,甚至在虚拟身份的掩护下,个体可能更加肆无忌惮地实践原有的歧视态度。另一方面,元宇宙还可能加剧数字弱势群体的不利处境。由于技术的高度复杂性、先进性和集成性,元宇宙不仅对数字基础设施有较高要求,还对用户的经济能力、技术认知能力、数字学习能力和数字敏感度提出了更高标准,这无疑会进一步扩大个体间的"纵向数字鸿沟"。无法承担元宇宙进入成本、缺乏参与能力的用户将被排斥在元宇宙之外;数字生产能力与经济能力不足者难以全面深入地参与元宇宙世界的设计;数字信息获取能力不足者无法及时充分地了解涉及用户发展权利的相关事项;少数群体在元宇宙空间规则制定过程中被忽视等,这些都是元宇宙时代数字弱势群体面临的不平等风险。

元宇宙还存在威胁意识形态安全的风险。元宇宙具有鲜明的自由、民主特征,无论是社区交易、规则制定、政治决议还是信息流动,都由全体用户在技术支持下自主完成。但这种自由背后暗藏风险:少数元宇宙平台可能利用元宇宙的脱域性,打着数字自由和数字民主的旗号,借助元宇宙与现实社会相互嵌套的特性,对主权国家的意识形态进行解构。如少数元宇宙平台可能利用元宇宙突破国界限制的特性,构建一个消解用户对民族国家历史、文化和价值观认同的数字帝国,这个由数据想象构成的共同体完全服务于平台的政治目的和经济利益。在元宇宙空间内,受信息茧房和回音室效应的影响,一旦数据化的历史观、价值观和文化体系建构完成并获得用户认同,用户的自主判断能力将受到严重干扰,甚至可能在平台诱导下对现实国家的主流意识形态产生排斥和质疑。例如,有学者在社交平台 Facebook(现更名为 Meta)上开展的一项涉及 68 万多人的实验表明,研究者无需与实验对象互动或作出任何非言语暗示,只需控制用户在 Facebook 上接触到的朋友表达情绪的帖文,就能实现引导对象情绪的目的。一旦元宇宙平台利用其对信息资源的支配能力来输出特定价值观,就可能会对现实国家的主流意识形态安全造成严重冲击。

【案例 8-10】 Humans in and Out of the Loop(人机协同决策中的参与模式)

部分安全问题源于元宇宙的内在复杂性。事实上,可以预见的是,一个连接更多用户、服务、商品和应用程序,并处理比当前 Web 平台更庞大数据的元宇宙平台,将不可避免地依赖自动化算法而非人工操作来完成大部分任务。为了实现巨大的可扩展性、效率和性能,元宇宙管理者必须将任务分配给算法,尤其是那些基于尖端人工智能技术的算法。然而,在当前的互联网时代,我们已经开始意识到将社会相关任务委托给算法的潜在风险——尽管算法能提供卓越的性能,但它们仍受诸多问题困扰。这些问题包括导致结果不公的算法偏见、透明度缺失、易受攻击和操纵的漏洞,以及深度学习等复杂 AI 模型巨大的计算和能耗需求,这都限制了其可负担性和可持续性。每个问题都是亟待解决的科学挑战,需要人工智能、机器学习、安全、伦理等不同领域的专家通力合作。然而,当前我们对问题算法的依赖正引发新的隐忧:在规模更大、连接更广的元宇宙平台中,将会出现哪些前所未有的问题? 更重要的是,我们是否已经做好准备,将生活的主导权交给元宇宙中的算法? 除了上述开放性问题外,还需注意的是,要克服元宇宙中算法应用带来的安全挑战,不仅需要设计和开发新的技术解决方案,还需要配套的法律规制手段。

### 3. 元宇宙社会风险的治理方案

随着智能社会的加速到来,我们不得不适应在虚拟数字社会和现实物理社会的双重空间中交叉进行学习、工作、社交和娱乐等活动。面对智能社会带来的生活秩序重塑和社会风险叠加,仅依靠法律或伦理等单一手段进行风险治理,其周全性、可行性和有效性都将面临挑战。对此,莱斯格指出,针对智能社会中网络空间的规制,应当构建多元规制体系,探索建立融合社会规范、法律、市场和架构的多元规制框架。在借鉴相关学者研究的基础上,本文认为,针对元宇宙社会风险的治理,应当遵循系统化原则和多元共治理念,以"公权力-平台权力-私权利"平衡制约的思路为指导,通过内部运行控制与外部影响控制相结合的双重路径,构建"伦理-法律-技术"协同治理的风险治理方案,从而解决元宇宙社会风险的系统性、复杂性和交叉性难题,确保元宇宙朝着稳定、可持续的方向良性发展。

1) 伦理方案

第一,坚持以人为本,防范人的主体性遭到消解。科技发展的最终目的是更好地增进人类福祉,正如爱因斯坦所言,"我们发展所有技术的主要目标应当是关怀人类本身"。在人类与元宇宙技术的关系中,人类始终是行为主体和终极目的,相关技术则应当被定位为实现目的工具。因此,元宇宙的一切运行机制都应当服务于人的目的,满足人的需求,始终处于人类的可控范围之中。为防止人类的主体性被消解,元宇宙的发展应当始终遵循以人为本、技术向善的原则。对于可能损害人的尊严和自由意志的技术,应当严格审查乃至禁止。例如脑机接口技术,尤其是涉及反向神经刺激的技术,若可能消解人类自主性或危及尊严,应严格限制乃至禁用:仅限医学领域的有限应用,商业领域则应禁止使用。

第二,应在元宇宙社区内设立伦理审查机构,对元宇宙运行进行伦理审查。鉴于元宇宙与现实世界的相对隔离性,相比外部监管,在元宇宙内部设立伦理审查机构更有利于及时发现、预防和应对伦理风险。在伦理审查机构的组成方面,可先组建由政府部门、元宇宙平台、社会组织和民众代表组成的统一伦理审查委员会,再根据不同类型元宇宙增加专业技术代表和社区成员代表,以确保审查机构的专业性和代表性。在职能方面,伦理审查机构既要负责制定适应不同类型元宇宙特点的基础伦理准则,又要审查平台的管理规则、技术规范、交易规则等是否符合基本伦理要求。在审查启动方式上,应建立关键内容备案审查清单制度。同时,机构还应主动开展日常巡查,受理用户及相关机构的审查申请,对争议性技术应用、内容设计及决策等进行伦理审查。

第三,通过价值敏感设计与价值熔断设计,确保元宇宙运行符合社会基本伦理准则。价值敏感设计(Value Sensitive Design)指通过技术手段将社会公众与用户的基本价值共识融入元宇宙的设计、开发与维护过程,从而为元宇宙确立基础价值,确保其运行符合人类基本价值准则。价值敏感设计主要包含三个实施步骤:在概念研究阶段,需识别和判断元宇宙运行中的主要伦理价值,如平等、安全、自由等,确保元宇宙的设计与运行符合这些核心价值;在经验研究阶段,需通过实验、调研等定性与定量方法,对不同类型元宇宙及其技术应用进行科学评估,明确具体场景中的价值排序;在技术设计阶段,要求设计者对比不同价值嵌入方式,选择最优设计方案。价值熔断设计同样是确保元宇宙运行符合社会伦理准则的重要手段。为防止元宇宙设计或决策危及社会基本正义与民众权利,可在元宇宙运行、技术应用及社区自治协议制定等关键环节设置"伦理安全阀"。当设计或决策偏离社会核心价值、用户自主权或人类福祉等基本价值时,将因触发条件未满足而自动中止。相关决议将自动移交政府监管部门审查,以防范重大社会风险。

2) 法治方案

法治是防范元宇宙平台权力异化、维护用户权益、促进元宇宙规范有序发展的重要保障。鉴于现实世界是元宇宙的基础,元宇宙的主要建设者均来自现实社会,因此需要通过立法、监管和权力制约等方式规范建设者行为,防范元宇宙社会风险是法治的主要目标。第一,元宇宙发展带来诸多新型法律问题,这些问题亟需通过立法明确,方能使元宇宙发展纳入法治轨道,防范规则缺失导致的社会风险。在立法方式上,部分问题可纳入数字平台立法进程解决,如元宇宙数据权属与保护问题可在数据立法中规定,平台铸币权问题可在虚拟货币监管立法中明确。另一些元宇宙特有的立法问题,可采取分类立法、地方立法或试点立法等方式规制,待元宇宙发展稳定且立法经验成熟后,再制定统一法律规制方案。以元宇宙核心组成部分——去中心化自治组织(DAO)的法律规制为例,美国怀俄明州通过颁布《分布式自治组织法案》,将 DAO 界定为有限责任公司,从而确立其法律地位,保障组织正常运转及纠纷解决。

第二,通过公权力监管与用户权利制约相结合的方式,促进元宇宙中公权力、平台权力与用户权利的平衡。为防止元宇宙平台权力扩张、规避监管或侵犯用户权益,应建立新型权力制约体系,将平台权力纳入制度约束。一方面,需加强公权力对平台权力的监管,明确元宇宙平台权力的边界。可通过政企协作制定元宇宙基础规则、政府支持技术攻关与标准制定、政府完善基础设施等方式增强监管参与度,以防范平台垄断权力滥用可能引发的意识形态操控、数据泄露、用户权益侵害等系统性风险。另一方面,需通过用户赋权机制制衡平台权力。元宇宙用户赋权是项系统工程:应立法明确用户创作收益权、数据隐私权、知情权等基本权利;需完善信息基础设施,提升技术友好性,保障弱势群体平等参与权;加强宣传教育,提升用户权利认知,增强维权意识;畅通内外救济渠道,确保权益救济时效性。

3) 技术方案

技术应用对社会行为和社会关系的影响日益深刻,技术哲学出现了价值论转向,技术不再仅作为中立性的生产工具,而是开始承担更多的社会调整、风险治理和价值导向功能。对于元宇宙这一由信息技术汇聚而成的平台而言,通过技术设计和技术应用的方式落实相关伦理与法律治理方案,提升元宇宙社会风险应对机制的内嵌性和可行性,无疑十分必要。因此,一方面,我们应当充分重视代码在元宇宙社会风险治理中的作用,树立“代码即法律”的观念,积极将伦理准则和法律规则转化为代码,从而以代码规制代码,通过源头控制和过程控制化解元宇宙可能产生的社会风险。依赖数字技术架构而成的元宇宙实质上是一个由代码构成的世界,无论是平台垄断利益的获取、对用户自主性的操控,还是平台和用户歧视意图的实现,往往都是由代码架构完成的。对此,我们可以采取代码内嵌的方式,借助算法和自动化决策等新技术,实时评估相关代码运行可能带来的社会风险,从而突破元宇宙决策表面上的自动性和中立性,揭示背后可能存在的垄断、操控和歧视等意图,进而干预和调整主体的决策过程,及时纠正可能引发风险的行为。

另一方面,我们还应重视数字技术的应用,通过技术手段治理技术问题,防范元宇宙运行中可能出现的社会风险。例如,针对区块链技术应用可能导致用户数据隐私泄露的问题,研究人员提出了基于加密技术和混币机制的数据隐私保护方案:加密货币 Zerocash 利用零知识证明技术(一种基于同态加密的区块链隐私技术),确保分类账仅显示交易是否存在,而隐藏交易金额、双方身份等细节;中心化混币机制 Mixcoin 则通过中心节点将多笔交易打乱重组,防止攻击者通过聚类分析和时间分析推断资金流向。此外,运用风险感知挖掘技术可以帮助监管机构识别元宇宙系统中可能存在的身份歧视、平台垄断和意识形态解构等风险,促使监管机构及时介入治理,防止风险发生或扩大。实践中广泛应用的“感知歧视的数据挖掘技术"(DADM)能够自动检测元宇宙算法中是否存在身份歧视等违背伦理公正的情形,及时发出预警,有效防范潜在的歧视风险。

# 8.3 虚拟现实技术伦理规范

伦理道德对人类文明至关重要,优秀的伦理道德能够促进社会和谐稳定发展,而落后的伦理道德则会阻碍人类文明进步。作为互联网时代的建设大国,虚拟现实技术是其中的重要分支,由此衍生的虚拟空间和虚拟社会已成为人们社交的重要平台,但其道德秩序仍存在失衡问题。党的十九大报告高度重视新媒体技术的发展,其中网络、互联网和虚拟现实技术作为重要组成部分,使虚拟网络成为当前国家发展的重点领域。在新时代中国特色社会主义建设时期,加快完善虚拟现实伦理道德体系成为一项重要而复杂的任务,需要全社会共同参与。这项系统工程既取决于技术开发者的价值取向,也需要政府和社会的协同支持。从技术层面看,应合理运用技术手段,构建系统全面的伦理道德规范;从使用者角度看,需科学规范地应用相关技术;从管理机制看,应建立健全相关制度,引导参与者正确融入虚拟社会。

## 8.3.1 构建虚拟现实技术的伦理意识与规范

解决虚拟现实伦理问题,关键在于构建使用者的伦理意识,培养其遵守伦理规范的能力。

### 1. 强化道德主体意识

强化人的主体意识,关键在于准确把握主体与客体的辩证关系。马克思指出,对对象、现实和感性的理解不应停留于客观或直观层面,而应将其视为感性主体的实践活动,从实践维度加以把握,即坚持主体性视角。这一马克思主义主体性原则强调:从主体的角度出发、承认、重视并坚持主体在实践,以及认识活动中的地位和作用的原则。马克思主义的主体性原则与实践性原则构成辩证统一关系。主体性必须以实践为基础,脱离实践则主体与客体的联系将不复存在。依据马克思的观点,主体在实践活动中必须遵循主体性与实践性原则,既要合理发挥主观能动性,正确把握主客体关系,又要在实践中充分彰显主体性优势,最终实现实践目标。

在把握主体与客体的辩证关系后,必须着力强化人的主体意识塑造。这一强化过程包含培养人的自主性、自律性、自觉性和实践能力。确立虚拟现实主体身份的关键,在于明确虚拟现实仅是实践活动的载体和中介。具体而言:首先,个体需要形成对虚拟现实的客观认知,认识到虚拟空间并非与现实社会完全割裂,而是现实世界的数字化与信息化呈现。其次,在正确认知虚拟现实的基础上,个体应当明确实践目标,避免受到干扰因素的诱导。这既需要个体提升自律能力和洞察力,也要求虚拟现实从业者恪守职业道德,减少利益驱动下的用户诱导行为。最后,必须巩固人的现实主体地位。虚拟现实技术与所有技术一样,其根本目的在于服务人类现实需求,提升生活质量,推动社会发展。使用者应当合理认识并运用虚拟现实技术,将虚拟空间的学习成果转化为现实实践能力,从而促进主体性的健康发展。

### 2. 建立与虚拟现实技术应用相适应的伦理规范

人类作为社会性群居动物,其发展的所有技术都具有社会属性。生产力水平的提升推动科技进步,而科技进步又反过来促进生产力发展。科技与伦理道德的关系同样如此:首先,不能将科学与伦理的关系等同于那些否定科技价值、拒绝科技发展的理论,这些理论认为科技腐蚀人类灵魂且在道德层面毫无益处;其次,对于"伦理道德发展水平由科技发展水平决定"的观点不能完全认同,因为科技进步并不依赖于伦理道德的提升。我们应当以辩证的视角看待科学技术与伦理道德的关系。基于当前科技与伦理的发展现状,必须坚持实事求是的原则。科学技术具有双重性:既能推动伦理道德进步,也可能破坏已有成果;同样,规范的伦理道德可以促进科技发展,而不规范的伦理道德则可能导致科技发展偏离正轨。

为促进伦理道德与科学技术形成良性互动,下面从安全伦理、责任伦理和隐私伦理三个维度探讨虚拟现实技术的伦理道德建设路径。

1) 构建安全伦理规范

价值观是主体判断事物、明辨是非的思维框架,是基于认知和情感形成的价值取向。作为人们内心的价值尺度,价值观不仅决定个体的行为选择,还支配其活动规划,并塑造其对待事物的基本态度。价值观对决策的影响主要体现在两个方面:首先,价值观具有导向功能。在相同情境下,持有不同价值观的个体会作出相异的选择,从而导致不同的行为结果。从哲学视角辩证分析,价值观对决策的引导具有双重效应:当决策符合价值观时,会推动行为向积极方向发展;反之则会被视为动机不良,最终阻碍行为实施。其次,价值观具有决策评价功能。决策本质上是一个问题求解过程,需要评估各种潜在机会并选择效益最大化的方案。其根本目的在于把握优势,使开发者或使用者获得最大收益。

当主体面临虚拟现实技术引发的安全问题时,可依据价值观模式解决选择困境。具体表现为:当预判虚拟体验可能造成心理创伤时;当沉浸虚拟世界引发眩晕、恶心等生理不适时;当虚拟空间行为可能破坏环境稳定并影响现实社会时。这些可预见的安全风险都需基于价值观模式进行审慎评估,确保决策的合理性。

2) 完善责任伦理规范

当前虚拟空间普遍存在道德冷漠、虚假信息、言论失范和网络侵权等现象,主体责任意识缺失对虚拟环境和社会产生负面影响。针对这一问题:首先,虚拟主体应当文明交流,理性参与虚拟活动;其次,虚拟现实技术研发人员需提升专业能力与道德修养,确保技术应用的规范性;再次,从业人员应树立正确价值观,坚持正向价值引导;最后,政府和社会组织应切实履行监管职责,完善虚拟空间治理体系。虚拟空间责任伦理的确立对规范主体行为、维护空间秩序具有重要价值。为此,必须强化主体的责任伦理意识,以符合道德规范要求。虚拟空间责任伦理包含两大要素:责任主体指参与虚拟现实技术研发、管理和应用的个人或组织;责任对象则涉及技术使用过程中可能影响的所有相关方。责任主体即参与虚拟现实技术的建设、管理和使用的个体或者组织。虚拟空间并非自然存在,而是依托计算机技术、信息技术、图像显示技术和传感技术等高科技发展构建而成。其形成既需要从业者、开发者和管理者的建设维护,也离不开用户的参与。无论从何种角色出发,参与者都必须具备基本的自主意识和道德素养。相较于现实空间,虚拟空间赋予主体更大自由度,实践客体受主体操控而作出主观选择和行为,因此责任承担也更具主动性。这一问题的解决需要主体自律与外部约束的双重机制。

(1) 主体自律:主体自律是虚拟空间责任伦理的核心要求。由于传统伦理道德对虚拟空间的约束效力有限,加之虚拟空间具有开放性、隐匿性和自由性等特征,外部约束机制难以有效发挥作用。因此,必须强化主体自律意识,要求主体自觉约束和管理自身行为。值得注意的是,虚拟空间的开放性和隐匿性特征可能成为主体逃避责任的便利条件。鉴于现实空间的道德规范在虚拟环境中适用性不足,要维护虚拟空间秩序、营造良好风气,就必须提升主体自律水平,这对主体素质提出了更高要求。这要求主体实现从"他律"到"自律"的转变,通过自我约束与反思完成被动接受管理向主动自我管理的跨越。具体而言,主体应当自觉履行虚拟空间责任,主动规范自身言行,在虚拟活动中保持审慎态度并理性决策,同时勇于承担相应后果。

(2) 外部约束:外部约束作为被动措施,与前述主体自律形成互补。对于责任意识薄弱的主体,外部约束尤为必要。具体包括两种形式:一是舆论监督,通过社会评价形成"软约束",促使主体在决策时审慎考量,避免不良后果;二是制度规范,以强制性手段要求主体对行为后果负责。舆论压力既能在事前引导主体理性选择,也能在事后促使主体主动担责。规章制度建设需要相关部门与虚拟平台共同参与,通过制定具有强制效力的责任规范实现"硬约束"。相较于舆论监督的柔性引导,制度规范具有强制性和权威性。这种"软硬兼施"的治理模式,能够有效解决主体在责任伦理方面的行为失范问题。

3) 建设隐私伦理规范

我国已充分认识到隐私保护的重要性,并制定了相应的法律法规。然而,由于虚拟空间的特殊性,传统法律在隐私保护方面存在局限性。为此,需要完善以下措施:强化个体自律意识、推进行业自律机制、建立专门的虚拟空间伦理规范等,以构建更有效的隐私保护体系。

(1) 个体自律和行业自律:个体自律与行业自律是虚拟空间隐私保护的重要机制。由于虚拟空间具有去中心化特征,每个个体都是平等的参与者,其言行直接影响空间秩序。因此,个体应当提升数字素养,恪守隐私保护原则:不搜集、不传播他人隐私。从互惠角度看,保护他人隐私实则也是在维护自身权益。此外,个体可通过自发组织建立传播规范,确定合理的传播方式,以自律机制解决隐私问题。行业自律作为虚拟空间隐私保护的关键机制,具有快速响应优势。实施行业自律需倡导行业组织自我管理,形成自律风尚。具体而言,各行业应自主制定管理制度,严格遵守行为准则,杜绝为追求利益或声誉而非法获取、交易或公开他人隐私的行为。行业自律在维护虚拟空间隐私安全方面发挥着不可替代的作用。

(2) 建立伦理规范:建立完善的虚拟空间伦理规范刻不容缓。当前个体素质不足与媒介素养缺失是隐私侵犯的主因,其根源在于公民伦理意识薄弱。为此,必须加强虚拟空间道德教育,特别是面向青少年群体。我国现行教育课程尚未涵盖伦理内容,导致隐私伦理认知空白,亟需开设专门课程以提升青少年的虚拟伦理意识。同时,作为信息传播主渠道的媒体应当积极宣传隐私保护理念,普及相关知识。此外,虚拟现实技术开发者和管理者必须接受隐私保护培训,严禁利用职权或技术优势侵犯用户隐私。

## 8.3.2 规范虚拟现实技术的应用

在构建伦理意识和培养伦理规范的基础上,还必须要求使用者严格遵守法律法规,同时重视道德素养的提升。

### 1. 建立虚拟现实技术的法律法规

主体行为深受道德环境影响,良好的风气有助于树立正确价值观。道德环境与主体之间存在双向互动关系:环境塑造主体品行,主体也反作用于环境发展。当前我国虚拟现实技术的制度规范和法律体系尚不健全,亟待完善。

首先,完善虚拟现实技术监管体系的首要任务是健全制度规范与法律法规。当前监管框架存在明显不足,亟需加快立法进程并细化实施细则。具体而言,既要强化对虚拟平台的内容审核机制,又要规范用户行为准则,同时加强虚拟环境认知教育。尽管近年来已颁布相关法规,但虚拟现实技术迭代迅速,立法滞后导致监管效能不足,易诱发虚拟社会矛盾冲突。因此,必须建立动态立法机制,确保监管体系与技术发展同步演进,从而构建规范有序的虚拟环境,切实保障实践主体权益。

其次,实施虚拟空间实名制是维护网络秩序的重要举措。通过实名认证,管理者可追溯用户真实信息,对不当言行追责问责,从而净化虚拟环境。实名制既能有效震慑不法行为,促使行为主体审慎行事,又能增强虚拟空间与现实世界的关联性。真实身份信息提升了虚拟主体的可信度与透明度,时刻提醒用户谨记身份约束,规范自身言行。

最后,加强虚拟空间监管效能是规范发展的关键保障。在专业监管机构的有效督导下,能够引导虚拟环境良性发展,促进主体行为规范化。当前国际社会日益重视虚拟环境监管体系建设,我国已建立包括国家互联网应急中心、工业和信息化部等在内的专业监管机构,对虚拟现实技术应用实施全过程监督。

### 2. 建构虚拟现实技术伦理道德秩序

伦理道德作为维系人类社会的重要纽带,是实践主体实现自我发展与价值提升的基础支撑。在构建虚拟空间社会的过程中,培育良好的虚拟伦理道德秩序至关重要。具体而言,需要着重把握三个关键维度：激发主体的道德自觉意识、提升道德认知水平和强化道德选择能力。

从道德动机维度考量,首要任务是深入认识道德活动的潜在影响力,运用科学方法系统分析其可能的发展路径,并有效激发主体参与积极性。其次,需建立道德动机与行为效果之间的动态平衡机制,及时调节二者冲突,坚决遏制负面道德动机。此外,必须秉持可持续发展理念,避免为追求短期经济利益而牺牲环境保护,统筹协调整体利益与局部利益的关系,切实保障人类长远发展。

从主体道德修养维度分析,培养自我反省意识是首要任务。这种意识要求个体通过持续的内省与自我检查,及时发现并纠正不良思想、行为及习惯。通过系统性的自我反省,逐步建立完善的道德准则,提升在虚拟社会中的道德自律水平。其次,必须强化虚拟空间的行为约束。虽然虚拟社会的开放性赋予主体高度自由,但过度自由往往导致行为失范,如人肉搜索、谣言传播等破坏性行为,严重影响虚拟社会环境。因此,即使在开放环境中,也必须时刻保持言行自律,既要维护他人权益,又要确保自身行为的恰当性。

从主体道德选择来看,首先要作出既适合自己的又符合道德的选择。个人条件包括知识结构,思维能力,创造能力和实践能力等,如果每个道德主体想作出选择,那么他会在生活圈这个范围内作出选择,所以量力而行是主体遵循的首要原则。其次,主体即使作出了道德选择,也要承担相应的责任。主体在虚拟空间不仅具备道德选择的自由权利,还应当对选择带来的道德责任予以承担,责任和道德的关系是相互依存的,不可或缺。

### 【案例 8-11】　缸中之脑

普特南著名的假设——缸中之脑,是他首先设想有一个邪恶的科学家把某人的大脑切下来,放在一口充满供大脑存活的营养液的缸中。某人大脑的一端连接着一台超级计算机,并且科学家使用一种定点分段消除记忆的方法,使某人失去其大脑被放入缸中这段时间内的所有记忆。同时,由于这台超级计算机非常先进,能够使某人的大脑具有同往常一样的功能,某人在缸中所获得的感觉体验——即计算机给某人大脑神经末梢带来的脉冲——与某人以前经历过的感觉体验相同,所以某人无法意识到自己的大脑在缸中。再假设这个邪恶的科学家也是缸中之脑,其他人也是缸中之脑,世界及宇宙中有且仅有一台超级计算机,统一管理着所有人的大脑。正因为有了这台超级计算机,我们所有人都产生一种集体的幻觉,可以"听到""看到""感受到"所有的人和物体,而且相互之间也可以交流,但实际上,一切并未真正发生过。

思考:"虚拟现实"是否会带来"缸中大脑"的可怕未来?

## 思考讨论

1. 虚拟现实技术如何在情感与道德层面影响社会?
2. 利用虚拟现实技术开展教育是否合理?
3. 在虚拟世界中,如何建构道德秩序?
4. 在使用虚拟现实设备时,应如何保护个人隐私?
5. 如何平衡虚拟世界与现实世界之间的落差?
6. 在元宇宙中,用户的"虚拟身体"是否重要?
7. 虚拟现实技术会对人们的社会交往产生怎样的影响?
8. 元宇宙与现实世界并行,会引发哪些法律和道德问题?元宇宙中的违法行为是否适用现实世界的法律进行裁决?

# 第9章

# 数字经济与IT垄断

CHAPTER 9

**本章要点**

经济本源的意思是节约和做事有效率。随着人们创造物质财富能力的增长以及对物质需求欲望的膨胀,经济一词现在的含义主要是指物质财富和金钱。本章讨论由计算机技术发展带来的信息资源获取费用、网上交易、生产率和就业等问题,以及由于信息不对称、不平等竞争而导致的经济发展不平衡和不公平现象,同时探讨如何正确对待软件产品的价格和 IT 垄断问题。《美国计算机协会(ACM)伦理与职业行为规范》在"一般道德守则"中明确指出,要求每名会员做到公平且不歧视:"信息和技术的错误应用可能导致不同群体之间的不平等。在公平的社会中,每个人都应享有平等的机会参与计算机资源的使用或从中受益,而不应因种族、性别、宗教信仰、年龄、身体缺陷、民族起源或其他类似因素受到限制。然而,这些理念并不能成为擅自使用计算机资源的正当理由,也不应成为违反本规范其他伦理准则的借口。"

**【引导案例】**

　　全球信息技术五巨头的标识（从左至右）：谷歌、苹果、脸书、亚马逊和微软。信息技术（IT）巨头深刻改变了人们的日常生活，但欧美一些国家担忧它们可能失控。谷歌（Google）、苹果（Apple）、脸书（Facebook）、亚马逊（Amazon）和微软（Microsoft）在市场上被称为"GAFAM"。过去五年，这五家高科技企业占据了全球技术财富的绝大部分。然而，它们被指控逃税、垄断市场、窃取媒体内容，并为虚假信息传播提供平台。监管这些公司已刻不容缓。欧盟正加紧制定严格的法规草案，而美国数十个州则对谷歌提起了反垄断诉讼，态度更为强硬。

**数字巨头"高人一等"的竞争？**

　　数字巨头因排挤竞争对手、主导市场而屡遭批评。2017 年至 2019 年，欧盟以垄断市场为由对谷歌处以 82.5 亿欧元（100 亿美元）罚款，因其通过安卓（Android）系统实施垄断行为。2013 年，微软因强制 Windows 7 用户使用其 IE 搜索引擎被欧盟罚款 5.61 亿欧元。亚马逊和苹果目前也正接受调查。虽然欧盟 27 个成员国尚未正式实施数字巨头征税政策，但部分成员国已先行一步：法国和意大利对五大巨头营业额征收 3% 的税，奥地利对其广告收入征收 5% 的税，西班牙同样征收 3% 的税。在欧盟以外，英国对部分数字服务征收 2% 的税，澳大利亚则对包括流媒体、下载游戏、移动应用、电子书和数据存储等数字服务征收 10% 的增值税。

**制裁垄断手段"史无前例"**

　　2022 年 12 月中旬，欧盟公布了一项针对违反竞争规则的科技公司的处罚计划，违规企业将面临高达其全球营业额 10% 的巨额罚款，这一举措被媒体称为"史无前例"。根据该计划，那些"屡次违法并危及欧洲公民安全"的企业，可能面临被强制拆分或暂时禁止进入欧盟市场的严厉处罚。

　　拟议中的改革方案旨在将大型网络平台界定为"看门人"，强制其遵守更严格的监管规则，包括要求与竞争对手共享数据、提高信息收集透明度等，以防止其滥用市场支配地位阻碍竞争。2022 年 10 月，欧盟委员会已着手制定针对 20 家互联网科技巨头的监管"黑名单"，其中包含脸书、谷歌、苹果和亚马逊等美国企业。不同于以往主要通过反垄断调查和避税追查等传统手段，此次改革赋予欧盟新的执法权限：若科技巨头的市场支配地位被认定损害消费者和中小竞争者利益，欧盟可强制要求其拆分或出售部分欧洲业务。与此同时，美国也在加强监管力度，2022 年 12 月 9 日联邦和州反垄断机构联合起诉脸书，要求撤销其对 Instagram 和 WhatsApp 的收购；此外，数十个州对谷歌提起反垄断诉讼，指控其滥用搜索引擎和数字广告市场的垄断地位。

# 9.1　数字经济

　　在信息社会中，信息既是一种资源，也是一种资本和权利。掌握信息的数量与获取经济效益的能力密切相关。因此，本节分析网络环境下获取信息资源的各种途径、网上交易及其产生的影响。

## 9.1.1　获取信息资源的途径

在计算机技术环境下,读者获取信息资源的渠道主要分为以下几种类型:光盘数据库、互联网、图书报刊资料、口头采访、往来书信、视频资源及音频资源等。使用光盘数据和互联网被视为获取信息资源的技术手段,而部分信息资源如面对面采访、书刊等语音和纸质资料则无需借助技术手段即可获取。在中国,行政信息还常通过文件传达、会议宣读等方式进行传递。

### 1. 卖书还是卖软件

在信息时代,图书虽然仍是最常见的资源之一,但其形式已发生显著变化——阅读必须借助"阅读器"。传统方式下,读者可以直接从图书中获取文字资料和图片资源。如今,通过扫描仪、数码相机等设备,相关资料可被转换为数字化资源,但读者必须同时获取内容及其运行软件才能在计算机上使用这些文字和图片。过去需要整排书柜存放的资料,现在只需光盘或数据库服务器即可存储,大大节省了空间。然而,要从光盘或网络中获取信息资源,读者必须安装"阅读器"才能使用这些信息。"阅读器"是一种专用应用软件,既有独立版本,也有与书刊(即资料库)捆绑在一起的版本。

【案例9-1】　电子书籍

在电子书籍中,"阅读器"软件通常与内容捆绑在一起,例如"恩卡塔"(Encarta)就是一款集操作界面、图像引擎和资料库搜索引擎于一体的多媒体软件。使用流程是:读者购买电子书籍后,按照说明书在计算机上完成安装;随后在程序菜单中找到相应图标,单击进入工作界面。电子书籍都配备目录检索功能,提供多种检索方式,包括主目录、顺序、分类、笔画、关键字等。部分版本还支持拼音、外文及作者姓名检索,甚至可按年份或文章栏目查询。以恩卡塔为例,它整合了大量来自其他出版商的资料、照片、文字和声音数据。这类多媒体百科全书本质上都是对其他来源信息进行重新包装和出版的产品。

### 2. 网络信息资源的获取

1) 收费的网络信息

网络信息资源是指通过计算机网络可获取的各种信息资源的总称。具体而言,它是指以电子数据形式将文字、图像、声音、动画等多种类型的信息存储在光盘、磁盘等非纸质载体上,并通过网络通信、计算机或终端设备呈现出来的资源。

互联网提供多种服务,包括万维网(World Wide Web,WWW)、电子邮件、文件传输、远程登录、电子论坛、电子公告栏和专题讨论等。万维网上存在各类数据库,这些数据库由不同的网络信息服务公司提供,其中部分收费,部分免费;有些提供数据和文献检索服务,有些则提供搜索、新闻和娱乐内容。提供同类服务的网络公司(或称网站),如谷歌(Google)和百度等搜索引擎网站,彼此之间存在业务同质化的竞争关系。

【案例9-2】　收费的数据库

收费数据库通常具有较高的商业价值。数据网(www.dialog.com)作为全球最大的数据库检索系统和网络公司,整合了绝大多数商用数据库资源。该系统采用专门的信息检索技术和专用命令语言,新用户需要经过专门学习才能熟练使用。虽然数据网提供免费的扫描程序供用户获取初步检索结果,但如需查阅具体内容则需支付相应费用。

网络公司信息获取服务存在明显的地区差异。科姆斯考尔网络2008年5月对10个亚洲国家和地区的调查显示,谷歌网站在这些地区的流量均未位居首位。具体而言,雅虎（Yahoo）网站在中国香港、印度、日本、马来西亚、新加坡和中国台湾的流量排名第一,而微软（Microsoft）网站则在澳大利亚、中国内地和新西兰最受欢迎。值得注意的是,信息源和获取途径（如阅读器、搜索引擎等）极易受到垄断效应的影响。

2）网民的定义

网民定义的差异往往导致统计数据出现偏差。中国互联网络信息中心（CNNIC）将网民定义为：6岁以上、每周使用互联网超过1小时的中国公民。多数国家和地区采用"全球互联网研究计划"（WIP）的定义,即"当前正在使用互联网的人即为网民"。美国科姆斯考尔网络则使用"在线人口"这一概念,其统计标准为15岁以上、具备互联网使用能力的人群,但该调查不包括网吧上网者和手机上网用户。根据CNNIC的定义,在中国,每台可上网计算机平均对应2.3~2.5个网民,因为许多人并非独立拥有计算机,而是共享上网设备。该定义将所有互联网使用者都视为网民,包括家庭成员和网吧用户。由此可见,全球范围内的互联网普及程度存在明显不均衡现象。

互联网新闻之所以能引发网民高度关注并快速成为焦点,关键在于互联网作为重要信息资源的特性。然而,中国短期内仍难以显著降低每台上网计算机对应的网民数量。尽管计算机价格趋于平民化、家庭上网环境改善、通信网络质量提升、网吧监管政策优化,但许多中国网民短期内仍无法拥有个人上网设备。2008年统计数据显示,韩国互联网普及率居亚洲首位（65%）,澳大利亚（62%）和新西兰（60%）分列二三位。最新调查表明,美国上网普及率超过70%,而中国仅为22%左右,与发达国家相比仍存在明显差距。

**3. 计算机访问权限**

控制计算机访问权限主要基于两方面考虑：系统安全,以及信息保密和知识产权保护。由于信息作为商品需要付费获取,且涉及知识产权和隐私权保护,《美国计算机协会（ACM）伦理与职业行为规范》第2.8条明确规定专业人员只在授权状态下使用计算机及通信资源："窃取或者破坏有形及电子资产是禁止的,对某个计算机或通信系统的入侵和非法使用也是在禁止范围之内的,包括在没有明确授权的情况下,访问通信网络及计算机系统或系统内的账号和/或文件。只要没有违背歧视原则,个人和组织有权限制对他们系统的访问。未经许可,任何人不得进入或使用他人的计算机系统、软件或数据文件。在使用系统资源,包括通信端口、文件系统空间、其他的系统外设及计算机时间之前,必须经过适当的批准。"

一般计算机访问权限可分为几种类型来进行控制：

1）开机时用户的权限

计算机操作系统通常为每位用户设置开机用户名和密码,除非用户主动禁用此功能。系统默认情况下不启用guest账户,若需允许他人访问本机,可手动开启guest账户。出于安全考虑,建议为guest账户设置密码并配置适当权限。

2）访问某文件（夹）的权限

加密后的文件（夹）将限制访问权限。

3）局域网中的访问控制

在联网环境下,网络管理员能够管控每台计算机的上网行为。企业通常采用"网络层访问权限单向访问控制"等技术来管理员工上网,例如：规定非当班员工在9:00~17:00禁止上网,或限制当班员工使用即时通讯工具。为保障业务需求,企业会设置特定时段允许当班员工访问互联网。这种管控主要通过 HTTP/HTTPS 标准端口（TCP/80 和 TCP/443）、MSN 专用端口（TCP/1863）以及 QQ 使用的 TCP/UDP8000 和 UDP/4000 端口实现，这些软件均支持代理服务器功能。当前代理服务器主要运行在 TCP8080、TCP3128（HTTP 代理）和 TCP1080（socks）端口。由于仅涉及互联网访问控制，只需在企业网络出口路由器（RTA）上配置 ACL 规则即可实现全公司网段的管控。

4）使用一些专用网络对访问的控制

用户使用一些收费系统时，网站会对访问者进行用户名和密码的确认，以此控制访问权限。在电话网中，用户信令与网络信令完全隔离，因此用户除了滥用业务外，无法对网络或信令发起攻击。

在 IP 网络中，由于信息与用户数据未隔离，用户与网络设备也未隔离。虽然现有路由协议都采用认证机制，即在某种程度上对用户与信令进行了逻辑隔离，但用户仍可能通过攻击网络设备来访问未经授权的网络。尽管管理良好的网络可以降低甚至消除这种风险，但由于历史原因，多数网络设备仍面临此类威胁。相比之下，ATM 网络采用基于统计复用的信元交换技术，具有较高的节点可靠性、良好的网络冗余设计，并能实现用户与网络的隔离。

当用户使用网络提供的服务时，网络公司需要控制服务的使用情况。服务的可控性是网络公司用于管理服务的一个指标，指网络服务的可管理性和可运营性。不同的通信网络提供不同等级的服务可控性，例如 DDN 专线是点到点业务，网络几乎不对该业务提供服务控制，专线两端的设备可以自由通信，并由设备自身完成对方认证。在电话网络中，网络对电话终端的端口及其对应的电话号码进行计费，并记录通话双方的电话号码，但不负责电话内容的合法性。由于用户信令与网络信令分离，除非电话交换机因过载而瘫痪，否则用户不会对网络安全构成威胁。

5）事后检测并采取相应控制措施

借助入侵检测系统，用户可以查询并检测自己的计算机系统访问权限是否被入侵者窃取、越权使用或滥用。如果密码由多名用户共享，那些在操作系统、数据库和网络设备中定义的共享超级用户账户就需要格外小心防范，即使短暂离开计算机也要保持警惕。此外，某些特权账户能够绕过大多数内部控制机制访问公司机密信息，从而对商业秘密构成威胁。

**4．公民信息素养**

互联网提供了一个看似无限的信息池，其中既包含博大精深的真理，也混杂着谎言、谣言、虚构内容以及市井传闻，甚至真假难辨的内容。在某些国家和地区，互联网缺乏有效的审查机制，任何拥有网页或电子邮箱账号的人都能快速广泛地传播信息，而这些信息往往会被反复转发和扩散。

尽管互联网上充斥着大量谣言、虚构内容和虚假信息，但不能因此认为"虚假信息是互联网独有的"，因为即便是声誉良好的期刊、电视和报纸报道的新闻，最终也可能被证实存在误导或失实。在互联网成为现代生活组成部分之前，人们就已掌握辨别真伪的经验法则。罗宾·拉斯金（Robin Rasskin）指出："需要若干年时间才能判断我们接收的文化暗示是有效信息还是无价值的操控"。因此，人们需要足够时间在互联网上建立文化认知，以区分网页、邮件、在线聊天和讨论组中的真实与虚假信息。此外，网络本身也能提供帮助，例如某些网站专门追踪网络流传的传闻和市井谣言。

互联网上的信息发布者往往不承担责任，其中部分发布者甚至是谣言、谎言和市井传闻等虚假信息的制造者。政府也缺乏足够资源来处理海量信息并筛选出真实内容。因此，验证信息的责任最终只能由读者自行承担。这就要求人们在传播信息前，必须具备时间、动机、专业知识和资源来核实信息——包括那些被夸大、曲解、误用和滥用的内容。这正是公民信息素养的核心要义。

虽然"假信息是互联网独有的"这一说法并不成立，但网络言论自由与内容审查确实是网络伦理学的核心议题。在互联网环境中，多元宗教、风俗与道德观念相互交织，不同价值观频繁碰撞，使得尊重他人与保持自尊变得更加困难。个人网页设计是网络时代的新特征，许多人创建可供全球访问的网页内容。在网络上，传统的合理回避原则似乎难以适用。对于印刷出版物，读者在选择阅读材料时就已经作出了道德判断；在图书馆或书店，人们通常会"通过书籍封面进行初步判断"，再进一步了解书名与作者信息。然而在互联网上，用户通过搜索引擎输入关键词或姓名查找资料时，返回的结果往往包罗万象、难以控制，各类内容与超链接都会被不加筛选地展示出来。

【案例 9-3】 "乌龙"报道的影响力

2008 年 9 月 12 日，某媒体发表了一篇题为《招商银行：投资永隆银行浮亏逾百亿港元》的报道。该报道称："招商银行即将完成收购的永隆银行股价已跌至 72.15 港元……以永隆银行昨日收盘价计算，此次收购将导致招商银行产生约 101 亿港元的账面亏损，这一金额超过其 193 亿港元投资本金的 50%。"

股市对此作出强烈反应：2008 年 9 月 12 日，招商银行 A 股股价暴跌 8.89%，收于 15.68 元/股，单日流通市值蒸发 127.5 亿元；同日，其 H 股下跌 5.16%，收报 22.05 港元/股。

事实上，尽管当时中国股市持续下跌，但招商银行 A 股凭借其优异业绩表现相对抗跌。然而，仅因一则失实报道，便导致招商银行的市场表现急转直下。

这则报道的错误只需基本常识即可识别。然而借助互联网的快速传播，大量投资者盲目跟风，更有多家证券研究机构在盘中及盘后分析中引用该报道。有机构甚至声称，该报道"将招商银行的隐忧赤裸裸地展现在 A 股投资者面前"。最终真相水落石出：港交所公开资料显示，报道引用的数据存在明显错误——永隆银行前一交易日收盘价实为 144 港元，而非报道所称的 72.15 港元。值得注意的是，与永隆银行名称相近的永亨银行当日收盘价确为 72.15 港元，与报道数据完全吻合。

除招商银行遭遇的失实报道外，类似事件还包括美国第二大航空公司美联航的误报风波。2008 年 9 月 8 日，国际知名财经通讯社彭博社错误发布了六年前的旧闻，声称美联航即将破产。当日，美联航母公司 UAL 股票开盘报 12.17 美元，盘中一度暴跌至 3 美元。尽管彭博社当天发布更正声明，UAL 股价最终收于 10.92 美元，但仍较前一交易日下跌 1.38 美元。

识别失实报道可从以下几个方面入手：

（1）选择可信度高的信息来源进行信息收集。

（2）优先采用事件发生地的官方语言查阅资料。

（3）全面了解事件背景，核实信息真实性。以招商银行报道为例，其收购永隆银行的交易尚待中国监管部门批准，距离最终完成收购仍有较长时间。

（4）及时获取后续更正报道。

## 9.1.2 网上交易

《中国互联网行业自律公约》第二条明确规定,本公约所称互联网行业是指"从事互联网运行服务、应用服务、信息服务、网络产品开发与生产、网络信息资源开发,以及其他与互联网相关的科研、教育和服务等活动的行业总称"。

### 1. 电子屏幕背后

从在线商店购物者的角度来看,电子商务似乎很简单:浏览电子目录、选择商品、然后付款。在这个电子屏幕背后,电子商务网站运用多种技术来展示商品、追踪购买者的选择、收集付款信息、尽力保护顾客隐私,并防止信用卡号码泄露到罪犯手中。电子商务站点的域名(例如 http://www.china-sss.com/index.htm)充当了在线商店入口的角色,位于该位置的网页欢迎顾客并提供到站点其他栏目的链接。各种商品和服务显示在顾客的浏览器窗口中。而在浏览器窗口背后,这些电子商务网站不仅使用 Cookie 作为识别购物者的方法之一,还会通过顾客的唯一编号在服务器数据库中存储其选择的物品。

### 2. 包探测器的使用

借助一些技术,网站还可能暗中收集顾客的浏览和购买习惯数据,甚至导致信用卡信息被盗。协议分析器(又称探测器)是一种计算机程序,能够监控网络传输的数据,主要用于系统维护。大多数网络设备只会读取发送给自己的数据包,而忽略发送给其他设备的数据包,但包探测器可以捕获网络上传输的所有数据包。

### 3. 信用卡号码被盗

越来越多的企业报告称其用户数据遭到非法访问,导致数千张信用卡信息被盗。顾客十分担忧存储在商家数据库中的个人信息安全。为此,信用卡公司推出了一次性信用卡号码服务,允许消费者在购物时隐藏真实卡号。这种一次性号码仅适用于单次在线交易,信用卡公司会记录使用该号码的消费记录,并将相应金额计入持卡人当月的信用卡账单。由于一次性号码具有唯一性,既不能重复使用,也无法在线上或线下交易中被二次接受。

当商家收集顾客的信用卡信息后,若未直接将其传输至信用卡处理中心,而是由内部员工在处理订单时接触这些数据,就可能存在安全隐患。不诚实的员工可能借机盗用信用卡信息。尽管此类事件发生概率较低,但顾客实际上无法完全防范这种形式的盗刷风险——无论是允许服务员将信用卡带离视线进行刷卡,还是在电话中口述卡号,都存在类似的安全隐患。

### 4. 互联网带给公司、消费者双方的利益

从公司角度来看,互联网不仅降低了运营成本、提升了顾客满意度、增加了销售额,还能快速获取销售数据和业绩反馈。由于无需开设实体店铺、减少中间环节、采用在线支付等方式,企业能够实现更精准的生产和定价。

对顾客而言,互联网提供了丰富的产品和服务信息,检索快速便捷,支持全天候购物,还能轻松进行商品比价,节省开支(目前网上购物暂未征收消费税)。

第三方平台或智能购物代理(如购物机器人)可以从多个网站收集某款产品的价格、运费及销售信息,整合后建立比价门户网站。

### 5. 企业开展电子商务存在的风险

当企业建立并运营自己的网站时,必须确保拥有一个稳定、设计精良且可靠的网络平

台。如果平台性能不佳或加载速度过慢,顾客会迅速离开该网站。网站设计不仅要支持在线支付功能,还需兼顾不愿进行网络金融交易的顾客群体。目前,顾客对电子商务的信任度仍不及实体店铺,而网络商家与邮购公司同样面临信用卡欺诈交易的风险。

网络零售市场的竞争壁垒较低。传统实体店需要大量前期资金投入,这使得资金有限的小企业难以与大型企业抗衡。然而如今,只要新公司搭建一个设计精良的网站,再通过降价策略吸引顾客,消费者往往不会在意企业的规模大小或成立时间长短。

## 9.2　IT 的定价与销售策略

产品定价不仅是简单地调整价格以促进销售,更是确定最优价格以实现销量最大化与边际利润最优化的过程。产品成本是定价决策的关键依据之一。通常情况下,产品价格应当合理体现成本因素——成本较高时价格相应提升,否则将显著影响企业利润水平。产品的价值与质量是消费者最为关注、最为敏感且最具实质性的考量因素,同时也是决定产品价格的核心要素。然而,由于信息不对称现象的存在,计算机产品的定价往往不能准确反映其实际价值与质量,甚至可能引发市场垄断与不公平竞争问题。

### 9.2.1　信息不对称

美国经济学家乔治·阿克洛夫(George A. Akerlof)于 1970 年提出的信息不对称理论指出,市场交易中信息分布具有不均衡性,且这种不对称现象具有普遍性和绝对性特征。

**1. 信息不对称的定义**

信息不对称(Asymmetric Information)又称信息非对称性,是指在市场交易过程中,交易双方对所涉及的经济变量掌握的信息量存在差异,即其中一方比另一方(包括潜在参与方)拥有更多的信息优势。

由于市场信息具有价值属性,“经济人”获取信息需要支付相应的成本。通常情况下,信息获取成本与信息量呈正相关关系。不同“经济人”对信息的需求存在差异,而现实中的市场主体也无法掌握市场的全部信息。这些因素共同构成了市场交易中买卖双方信息不对称的根本原因。

**2. 信息不对称的类型**

信息不对称可划分为时间维度和空间维度两种类型。时间维度的信息不对称存在于不同代际之间(如当代人与后代人)或不同时间节点之间;空间维度的信息不对称则指特定时间段内当代人之间的信息差异,这种差异又可细分为信息数量和信息质量两个层面。在数量层面,表现为信息获取的完整性与充分性差异;在质量层面,则指信息优势方虽掌握真实准确信息,却故意向其他主体提供虚假错误信息,例如以假冒伪劣产品冒充正品进行销售。

信息不对称的产生主要源于三个核心因素:首先,信息的公共产品属性导致其分布不均衡;其次,信息获取渠道的差异造成成本不对称;第三,信息处理能力的差别引发理解程度的不对称。就信息质量的不对称而言,其成因可分为客观技术因素和主观人为因素两大类别。在客观技术层面,信息采集、传输及处理环节可能出现计算误差、分析方法不当或受技术水平制约等问题;在主观人为层面,当信息传递被异化为牟利工具时,信息优势方往往会选择性披露信息,甚至故意传播虚假信息。

计算机技术在信息处理领域的应用存在诸多局限性,这些缺陷会加剧信息不对称现象,主要原因包括:

(1) 会计电算化系统普遍存在信息孤岛问题。

(2) 当前企业资源计划(ERP)系统仍主要基于传统手工核算模式的模拟。

(3) 不同企业间的信息技术应用水平存在显著差异。

### 3. 信息不完全

信息不对称是信息不完全的一种特殊表现形式,而信息不完全则是相对于信息完全而言的。在新古典经济学的完全竞争模型中,信息完全被假定为市场参与者对交易商品和价格拥有充分认知的理想状态。与之相对,当市场参与者无法获取全部信息时,即形成信息不完全状态。在这种状态下,部分参与者掌握更多、更及时的相关信息而处于优势地位,而其他参与者则因信息匮乏而处于相对劣势。

### 4. 计算机技术领域中信息不对称的问题

在计算机应用领域,技术提供方(无论是出于有意还是无意)对关键技术信息的隐瞒或回避,同样构成了信息不对称现象。这种不对称将导致技术使用方无法根据实际需求有效运用相关技术。通常情况下,技术开发者与普通使用者在电子政务、电子商务、信息安全等领域的技术水平、应用能力和认知程度存在显著差距。这种差距具体表现为:技术标准变更信息不透明、资质认证流程不公开、信息传递渠道不畅等问题,最终使得技术使用方在电子政务技术应用上处于明显劣势地位。由此,在技术开发者和使用者之间便形成了新的信息技术壁垒。在技术应用过程中,技术设计者和软件开发者完全掌控着技术信息的披露权,决定着使用者能够获取哪些技术信息。系统维护与升级的权限同样由软件提供商垄断,企业用户缺乏足够的开放性和透明度。出于商业利益考量,软件开发者通常不会提供完整的技术文档,关键数据往往被其独家掌控且不予公开。诸如从底层模型提取介质数据流等核心技术,用户通常无法获取,软件说明文档也不会包含此类技术参数。这类核心信息通常由操作系统、设备驱动程序及文件系统的开发企业(如微软、IBM 等)所独占。

## 9.2.2 IT 定价的方法

定价有许多种方法,如"歧视定价""统一定价""差别定价"等。

### 1. 歧视定价

歧视定价(Price Discrimination)是指企业针对不同消费群体实施差异化定价策略,以实现利润最大化。在软件等 IT 产品销售领域,普遍采用"递增回报"(Increasing Returns)定价策略,其核心特征是用户规模与收益呈正相关关系。该策略的理论基础源于营销领域的重要法则:当用户掌握特定品牌软件的使用方法后,会产生显著的转换成本(Switching Cost),从而降低转向竞品的意愿。用户不仅会持续购买该品牌的升级版本,还会形成品牌忠诚度。市场领先品牌更能吸引新用户,从而形成规模效应,为企业带来更大的边际收益。

### 2. 统一定价

统一定价策略在 IT 行业被广泛采用。以恒昌和宏图三胞为代表的 IT 连锁卖场均实施全国统一定价政策,其连锁经营模式为执行该策略提供了组织基础。这种定价方式通过价格透明化有效降低了消费者的交易风险,在信息不对称的市场环境下,统一定价因其公平性更容易获得用户认可。

统一定价策略具有以下核心优势:

(1) 有助于企业塑造统一的品牌形象,彰显其市场实力。

(2) 能够确保渠道各环节的收益稳定性,有效规避因差异化定价和价格谈判导致的经销商与零售商利润波动。

(3) 简化企业渠道价格体系的制定流程。

(4) 显著提升消费者的购买信心,既消除了对价格真实性的疑虑,也避免了降价预期,从而增强品牌忠诚度。

统一定价策略存在以下主要弊端:

(1) 由于区域市场存在显著差异,相同的定价策略在不同区域所对应的目标客户群体特征会产生明显偏差。

(2) 该策略会抑制低收入地区的市场发展潜力,因为基于高收入地区消费水平制定的统一价格,在低收入地区往往超出当地消费者的支付能力范围。

**【案例 9-4】　统一定价**

通常只有具备品牌影响力的企业才能有效实施统一定价策略。以松下笔记本为例,为确保统一定价政策的执行效果,该公司建立了完善的管理制度和透明的激励机制。具体措施包括:针对核心代理商制定严格的价格违规处罚条例,明确价格管理的责任归属;同时设立终端销售商的业绩奖励方案,通过双重保障机制确保价格政策的有效执行和销售业绩的持续增长。

**3. 差别定价**

差别定价(Price Discrimination),亦称需求差异定价法,是指企业基于销售对象、时间或地点等维度产生的需求差异,对相同产品实施差异化定价的策略。该定价方法的本质特征表现为:对同质商品在同一市场设定多重价格体系,或使不同商品间的价格差显著超出其成本差异范围。

差别定价策略能够使企业定价更精准地匹配市场需求特征,有效促进区域市场开发——通过根据不同地区的购买力水平制定差异化价格。该策略不仅能显著提升商品销量,还能帮助企业获取更多"消费者剩余"(即消费者心理预期价格与实际支付价格之间的差额),从而实现利润最大化。然而,差别定价的最大风险在于可能引发跨区域串货问题。

实施差别定价策略需满足市场必须在消费者需求特征、购买心理、产品形态、区域分布及时间维度等方面存在显著差异,且产品需具备可参考的历史定价数据。该策略的执行还需符合以下前提条件:

(1) 符合国家的相关法律法规和地方政府的相关政策。

(2) 市场能够细分,且各细分市场具有不同的需求弹性。用户对产品的需求有明显的差异,需求弹性不同。

(3) 不同价格的执行不会导致本企业以外的企业在不同的市场间进行套利。

(4) 用户在主观上或心理上确实认为产品存在差异。

根据这些条件,差异定价又具体分为4种方式:

(1) 基于用户差异的差别定价。

(2) 基于不同地理位置的差别定价。

(3) 基于产品差异的差别定价。

(4) 基于时间差异的差别定价。

笔记本电脑的销售主要通过代理商或经销商渠道完成,由制造商直接销售的品牌相对较少。虽然产品定价权归属于笔记本生产企业,但代理销售模式会显著影响最终市场价格。当前主流的代理销售模式可分为三类:全国总代理体系、区域核心代理或区域总代理体系,以及一级经销商体系。

1) 全国总代理体系

尽管多数笔记本电脑制造商已摒弃传统的全国总代理模式,但仍有部分品牌(如ThinkPad、宏碁、东芝等)沿用该体系。这种模式的主要弊端在于:制造商无法直接接触终端用户,必须通过总代理进行销售。总代理将产品分销至二级代理,二级代理再转售给三级代理,经过多级流转后才能到达消费者手中。这种冗长的供应链显著增加了运营成本,导致产品终端价格居高不下。最终,消费者不仅难以获得价格优惠,其支付的大部分成本都被中间环节的各级代理商所消耗。当市场仅存在单一全国总代理时,由于缺乏有效竞争,将同时损害经销商、消费者及IT企业三方的利益。为此,ThinkPad、东芝等品牌纷纷采用多总代理并行运作的模式,在代理渠道间建立竞合关系。这种模式为IT企业带来双重优势:既能有效遏制水货流通,又可提升产品的市场份额。对消费者而言,则避免了被单一代理商垄断的局面,通过渠道竞争获得更优惠的价格与服务。

2) 区域核心代理体系

随着笔记本电脑行业利润空间持续收窄,全国总代理模式的弊端日益凸显。为优化渠道结构,各品牌厂商(如SONY、三星等)相继转向更灵活的区域代理体系,包括区域核心代理和区域总代理两种模式。该模式通过在重点城市设立核心或区域代理商,有效缩短了与终端市场的距离。渠道扁平化显著减少了中间流通环节,降低了运营成本,从而使产品终端价格更具竞争力。对消费者而言,能够以更优惠的价格购得产品;对厂商和经销商来说,则通过更精准的职能划分实现了互利共赢的市场格局。

3) 一级经销商体系

部分国内IT企业采用了比区域代理体系更为灵活的一级经销商模式。该模式完全绕过中间代理商,由制造商直接对接终端客户,如联想、方正、同方、TCL等品牌。这些企业主要依托自有PC销售渠道,因而不适合采用区域总代理架构。在遴选一级经销商时,企业为保障核心渠道伙伴的利益,通常不会将整条产品线交由单一经销商运营,而是在每个区域市场选择2~3家合作伙伴共同推进业务发展。采用一级经销商体系的国内IT企业能够有效降低笔记本电脑的终端售价,使消费者获得更大的价格优惠。

需要强调的是,即便企业采用相同的定价策略,若代理模式存在差异,最终反映在终端售价上的差距仍会相当显著。而终端价格恰恰是消费者最为关注的购买因素。

**4. 产品的定价策略**

广义上讲,产品的定价策略主要涵盖以下类型:

(1) 成本导向定价法,确保产品成本与售价合理匹配。

（2）价值导向定价法，实现产品价值、质量与价格的有机统一。

（3）市场导向定价法，根据市场动态实施灵活定价。

（4）逆向定价法，突破传统定价思维模式。

（5）渗透定价法，通过薄利多销让利消费者。

（6）溢价定价法，采取 1% 的渐进式提价策略。

（7）稀缺性定价法，遵循"物以稀为贵"的市场规律。

（8）服务增值定价法，基于超值服务理念制定价格。

（9）品牌溢价定价法，坚持品牌战略导向的定价原则。

上述定价策略主要适用于常规产品领域，而计算机作为具有显著行业特性的商品，其定价策略需要针对性调整。

## 9.2.3　软件销售的策略

软件是计算机技术的主要产品，而软件产品与信息产品很相似。

### 1. 软件产品的性质

信息商品具有区别于传统商品的独特属性，这些特性源于其特殊的生产过程，包括可保存性、共享性、时效性和创新性等。信息生产不仅包含信息创造，还涉及传播、存储和呈现等环节；而软件的生产本质上就是研发过程，研发即生产。此外，消费性信息与生产性信息往往难以明确区分，导致目标用户识别困难；信息需求属于派生需求，其偏好程度与价格密切相关；信息结构还具有不可分割性等特征。与金属制造的机械设备不同，软件产品虽不会因物理使用而损耗，但当竞争对手推出功能更强、效率更高的新版本时，原有产品便会立即过时。

根据中华人民共和国国家标准 GB/T16260-1996 及国际标准 ISO/IEC9126:1991 的规定，软件产品质量模型需至少细化至子特性层级。该模型包含六大核心特性：功能性（Functionality）、可靠性（Reliability）、易用性（Usability）、效率（Efficiency）、可维护性（Maintainability）和可移植性（Portability）。其中，可移植性（Portability）具体涵盖以下四个子特性：①适应性（Adaptability）——指软件无需特殊处理即可适应不同规定环境的能力；②易安装性（Installability）——反映在指定环境中安装软件所需的工作量；③遵循性（Conformance）——确保软件符合可移植性相关标准或约定的特性；④易替换性（Replaceability）——衡量软件在特定环境中替代其他指定软件的难易程度。

### 2. 软件销售的策略类型

软件销售策略可分为品牌策略、产品策略和拓销策略三大类别。

第一策略：品牌策略。

品牌策略通过强化企业品牌及名称的市场认知度，在客户心智中建立持久的品牌印象。

第二策略：产品策略。

产品策略依托持续的产品创新与功能升级，巩固企业在市场中的领导地位。具体实施方式包括：保持技术领先优势，避免同质化竞争，利用软件作为广告载体，以及通过免费试用等营销手段加速新品推广。

**【案例 9-5】** 专家型和傻瓜型的软件并用

软件既要提供专家型版本,也要提供傻瓜型版本。为了同时满足"专家型"用户和"傻瓜型"用户的需求,Microtek 在其新版 ScanWizard5.0 软件中设置了切换按钮,用户只需单击该按钮,整个软件界面就会转换为易于操作的"傻瓜型"界面;再次单击按钮,界面就会恢复为"专业型"界面。两种界面风格迥异,选择权完全由用户自主掌握。

在产品策略的另一种应用方式中,软件开发者会在自有品牌软件中增加竞争对手产品所不具备的功能,以此吸引其他 IT 公司同类软件的正版用户转向使用自己的产品。

**【案例 9-6】** WordPerfect 与 Word

美国的 WordPerfect 公司是一家长期从事文字处理软件开发的企业,曾在规模达 15 亿美元的字处理软件市场中占据 46% 的份额,而微软的 Word 软件当时仅占 30%。后来,微软采取竞争策略,在 Word 软件中增加了 WordPerfect 所不具备的图形用户界面功能。仅用两年时间,微软 Word 便以 46% 的市场份额反超 WordPerfect,迫使后者退守至 17% 的市场份额。

第三策略:拓销策略。

拓销策略是指运用多种手段开拓产品销路。软件公司既可以与大型硬件企业合作,通过捆绑销售借助其渠道优势来提升自身品牌影响力;也可以采用灵活销售模式,允许用户自行选购所需的工具类软件和消费类软件,而非强制捆绑。在软件配套资料中,可以引用知名机构的推荐以增强可信度。此外,软件商还可以组织产品演示会,邀请用户和经销商现场体验产品功能,并提供专业咨询服务,直接将产品推向消费者。尤其在新产品刚进入市场时,这种销售促进方式最为高效。

**【案例 9-7】** 诺基亚手机在国内部分商场被拒卖

诺基亚公司在手机销售方面实行了严格的价格管理体系,但在中国市场却遭遇了挑战。由于诺基亚经销商拥有不同的进货渠道,导致产品价格存在较大差异。诺基亚要求区域经销商必须遵守"本区域进货,本区域销售"的规定,以掌握各区域产品的定价权。2009 年 6 月 10 日下午,山东通信城数十家诺基亚经销商集体悬挂"维护消费者利益、拒卖诺基亚"的红色横幅以示抗议。该通信城位于济南市济洛路,作为全国第五大手机批发零售市场,其行业影响力不容忽视。当天在通信城内,商场各处悬挂着十余条红色横幅,主要写着"反对诺基亚霸王条款""拒卖诺基亚维护消费者权益"等标语。与此同时,湖北、上海等多个省市的经销商也加入抵制诺基亚的行动。经销商的不满主要集中在三个方面:首先,诺基亚对跨区域销售的处罚金额过高;其次,负责处罚的"诺基亚串货管理中心"作为第三方机构缺乏公开信息;最后,该机构不开具正规发票,经销商质疑这是诺基亚获取灰色利润的手段,并涉嫌逃税。诺基业公司对此回应称,将继续加强跨区域销售管理以保障多数经销商的权益;其区域销售体系明确规定经销商只能在指定区域内销售产品;网上流传的"诺基亚串货罚款通知书"系伪造文件,相关违规经销商与诺基亚并无合约关系;经销商完成销售任务后可获得返利,对违规者的处罚将从其返利和保证金中扣除;若经销商认为销售指标过高,公司将根据市场情况定期评估并调整指标。

这一案例表明,产品定价与销售策略具有紧密关联性。企业可以采用多种定价方法与销售策略的组合,而每种定价方法必然对应着特定的销售策略。

## 9.3　数字经济下 IT 垄断的现象

### 9.3.1　不平等竞争与垄断的概念

#### 1. 竞争的概念

竞争是人类乃至生物界的普遍现象，是生命的基本活动与行为。人类行为兼具理性与非理性特征，其中非理性行为包括受情感和信仰驱动的行为。贝克尔（Gary S. Becker）曾指出："我最终认识到，经济分析是一种普适方法，适用于解释所有人类行为——无论涉及货币价格或影子价格、重复或偶然决策、重大或琐碎选择、感性或机械目标，也无论对象是富人或穷人、男性或女性、成人或儿童、智者或愚者、医生或患者、商人或政客、教师或学生。"竞争是各方通过特定活动施展能力，为实现共同目标而各自努力的过程。需要注意的是，竞争行为仅存在于同类商品供应商之间。对企业而言，竞争就是它们在特定市场中通过提供同类或类似商品与服务，为争夺市场地位和消费者而展开的较量。

从竞争的概念来看，竞争是一个争夺的过程，双方不可能同时获胜。理性竞争必须包含明确的目标和手段。所谓竞争平等，是指参与者在追求同一目标时享有同等机会，遵循相同规则，并处于相似的客观环境。由于市场竞争的目标是争夺有限的消费者资源，具有天然的排他性，因此竞争者最终取得的成果必然存在差异。这种结果差异并不等同于竞争不平等。真正的不平等竞争主要体现在竞争手段的差异上，而信息技术（IT）主要就是通过改变竞争手段来影响企业竞争格局。若能正确运用 IT，企业必将获得竞争优势或占据有利市场地位。

由于企业在 IT 应用水平上存在差异，不平等竞争现象仍然普遍存在。然而，随着技术发展和市场机会的显著增加，传统的成本效益法则已不再完全适用，企业间在 IT 应用方面的直接比较也变得困难。由于 IT 系统的复杂性和效益的潜在性，很难简单证明 IT 投入越多企业竞争力就越强。这其中涉及效率问题，还可能包括其他优势因素，如差异化战略、区位优势和管理优势等。竞争促使部分企业获得预期甚至超预期的商业回报，而企业通常采用 TCO（总拥有成本）、ROI（投资回报率）和 VaR（风险价值）等指标来评估 IT 的商业价值。

#### 2. 垄断的定义

关于垄断的定义存在多种表述。从英文术语来看，主要分为 Monopoly（卖方垄断）和 Monopsony（买方垄断）。卖方垄断通常指在某个或多个市场中，作为唯一卖方的企业能够在一个或多个环节面对竞争性消费者时，可以自主调节价格或产量，但无法同时调节这两个变量。

垄断的成因有"三因论"和"四因论"等，基本原因是进入障碍，即垄断者能在市场上保持唯一卖者的地位，因为其他企业不能进入市场并与之竞争。

从进入障碍来分析，产生垄断的原因有 3 种：

（1）资源垄断：关键资源由一家企业拥有。

（2）政府创造垄断：政府给予一家企业排他性地生产某种产品或劳务的权利。

（3）自然垄断：由于规模经济效应和高固定成本的存在，单个企业能以低于多个企业的总成本满足整个市场需求，导致市场最优效率总由单一生产者实现。

经济学家对垄断成因提出了四种主要观点：第一种是源于自然禀赋的独特供应，具有不可复制的特性；第二种是通过知识产权保护获得的垄断地位；第三种是政府运用行政权力限制市场竞争形成的垄断；第四种是市场上仅存在单一供应商的情况。

垄断有以下 4 种类型：

1）标准垄断

标准垄断与普通垄断的区别在于必须将标准本身与其包含的知识产权区分开来。就法定标准而言，标准本身应当具有统一性。但若标准中涉及知识产权和专利，则必须遵循信息披露原则，否则可能构成非法垄断。操作系统的垄断问题，可以纳入标准垄断的范畴进行探讨。

2）技术垄断

各类组织机构往往掌握着特定的技术商业秘密（Know-how），这种技术垄断可能会对用户权益、竞争对手利益乃至国家安全造成损害。

3）产品垄断

产品垄断本质上就是传统垄断的典型表现，即"某种商品在市场上仅由单一供应商提供"。

4）专利垄断

专利垄断本质上是从垄断角度探讨专利权的专有性特征。需要明确的是，法律授予的专利"垄断"权与经济层面的市场垄断并无必然关联。企业每年可能获得多项专利授权，但其中真正能在市场上形成垄断地位的产品往往只是极少数专利技术。

**3．垄断划分方法**

本节给出垄断形式的几个划分方法，它们是：依据具体组织形式、发生的地域、立法的取向、产生的原因、市场结构等 5 种划分方法。

1）依据具体组织形式的分类方法

根据经济垄断的组织形式特征，可将其划分为以下几种类型：短期价格协定、卡特尔、辛迪加、托拉斯、康采恩以及其他组织形式的垄断。

2）依据发生的地域的分类方法

依据垄断发生的地域范围，可以将垄断分为国内垄断和国际垄断。

3）依据立法的取向的分类方法

依据立法的取向，可以将垄断分为合法垄断和非法垄断。

4）依据产生的原因的分类方法

依据垄断产生的原因，可以将垄断分为经济垄断、自然垄断、国家垄断、权力垄断和行政垄断。

5）依据市场结构的分类方法

依据市场结构的情况，可以将经济性垄断分为独占垄断、寡头垄断和联合垄断。

## 9.3.2　IT 垄断与反垄断

垄断对经济带来的影响是非常显著的，也是经济学研究的重要领域。

**1．IT 垄断的特点**

IT 行业的垄断现象具有显著特征。首先，关键资源往往被单一企业掌控，例如全球绝大多数 PC 和笔记本都采用微软操作系统。其次，行业技术特性导致企业采取捆绑销售、限制接入等垄断行为。运行在 Windows 系统上的办公软件和管理软件无法自由更换，用户必须使用微软 Office 套件并持续升级。多年来，微软的 DOC 文档格式已成为事实标准，导致用户无法将邮件备份到其他软件中打开阅读，也难以在不同系统间转换 Word 文档格式。微软始终未公开 Windows、Office 等软件程序的源代码，从而垄断了相关技术和市场。知识产权保护为 IT 行业的垄断提供了正当理由。如本书第 7 章所述，知识产权本质上是一种排他性权利，甚至被称为垄断权利。IT 行业产品具有高度标准化的特征，这种标准化便于企业并购，进而导致定价、销售等决策的集中化。此外，企业间也可以通过知识产权许可、供货协议或推销协议等多种合作方式实现联合经营。

垄断既可能表现为单一企业的独家控制，也可能通过多家企业以卡特尔、辛迪加、托拉斯或康采恩等联合形式形成垄断组织

### 2. 垄断组织

卡特尔（Cartel）是指生产同类商品的企业为获取高额利润，在划分市场、规定产量或确定价格等一个或多个方面达成协议形成的垄断联合体。其成立通常需签订正式书面协议，并由成员企业共同选举委员会负责监督协议执行及管理共同基金。与短期价格协定相比，卡特尔不仅涉及范围更广，且具有更强的稳定性。

辛迪加（Syndicat）是企业为获取高额垄断利润，通过签订协议共同采购原料和销售商品而形成的垄断联合体。参与企业虽然在生产和法律层面保持独立性，但在购销环节已丧失自主权——所有购销业务均由辛迪加总部统一处理。成员企业不再直接参与市场交易，且难以退出该联合体，因此辛迪加比卡特尔具有更高的集中度和稳定性。

托拉斯（Trust）是垄断组织的高级形式，指生产同类产品或存在生产关联的企业，为获取高额利润而实现从生产到销售的全面合并。参与企业虽保持法律上的独立地位，但在生产经营方面完全丧失自主权，所有业务和财务活动均由托拉斯董事会统一管理。原企业转变为托拉斯股东，按持股比例分配利润。作为具备完整联合公司功能的垄断组织，托拉斯在组织紧密性和运营稳定性方面都显著优于卡特尔和辛迪加。

康采恩（Konzem）是由不同产业部门的企业组成的垄断联合体，通常以实力最强的企业为核心。作为工业垄断资本与银行垄断资本融合的产物，康采恩在组织形式上比卡特尔、辛迪加和托拉斯更为高级。

### 3. 反垄断运动

在成熟的市场经济国家，《反垄断法》作为基本法律制度，其修订频率显著高于其他基础性法律。以德国《反限制竞争法》为例，该法历经 1966 年、1973 年、1980 年和 1990 年等多次重大修订。日本《反垄断法》同样经历了 1949 年、1953 年和 1977 年数次重要修改，其中针对企业集团监管条款的修订尤为频繁且反复。

日本在战后面临打破财阀垄断、实现经济自由化的目标，因此 1947 年制定的《反垄断法》明确规定禁止控股公司和禁止持有其他公司超过股份总数 5% 的公司债。但随着日本经济的振兴，这些严厉的措施给外资进入和企业发展带来了困难。于是反垄断法在 1949 年和 1953 年经过两次修订后，删除了对公司债持有的限制规定，并对事业公司的股份持有进行了重大调整。到 20 世纪 70 年代，由于新的大企业集团的出现使经济形势再次发生变化，这又导致了 1977 年反垄断法的修订。

　　从 AT&T 公司的发展历程中,人们可以了解技术发展、垄断与反垄断之间的关系。一百多年来,AT&T 公司始终受到反垄断法的约束,但美国政府并未真正试图彻底瓦解它。相反,每一次反垄断行动实际上都帮助 AT&T 优化结构,使其在调整后发展得更好。AT&T 创立初期,其电话技术受到专利保护,因此前十几年的发展十分顺利。然而,到1895 年专利失效后,美国迅速涌现出六千多家电话公司。此后十年间,美国的电话用户数量从两百万户激增至三千万户。在此期间,AT&T 凭借技术优势和成功的商业收购,迅速击败了所有竞争对手。到 20 世纪初,AT&T 几乎垄断了美国电信市场,并在海外拓展了大量业务。到 20 世纪 50 年代,AT&T 的发展规模已迫使美国政府司法部不得不介入干预。1956 年,AT&T 与司法部达成协议,再次对其经营行为施加限制。反垄断法的约束迫使 AT&T 通过科技创新来增强实力,维持技术领先优势,从而巩固其市场垄断地位。1948年,AT&T 实现了微波通信的商业化应用;1962 年,它成功发射了第一颗商用通信卫星。这些技术突破使得小型竞争者根本无法动摇 AT&T 的市场根基。进入 20 世纪 80 年代,美国司法部不得不再次对 AT&T 发起反垄断诉讼。经过漫长的法律诉讼,美国政府最终胜诉,导致 AT&T 在 1984 年首次被拆分。这次反垄断诉讼实际上只是为 AT&T 这棵大树进行了一次必要的修剪。经过调整后,AT&T 反而实现了更加强劲的发展。

　　美国司法部最终裁定 AT&T 的行为构成反竞争。与此形成鲜明对比的是柯达公司的案例,法院判决柯达的行为不构成违反竞争。法院认为,柯达公司研发的新型胶卷只能使用其自有设备冲印,这属于技术创新。柯达公司仅对冲印照片的化学试剂配方保密,由此形成的胶卷生产与冲印一体化是由技术特性决定的。在 1982 年解体前,AT&T 实行的是集长途电话、本地电话服务以及通信设备制造、研发于一体的经营模式。AT&T 通过制定专有技术标准并封锁网络标准信息,以此排挤其他设备制造商。与柯达公司利用技术优势不同,AT&T 是在滥用市场支配地位,因此其一体化经营和技术保密行为被认定为具有反竞争性质。

　　我国的《反垄断法》于 2007 年 8 月 30 日由第十届全国人大常委会第二十九次会议审议通过,全文共 8 章 57 条,内容简明扼要。该法主要规定包括:第十三条、第十四条和第十七条不仅列举了垄断行为的具体表现形式,还设置了兜底条款,授权国务院反垄断执法机构认定其他垄断行为,同时引入了豁免制度和承诺制度等创新机制。豁免制度主要针对垄断协议,虽然部分协议可能排除或限制竞争,但若其对社会经济发展的整体利益大于对竞争秩序的损害,则可获得豁免。第十五条明确规定了七种可豁免的垄断协议情形。第七章规定:对于达成并实施垄断协议或滥用市场支配地位的行为,反垄断执法机构应责令停止违法行为,没收违法所得,并处上一年度销售额 1%～10% 的罚款;对于违法实施经营者集中的行为,国务院反垄断执法机构应责令停止实施集中,限期处分资产或转让营业,采取必要措施恢复集中前状态,并可处 50 万元以下罚款。此外,造成他人损失的垄断行为还需依法承担民事责任。

　　我国现行《刑法》尚未设立垄断罪,《反垄断法》中也未对垄断行为本身规定刑事责任,仅在第五十二条对妨碍反垄断执法机关执行公务的行为,以及第五十四条对反垄断执法人员滥用职权、玩忽职守等渎职行为规定了刑事责任追究条款。就反垄断执法实践而言,执法机构主要追究的是垄断行为主体的行政法律责任。

　　在反垄断问题上,美国具有显著的规则优势,而我国则面临多重困境。以知识产权保护为例,中国必须保护知识产权,但由此形成的产业和市场却容易被美国等技术先进国家占据。在通用软件领域,国内 IT 企业几乎无法与微软争夺市场份额。虽然中国软件行业仍有一定发展空间,但也面临着制度性障碍的制约。要发展中国 IT 产业,必须营造良好的政策环境,包括鼓励商业银行投资、简化工商税务管理、加强用户权益保护和知识产权维护。反垄断的核心目标是维护市场有效竞争和保护消费者权益。美国政府审查并购案件时,不仅考量市场集中度指标,更会评估兼并后的市场效率。判定垄断的标准并非企业规模大小,而在于是否滥用市场支配地位。

中国《反垄断法》的实施并不能解决市场秩序中的所有问题。建立和维护公平、竞争、有序的市场秩序,更需要市场主体的共同参与。值得注意的是,自美国拆分 AT&T 后,以芝加哥大学为代表的"法与经济学"运动兴起,该运动试图推翻反垄断法的经济学基础,形成了一股"反反垄断法"的思潮。

【案例 9-8】"小贝尔"公司（BabyBells）

AT&T 公司由电话发明者亚历山大·贝尔于 1877 年创立。自成立之日起,该公司始终保持着行业领先地位,直至被拆分为 7 家独立运营的"小贝尔公司"。1892 年,AT&T 的业务范围从纽约地区扩展至芝加哥地区;1915 年实现全国覆盖;1927 年将长途电话业务拓展至欧洲。1925 年,该公司成立了专门的研发机构——贝尔实验室。贝尔实验室的重要发明不仅包括电话本身,还涵盖射电天文望远镜、晶体管、电子交换机、UNIX 操作系统和 C 语言等计算机技术。该实验室还发现了电子的波动性,创立了信息论,发射了首颗商用通信卫星,铺设了第一条商用光纤线路。AT&T 长期垄断美国电话市场,并通过北电公司控制着加拿大的电话业务。

长期以来,多个反垄断组织联合对 AT&T 公司提起诉讼。1913 年,根据金斯堡协议（Kingsburg Agreement）,AT&T 被迫退出西部联盟（Western Union）,并允许独立电话公司接入其长途网络。1984 年,依据联邦反垄断法,司法部强制 AT&T 拆分为多个区域性公司,包括纽约新英格兰电话公司（Nynex）、大西洋贝尔（Bell Atlantic）、南方贝尔（Bell South）、美中电信（Ameritech）、西南贝尔（Southwestern Bell）、西部电信（U. S. West）和太平洋电信（Pacific Telesis）,统称为地方贝尔运营公司（RBOC）。拆分后的 AT&T 仅保留长途电话业务和通信设备制造业务。

## 9.3.3  IT 垄断对中国信息产业的危害

中国 IT 产业面临严重的垄断问题,微软和英特尔分别在软件和硬件领域形成市场支配地位,这不仅导致中国用户承担高昂成本,还对信息安全、政府采购和技术创新产生负面影响,制约了本土 IT 产业发展。在 PC 处理器市场,虽然 AMD 产品价格更具竞争力且 64 位技术领先英特尔,但英特尔仍占据绝对市场份额。除传统软硬件垄断外,软件专利垄断这一新型垄断形式正在国内形成并产生影响。中国工程院院士倪光南曾警示国内用户"需要及早防范正在形成的软件专利垄断"。虽然中国相关部门已意识到垄断的危害,国务院设立了反垄断执法机构来认定各类垄断行为,并引入豁免、推定等制度,但反垄断工作仍面临长期挑战。反垄断的实质是打击价格操纵协议、滥用市场支配地位等行为,其核心在于遏制不正当竞争。

从客观角度看,我国缺乏反垄断传统,反垄断执法经验明显不足,执行能力相对薄弱。

值得注意的是,即便是反垄断制度成熟的发达国家,也都面临着执法能力建设的挑战。因此,在《反垄断法》实施后,提升执法能力成为当务之急。以知识产权为例,意大利早在15世纪就开始授予专利权,西方国家在这方面有着悠久的保护历史。知识产权界定本身就是一个专业性极强的领域。由于我国在知识产权保护方面经验不足,新旧问题交织出现,常常令相关部门应对乏力。

## 9.4 IT行业垄断现象的特点及规则措施

微课视频

### 9.4.1 IT行业垄断现象的特点

互联网企业数量的持续增长,既体现了行业的快速发展,也加剧了市场主体间的竞争程度。当某种商业模式取得成功后,往往引发大量同质化商业模式的快速复制,导致竞争者之间的摩擦日益加剧。在这种竞争环境下,部分互联网企业容易突破正当竞争的界限,加之政策规范滞后和政府引导不及时,不正当竞争行为呈现上升趋势,损害了互联网行业的健康发展。

1) 互联网竞争主体日益增多

互联网作为开放且高度竞争的行业,近年来在全球互联网发展浪潮和国内互联网商业快速崛起的双重推动下,我国互联网企业数量呈现爆发式增长。一批创新型中小企业凭借技术优势或商业模式创新迅速崛起,既推动了行业发展,也加剧了市场竞争。在原有BAT(百度、阿里、腾讯)主导的行业格局下,新竞争者的涌入使互联网领域的竞争主体更加多元化。当前我国互联网行业已形成大企业之间、大企业与中小企业之间以及中小企业之间的多层次竞争格局,其中大型企业间的竞争尤为突出。

2) 互联网竞争程度日趋激烈

互联网行业的蓬勃发展加剧了企业间的市场竞争。互联网创造的财富效应促使各类企业积极布局,无论规模大小都希望获得发展机遇。当大型企业跨界进入彼此的核心业务领域时,往往引发激烈竞争,典型案例包括腾讯微信与阿里来往的市场争夺。当中小企业凭借创新模式快速崛起并威胁到大企业核心业务时,往往会面临大企业的强力反击或收购整合,如百度搜索与360搜索的市场争夺;中小企业间的竞争则常演变为背后资本方的直接对抗,如滴滴与快的的市场竞争,实质上是其背后腾讯与阿里两大集团的资源博弈。

总体来看,互联网行业的竞争日趋白热化,新趋势下逐渐演变为几大互联网巨头通过各自生态体系内的中小企业展开竞争。

3) 互联网不规范竞争现象频现

互联网行业竞争激烈最直接的表现就是不正当竞争行为频发。由于商业逐利本性和行业监管制度尚不完善等因素,近年来我国互联网领域频繁出现违规竞争现象。从团购行业的"百团大战"到360与腾讯的"3Q大战",再到360与百度的"搜索大战"、腾讯与阿里的"即时通信产品封杀战"以及"滴滴快的补贴战"等,都出现了各类不正当竞争行为。

### 9.4.2 针对IT垄断的规则措施

互联网垄断行为对国家、社会、行业和用户都造成严重危害,建立长效反垄断机制刻不容缓。本文基于客观环境分析，提出若干对策建议，主要包括加强监管执法、支持技术创新、完善产权保护和优化资源配置四个方面。

### 1. 强化法律权威性和市场监管严肃性

我国反垄断法律在互联网领域的适用性存在滞后性和争议性，导致行业反垄断执法力度不足。针对这一问题，法律专家建议采取"速立频修"原则，以快速建立法律权威性。对于互联网行业频发的不正当竞争行为，如无正当理由的排他性协议、欺诈用户行为、窃取用户隐私、掠夺性定价、强制搭售等，监管部门应当及时介入。必要时可通过行政手段实施严厉处罚，强化监管力度，为行业树立执法标杆，维护公平竞争的市场环境。

### 2. 孵化和支持创新型中小企业的成长

促进我国互联网行业健康发展，需要培育更多创新型中小企业。互联网垄断的最大危害在于抑制行业创新活力。政府在加强对互联网巨头垄断行为监管的同时，应当重点扶持中小企业发展。虽然垄断行为长期危害行业发展，而严格监管也可能带来短期市场波动，但从长远来看，培育中小企业对增强行业活力和维护市场稳定至关重要。这一发展思路与当前我国大力推进的"大众创业、万众创新"战略高度契合。

针对我国互联网行业反垄断问题，有学者提出"谦抑性反垄断法实施理念"，主张在保持对互联网行业限制竞争行为警惕的同时，对新兴互联网企业采取相对包容的监管态度。这一理念与本文提出的"严格监管与扶持创新并重"思路具有内在一致性。

### 3. 完善互联网行业知识产权保护举措

我国互联网行业的快速发展促进了知识产权保护体系的完善，目前已形成较为全面的保护机制，但仍需在某些方面继续优化。值得注意的是，当前互联网领域许多不正当竞争案件都被归入知识产权保护范畴，即便适用"诉前禁令"原则，申请人仍需缴纳 150 万至 400 万元保证金。如此高额的保证金要求，客观上为部分垄断企业利用法律漏洞实施不正当竞争提供了可乘之机。在知识产权保护工作中，必须准确区分合法与侵权行为，切实保障真实创新成果，防止行业陷入"山寨式"伪创新的发展误区。因此，知识产权保护需要兼顾现实复杂性和法律严谨性，通过多元化措施配合反垄断监管工作。

### 4. 约束互联网巨头携公权力的市场化

地方政府在资源配置过程中，应当避免公共权力助推市场垄断，其根本目标不应是进一步扩大互联网巨头的市场优势。政府与互联网企业高调签署战略合作协议的做法，容易使政府被卷入企业商业宣传，可能被视为为企业利益背书。然而，政府确实需要与企业开展合作，但应聚焦于公共利益和服务采购，通过发挥大企业的产品服务优势提升公共服务水平，同时以中介身份为中小企业搭建发展平台，从而推动整个行业协调发展。

### 【案例 9-9】

#### 1. 情况介绍

"学术论文检测系统"通过互联网将待检测文章与数据库文献进行比对，能够自动识别并标注重复内容。以 2009 年一位博士毕业生为例，其耗时两年完成的 20 万字学位论文先后经过 5 位评审专家（3 名校内、2 名校外）和 5 位答辩委员（3 名校外、2 名校内）的严格评审。该论文在创新性等指标上获得评审专家组的一致高度评价，评分优异。

该生所在高校随后通过"学术论文检测系统"认定其论文存在 22% 重复率，强制要求修改并重新答辩。这一处理方式反映出"宁信机器、不信专家"的评判标准——尽管 10 位评审教授均高度认可该论文的创新性,但最终却被检测系统的机械判定所否定。

　　论文作者坦言确实引用了大量前人研究成果,但均作为论据支撑并融入自身理论体系。然而"学术论文检测系统"将所有规范标注的引文均视为雷同内容,这种机械判定可能将合规引用误判为抄袭。虽然过度引用确实需要规范,但现行检测系统尚无法准确区分合理引用与学术不端行为。

　　由于受到众多学生的质疑,"学术论文检测系统"的开发者强调说,"学术论文检测系统"只是一个辅助工具,是否属于抄袭尚需专家鉴定。

　　学术研究成果无法进行数字化计量和评价,这是一个世界级难题。学校做决定的依据是采纳计算机检测的结果,用一个冷冰冰的百分数,"判定"该论文在"原创"方面"不合格"。使用检测系统查完之后,还要由专家做最后的判断。这或许只是理想化的设想。从社会学视角看,"科学官僚"体制往往倾向于采用最简单机械的处置方式。当需要人工判断时,其中的不确定性常使决策者无所适从。最终,专家评审环节被简化取消,只剩下冰冷的机器判定。更甚者,即便专家已作出专业判断,其结论也可能被检测系统全盘否定。

**2．讨论问题**

(1) 请讨论"评审教授和答辩委员会的评价意见也不是绝对的"这一观点。

(2) 商家申辩"学术论文检测系统"只是作为一个辅助工具,是否是在推卸责任?

(3) 对于学校更为相信"学术论文检测系统"的现象,"宁信机、不信人",你是如何看待的?

## 思考讨论

1. 根据本章"网络信息资源"的定义,举例说明你经常利用何种网上资源?

2. 在计算机联网的情况下,局域网的网管可以控制网内每台计算机的上网情况。试分析这种技术的经济利益。

3. 计算机设计开发人员、计算机使用者以及相关管理人员如何能事先充分进行沟通交流?

4. 由于IT的复杂性和效益隐蔽性,直接论证在IT方面的投入与企业竞争力呈现正比关系几乎是不太可能的。那么,有没有更好的评价IT价值的方法?

5. 如何认识计算机行业的"垄断"? 反垄断斗争的理论基础是什么? 全球科学技术发展的历史曾出现过类似的现象吗?

6. 人体内的软件也有操作系统和应用软件之分,你同意这一观点吗? 如果是,它们分别存在于人体哪些组织和器官中?

7. 诺基亚手机销售是采取统一定价吗? 还是其他定价方法?

8. 在计算机技术产业中采用更多的机器、计算机(如机器人等),能否提高生产效率? 是否能改善劳动力,尤其是智力型劳动力短缺?

# 第 10 章

# IT职业道德与社会责任

CHAPTER **10**

## 本章要点

　　职业是社会专业分工的体现,培养职业素质是职业发展的基础。职业素质作为职业化的核心要求,包含职业道德与专业技能两大要素。职业道德是指与职业活动密切相关、符合职业特性的道德规范、道德情操和道德品质的统称,是职业人在社会立足的根本。IT职业道德则特指从事信息技术行业的专业人员必须遵守的行为准则体系。爱因斯坦曾说:"如果你们想使你们一生的工作有益于人类社会,那么,如果只懂得应用科学本身是不够的,关心人类自身和他的命运必须一直是所有技术上努力的主要兴趣。"职业人员社会责任感的本质在于正确处理"个人与他人""个人与社会"的关系认知。在信息技术高度发展的当下,IT从业者更需以道德准则规范自身行为,坚守职业伦理。IT技术人员和相关企业应当持续关注技术产品、应用服务对用户及社会的影响,在追求技术创新的同时加强伦理考量,主动承担技术决策责任,防范可能产生的负面社会效应。

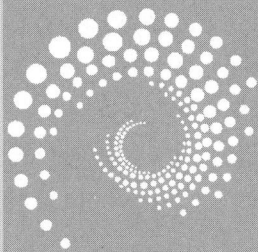

【引导案例】 互联网企业的社会责任——移动办公解企业复工之需,降低经济损失

远程办公需求激增推动互联网办公软件市场爆发式增长。华为云 WeLink 数据显示,2020 年 2 月 2 日单日新增企业用户达 1.5 万家;1 月 31 日至 2 月 7 日期间,日均新增企业用户增长率维持在 50%。同期,腾讯会议在除夕当天宣布向全国用户免费开放 100 人会议功能,随后迅速升级至 300 人规模。1 月 29 日至 2 月 6 日短短 9 天内,腾讯会议紧急扩容超过 10 万台云主机,投入的计算资源总量突破 100 万核,创下中国云计算行业的新纪录。企业不计成本地紧急扩容基础设施,暂时搁置投入产出比考量,全力保障全国数亿人的线上办公需求。钉钉平台同样迎来使用高峰,春节期间服务超过 1000 万家企业组织和近 2 亿用户。通过阿里钉钉、腾讯会议、华为云等办公软件,用户可实现视频会议、远程协作、健康打卡等功能,在维持工作效率的同时确保各产业正常运转,最大限度降低疫情造成的经济损失。

互联网企业积极发挥平台优势、流量资源和技术实力,为社会稳定贡献创新解决方案,以实际行动履行了企业社会责任。

# 10.1 职业道德与个人职业发展

微课视频

## 10.1.1 道德的社会价值

国无德不兴,人无德不立。习近平总书记高度重视道德建设在实现"两个一百年"奋斗目标中的重要作用,将其视为关键的思想保障和精神动力,他指出:"道德是社会关系的基石,是人际和谐的基础,要始终把弘扬中华民族传统美德、加强社会主义思想道德建设作为极为重要的战略任务来抓,为实现中华民族伟大复兴的中国梦提供强大精神力量和有力道德支撑。"

社会的稳定运行依赖于各阶层关系的和谐有序、社会风气的健康向上以及公民行为的文明规范,这些都需要道德力量的支撑。道德的社会作用主要体现在以下几方面。

### 1. 继承传统文化,彰显国家文明

建设现代化强国不仅需要实现工业化,更要注重文化软实力建设,包括培育高素质公民、塑造国家形象、弘扬民族精神与核心价值观。其中,公民道德水平直接体现国家形象和精神价值,反映国家文明程度与文化软实力,是凝聚国民价值共识的重要基础。

国家文明建设既需要物质基础,更离不开精神支撑。公民道德建设直接关系国家文化软实力的提升,而文化软实力又是综合国力的关键要素。作为软实力的重要体现,公民道德建设通过培育民族核心价值观和维护社会道德秩序发挥作用。习近平指出,"夯实国内文化建设根基,一个很重要的工作就是从思想道德抓起"。这一重要论断为我们理解文化软实力与道德建设的关系提供了理论依据。文化与道德具有内在关联:文化体现民族历史传承的精神内核,道德则彰显民族的伦理价值取向。具体而言,文化形态决定道德规范的具体内容,而道德实践又集中体现文化的核心精神。"伦理道德不只是一种行为规范,乃至不能简单地当作规范体系或价值体系,而是具有完整而有机的文化本性。这种文化本性,展开为四个要素的结构:人伦原理,人德规范,人生智慧,人文力。"也就是说,文化是道德之"根",而

道德是文化之"魂",文化通过伦理道德在人类行为中得以彰显,先进文化与高尚道德呈现正向关联。由此可见,公民道德建设是增强文化软实力的关键环节,道德水平也成为衡量文化软实力的重要指标。

纵观世界各民族的传统文化发展史,都蕴含着丰富的道德典范和伦理智慧。中国传统文化中"孔融让梨""孟母三迁"等典故,以及希腊神话中的诸多故事,都生动诠释了尊老爱幼、勤劳勇敢等人类共同美德。值得注意的是,老子的《道德经》是中文典籍中外译版本最多的著作;而传承两千五百余年的儒家思想体系,更被誉为最具道德哲学深度的思想体系。"有朋自远方来,不亦乐乎""四海之内皆兄弟也""己所不欲,勿施于人""德不孤,必有邻""礼之用,和为贵"。北京奥运会选用《论语》中的五句经典作为迎宾语,向世界展示了中华民族的道德底蕴。文化的传承与发展离不开道德元素的延续与弘扬,这正是中华文明生生不息的重要体现。

### 2．规范行为,调节关系

道德的重要社会功能在于调节社会各阶层成员之间的关系。古代社会通过"君君臣臣、父父子子"的伦理规范确立社会秩序;现代社会则倡导"尊老爱幼、关爱弱势群体"等道德风尚,维系社会和谐。

随着文明进步,人类逐渐认识到道德不仅规范人际关系,还调节着人与自然、人与生态环境的关系。当今全球面临的气候变暖、生态破坏等问题,根源都在于人类活动:资源过度开发、草原超载放牧、森林面积锐减;过度消费导致碳排放激增,引发水质恶化、空气污染,进而降低生活质量、增加疾病发生率,最终形成劳动力短缺和医疗负担加重的恶性循环。因此,现代社会的道德讨论必须立足全球化视野,涵盖人类生存环境等更广泛议题。在全球一体化加速推进、生态环境恶化、能源资源短缺等共同挑战面前,道德建设已直接关系到人类社会的存续与可持续发展。

1952年诺贝尔和平奖得主施韦泽医生创立了"敬畏生命"伦理学说,其核心主张是:宇宙万物皆有生命,构成有机整体,人类应以仁爱和感恩之心对待自然。该理论认为,遵循自然规律行事将获得幸福,违背则招致灾祸。因此,尊重自然规律的道德准则和人类共同道德文明,应当成为指导人们生产生活的根本原则,这既是幸福生活的理论基础,也是实践保障。

### 3．工作和生活秩序的基石

公民道德建设通过崇高的道德追求引领美好生活。从理论层面看,美好生活必然包含道德维度,因为人不仅是物质存在,更是精神存在。道德不仅满足人的精神需求,更为生活确立目标、赋予意义,增添生活美感。道德作为美好生活体系的重要组成部分,直接影响着人民整体生活的质量水平。制约人们实现美好生活的因素与精神境界和道德素养密切相关。自私、偏见、歧视、贪婪、不公等负面价值观念,往往在经济往来、社会交往和行业互动中引发潜在冲突。

当前信息技术发展迅猛,法律法规的制定往往滞后于技术变革,导致信息社会存在监管空白。这一现实使得道德规范在信息时代的社会价值愈发凸显,其影响力远超以往任何时期,对维护社会秩序具有特殊意义。在此背景下,如何通过弘扬道德共识来唤醒公众的道德自觉,培养良好的网络行为习惯,已成为每个人都需认真思考并积极践行的时代课题。

### 10.1.2　职业的属性

#### 1. 什么是职业

职业一词至少包括两个方面的含义。首先,职业体现了专业分工,没有高度的专业分工,就不会有现代意义上的职业概念;随着人类文明的发展,职业在不断增减变化。现代社会职业化分工意味着要专门从事某项事业并成为行家里手,即具备职业素养、职业精神和职业化行为能力,否则难以在全球化的市场竞争中立足。其次,职业体现着精神追求,职业发展过程也是个人价值实现的过程,职业要求从业者保持忠诚。个人在实现价值的同时也为社会作出贡献,二者相辅相成。要成为职业化专家,培养职业素质是首要步骤。

素质是人在先天禀赋基础上,通过教育与社会实践活动形成的较为稳定且长期发挥作用的主体性品质,是智慧、道德、能力等的综合体现。职业素质是指从业者在特定生理和心理条件基础上,通过教育培训、职业实践和自我修炼等途径形成并发展的内在、相对稳定的基本品质,对职业活动具有决定性作用。职业素质是职业化的基本要求,体现劳动者对社会职业的了解和适应能力,其构成可以用以下公式表示:

职业素质＝职业道德与职业修养＋专业技能

职业修养是个人职业生涯的关键要素,包括知识、技能、职业敏感性、社会责任感和职业道德等。专业技能是从事某种职业的必备条件。IT 职业技能涵盖理论与实践能力两大方面。核心理论课程中,偏软件方向的包括离散数学、算法、程序设计基础、数据结构、数据库系统概论和操作系统等;偏硬件方向的则包括数字电路、汇编语言、C 语言、计算机组成原理、体系结构以及微机原理与接口技术等。

#### 2. 职业的具体属性

职业不仅仅是获取个人生活物质基础的手段,也是社会发展的必需。它既具有个体属性,也具有社会属性。职业性原则指出,从现代职业教育的起源来看,任何劳动和培训都以职业的形式进行,这意味着职业的内涵既规范了社会职业或劳动岗位的实际维度,又规范了职业教育、职业教育专业、职业教育课程和职业教育考核的标准等。在社会宏观层面,职业具有四个特征:①群集式的工作资格,即由专业能力、方法能力、社会能力决定的职业从业能力;②规范性的工作领域,即由职业资格以及工作手段、工作对象、工作环境决定的社会职业劳动分工;③层级型的工作空间,即由从业者的职业资格与工作岗位的基本要求并根据劳动组织结构决定的职业活动范围;④社会化的工作价值,即由劳动者的职业贡献所决定的社会职业价值认可。

### 10.1.3　职业道德的概念

职业道德是同人们职业活动紧密联系的、符合职业特点要求的道德准则、道德情操与道德品质的总和,是人在职业社会的立身之本。不同职业的具体要求各不相同。

IT 职业道德是指从事 IT 职业的专业人员应当遵循的行为规范的总和。

职业道德反映了一个人的职业化能力,因此它属于人力资源的讨论范畴。现代人力资源管理认为职业道德由以下几个方面构成:

(1) 职业道德是一种职业规范,受到社会和行业的普遍认可,例如希波克拉底誓言。

(2) 职业道德是在长期实践中自然形成的,并通过历史上杰出人物的言行体现出来,例如孔子就是教师的典范。

（3）职业道德没有固定形式，通常表现为守则、规范、观念、习惯和信念等。

（4）职业道德依靠企业文化、个人信念和社会习俗，通过从业者的自律来维系。

（5）职业道德通常不具备强制约束力，但社会舆论对其影响显著，这一点与法律法规不同。

（6）职业道德的核心是对从业者义务的要求，有助于提升其职业能力，而法律法规则是必须履行的责任。

（7）职业道德标准具有多元性，不同国家、地区和企业团体可能秉持不同的价值观念。

（8）职业道德承载着企业文化与团队凝聚力，其深远影响使之成为企业可持续发展的核心驱动力。

因此，在现代职业资格认证考试中，职业伦理已成为必考内容。同时，多数高等院校都将职业伦理课程列为学位必修课，包括计算机伦理、商业伦理、医学伦理、教育伦理、法律伦理、建筑伦理、行政伦理、生态伦理和环境伦理等。这充分体现了职业伦理道德在专业实践中的核心地位与重要作用。

## 10.1.4　职业道德规范

### 1. 职业道德规范的定义

职业道德规范，又称职业伦理守则，是由特定职业协会根据社会对该职业群体及职业行为的期望制定而成，明确规定了从业者应具备的能力、意识和责任，是该职业的道德行为准则和行动指南。它既是一种自律机制，也是一种道德约束和教育手段。职业伦理守则作为衡量行为正当性的标准，为专业人员提供了行为规范框架。当个人利益与社会利益、职业利益发生冲突，或上下级、同事间产生矛盾时，伦理守则能够引导矛盾解决。在职业责任与其他利益或法律法规产生冲突时，伦理守则还能维护专业人员的合法权益。

### 2. 职业道德规范与行业协会规章

每个职业都有其特定的道德规范。以计算机行业为例，在英国和美国，申请加入计算机协会前必须满足具体的职业道德要求，不符合条件者将无法获得会员资格。IT技术对现代社会的影响尤为深远，如今人们的工作生活几乎离不开计算机网络。因此，自20世纪90年代起，西方发达国家陆续制定了各类计算机伦理规范，例如美国计算机协会（ACM）就在1992年10月通过并实施了《伦理与职业行为规范》。

英国政治学家、社会学家麦基弗（Robert Morrison MacIver）曾指出："任何组织要实现正常运作并达成既定目标，都必须建立相应的规章制度来约束成员行为，这就是组织的法律。"行业协会基于维护共同利益的需要，在法律框架内依据组织契约，对外与政府进行协调博弈，对内实施自我管理。某些重要地区的行业协会不仅在本国具有影响力，更具备全球性影响。美国计算机协会（ACM）成立于1947年，是全球历史最悠久的计算机教育与科研组织。作为计算机技术领域规模最大的专业机构，ACM拥有遍布世界各地的会员，其宗旨在于"拓展信息处理的科学与艺术维度，促进专业人员与社会公众的信息自由交流，培养并保持从业者在该领域的专业操守与能力"。

### 3. 职业道德规范的功能

（1）认知功能。通过制定行为规范准则，帮助本行业专业人员全面认识其职业责任、义务和权利,从而树立职业荣誉感与责任感。

（2）道德功能。通过设立激励性条款,借助道德约束和舆论监督,促使专业人员提升道德修养,以满足专业工作要求并有效履行岗位职责。

（3）惩戒功能。通过制定惩戒性规定,运用行政等外部强制手段,约束专业人员的不当行为。

# 10.2　计算机专业人员的职业道德准则和社会责任

## 10.2.1　社会责任的意义

在中国传统文化中,"责"的本义是"求取","任"的本义是"符合",责任即指符合特定要求。根据《汉语大词典》的释义,"责任"包含三层含义:第一,指委派某人承担特定职务与职责;第二,指分内应当完成的事务;第三,指因未能履行分内义务而应当承担的过失。责任是人类区别于动物的本质特征之一:动物依靠本能生存,而人类凭借理性生活,这种理性首先体现为人类具有责任意识。马克思和恩格斯曾论述责任的客观性,指出:"作为确定的人,现实的人,你就有规定,就有使命,就有任务,至于你是否意识到这一点,那都是无所谓的。一个有胜任能力的人,在社会中担负一定职务,就会有一定的使命和任务,如果有能力而不担负工作,那么就要受到社会的谴责和惩罚。这是责任在现实生活中表现出来的逻辑。"人类无法脱离责任而独立存在。个体之所以必须承担推动社会存续与发展的责任,根源在于人的社会属性与社会的人本特质。正是通过社会这一载体,人类才获得实践与交往的场域,并由此找到自我实现、发展与完善的途径。人类不仅依存于社会生存,更借助社会提供的条件实现自我发展。因此,在享有社会赋予权利的同时,每个社会成员都必须履行相应的责任与义务,为社会发展贡献力量。这种权利与义务的辩证统一,构成了社会与个体相互依存、共同发展的良性循环。

责任是伴随人一生的永恒主题。个体在不同人生阶段和社会角色中都承担着特定的责任要求,应当始终响应责任召唤,努力成为有担当的人。客观存在的责任范畴既涵盖公民个体责任,也包括组织与集体的责任,对此人们应当保持清醒认知并主动承担,以此彰显道德自觉与精神境界。社会公德、职业道德、家庭美德与个人品德等道德规范,本质上都是责任的具体表现形式。个人履行社会责任的过程,同时也是实现自我价值的过程。个体承担的责任越重大,其社会贡献就越显著。因此,我们应当以尽责为荣,以失职为耻。

爱因斯坦说:"如果你们想使你们一生的工作有益于人类社会,那么,如果只懂得应用科学本身是不够的,关心人类自身和他的命运必须一直是所有技术上努力的主要兴趣。"职业人员社会责任感的本质,在于正确处理"个体与他人""个体与社会"的关系认知。在科技高度发达的当代社会,专业技术人员更应通过道德准则规范自身行为,恪守职业伦理,运用专业技术为他人创造福祉而非危害,这对实现个人价值具有重要现实意义。与此同时,企业社会责任问题日益受到社会重视,国际社会甚至专门制定了 SA8000 标准这一第三方认证的社会责任国际准则。

## 10.2.2  IT 职业人员与 IT 企业的社会责任

随着第四次工业革命的蓬勃发展,大量新兴科技成果不断涌现。然而,科技伦理体系的构建与配套法规的完善仍显著滞后于技术发展速度,且对科技进步潜在负面影响的批判性反思明显不足,导致基因编辑婴儿和 AI 换脸技术等伦理乱象频发。在科技快速进步与伦理挑战并存的背景下,"科技向善"研究领域正逐步兴起。

在人类文明发展历程中,科技与伦理的关系始终是重要议题。汉斯·萨克塞在《技术与责任》中首次将"责任伦理"概念引入技术领域,强调技术发展的道德取向取决于人类决策,主张在技术快速进步的同时必须进行伦理审视,要求科技工作者主动承担决策责任,以规避潜在的技术风险。相较于萨克塞聚焦科技工作者的责任视角,汉斯·尤纳斯则从人类社会共同责任维度,探讨技术发展的伦理责任问题。1979 年,汉斯·尤纳斯在《责任原理——工业技术文明之伦理的一种尝试》中提出:现代技术形态在为人类社会创造福祉与进步的同时,也蕴含着巨大的不确定性与潜在灾难风险;现代技术成果不仅是科技工作者的个体实践,更是人类社会的集体实践成果。基于此,他主张建立以责任伦理为核心、兼顾自然生态与人类长远发展的新型伦理体系。在这一理论框架下,科技伦理问题不再被视为孤立现象,而是与法律体系、文化传统、政治制度等社会要素密切关联的综合性议题。

在互联网行业,"科技向善"的社会理念具有深厚历史渊源。1999 年,"不作恶"(Don't be evil)原则被正式纳入谷歌公司的行为准则,时任 CEO 埃里克·施密特明确表示:"这一原则是谷歌员工共同的价值追求,任何损害用户利益的行为都属于'恶'的范畴。"2019 年,中国腾讯公司正式确立"科技向善"作为企业核心愿景与使命。公司董事会主席兼首席执行官马化腾明确提出:"始终以用户价值为根本准则,将社会责任深度整合至产品服务体系,通过科技创新推动文化传承,助力产业转型升级,促进社会可持续发展。"企业践行科技向善理念,关键在于运用技术手段积极履行社会责任——不仅需要杜绝数据滥用,更应通过负责任的数据应用解决复杂社会问题,实现技术赋能社会的目标。

IT 从业人员及相关企业必须持续关注信息技术产品、应用及服务对消费者与社会产生的责任影响。这一责任范畴涵盖参与计算机软硬件及网络技术研发、制造的专业技术与管理人员的道德与法律义务,具体包括:确保产品技术质量达标、设计方案合理优化等技术性要求,以及从业人员个人与企业所秉持的道德文化价值取向等伦理维度。例如,某些企业为追逐高额利润,向消费者销售技术不成熟、质量不可靠的软件产品,导致用户遭受重大经济损失;另有一些企业罔顾青少年身心健康,在计算机游戏程序中植入暴力色情内容或通过平台传播此类信息。这类行为不仅应当受到道德谴责,更需接受法律制裁。

**1. IT 职业人员的社会责任**

1)对自然界的责任

自然界作为人类赖以生存的物质基础和精神源泉,其完整性与稳定性直接关系到人类的生存发展。对自然负责,本质上就是维护自然生态系统的完整与稳定,确保其内在的系统性与和谐性不受破坏。这种责任之所以构成社会责任的重要组成部分,源于一个根本事实:自然界是人类社会存在与发展的基础性条件。自诞生之日起,人类就与自然界形成了不可分割的依存关系。人类必须通过获取空气、水源和养分等自然资源来维持生存,这一过程本质上是与自然界持续进行的物质与能量交换。更重要的是,自然环境的优劣直接影响着社

会发展进程的快慢。由此可见，人类对自然界命运所承担的责任，实质上就是对自身未来发展所肩负的责任。

当前，信息产业快速发展导致的电子垃圾污染问题日益严峻。统计数据显示，电子废弃物的增长速度已达到生活垃圾的 3 倍。这些电子废弃物涵盖多个品类：家用电器（含电源开关）、计算机设备、通信器材（如手机电池）、影音设备、照明装置、监控仪器、电子玩具及电动工具等。若处置不当，此类废弃物将对人类生存环境造成严重污染威胁。作为计算机行业从业者，应当积极践行环保理念：在工作场所优先选用绿色计算机设备，运用人机工程学原理设计环保型计算机产品。通过降低能源消耗与辐射排放，减少对生态环境的污染破坏，促进人机环境和谐发展——这已成为数字化时代从业人员必须履行的基本社会责任。

2）对社会发展的责任

人类对社会发展的责任主要体现在以下维度：第一，推动生产力发展的责任。作为社会发展的决定性力量，生产力是一个包含劳动者、劳动资料和劳动对象三大要素的综合性系统，同时受到科学技术、管理水平等关键因素的影响。因此，履行生产力发展责任不仅要求提升劳动效能，更需要通过科技创新、管理优化和劳动者素质提升等途径实现整体进步，这在当代社会已成为更核心的责任担当。第二，促进社会关系改善的责任。社会发展水平不仅体现在生产力发展程度上，更通过社会关系的质量与规模得以全面反映。通常而言，社会发展程度与社会关系的丰富程度及和谐状况呈正相关关系。因此，为实现社会各领域的协调发展和真善美价值取向的达成，每个社会成员都应主动承担优化社会关系的责任。第三维度体现在推动精神文明进步的责任上。精神文明既是衡量社会发展程度的关键指标，又是促进社会持续发展的重要驱动力。精神文明的进步主要体现在两个维度：其一是科学知识体系的拓展与认知深度的提升，其二是思想道德境界的升华与完善，具体表现为积极的生活态度和符合自然规律的价值观体系。履行精神文明进步的责任，要求我们既要持续开拓新的知识疆域、深化对客观世界的认知，又要引导人们的思想道德发展与社会需求相适应，通过抵制和消除消极腐朽的思想观念，培育健康文明的生活方式。

现代社会的各个运行领域——包括医疗、教育、交通运输、通信及国防等关键系统——都深度依赖信息技术支撑。这种普遍依赖性使得 IT 从业人员的社会责任感与职业道德水准对社会运行质量和发展进程具有决定性影响。在开展 IT 产品研发和技术创新时，专业人员不仅需要严格遵循行业设计规范与技术标准，更必须前瞻性地评估以下关键因素：产品投放市场后的实际效用、使用过程中可能存在的安全隐患，以及技术应用对社会产生的潜在风险。

【案例 10-1】 技术人员的社会责任

2003 年 2 月 1 日，美国"哥伦比亚"号航天飞机在完成 16 天太空任务返航时，于着陆前突发解体事故，机上 7 名宇航员全部遇难。根据美国官方公布的调查结果，事故直接原因是：发射 81.7 秒后，外部油箱左双脚架斜面上脱落的泡沫绝缘材料撞击左翼前缘，导致热防护系统出现裂缝——具体受损位置为左翼前端第 8 节碳纤维增强板。

在"哥伦比亚"号航天飞机任务期间，工程师罗德尼·罗奇尔（Rodney Rocha）根据团队研判结果，多次向 NASA 管理层提出图像分析请求。由于观测到的泡沫绝缘材料撞击图像分辨率不足，罗奇尔坚持要求 NASA 协调美国军事卫星或地面高精度望远镜资源，以获取撞击部位的清晰影像资料。然而，即便罗奇尔先后六次提交正式申请，NASA 管理层仍最终驳回了这一关键的技术支持请求。罗奇尔持续通过官方渠道重申其技术诉求,他明确指出泡沫材料撞击的冲击力足以导致高温气体侵入机体并引发灾难性后果,但管理层始终未予重视。尽管诉求未获采纳,罗奇尔却展现了专业人员的核心美德:首先是对公众(特别是宇航员群体)生命安全保障的执着坚守;其次是敢于坚持专业判断的职业勇气,即便可能危及个人职业发展。这种将公众福祉置于首位、勇于承担社会责任的专业精神,正是科技工作者应当秉持的核心价值。

### 2. IT企业的社会责任

企业社会责任(CSR)是指企业在经营过程中对各类社会诉求的系统性回应,其内涵涵盖四个基本维度:经济责任、伦理责任、法律责任及公益责任。无论处于何种发展阶段,企业都必须明确界定其经营活动与创新行为的底线标准。这一底线原则的核心要求包括:保障国家安全体系不受侵害、维护社会经济运行的基本秩序稳定、切实保护人民群众的根本利益与生命财产安全。

当前,互联网巨头在获取巨额社会关注与市场利润的同时,其社会责任担当却未能同步提升,导致企业实际履责水平与其享有的社会资源明显失衡。平台型企业虽然显著提升了商业运营效率,但更倾向于利用网络效应实现自身利益最大化。平台经济的快速发展已引发诸多社会问题,包括垄断行为嫌疑、用户数据泄露、消费者权益保障不足等,这些现象不仅暴露出平台企业的社会责任缺失,更反映出相关立法与监管体系的滞后性。

近年来,企业社会责任的内涵与外延持续拓展,其法定化趋势日益显著。2021年颁布的《互联网平台企业履行社会责任评估指标体系》团体标准对社会责任采用了广义界定,构建了7个一级指标,即企业治理、劳动者权益、消费者权益、平台治理、公平运营、环境保护、社会促进,全面评估平台企业履行社会责任的情况。平台企业的社会责任可分为自愿性与强制性两个维度。自愿性社会责任指平台自主开展的、超出社会普遍预期的创新型公益活动,具有前瞻性、社会效益性和非营利性等特征;强制性社会责任则要求平台必须向社会提供符合公共期望的优质产品与服务,并持续提升平台的四大核心属性:使用便捷性、系统可靠性、运营安全性和功能实用性。

数字企业应当将"生态发展观"转化为系统化的实践能力与制度机制,通过数字战略与社会责任战略的深度整合,将社会责任标准全面融入以下维度:企业文化价值体系、战略规划框架、组织架构设计、运营管理流程以及员工价值认知,构建具有责任内驱力的新型组织形态。同时,通过数字化管理机制的创新应用,实现企业综合价值的最优化,最终形成能够快速响应社会需求、实现多元价值共创的内生性发展机制。其次,应着力推进社会责任在数字技术领域的深度整合。从技术架构层面,可将社会责任规范嵌入算法设计逻辑,赋予算法内在的责任评估能力,确保自动化决策的伦理合规性,从而构建责任导向型算法体系;从应用实施层面,需将社会责任标准贯穿数据采集、算法部署及决策输出全流程,促使算法在运行过程中持续吸收责任要素,通过机器学习建立动态优化机制,实现算法责任表现的迭代提升。

### 【案例10-2】 竞价排名医疗推广

2016年,一起引发全民关注的医疗事件震动社会:学生魏则西罹患滑膜肉瘤后,通过某搜索引擎获取某医院"生物免疫疗法"信息,治疗期间因延误最佳救治时机不幸离世。事件曝光后,涉事搜索引擎的竞价排名机制及其与"莆田系"医院的合作关系成为舆论焦点,这一商业模式最终将竞价排名机制推向风口浪尖。

2016 年 5 月 2 日,国家互联网信息办公室联合国家工商行政管理总局、国家卫生和计划生育委员会组成专项调查组,对涉事企业展开进驻调查,依法处置该医疗事件及互联网企业合规经营问题。此次事件连同该平台"血友病吧"商业化运营引发的乱象,暴露出部分互联网巨头严重的社会责任缺失问题——为追求商业利益肆意侵害用户权益,完全背离了企业应尽的法定义务与社会担当。

**【案例 10-3】　企业社会责任——比亚迪改流水线产口罩**

2020 年,全球口罩等物资陷入严重短缺。彼时既无现成生产线也无专用设备的比亚迪,紧急动员全体工程师投入研发,迅速完成口罩生产线的自主设计与改造。创始人王传福坦言,作为企业决策者,面对疫情肆虐与 22 万员工防护物资告急的双重压力(当时采购口罩机需耗时两个月),必须承担特殊时期的企业责任。在工程师团队全力攻关下,仅用 3 天完成图纸设计、7 天建成首条生产线,就连技术门槛最高的熔喷布也在 21 天内实现从研发到量产。王传福笑称,尽管最后还是盈利了,但当初这么做并不是为了钱,而是社会需要,是一种责任。

比亚迪跨界生产口罩的举措赢得了国际社会的高度认可。在取得技术突破后不久,企业便获得美国加利福尼亚州价值近 10 亿美元的医用口罩采购订单,创始人王传福更因此入选美国《财富》杂志"年度全球 25 位抗疫领袖"榜单。值得关注的是,在素有"口罩王国"之称的日本市场,比亚迪荣登 2020 年度口罩销量冠军宝座,成为首个在日本平面口罩市场占据销量榜首的中国品牌。

## 10.2.3　工程意识与工程伦理教育

工程是人类基于科学技术知识体系,以改造客观世界、服务社会发展为目标的系统性实践活动。作为科学技术的应用载体,工程活动不仅需要遵循工具理性原则,更应秉持价值理性导向。科学技术主要解决"能不能",即可行性(can)问题,其本质不包含价值判断维度;而工程伦理则聚焦"该不该",即正当性(should)问题,这正是"科技向善"理念的核心要义——作为行为主体的价值选择标准,它体现了人类对实践意义的终极追求,直接指向工程技术应用的伦理边界与社会价值。

科技本身作为中性的工具存在,本身不分"善恶",其"善"与"恶"的属性完全取决于研发者、设计者和使用者的伦理取向,并通过技术产品与服务得以具象化。这种工具属性决定了"科技向善"本质上是人类在科技应用过程中确立的价值准则与行为规范。对工科学生而言,鉴于工程实践具有显著的社会系统性特征,其价值观教育必须兼顾个人品德修养与社会责任意识的协同培养。这种双重价值观体系的缺失将导致严重后果——当从业者缺乏社会价值判断能力时,其工程决策与实施行为很可能背离社会伦理标准,进而产生不可逆的社会危害。因此,工程伦理教育应当成为现代工程人才培养体系的核心组成部分。工程伦理的内涵可从两个维度进行阐释:其一是价值目标维度,体现为工程活动对人类文明进步的庄严承诺与福祉提升的根本追求,这构成了工程伦理的价值底线与职业操守;其二是实践规范维度,即指导工程实践的具体伦理准则与道德标准,这些操作性规范对工程技术应用具有实质性的约束与引导作用。

2018 年 10 月,世界工程组织联合会在其发布的《工程促进联合国可持续发展目标实施路线图》研究报告中明确指出,工程教育是实现可持续发展的关键驱动因素。报告特别强调,制约可持续发展的最紧迫瓶颈往往并非物质资源的匮乏,而是工程管理者与决策者的伦理价值观缺失——这一洞见揭示了工程伦理教育对科技人才价值导向及工程实践伦理取向的决定性影响。基于此,工程伦理教育的价值定位必须与国家发展战略及经济社会发展需求形成深度契合。工程伦理体系需要兼顾宏观与微观两个层面的责任维度。在宏观层面,应当关注工程发展的整体性伦理要求,包括规范工程与自然环境互动的生态伦理准则,以及协调工程与社会关系的责任伦理框架;在微观层面,则需要重视工程师个体的职业伦理责任,这既包含基于专业知识的道德担当,也涉及处理工程与人关系的职业行为规范。其中,生态伦理维度特指工程建设与生态环境之间的道德约束关系及其价值导向。工程活动的实施始终以自然环境为基础载体,这一本质属性决定了工程伦理教育必须确立生态价值导向,在工程实践中自觉维护生态系统的完整性与自然权益的不可侵犯性。责任伦理维度聚焦工程主体与社会之间的互动关系,通过建立道德约束机制和价值引导标准,构成工程伦理体系的核心支柱。职业伦理维度则规范工程师群体的专业行为,其特有的职业操守和伦理准则构成了区别于其他职业的标识性特征。

工程伦理教育的终极目标必须聚焦于人的培养,其核心价值在于实现"立德树人"的根本教育使命。具体而言,这种专业化教育首先要引导学生确立职业身份认知,使其深刻理解工程师在推动生产方式变革、提升生活品质和促进社会福祉中的关键作用,同时明确其肩负的法律义务与伦理责任,并培养从公众利益和社会视角评估工程活动影响的能力。其次,工程伦理教育需要系统传授专业伦理规范,包括行业相关的法律条文、安全规范及工程协会制定的伦理守则,通过典型案例教学使学生掌握工程伦理的正反实践范式。

伦理意识作为工程师的职业素养核心,不仅能够增强其对工程实践中伦理问题的辨识能力,更是履行职业责任、践行伦理行为的基础前提,同时还能推动工程师对其行为进行持续的伦理反思。基于这一认知,工程伦理教育应当着重培养未来工程师的伦理敏感度——特别是具有前瞻性的预判式敏感度,通过系统训练使学生具备三大关键能力:准确预判潜在工程伦理问题的洞察力、对伦理风险保持高度警觉的防范意识,以及主动应对伦理挑战的责任担当,从而确保其在工程实践中能够切实履行伦理职责。

## 10.2.4 计算机职业道德规范

构建完善的计算机伦理体系,其核心在于确立正确的伦理观念与严格的道德自律机制。实现道德意识向道德实践的转化,需要采取以下关键措施:第一,提升计算机从业者的道德认知水平。计算机伦理规范的实施不仅依赖于教育引导,更关键在于激发虚拟空间行为主体的道德认同与情感共鸣,从而实现伦理规范的价值导向。这一目标的达成需要多管齐下:在加强宣传教育与监督机制的同时,必须制定明确的行业行为准则,特别是要细化计算机从业人员的职业操守规范,为从业者提供具体可行的行为指引标准。第二,必须着力提升计算机从业者的信息甄别能力。面对海量但真实性存疑的网络信息,从业者需要培养基于实证的理性思维,系统构建包括事实判断力、信息辨识力以及政治敏锐度在内的综合能力体系,有效阻断不良信息的传播链条。第三,鉴于计算机技术的自主性特征,其伦理建设更强调行为主体的自我约束机制——通过"慎独"这一传统道德修养方法,将内在的道德自觉转化为外在的行为准则,从而形成可持续的伦理自律体系。

计算机职业道德是指在计算机技术研发与应用领域中,基于特定社会意识形态和伦理关系所形成的规范性体系,其核心功能在于调节以下多维关系:从业人员之间的职业互动、人类与知识产权之间的权益平衡、人机协作过程中的权责界定，以及技术应用与社会发展之间的协调统一。

计算机职业作为高度专业化领域，其职业道德要求既具有行业特殊性，又必须遵循普适性职业准则。与其他职业群体相同，计算机从业人员首先需要恪守敬业、诚信、公正、严谨、协作等基础性职业道德规范。在此基础上，计算机行业的特殊性要求从业人员必须将遵守国家相关法律法规作为职业道德底线，包括但不限于《全国人民代表大会常务委员会关于维护互联网安全的决定》《计算机软件保护条例》《互联网信息服务管理办法》及《互联网电子公告服务管理办法》等规范性文件。严格依法从业不仅是计算机专业人员的基本职业操守，更是衡量其职业道德水准的最基本要求。

当前我国计算机伦理建设亟需强化规范的可实施性研究，通过制定具有实操性的伦理准则体系来填补实践空白。在推进本土化伦理建设过程中，应当秉持"他山之石，可以攻玉"的开放态度，系统梳理并合理借鉴国际计算机伦理规范的发展经验。以信息技术领先的美国为例，其自 20 世纪 90 年代便开始构建系统化的计算机伦理规范框架，形成了较为成熟的行业自律体系。近年来，随着计算机技术引发的社会问题日益凸显，我国逐步加强计算机伦理规范体系的建设与完善工作。目前已在多个关键技术应用领域建立了相应的行业准则与行为规范，为从业人员提供了明确的操作指引和伦理判断标准。

## 思考讨论

1. 对于一个专业而言，伦理准则有什么作用？

2. 在道德与技术之间选择有何意义？这种选择会对谁造成伤害？请结合实际案例进行分析。

3. 如何理解 IT 专业人员的社会责任？作为 IT 专业人员如何在工作实践中履行社会责任？

4. 认真学习附录中的职业道德规范，谈谈你的认识和感受。

# 参 考 文 献

[1]  丁雅诵.慕课打开教育数字化新空间[N].人民日报,2023-01-19.

[2]  曾建平.信息时代的伦理审视[N].人民日报,2019-07-12.

[3]  王正平.信息网络技术与计算机伦理[J].上海交通大学学报(哲学社会科学版),2007(5):53-60.

[4]  伍玉林.计算机伦理建构的道德运气问题及主体责任[J].自然辩证法研究,2019,35(4):66-70.

[5]  古天龙.伦理智能体及其设计:现状和展望[J].计算机学报,2021,44(3):632-651.

[6]  王沛楠.西方人工智能的数字伦理规制:困境与进路[J].青年记者,2022(7):95-96.

[7]  褚建勋.试论人工智能产品可靠性与企业伦理责任[J].自然辩证法研究,2022,38(10):71-77.

[8]  钱圆媛."道德机器"的道德偏差与无人驾驶技术的伦理设计[J].东北大学学报(社会科学版),2021,23(5):8-15.

[9]  芭氏 S,亨利 T M.IT 之火:计算机技术与社会、法律和伦理[M].郭耀,译.北京:机械工业出版社,2020.

[10]  拜纳姆 T,罗杰森 S.计算机伦理与专业责任[M].李伦,金红,曾建平,等,译.北京:北京大学出版社,2010.

[11]  徐宗本.把握新一代信息技术的聚焦点[N].人民日报,2019-03-01.

[12]  蔡跃洲.新技术革命下人工智能与高质量增长、高质量就业[J].数量经济技术经济研究,2019(5):3-22.

[13]  刘林平.远程办公的管理与挑战[J].人民论坛,2020(4):68-70.

[14]  谢增毅.远程工作的立法理念与制度建构[J].中国法学,2021(2):248-268.

[15]  高宏存.网络文化内容监管的价值冲突与秩序治理[J].学术论坛,2020(4):82-88.

[16]  薛晓源.数字全球化、数字风险与全球数字治理[J].东北亚论坛,2022(3):3-18.

[17]  姚伟钧.构建网络文化安全的理论思考[J].华中师范大学学报(人文社会科学版),2010(5):71-76.

[18]  郑洁.西方国家网络文化霸权的表现、影响及对策[J].理论导刊,2011(2):78-80.

[19]  钟晓雯.算法推荐:信息传播在网络空间中的自由与秩序[J].青年记者,2022(5):100-101.

[20]  黄未,陈加友.数字政府建设的内在机理、现实困境与推进策略[J].改革,2022(11):144-154.

[21]  胡思洋.数字政府在国家治理中的作用[J].西安财经大学学报,2022(6):40-49.

[22]  周海钧.大数据伦理与职业素养[M].北京:清华大学出版社,2022.

[23]  李伦.数据伦理与算法伦理[M].北京:科学出版社,2022.

[24]  张莉.数据安全与数据治理[M].北京:人民邮电出版社,2019.

[25]  徐子沛.数文明[M].北京:中信出版社,2018.

[26]  徐子沛.数据之巅[M].北京:中信出版社,2019.

[27]  何源.大数据战争[M].北京:北京大学出版社,2019.

[28]  田维琳.大数据伦理意识及其培育研究[D].北京:北京科技大学,2019.

[29]  刘晓春,王璇琦.2022 年个人信息保护典型案件盘点[J].中国对外贸易,2023(2):38-42.

[30]  凡景强,邢思聪.大数据伦理研究现状分析及未来展望[J].情报杂志,2023(2):48-49.

[31]  杨建国.大数据时代隐私保护伦理困境的形成机理及其治理[J].江苏社会科学,2021(1):142-150.

[32]  唐凯麟,李诗悦.大数据隐私伦理问题研究[J].伦理学研究,2016(6):102-106.

[33]  李飞翔.大数据杀熟背后的伦理审思、治理与启示[J].东北大学学报(社会科学版),2020,22(1):7-15.

[34]  张志成.新时代知识产权法治保障若干问题初探[J].知识产权,2022(12):3-22.

[35]  李楠,张慧,赵阳,等.知识产权公共服务数据语义组织模式研究[J].现代情报,2023,43(2):20-29.

[36]  中国应用法学研究所课题组,姜启波.涉外知识产权纠纷法律问题研究[J].中国法律评论,2022(6):177-191.

[37]　董涛.十年来中国知识产权实践探索与理论创新[J].知识产权,2022(11):3-31.

[38]　郑鲁英.数字经济知识产权治理:现状、困境及进路[J].贵州师范大学学报(社会科学版),2022(6):146-156.

[39]　冯晓青.知识产权行使的正当性考量:知识产权滥用及其规制研究[J].知识产权,2022,32(10):3-38.

[40]　顾晓燕,朱玮玮.新发展格局下知识产权贸易对经济高质量发展的影响[J].经济问题,2022(10):19-26.

[41]　刘海波,王鹏飞,张亚峰.促进科技与金融结合的知识产权策略[J].中国科学院院刊,2022,37(9):1216-1225.

[42]　郑敏慧.网络时代下如何有效保护个人知识产权——评《知识产权法的经济结构》[J].科技管理研究,2022,42(18):226.

[43]　吴汉东.中国知识产权制度现代化的实践与发展[J].中国法学,2022(5):24-43.

[44]　周霞,谌一璠,王雯童.知识产权保护水平、区域创新与产业升级[J].统计与决策,2022,38(16):168-171.

[45]　高莉.论数字时代知识产权法中的利益平衡[J].浙江学刊,2022(4):59-69.

[46]　孟周胤.计算机犯罪的技术预防措施和社会控制[J].电脑知识与技术,2021,17(12):58-60.

[47]　肖怡.流量劫持行为在计算机犯罪中的定性研究[J].首都师范大学学报(社会科学版),2020(1):37-44.

[48]　李雅洁,郭琪.新型网络犯罪司法适用存在的问题及应对之策[J].法制博览,2022(32):7-10.

[49]　冀洋.帮助信息网络犯罪活动罪的证明简化及其限制[J].法学评论,2022,40(4):94-103.

[50]　任皓,刘敏超.木马病毒的隐藏及发现技术研究[J].中国数字医学,2019,14(6):76-78.

[51]　许冬燕,弭妍,魏蜜蜜.基于计算机网络的蠕虫防御和检测技术[J].科学技术创新,2022(15):70-73.

[52]　黄现清.正犯化的帮助信息网络犯罪活动罪问题研究[J].法律适用,2022(7):70-78.

[53]　李铎.大数据视野下的网络犯罪侦查难点研究[J].法制博览,2022(18):142-144.

[54]　皮勇.论新型网络犯罪立法及其适用[J].中国社会科学,2018(10):126-150+207.

[55]　刘艳红.Web3.0时代网络犯罪的代际特征及刑法应对[J].环球法律评论,2020,42(5):100-116.

[56]　PHILLIPS K, DAVIDSON J C, FARR R R, et al. Conceptualizing Cybercrime: Definitions, Typologies and Taxonomies[J]. Forensic Sciences,2022,2(2):379-398.

[57]　GHAZI-TEHRANI A K, PONTELL H N. Phishing evolves: Analyzing the enduring cybercrime[J]. Victims & offenders,2021,16(3):316-342.

[58]　李正风,丛杭青,王前.工程伦理[M].北京:清华大学出版社,2019.

[59]　萨默维尔 I.软件工程[M].10版.北京:机械工业出版社,2018.

[60]　GOLLMANN D. Computer security[J]. Wiley Interdisciplinary Reviews: Computational Statistics,2010,2(5):544-554.

[61]　张芸.软件工程缺陷分析关键技术研究[D].杭州:浙江大学,2018.

[62]　钱乐秋,赵文耘,牛军钰.软件工程[M].3版.北京:清华大学出版社,2016.

[63]　Trusted Computing Group. Architecture overview[R/OL]. Specification Revision, 2004[2023-12-20]. https://www.trustedcomputinggroup.org/groups/TCG_1_0_Architecture_Overview.pdf.

[64]　AVIZIENIS A, LAPRIE J C, RANDELL B, et al. Basic concepts and taxonomy of dependable and secure computing[J]. IEEE Transactions on Dependable and Secure Computing,2004,1(1):11-33.

[65]　ISO/IEC 15408:2005.信息技术 安全技术 信息技术安全性评估准则[S].2005.

[66]　贾周阳.复杂环境下的大规模软件系统可靠性提升技术研究[D].杭州:浙江大学,2018.

[67]　多明戈斯 P.终极算法:机器学习和人工智能如何重塑世界[M].北京:中信出版社,2017.

[68]　沈寓实,徐亭,李雨航.人工智能伦理与安全[M].北京:清华大学出版社,2021.

[69] 莫宏伟,徐立芳.人工智能伦理导论[M].西安:西安电子科技大学出版社,2022.

[70] 孙保学.人工智能算法伦理及其风险[J].哲学动态,2019(10):93-99.

[71] 陈昌凤,吕宇翔.算法伦理研究:视角、框架和原则[J].内蒙古社会科学,2022,43(3):163-170.

[72] 田凤娟,徐建红.人工智能伦理素养[M].北京:北京邮电大学出版社,2023.

[73] 未来论坛.人工智能伦理与治理:未来视角[M].北京:清华大学出版社,2022.

[74] 胡晓萌.算法主义及其伦理批判[D].长沙:湖南师范大学,2021.

[75] 韩贵东.科幻照进现实——科幻电影作为"元宇宙"思考的窗口[J].电影文学,2022(11):50-58.

[76] 卞姜鹏.虚拟现实技术的伦理问题与对策研究[D].北京:北京化工大学,2022.

[77] 黄楚新,陈智睿."元宇宙"探源与寻径:概念界定、发展逻辑与风险隐忧[J].中国传媒科技,2022(1):7-10.

[78] 赵成.虚拟现实技术的伦理问题研究[D].成都:成都理工大学,2021.

[79] 孙田琳子.虚拟现实教育应用的伦理反思——基于伯格曼技术哲学视角[J].电化教育研究,2020,41(9):48-54.

[80] 沈阳,逯行,曾海军.虚拟现实:教育技术发展的新篇章——访中国工程院院士赵沁平教授[J].电化教育研究,2020,41(1):5-9.

[81] 段伟文.虚拟现实技术的社会伦理问题与应对[J].科技中国,2018(7):98-104.

[82] 杨妍茜.虚拟现实技术的伦理问题研究[D].武汉:武汉理工大学,2018.

[83] 张卓,吴占勇.虚拟现实新闻的伦理反思——基于技术与媒介的双重视角[J].湖北社会科学,2017(12):193-198.

[84] 陈韵如.VR虚拟现实技术存在的法律和伦理问题[J].艺术科技,2016,29(11):96.

[85] 邓建国.时空征服和感知重组——虚拟现实新闻的技术源起及伦理风险[J].新闻记者,2016(5):45-52.

[86] 王文玉.元宇宙的主要特征、社会风险与治理方案[J].科学学研究:1-14[2023-02-16].

[87] 周晓瑞.数字经济下互联网平台数据垄断的成因及反垄断规制[J].大陆桥视野,2022(5):61-63.

[88] 刘璐,邱琳姐,李红.中国互联网行业反垄断的机制研究[J].当代经济研究,2022(6):80-90.

[89] 程恩富,王爱华.数字平台经济垄断的基本特征、内在逻辑与规制思路[J].南通大学学报(社会科学版),2022,38(5):1-10.

[90] 郭诗妮.数字经济时代平台企业垄断行为的成因及规制建议[J].投资与创业,2022,33(12):42-44.

[91] 赵鹏飞.对数字经济反垄断的几点思考[J].大陆桥视野,2021(12):60-61.

[92] 杜康琛.关于互联网平台反垄断规制的思考[C]//上海市法学会.《上海法学研究》集刊2022年第20卷——数据合规流通论坛文集.2021:7.

[93] 沈朝阳.数字经济时代平台企业反垄断规制的路径探析[J].中国物价,2021(11):39-42.

[94] 方兴东.打破垄断才能激活数字经济[J].中国外资,2021(16):5.

[95] 刘云.互联网平台反垄断的国际趋势及中国应对[J].政法论坛,2020,38(6):92-101.

[96] 方兴东,严峰.中国互联网行业垄断行为复杂性、危害性和对策研究[J].汕头大学学报(人文社会科学版),2017,33(3):49-54.

[97] 李欣融.企业科技向善:研究述评与展望[J].中国科技论坛,2021(7):115-124.

[98] 周溯源.对"尊严"和"责任"的当代认知[J].人民论坛,2021(10):101-103.

[99] 谭天.伦理应该成为互联网治理的基石[J].新闻与传播研究,2016(增刊):61-68.

[100] 张涛甫.互联网巨头的伦理困境[J].新闻与写作,2017(9):55-58.

[101] 赵劲松.工程伦理教育在工科通识教育中的作用和实践[J].自然辩证法通讯,2021(1):115-120.

[102] 肖红军.数字企业社会责任:现状、问题与对策[J].产业经济评论,2022(10):133-152.

[103] 马廷奇.工程伦理教育的逻辑起点、现实困境与实践路径[J].高教发展与评估,2022(9):93-104.

[104] 冯继宣.计算机伦理学[M].北京:清华大学出版社,2011.

附录 **A**

# 美国计算机协会(ACM)

## 伦理与职业行为规范 APPENDIX **A**

1992 年 10 月 16 日，ACM 执行委员会表决通过了经过修订的《美国计算机协会（ACM）伦理与职业行为规范》，以下简称《规范》。

https://ethics.acm.org/

## 序言

我们希望美国计算机协会的每一名正式会员、非正式会员和学生会员就合乎伦理规范的职业行为作出承诺。《规范》由 24 条守则组成，对个人责任做了简洁的陈述，明确了承诺的各项内容。

它包含职业人士可能会遇到的许多（但非全部）问题。第 1 章概述了基本的伦理问题；第 2 章则关注专业人员行为上的额外的、比较特殊的问题；第 3 章的条款适用于更为特殊的担任领导职务的个体，无论是工作中的领导，还是志愿性的地位，例如在美国计算机协会这样的组织；与遵守《规范》相关的原则由第 4 章提供。

《规范》附有一系列"指南"，它提供了进一步的解释，帮助会员处理本《规范》涉及的各种问题。由此可见，与《规范》的正文相比，指南的内容将改动得更为频繁。

《规范》及所附"指南"的目的，是为专业人员在业务行为中做合乎道德的决定提供一个基础。间接地，它们也可以为是否举报违反职业道德准则的行为提供一个判断的基础。

需要注意的是，尽管现有的道德准则并未提及计算机行业，《规范》所做的正是要把这些基本准则应用到计算机专业人员的行为中去。《规范》中的这些守则都表述为某个一般的样式，正是为了强调这些应用于计算机伦理的原则，都源自那些更为普通的道德法则。

当然，伦理规则的某些词句可以有多种解释，而且任何伦理原则在某些特殊情况下可能与其他的伦理原则发生冲突。关于伦理冲突的问题，最好通过对基本原则的深入思考来找出答案，而不要依赖细枝末节的规章条例。

## 内容和指南

### 1. 一般道德守则

作为美国计算机协会的一名会员，我将……

**1.1　造福社会与人类**　这一关系到所有人生活质量的原则，明确了保护人类基本权利及尊重一切文化多样性的义务。计算机专业人员的一个基本目标，是将计算机系统的负面影响——包括对健康及安全的威胁——减至最小。在设计或实现系统时，计算机专业人员必须尽力确保他们的劳动成果将用于对社会负责的途径，将满足社会的需要，将不会对健康与安定造成损害。

除了社会环境的安全，人类福祉还包括自然环境的安全。因此，设计和开发系统的计算机专业人员必须对可能破坏地方或全球环境的行为保持警惕，并引起他人的注意。

**1.2　避免损害他人**　"损害"的意思是造成伤害及负面的后果，诸如不希望看到的信息丢失、财产损失、财产破坏或有害的环境影响。这一法则禁止以损害下列人群的方式运用计算机技术：用户、普通公众、雇员和雇主。有害行为包括对文件和程序的有意破坏或修改。它会导致资源的严重损失或人力资源的不必要的耗费，比如清除系统内计算机病毒所需的时间和精力。

善意的行为，包括那些为完成给定任务的行为也有可能造成意外的损害。在这样的事件中，负责任的个人或集体有义务尽可能地消除或减轻负面后果。避免无心之过的一个办法，是在设计和实现过程中，对决策影响范围内的潜在后果进行慎重地考虑。

为尽量避免对他人的非故意损害,计算机专业人员必须尽可能在执行系统设计和检验的公认标准时减少失误。此外,对系统的社会影响进行评估,以揭示对他人造成严重损害的可能性,往往也是有必要的。如果计算机专业人员就系统特征对用户、合作者或上级主管做了误解,那他必须对任何伤害性后果承担个人责任。

在工作环境下,计算机专业人员对任何可能对个人或社会造成严重损害的系统的危险征兆负有附加的上报责任。如果他的上级主管没有采取措施减轻上述的危险,为有助于纠正问题或降低风险,"打小报告"也许是有必要的。然而,对违规行为的轻率或错误的报告,本身可能是有害的。因此,在报告违规之前,必须对相关的各个方面进行全面评估。尤其是对风险及责任的估计必须可靠,建议事先征询其他的计算机专业人员。(参照守则 2.5 关于全面评估的部分。)

**1.3　诚实可信**　诚实是信任的一个重要组成部分,缺少信任的组织将无法有效运转。诚实的计算机专业人员不会在某个系统或系统的设计上故意欺瞒或者弄虚作假,相反,他会彻底公开系统所有的局限和问题。

计算机专业人员有义务对他或她的个人资格,以及任何可能关系到自身利益的情况抱以诚实的态度。

作为美国计算机协会这样一个志愿组织的成员,他们的立场或行为有时也许会被许多专业人员称作自讨"苦"吃。美国计算机协会的会员要试着去关注,避免人们对美国计算机协会本身、协会及下属单位的立场和政策产生误解。

**1.4　做到公平而不歧视**　这一守则体现了平等、宽容、尊重他人以及公平正义原则的价值。基于种族、性别、宗教信仰、年龄、身体缺陷、民族起源或类似因素的歧视,这显然违背了美国计算机协会的政策,是不被容许的。

对信息和技术的应用或错误应用,可能会导致不同群体的人们之间的不平等。在一个公平的社会里,每个人都拥有平等的机会去参与计算机资源的使用或从中获益,而不需要考虑他们的种族、性别、宗教信仰、年龄、身体缺陷、民族起源或其他类似因素。但是,这些理念并不为计算机资源的擅自使用提供正当性,也不是违背本规范的任何其他伦理守则的合适理由。

**1.5　尊重包括著作权和专利权在内的各项产权**　在大多数情况下,对著作权、专利权、商业秘密和许可证协议条款的侵犯为法律所禁止。即使在软件得不到足够保护的时候,对它各项权利的侵犯依然与职业行为相违背。对软件的复制只应在适当的授权下进行,决不能纵容未经授权的复制行为。

**1.6　尊重知识产权**　计算机专业人员有义务保护知识产权的完整性。具体地说,不得将他人的想法或成果据为己有,即使在其(比如著作权或专利权)未受明确保护的情况下。

**1.7　尊重他人的隐私**　在人类文明史上,计算机及通信技术使得个人信息的搜集和交换达到了前所未有的规模。因而侵犯个人及群体隐私的可能性也随之增加。专业人员有责任维护个人数据的隐私权及完整性,这包括采取预防措施确保数据的准确性,以及防止这些数据被非法访问或泄漏给无关人士。此外,必须制定规程允许个人检查他们的记录和修正错误。

本守则的含义是,系统只能搜集必要的个人信息,对这些信息的保存和使用周期必须有明确的规定并强制执行,为某个特殊用途搜集的个人信息,未经当事人(们)同意不得用于其他目的。这些原则适用于电子通信（包括电子邮件），在没有用户或者拥有系统操作与维护方面合法授权的人士许可的情况下，应阻止那些截取或监听用户电子数据（包括短信息）的进程。系统正常运行和维护期的用户数据监测，必须在最严格的保密级别下进行，除非有明显的违反法律、组织规章或本《规范》的情况发生。即便上述情况发生，相关信息的情况和内容也只允许透露给正确的权威机构。

**1.8　保密**　当一个人直接作出保密的承诺，或者不那么直接，当一个人能够在履行职责以外获取私人的信息时，前面的诚实原则也适用于信息保密的问题。信守为雇主、客户和用户保密的所有职责是符合伦理要求的，除非法律或本《规范》其他原则的要求使某人从这些职责中解脱出来。

**2. 比较特殊的专业人员职责**
作为美国计算机协会的一名计算机专业人员，我将……

**2.1　不论专业工作的过程还是其产品，都努力实现最高的品质、效能和尊严**　追求卓越是专业人员最重要的职责。计算机专业人员必须努力追求品质，并认识到品质低劣的系统可能会导致严重的负面后果。

**2.2　获得和保持专业能力**　把获得与保持专业能力当成分内之事的人才可能会优秀。一个专业人员必须制订适合自己的各项能力的标准，然后努力达到这些标准。可以通过下述方法提升自己的专业知识和技能：自学，出席研讨会、交流会或讲习班，加入专业组织。

**2.3　熟悉并遵守与业务有关的现有法规**　美国计算机协会会员必须遵守现有的地方、州、省、国家及国际法规，除非另有强制性的道德依据允许他或她不这么做。还应遵守所加入的组织的政策和规程。但是服从之外还应保留自我判别的能力，偶尔现有的法规和章程可能是不道德或不合适的，因此，必须予以质疑。

当法律或规章缺乏坚实的道德基础，或者与另一条更重要的法律相冲突时，违犯有可能是合乎道德的。如果一个人因为某条法律或规章看上去不道德，或任何其他原因，而决定违反它时，这个人必须对其行为及后果承担一切责任。

**2.4　接受和提供适当的专业化评价**　高质量的专业工作，尤其在计算机专业，有赖于专业化的评价和批评，只要时机合适，各个会员应当寻求和利用同伴的评价，同时对他人的工作提供自己的评价。

**2.5　对计算机系统及它们的效果做出全面彻底的评估，包括分析可能存在的风险**　在评价、推荐和发布系统及其他时，计算机专业人员必须尽可能介绍得生动、全面，客观。计算机专业人员处于受到特殊信赖的地位，因此也就担负特殊的责任要向雇主、客户、用户以及公众提供客观、可靠的评估。专业人员在评估时还必须排除自身利益的影响，如守则 1.3 所陈述的。

正如守则 1.2 关于避免损害的讨论中所指出的，系统任何危险的征兆都必须上报给有机会并且/或者有责任去解决它们的人。参照守则 1.2 的"指南"部分，还有更多关于损害的内容，包括对专业人员违规行为的上报。

**2.6　遵守合同、协议和分派的任务**　遵守诺言是正直和诚实的表现。对于一个计算机专业人员，它包括确保系统各部分正常运行。同样，当一个人和别的团队一起承担项目时，此人有责任向该团队通报工作的进度。

如果一个计算机专业人员感到无法按计划完成分派的任务时，他或她有权力要求变动。

在接受工作任务前,必须经过认真的考虑,全面衡量对于雇主或客户的风险和利害关系。这里所依据的主要原则是,一个人有义务对专业工作承担起个人责任。但在某些情况下,可能要优先考虑其他的伦理原则。

不应该完成某个具体任务的判断可能不会被接受。虽然有明确的考虑和理由支持这样的判断,但却未能使工作任务发生变动时,合同和法律仍然会要求他按指令继续进行。是否继续进行,最终取决于计算机专业人员个人的伦理判断。不管做出什么样的决定,他都必须承担其后果,无论如何,"违心"执行任务并不意味着专业人员可以不对其行为造成的负面后果负责任。

**2.7　促进公众对计算机技术及其影响的了解**　计算机专业人员有责任与公众分享专业知识,促进公众对计算机技术,包括计算机系统及其局限的影响的了解。本守则隐含了一条义务,即驳斥一切有关计算机技术的错误观点。

**2.8　只在授权状态下使用计算机及通信资源**　窃取或者破坏有形及电子资产是守则1.2"避免损害他人"所禁止的。而对某个计算机或通信系统的入侵和非法使用,则在本守则范围之内。"入侵"包括在没有明确授权的情况下,访问通信网络及计算机系统或系统内的账号和/或文件。只要没有违背歧视原则(参照1.4),个人和组织就有权限制对他们系统的访问。

未经许可,任何人不得进入或使用他人的计算机系统、软件或数据文件。在使用系统资源,包括通信端口、文件系统空间、其他的系统外设及计算机时间之前,必须经过合理的批准。

**3. 组织领导守则**

作为美国计算机协会的一名会员及一个组织的领导者,我将……

**3.1　强调组织单位成员的社会责任,促进对这些责任的全面担当**　任何类型的组织都有公众影响力,因此它们必须担当社会责任。如果组织的章程和立场倾向于社会的福祉,就能够减少对社会成员的伤害,进而服务于公共利益,履行社会职责。因此,除了完成质量指标,组织领导还必须鼓励全面参与履行社会责任。

**3.2　组织人力物力,设计并建立提高劳动生活质量的信息系统**　组织领导有责任确保计算机系统提高,而非降低劳动生活质量。实现一个计算机系统时,组织必须考虑所有员工个人及职业上的发展、人身安全和个人尊严。在系统设计过程和工作场所中,应当考虑运用的适当人机工程学标准。

**3.3　肯定并支持对一个组织所拥有的计算机和通信资源的正当及合法的使用**　因为计算机系统既可以成为损害组织的工具,又可以成为帮助组织的工具。组织领导必须清楚地定义什么是对组织所拥有的计算机资源的正当使用,什么是不正当的。虽然这些规则的数目和涉及范围应当尽可能小,但一经制订,它们就应该得到彻底的贯彻实施。

**3.4　在评估和制订需求的过程中,要确保用户及受系统影响的人已经明确表达了他们的要求,必须确保系统将来能满足这些需求**　系统的当前用户、潜在用户以及其他可能受这个系统影响的人,他们的要求必须得到评估并列入需求报告。系统认证应确保已经满足了这些需求。

**3.5　提供并支持那些保护用户及其他受系统影响的人的尊严的政策**　设计或实现有意无意地贬低某些个人或团体的系统,在伦理上是不能被接受的。处于决策地位的计算机专业人员应确保所设计和实现的系统是保护个人隐私和强调个人尊严的。

**3.6　为组织成员学习计算机系统的原理和局限创造条件**　这是对"公众了解"守则(2.7)的补充。受教育的机会是促使所有组织成员全身心投入的一个重要因素。必须让所有成员有机会提高计算机方面的知识和技能,包括提供能让他们熟悉特殊类型的系统的效果和局限的课程。尤其是必须让专业人员了解到,围绕着过于简单的模型,围绕着任何现实操作条件下都不大可能实现的构想和设计,以及与这个行业的复杂性有关的问题,预设系统所要面对的危险。

**4. 遵守《规范》**

作为美国计算机协会的一名会员我将……

**4.1　维护和发扬《规范》的各项原则**　计算机行业的未来既取决于技术上的优秀,又取决于道德上的优秀。美国计算机协会的每一名会员,不仅自己应该遵守《规范》所表述的原则,还应鼓励和支持其他的会员遵守这些原则。

**4.2　视违反《规范》为不符合美国计算机协会会员身份的行为**　专业人员对某个伦理规范的遵守,主要是一种志愿行为。但是,如果有会员公然违反《规范》去从事不道德的活动,美国计算机协会大概率会取消其会员资格。

附录 **B**

# 软件工程职业道德规范和
# 实践要求(5.2版)

APPENDIX **B**

https://ethics.acm.org/code-of-ethics/software-engineering-code/

IEEE-CS 和 ACM 软件工程道德和职业实践联合工作组推荐

经 IEEE-CS 和 ACM 批准定为讲授和实践软件工程的标准

## 序言

本规范的简明版以更高级的摘要形式归纳了规范的主要意向，完整版所包括的条款则给出了范例和细节，说明这些意向会如何改变软件工程专业人员的行为，没有这些意向，细节会变得过于法律化和烦琐，而没有细节补充，意向又会显得高调而空洞，因此意向和细节使规范构成一个整体。

软件工程师应履行其实践承诺，使软件的需求分析、规格说明、设计、开发、测试和维护成为一项有益和受人尊敬的职业。为实现他们对公众健康、安全和利益的承诺目标，软件工程师应当坚持以下 8 项原则：

（1）公众：软件工程师应当以公众利益为目标；

（2）客户和雇主：在保持与公众利益一致的原则下，软件工程师应注意满足客户和雇主的最高利益；

（3）产品：软件工程师应当确保他们的产品和相关的改进符合最高的专业标准；

（4）判断：软件工程师应当维护他们职业判断的完整性和独立性；

（5）管理：软件工程的经理和领导人员应赞成和推进对软件开发和维护合乎道德规范的管理；

（6）专业：在与公众利益一致的原则下，软件工程师应当推进其专业的完整性和声誉；

（7）同行：软件工程师对其同行应持平等、互助和支持的态度；

（8）自我：软件工程师应当参与终生职业实践的学习，并推进合乎道德的职业实践方法。

## 完整版

## 序言

计算机正逐渐成为商业、工业、政府、医疗、教育、娱乐和整个社会的发展中心，软件工程师通过直接参与或者教授，对软件系统的分析、说明、设计、开发、授证、维护和测试作出贡献，正因为他们在开发软件系统中的作用，软件工程师有很大机会去做益事或带来危害，有能力让他人做益事或带来危害，以及影响他人做益事或造成危害。为了尽可能确保他们的努力会用于好的方面，软件工程师必须作出自己的承诺，使软件工程成为有益和受人尊敬的职业，为履行这一承诺，软件工程师应当遵循下列职业道德规范和实践。

本规范包含有关专业软件工程师行为和决断的 8 项原则，涉及实际工作者、教育工作者、经理、主管人员、政策制定者以及与职业相关的受训人员和学生。这些原则指出了有个人、小组和团体参与其中的道德责任关系，以及这些关系中的主要责任，每个原则的条款就是对这些关系中的某些责任做出说明，这些责任是基于软件工程师的人性、对受软件工程师工作影响的人们的特别关照以及软件工程实践的独特因素。本规范把这些规定为任何要认定或有意从事软件工程人员的基本责任。

不能把规范的个别部分孤立开来使用以辩护错误，所列出的原则和条款并不是非常完善和详尽的，在职业指导的所有实际使用情况中，不应当将条款的可接受部分与不可接受部分分离开来。本规范也不是简单的道德算法，不可用来产生道德决定，在某些情况下，标准可能互相抵触或与来自其他地方的标准抵触,在这种情况下就要求软件工程师用自己的道德判断,做出在特定情况下符合职业道德规范和职业实践精神的行为。

道德冲突的最好解决方法是对基本原则的周密思考,而不是对条文细节的咬文嚼字,这些原则应当促使软件工程师从更广的角度考虑,谁会受他们工作的影响,思考他们是否和他们的同行已给其他人应有的尊重,考虑对他们工作有所了解的公众将如何看待他们的决定,分析如何使他们的决定影响最小,思考他们的行动是最符合作为软件工程师专业工作要求的。在所有情况下,这些判断关心的主要应是公众的健康、安全和福利,也就是说,"公众利益"是这一规范的核心。

因为软件工程动态和求变的背景,要求规范能适合新的变化情况,但是即使在这样一般的情况下,规范对软件工程师和他们的经理提供了依据,帮助他们需要在所遇的特定情况中通过制定职业道德标准采取建设性的动作。本规范不仅为团体中的个人,而且为整个团体提供了一个能遵循的道德基础,本规范也替那些要求软件工程师或其团体去做道德上不适当的行为给出定义和限制。

本规范不单是用来判断有问题行为的性质,它也具有重要的教育功能。由于这一规范表达了行业对职业道德的一致认识,这是教育公众和有志向职业人员有关软件工程师道德责任的一种工具。

## 原则

**原则1 公众** 软件工程师应当以公众利益为目标,特别是在适当的情况下软件工程师应当:

1.01 对他们的工作承担完全的责任;

1.02 用公益目标节制软件工程师、雇主、客户和用户的利益;

1.03 批准软件,应在确信软件是安全的、符合规格说明的、经过合适测试的、不会降低生活品质、影响隐私权或有害环境的条件之下,一切工作以大众利益为前提;

1.04 当他们有理由相信有关的软件和文档,可以对用户、公众或环境造成任何实际或潜在的危害时,向适当的人或当局揭露;

1.05 通过合作全力解决由于软件及其安装、维护、支持或文档引起的社会严重关切的各种事项;

1.06 在所有有关软件、文档、方法和工具的申述中,特别是与公众相关的,力求正直,避免欺骗;

1.07 认真考虑诸如体力残疾、资源分配、经济缺陷和其他可能影响使用软件益处的各种因素;

1.08 应致力于将自己的专业技能用于公益事业和公共教育的发展。

**原则2 客户和雇主** 在保持与公众利益一致的原则下,软件工程师应注意满足客户和雇主的最高利益,特别是在适当的情况下软件工程师应当:

2.01 在其胜任的领域提供服务,对其经验和教育方面的不足应持诚实和坦率的态度;

2.02 不明知故犯使用非法或非合理渠道获得的软件;

2.03 在客户或雇主知晓和同意的情况下,只在适当准许的范围内使用客户或雇主的资产;

2.04 保证他们遵循的文档按要求经过某一人授权批准;

2.05　只要工作中所接触的机密文件不违背公众利益和法律，对这些文件所记载的信息需严格保密；

2.06　根据其判断，如果一个项目有可能失败，或者费用过高，违反知识产权法规，或者存在问题，应立即确认、文档记录、收集证据和报告客户或雇主；

2.07　当他们知道软件或文档有涉及社会关切的明显问题时，应确认、文档记录和报告给雇主或客户；

2.08　不接受不利于为他们雇主工作的外部工作；

2.09　不提倡与雇主或客户的利益冲突，除非出于符合更高道德规范的考虑，在后者情况下，应通报雇主或另一位涉及这一道德规范的适当的当事人。

**原则 3　产品**　软件工程师应当确保他们的产品和相关的改进符合最高的专业标准，特别是在适当的情况下：

3.01　努力保证高质量、可接受的成本和合理的进度，确保任何有意义的折中方案雇主和客户是清楚和接受的，从用户和公众角度是合用的；

3.02　确保他们所从事或建议的项目有适当和可达到的目标；

3.03　识别、定义和解决他们工作项目中有关的道德、经济、文化、法律和环境问题；

3.04　通过适当地结合教育、培训和实践经验，保证他们能胜任正从事和建议开展的工作项目；

3.05　保证在他们从事或建议的项目中使用合适的方法；

3.06　只要适用，遵循最适合手头工作的专业标准，除非出于道德或技术考虑可认定时才允许偏离；

3.07　努力做到充分理解所从事软件的规格说明；

3.08　保证他们所从事的软件说明是合适的文档、满足用户需要和经过适当批准的；

3.09　保证对他们从事或建议的项目做出现实和定量的估算，包括成本、进度、人员、质量和输出，并对估算的不确定性做出评估；

3.10　确保对其从事的软件和文档资料有合适的测试、排错和评审；

3.11　保证对其从事的项目，有合适的文档，包括列入他们发现的重要问题和采取的解决办法；

3.12　开发的软件和相关的文档，应尊重受软件影响人员的隐私；

3.13　谨慎并只使用从正当或法律渠道获得的精确数据，并只在准许范围内使用；

3.14　注意维护易过时或有错误情况时的数据完整性；

3.15　处理各类软件维护时，应保持与新开发时一样的职业态度。

**原则 4　判断**　软件工程师应当维护他们职业判断的完整性和独立性，特别是在适当的情况下软件工程师应当：

4.01　所有技术性判断应服从于支持和维护人价值的需要；

4.02　只有在对本人监督下准备的文档，或在本人专业知识范围内并经本人同意的情况下才签署文档；

4.03　对受他们评估的软件或文档，保持职业的客观性；

4.04　不参与欺骗性的财务行为，如行贿、重复收费或其他不正当财务行为；

4.05　对无法回避和逃避的利益冲突，应告示所有有关方面；

4.06 当他们的雇主或客户存有未公开和潜在利益冲突时,拒绝以会员或顾问身份参加与软件事务相关的私人、政府或职业团体。

**原则5 管理** 软件工程的经理和领导人员应赞成和促进对软件开发和维护合乎道德规范的管理,特别是在适当的情况下软件工程师应当:

5.01 对其从事的项目保证良好的管理,包括促进质量和减少风险的有效步骤;

5.02 保证软件工程师在遵循标准之前便知晓它们;

5.03 保证软件工程师知道雇主是如何保护对雇主或其他人保密的口令、文件和信息的有关政策和方法;

5.04 布置工作任务应先考虑其教育和经验会有合适的贡献,后考虑有进一步教育和经验的要求;

5.05 保证对他们从事或建议的项目作出现实和定量的估算,包括成本、进度、人员、质量和输出,并对估算的不确定性做出评估;

5.06 在雇佣软件工程师时,需实事求是地介绍雇佣条件;

5.07 提供公正和合理的报酬;

5.08 不能不公正地阻止一个人取得可以胜任的岗位;

5.09 对软件工程师有贡献的软件、过程、研究、写作或其他知识产权的所有权,保证有一个公平的协议;

5.10 对违反雇主政策或道德观念的指控,提供正规的听证过程;

5.11 不要求软件工程师去做任何与道德规范相违背的事;

5.12 不能处罚对项目的开展在道德方面提出疑问的人。

**原则6 专业** 在与公众利益一致的原则下,软件工程师应当推进其专业的完整性和声誉,特别是在适当的情况下软件工程师应当:

6.01 协助发展一个适合执行道德规范的组织环境;

6.02 推进软件工程的共识性;

6.03 通过适当参加各种专业组织、会议和出版物,扩充软件工程知识;

6.04 作为一名职业成员,支持其他软件工程师努力遵循本道德规范;

6.05 不以牺牲职业、客户或雇主利益为代价,谋求自身利益;

6.06 服从所有监管作业的法令,唯一可能的例外是,仅当这种符合与公众利益有不一致时;

6.07 要精确叙述自己所从事软件的特性,不仅避免错误的断言,而且要防止那些可能造成猜测投机、空洞无物、欺骗性、误导性或者有疑问的断言;

6.08 对所从事的软件和相关文档,负起检测、修正和报告错误的责任;

6.09 保证让客户、雇主和主管人员知道软件工程师对本道德规范的承诺,以及这一承诺带来的后果;

6.10 避免与本道德规范有冲突的业务和组织交集;

6.11 要认识违反本规范是与成为一名专业工程师相违背的;

6.12 在出现明显违反本规范情况时,应向有关当事人表达自己的关切,除非在没有可能,会影响生产或有危险时才可例外;

6.13 当向明显违反道德规范的人无法磋商,或者会影响生产或有危险时,应向有关当局报告。

**原则 7　同行**　软件工程师对其同行应持平等、互助和支持的态度，特别是在适当的情况下软件工程师应当：

7.01　鼓励同行遵守本道德规范；

7.02　在专业发展方面帮助同行；

7.03　充分信任和赞赏其他人的工作，克制追逐不应有的赞誉；

7.04　评审别人的工作，应客观、直率和适当地进行文档记录；

7.05　持良好的心态听取同行的意见、关切和诉求；

7.06　协助同行充分熟悉当前的标准工作实践，包括保护口令、文件和保密信息有关的政策和步骤，以及一般的安全措施；

7.07　禁止不公正地干涉同行的职业发展，但出于客户、雇主或公众利益的考虑，软件工程师应以善意态度质询同行的胜任能力；

7.08　在有超越本人胜任范围的情况时，应主动征询其他熟悉这一领域的专业人员。

**原则 8　自身**　软件工程师应当参与终生职业实践的学习，并促进合乎道德的职业实践，特别是软件工程师应不断尽力于：

8.01　深化他们的开发知识，包括软件的分析、规格说明、设计、开发、维护和测试，相关的文档以及开发过程的管理；

8.02　提高他们在合理的成本和时限范围内，开发安全、可靠和有用质量软件的能力；

8.03　提高他们产生正确、有含量的和良好编写的文档能力；

8.04　提高他们对所从事软件和相关文档资料，以及应用环境的了解；

8.05　提高他们对从事软件和文档有关标准和法律的熟悉程度；

8.06　提高他们对本规范，及其解释和如何应用于本身工作的了解；

8.07　不因为难以接受的偏见不公正地对待他人；

8.08　不影响他人在执行道德规范时所采取的任何行动；

8.09　要认识到违反本规范是与成为一名专业软件工程师不相称的。

本规范由 IEEE-CS/ACM 软件工程师道德规范和职业实践（SEEPP）联合工作组制订。

执行委员会：Donald Gotterbarn（主席），Keith Miller and Simon Rogerson；

成员：Steve Barber，Peter Barnes，Iene Burnstein，Michael Davis，Amr ElKadi，N. Ben Fairweather，Milton Fulghum，N. Jayaram，Tom Jewett，Mark Kanko，Ernie Kallman，Duncan Langford，Joyce Currie Little，Ed Mechler，Manuel J. Norman，Douglas Phillips，Peter Ron Prinzivalli，Patrick Sullivan，John Weckert，Vivian Weil，S. Weisband and Laurie Honour Werth.

本标准的版权（1999）属国际电气电子工程师协会（IEEE）和美国计算机学会（ACM）。

本标准可以未经授权而刊印，但应保持原样不做修改，并注明版权所有。

本文乃原标准（英文版）的中文翻译稿，当出现理解问题时，应查阅原标准为准。

附录 C

# 中国互联网行业自律公约

APPENDIX C

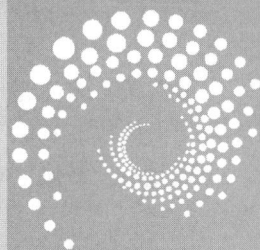

中国互联网协会,2002 年 4 月 24 日

附录 C 原文链接 http://www.scio.gov.cn/m/ztk/hlwxx/01/11/Document/494454/494454.htm

# 第一章　总则

**第一条**　遵照"积极发展、加强管理、趋利避害、为我所用"的基本方针,为建立我国互联网行业自律机制,规范行业从业者行为,依法促进和保障互联网行业健康发展,制定本公约。

**第二条**　本公约所称互联网行业是指从事互联网运行服务、应用服务、信息服务、网络产品和网络信息资源的开发、生产以及其他与互联网有关的科研、教育、服务等活动的行业的总称。

**第三条**　互联网行业自律的基本原则是爱国、守法、公平、诚信。

**第四条**　倡议全行业从业者加入本公约,从维护国家和全行业整体利益的高度出发,积极推进行业自律,创造良好的行业发展环境。

**第五条**　中国互联网协会作为本公约的执行机构,负责组织实施本公约。

# 第二章　自律条款

**第六条**　自觉遵守国家有关互联网发展和管理的法律、法规和政策,大力弘扬中华民族优秀文化传统和社会主义精神文明的道德准则,积极推动互联网行业的职业道德建设。

**第七条**　鼓励、支持开展合法、公平、有序的行业竞争,反对采用不正当手段进行行业内竞争。

**第八条**　自觉维护消费者的合法权益,保守用户信息秘密;不利用用户提供的信息从事任何与向用户作出的承诺无关的活动,不利用技术或其他优势侵犯消费者或用户的合法权益。

**第九条**　互联网信息服务者应自觉遵守国家有关互联网信息服务管理的规定,自觉履行互联网信息服务的自律义务:

（一）不制作、发布或传播危害国家安全、危害社会稳定、违反法律法规以及迷信、淫秽等有害信息,依法对用户在本网站上发布的信息进行监督,及时清除有害信息;

（二）不链接含有有害信息的网站,确保网络信息内容的合法、健康;

（三）制作、发布或传播网络信息,要遵守有关保护知识-产权的法律、法规;

（四）引导广大用户文明使用网络,增强网络道德意识,自觉抵制有害信息的传播。

**第十条**　互联网接入服务提供者应对接入的境内外网站信息进行检查监督,拒绝接入发布有害信息的网站,消除有害信息对我国网络用户的不良影响。

**第十一条**　互联网上网场所经营者要采取有效措施,营造健康文明的上网环境,引导上网人员特别是青少年健康上网。

**第十二条**　互联网信息网络产品制作者要尊重他人的知识产权,反对制作含有有害信息和侵犯他人知识产权的产品。

**第十三条**　全行业从业者共同防范计算机恶意代码或破坏性程序在互联网上的传播,反对制作和传播对计算机网络及他人计算机信息系统具有恶意攻击能力的计算机程序,反对非法侵入或破坏他人计算机信息系统。

**第十四条**　加强沟通协作,研究、探讨我国互联网行业发展战略,对我国互联网行业的建设、发展和管理提出政策和立法建议。

**第十五条**　支持采取各种有效方式,开展互联网行业科研、生产及服务等领域的协作,

共同创造良好的行业发展环境。

**第十六条** 鼓励企业、科研、教育机构等单位和个人大力开发具有自主知识产权的计算机软件、硬件和各类网络产品等,为我国互联网行业的进一步发展提供有力支持。

**第十七条** 积极参与国际合作和交流,参与同行业国际规则的制定,自觉遵守我国签署的国际规则。

**第十八条** 自觉接受社会各界对本行业的监督和批评,共同抵制和纠正行业不正之风。

## 第三章 公约的执行

**第十九条** 中国互联网协会负责组织实施本公约,负责向公约成员单位传递互联网行业管理的法规、政策及行业自律信息,及时向政府主管部门反映成员单位的意愿和要求,维护成员单位的正当利益,组织实施互联网行业自律,并对成员单位遵守本公约的情况进行督促检查。

**第二十条** 本公约成员单位应充分尊重并自觉履行本公约的各项自律原则。

**第二十一条** 公约成员之间发生争议时,争议各方应本着互谅互让的原则争取以协商的方式解决争议,也可以请求公约执行机构进行调解,自觉维护行业团结,维护行业整体利益。

**第二十二条** 本公约成员单位违反本公约的,任何其他成员单位均有权及时向公约执行机构进行检举,要求公约执行机构进行调查;公约执行机构也可以直接进行调查,并将调查结果向全体成员单位公布。

**第二十三条** 公约成员单位违反本公约,造成不良影响,经查证属实的,由公约执行机构视不同情况给予在公约成员单位内部通报或取消公约成员资格的处理。

**第二十四条** 本公约所有成员单位均有权对公约执行机构执行本公约的合法性和公正性进行监督,有权向执行机构的主管部门检举公约执行机构或其工作人员违反本公约的行为。

**第二十五条** 本公约执行机构及成员单位在实施和履行本公约过程中必须遵守国家有关法律、法规。

## 第四章 附则

**第二十六条** 本公约经公约发起单位法定代表人或其委托的代表签字后生效,并在生效后的30日内由中国互联网协会向社会公布。

**第二十七条** 本公约生效期间,经公约执行机构或本公约十分之一以上成员单位提议,并经三分之二以上成员单位同意,可以对本公约进行修改。

**第二十八条** 我国互联网行业从业者接受本公约的自律规则,均可以申请加入本公约;本公约成员单位也可以退出本公约,并通知公约执行机构;公约执行机构定期公布加入及退出本公约的单位名单。

**第二十九条** 本公约成员单位可以在本公约之下发起制订各分支行业的自律协议,经公约成员单位同意后,作为本公约的附件公布实施。

**第三十条** 本公约由中国互联网协会负责解释。

**第三十一条** 本公约自公布之日起施行。

# 新一代人工智能伦理规范

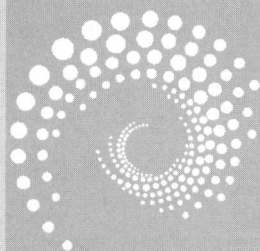

附录 D 原文链接：https://www.most.gov.cn/kjbgz/202109/t20210926_177063.html

新一代人工智能伦理规范为深入贯彻《新一代人工智能发展规划》，细化落实《新一代人工智能治理原则》，增强全社会的人工智能伦理意识与行为自觉，积极引导负责任的人工智能研发与应用活动，促进人工智能健康发展，制定本规范。

## 第一章　总则

**第一条**　本规范旨在将伦理道德融入人工智能全生命周期，促进公平、公正、和谐、安全，避免偏见、歧视、隐私和信息泄露等问题。

**第二条**　本规范适用于从事人工智能管理、研发、供应、使用等相关活动的自然人、法人和其他相关机构等。

（一）管理活动主要指人工智能相关的战略规划、政策法规和技术标准制定实施，资源配置以及监督审查等；

（二）研发活动主要指人工智能相关的科学研究、技术开发、产品研制等；

（三）供应活动主要指人工智能产品与服务相关的生产、运营、销售等；

（四）使用活动主要指人工智能产品与服务相关的采购、消费、操作等。

**第三条**　人工智能各类活动应遵循以下基本伦理规范。

（一）增进人类福祉。坚持以人为本，遵循人类共同价值观，尊重人权和人类根本利益诉求，遵守国家或地区伦理道德。坚持公共利益优先，促进人机和谐友好，改善民生，增强获得感幸福感，推动经济、社会及生态可持续发展，共建人类命运共同体；

（二）促进公平公正。坚持普惠性和包容性，切实保护各相关主体合法权益，推动全社会公平共享人工智能带来的益处，促进社会公平正义和机会均等。在提供人工智能产品和服务时，应充分尊重和帮助弱势群体、特殊群体，并根据需要提供相应替代方案；

（三）保护隐私安全。充分尊重个人信息知情、同意等权利，依照合法、正当、必要和诚信原则处理个人信息，保障个人隐私与数据安全，不得损害个人合法数据权益，不得以窃取、篡改、泄露等方式非法收集利用个人信息，不得侵害个人隐私权；

（四）确保可控可信。保障人类拥有充分自主决策权，有权选择是否接受人工智能提供的服务，有权随时退出与人工智能的交互，有权随时中止人工智能系统的运行，确保人工智能始终处于人类控制之下；

（五）强化责任担当。坚持人类是最终责任主体，明确利益相关者的责任，全面增强责任意识，在人工智能全生命周期各环节自省自律，建立人工智能问责机制，不回避责任审查，不逃避应负责任；

（六）提升伦理素养。积极学习和普及人工智能伦理知识，客观认识伦理问题，不低估不夸大伦理风险。主动开展或参与人工智能伦理问题讨论，深入推动人工智能伦理治理实践，提升应对能力。

**第四条**　人工智能特定活动应遵守的伦理规范包括管理规范、研发规范、供应规范和使用规范。

## 第二章　管理规范

**第五条**　推动敏捷治理。尊重人工智能发展规律，充分认识人工智能的潜力与局限，持续优化治理机制和方式，在战略决策、制度建设、资源配置过程中，不脱离实际、不急功近利，有序推动人工智能健康和可持续发展。

第六条　积极实践示范。遵守人工智能相关法规、政策和标准,主动将人工智能伦理道德融入管理全过程,率先成为人工智能伦理治理的实践者和推动者,及时总结推广人工智能治理经验,积极回应社会对人工智能的伦理关切。

第七条　正确行权用权。明确人工智能相关管理活动的职责和权力边界,规范权力运行条件和程序。充分尊重并保障相关主体的隐私、自由、尊严、安全等权利及其他合法权益,禁止权力不当行使对自然人、法人和其他组织合法权益造成侵害。

第八条　加强风险防范。增强底线思维和风险意识,加强人工智能发展的潜在风险研判,及时开展系统的风险监测和评估,建立有效的风险预警机制,提升人工智能伦理风险管控和处置能力。

第九条　促进包容开放。充分重视人工智能各利益相关主体的权益与诉求,鼓励应用多样化的人工智能技术解决经济社会发展实际问题,鼓励跨学科、跨领域、跨地区、跨国界的交流与合作,推动形成具有广泛共识的人工智能治理框架和标准规范。

## 第三章　研发规范

第十条　强化自律意识。加强人工智能研发相关活动的自我约束,主动将人工智能伦理道德融入技术研发各环节,自觉开展自我审查,加强自我管理,不从事违背伦理道德的人工智能研发。

第十一条　提升数据质量。在数据收集、存储、使用、加工、传输、提供、公开等环节,严格遵守数据相关法律、标准与规范,提升数据的完整性、及时性、一致性、规范性和准确性等。

第十二条　增强安全透明。在算法设计、实现、应用等环节,提升透明性、可解释性、可理解性、可靠性、可控性,增强人工智能系统的韧性、自适应性和抗干扰能力,逐步实现可验证、可审核、可监督、可追溯、可预测、可信赖。

第十三条　避免偏见歧视。在数据采集和算法开发中,加强伦理审查,充分考虑差异化诉求,避免可能存在的数据与算法偏见,努力实现人工智能系统的普惠性、公平性和非歧视性。

## 第四章　供应规范

第十四条　尊重市场规则。严格遵守市场准入、竞争、交易等活动的各种规章制度,积极维护市场秩序,营造有利于人工智能发展的市场环境,不得以数据垄断、平台垄断等破坏市场有序竞争,禁止以任何手段侵犯其他主体的知识产权。

第十五条　加强质量管控。强化人工智能产品与服务的质量监测和使用评估,避免因设计和产品缺陷等问题导致的人身安全、财产安全、用户隐私等侵害,不得经营、销售或提供不符合质量标准的产品与服务。

第十六条　保障用户权益。在产品与服务中使用人工智能技术应明确告知用户,应标识人工智能产品与服务的功能与局限,保障用户知情、同意等权利。为用户选择使用或退出人工智能模式提供简便易懂的解决方案,不得为用户平等使用人工智能设置障碍。

第十七条　强化应急保障。研究制定应急机制和损失补偿方案或措施,及时监测人工智能系统,及时响应和处理用户的反馈信息,及时防范系统性故障,随时准备协助相关主体依法依规对人工智能系统进行干预,减少损失,规避风险。

## 第五章　用规范

第十八条　提倡善意使用。加强人工智能产品与服务使用前的论证和评估,充分了解人工智能产品与服务带来的益处,充分考虑各利益相关主体的合法权益,更好促进经济繁荣、社会进步和可持续发展。

第十九条　避免误用滥用。充分了解人工智能产品与服务的适用范围和负面影响,切实尊重相关主体不使用人工智能产品或服务的权利,避免不当使用和滥用人工智能产品与服务,避免非故意造成对他人合法权益的损害。

第二十条　禁止违规恶用。禁止使用不符合法律法规、伦理道德和标准规范的人工智能产品与服务;禁止使用人工智能产品与服务从事不法活动,严禁危害国家安全、公共安全和生产安全,严禁损害社会公共利益等。

第二十一条　及时主动反馈。积极参与人工智能伦理治理实践,对使用人工智能产品与服务过程中发现的技术安全漏洞、政策法规真空、监管滞后等问题,应及时向相关主体反馈,并协助解决。

第二十二条　提高使用能力。积极学习人工智能相关知识,主动掌握人工智能产品与服务的运营、维护、应急处置等各使用环节所需技能,确保人工智能产品与服务安全使用和高效利用。

## 第六章　组织实施

第二十三条　本规范由国家新一代人工智能治理专业委员会发布,并负责解释和指导实施。

第二十四条　各级管理部门、企业、高校、科研院所、协会学会和其他相关机构可依据本规范,结合实际需求,制订更为具体的伦理规范和相关措施。

第二十五条　本规范自公布之日起施行,并根据经济社会发展需求和人工智能发展情况适时修订。

国家新一代人工智能治理专业委员会

2021 年 9 月 25 日